中等职业学校规划教材

无 机 化 学

第四版

董敬芳　主编

化学工业出版社

·北京·

本书是中等职业学校规划教材，是以中等职业学校的培养目标为标准，在《无机化学》（第三版）的基础上改编而成。新版适当降低了基础理论的深度和难度，精选叙述性内容，压缩了篇幅，对实用性不甚广泛的内容以及一些与分析化学重复的内容做了删减，增加了每章学习目标，同时对配套的《〈无机化学〉练习册》也做了相应修改。全书主要内容包括化学基本量和化学计算，碱金属和碱土金属，卤素，原子结构与元素周期律，分子结构，化学反应速率和化学平衡，电解质溶液，硼、铝和碳、硅、锡、铅，氧化还原反应和电化学基础，氮族元素，氧和硫，配位化合物，过渡元素等。

本书可作为中等职业学校化工工艺专业、工业分析专业的教材，亦可作冶金、轻工、石油化工等中等职业学校、技工学校及函授、电教的教科书或主要参考书。

图书在版编目（CIP）数据

无机化学/董敬芳主编. —4 版 . —北京：化学工业出版社，2007.7（2025.5重印）

中等职业学校规划教材

ISBN 978-7-122-00397-3

Ⅰ. 无… Ⅱ. 董… Ⅲ. 无机化学-专业学校-教材 Ⅳ. O61

中国版本图书馆 CIP 数据核字（2007）第 062192 号

责任编辑：陈有华 旷英姿 梁 虹　　　　　　文字编辑：张 婷
责任校对：王素芹　　　　　　　　　　　　　装帧设计：于 兵

出版发行：化学工业出版社（北京市东城区青年湖南街 13 号　邮政编码 100011）
印　　装：河北延风印务有限公司
787mm×1092mm　1/16　印张 22¼　字数 530 千字　插页 1　2025 年 5 月北京第 4 版第 20 次印刷

购书咨询：010-64518888　　　　　　　　　售后服务：010-64518899
网　　址：http://www.cip.com.cn
凡购买本书，如有缺损质量问题，本社销售中心负责调换。

定　　价：49.80 元　　　　　　　　　　　　　版权所有　违者必究

前　言

随着我国经济建设的蓬勃发展，各行各业都需要不同层次的专门人才。近年来中等职业技术人才尤感匮乏。为加快中等职业教育发展的步伐，培养、造就一大批高素质、能在生产第一线承担主要责任的专门人才，编者根据教育、教学改革的要求和中等职业学校的培养目标，对《无机化学》（第三版）进行了修订，合并为一册。

改编时参阅了初、高中现行的化学教学内容和新近出版的部分《无机化学》教材，听取了使用本书的部分学校师生的意见和建议。突出实用性，以"必需、够用"为度，力求改编后既不脱离初中化学的学习基础，也不低于高中化学的水平，并为后续相关课程的学习储备必要的基础知识。

《无机化学》（第四版）具有以下特点。

一、适当降低了基础理论的深度和难度。为使学生在有限的时间内把最基本的理论学到手，对一些偏难、偏深的内容做了删减。如核外电子的排布只介绍了 $1\sim36$ 号元素原子的电子层结构，还删去了元素周期表中元素的分区、共价键的类型（σ 键和 π 键）、杂化轨道理论、分子间力（取向力、诱导力、色散力），难溶电解质的溶解与沉淀平衡、元素电势图、内配位化合物等内容。

二、精选了叙述性内容，压缩了篇幅，对某些实用性不甚广泛的内容做了删减。如缺电子化合物、亚硝酸、亚磷酸及其盐等。为了减少与《分析化学》某些内容的重复，删去了多硫化物、过二硫酸盐、砷、锑、铋的重要化合物、铁的配位化合物、钴、镍的重要化合物等内容。将过渡元素（一）、（二）合并为一章。关于离子鉴定，只保留了常见的、与无机化学反应密切相关的如 Cl^-、Br^-、I^-、SO_4^{2-}、CO_3^{2-} 等离子的鉴定方法。

三、书中标有"＊"的内容，旨在拓展学生的知识面，引发学生的学习兴趣。选编的阅读材料一般为知识性内容，包括当代无机化学发展的某些新成就，供自学参考。这些内容可在教学中选择使用。

四、每章开始增加了"学习目标"，明确了应知应会的内容，以便学生了解学习的重点和要求。

此外，与原书配套的《〈无机化学〉练习册》的部分内容，也做了相应的改动。计算题后均注有答案，供参考。

书中绪论、第二、六、七、九、十二章由董敬芳改编；第三、八、十、十一章由唐志宁改编；第一、四、五、十三章由冯玉菊改编。全书由董敬芳统稿。

改编时，得到化学工业出版社的热情指导。北京市化工学校孙凤琴老师对本书的改编提出了许多宝贵意见。在此一并表示衷心感谢。

由于时间仓促，编者水平有限，书中不当、遗漏之处，恳请读者批评指正。

编　者

2007 年 3 月

第一版前言

本书是根据化工部教育司 1982 年制订的四年制化工中专用《无机化学教学大纲》编写的。编写时，为了使教材内容能更好地前后呼应，将大纲中第十章"氧化还原反应"改列为第八章，排在有较多氧化还原反应的氧族、氮族元素两章之前。这样理论可以得到及时的应用和巩固，也便于学生掌握有关氧化还原反应的规律；"过渡元素（二）"一章中的"金属的腐蚀与防腐"与电化学反应有密切联系，因此将它编入"氧化还原反应"中。

根据近几年来的教学经验，既考虑到初中学生的实际水平，又照顾到化工类专业的需要和科学技术理论的发展，教材力争做到理论联系实际，叙述由浅入深，便于自学。

本书还在有关章节编入了与讲课内容密切结合，便于课堂演示有明显效果的实验；除每节附有习题外，每章结束后，还编有该章复习要点、复习思考题和补充题。

书中用小字排印的为阅读或参考内容，供选学或自学用。

书中绪论、第三、六、七、八、十三章由董敬芳同志编写；第一、九、十、十一、十二章和第四章原子结构部分由唐志宁同志编写；第二、五、十四、十五章和第四章元素周期律部分由冯玉菊同志编写。全书由董敬芳同志主编，郑庆甡同志主审。书中插图由韩荣英、邓俊伟同志描绘。

由于编者水平所限，书中一定存在不少缺点和错误，恳请使用学校广大师生批评指正。

编　者
1985 年 3 月

第二版前言

本书是根据 1988 年 8 月化工部教育司基础化学编委会修订的四年制化工中专《无机化学教学大纲》（试行稿），并参考全国各化工中专学校师生使用本书（第一版）后反馈的意见和建议改编的。

在改编时，注意了与现行初中化学教学内容的衔接，编入了初中化学已删去的"电子式"、"从化合价的升降讨论氧化还原反应"、"反应物有一种剩余时的计算"等；删去了某些偏深或尚未完善的理论，如"配合物中的化学键"、"电极电位的产生"、"电子亲和能"等；部分地打破了按元素周期表全面叙述元素各论的完整体系，突出了对常见元素的单质及其化合物的讨论，对习题、演示实验也做了相应的筛选，删去了原书的"复习思考题"，并将"补充题"改为"综合练习题"，旨在提高学生综合运用知识的能力。为了帮助学生认识环境治理的重要性，本书还增编了"环境保护知识"。

为适应不同专业、不同地区的需要，便于自学者参考，改编时将原书中某些属于非基本要求的内容，改为小字编排，供读者选读。

书中绪论、第六、七、十三章由董敬芳同志改编；第三、八、九、十一、十二章由唐志宁同志改编；第二、四、十章由赵彤同志改编；第一、五、十四、十五章由冯玉菊同志改编。全书由董敬芳同志统稿。

修改后的初稿经基础化学编委会无机化学课程组的同志们进行了深入细致的讨论，编者根据同志们的意见和建议又对全书做了认真的修改，最后由张增智副教授审阅定稿。

编　者
1989 年 7 月

第三版前言

本教材是根据 1996 年 8 月全国化工中等专业学校教学指导委员会编制的全日制（四年）化工普通中等专业学校教学大纲的要求改编的。

关于课程内容，改编时吸收了部分兄弟学校的意见和建议，删繁就简，削枝强干，适当地吸取了新技术、新工艺（如"离子膜电解食盐制氯碱"、"燃料电池"等），并注意了与现行初中化学的衔接，避免不必要的重复。按照大纲要求删去了"化学反应速率"中的"活化分子和活化能"、元素部分中的"碳及其氧化物和气体燃料"。对"碳化物和氰化物"作了一些调整，删去了"碳化钙"（耗电量大，已趋于淘汰）；"碳化硅"（在"硅的化合物"中重复出现，故也删去）；"四氯化碳"和"二硫化碳"作为有机溶剂在有关演示实验中作简略介绍；将"氰化物"和"含氰废水的处理"合编成一段"阅读材料"，排在了"配位化合物"之后。此外，对某些属非重点内容的单质或化合物的制备方法和某些反应式也做了适当的删减。

对于大纲中某些画"＊"号的内容（选择内容），本书作了如下处理。

"热化学方程式"　对"热化学方程式"的了解，在讨论"温度对化学平衡的影响"中是不可少的。书中保留了热化学方程式的书写方法，删去了反应热效应的计算。

"硬水及其软化"　硬水及其软化几乎涉及每一个生产部门，因此仍作为基本内容保留着。

"晶体的基本类型"　不同类型晶体的特征是决定物质物理性质的主要因素。因此，"晶体的基本类型"放在基本理论部分。

"化学电源、电解、电镀、金属的腐蚀与防腐"　这些内容均以原电池、电极电势为理论基础，它们都属理论联系实际的内容。而且干电池、铅蓄电池是广泛应用的化学电源；金属的腐蚀与防腐是普遍存在着的最为人们关注的问题之一。这些也保留了下来。

"硫酸、硝酸、合成氨、纯碱的工业制法"　这部分内容关系到一些产量最大、应用非常广泛的基本化工原料的生产。它们的生产过程所涉及的主要化学反应，大都是与其生产原料、中间产物、最终产品的性质紧密相连，因此对于它们的生产过程的论述，也是理论联系实际的重要内容，学生应该了解它们的主要生产步骤及有关的反应方程式。

大纲将"过渡元素"列为一章，为便于教学，改编时，仍将其分为两章编写，即第十三章过渡元素（一）、第十四章过渡元素（二）。同时，还将过渡元素中铜、锌、铁的存在及其单质的冶炼集中起来和"过渡金属单质炼制的基本知识"一并编成"阅读材料"排在第十四章的最后。

鉴于化工工艺专业教学计划中取消了元素单质及其化合物的性质实验，本书在相关内容中适当增加了演示实验。教材还结合有关物质的性质充实了离子鉴定的内容，为学生学习分析化学奠定基础。

书中打＊部分属偏深偏难或属侧重某专业所需内容，各校可根据本地区本专业的需要取舍；"阅读材料"一般为知识性内容，包括近代无机化学发展的某些新成就，如无机新型材料简介等，供自学时参考。

环境保护问题，越来越受到人们的重视，在改编时，对原书中的"环境保护知识"扩充了内容，分散编在了相关元素或化合物性质之后。

书中还编入了本书涉及的世界知名科学家门捷列夫、阿伦尼乌斯、侯德榜等的简历，供学生阅读，以激发学生热爱科学、刻苦钻研、勇攀科学高峰的热情。

全书统一使用国家标准公布的法定计量单位。

关于习题改编时，将原书中每节的习题抽出，经精选补充，增加了题目类型（如填空题、选择题、判断题、计算题、综合练习等），汇编成一本与本教材配套使用的练习册。练习册可以当作作业本使用，同时出版本练习册的习题解答和解析，供教师参考。

书中绪论、第六、七、十二章由董敬芳改编；第三、八、十、十一章由唐志宁改编；第二、四、九章由耿绍旺改编；第一、五、十三、十四章由冯玉菊改编。全书由董敬芳统稿。北京市化工学校古东兴和孙凤琴同志对本书的改编提出了很有价值的建议，航天工业总公司二院 669 厂张笑宇同志为本书搜集了有关环境保护方面的资料、核对数据、验证部分演示实验，北京化工大学施力田同志、北京化工二厂郝静宜同志也为本书提供了一些新工艺新技术资料，在此一并表示感谢。由于编者水平有限，书中不当之处，恳请读者批评指正。

编 者

1998 年 9 月

目 录

绪 论

一、无机化学的研究对象

世界是物质构成的。物质永远处于不断运动、变化、发展的状态。化学变化就是物质运动形式之———物质的化学运动。研究化学的目的，在于认识物质的性质以及物质化学运动的规律，并将这些规律应用于生产。物质的性质决定于物质的组成和结构，为了从本质上掌握化学变化的规律，化学必须首先研究物质的组成、结构、性质及其相互关系。此外，化学变化中还常发生放热、吸热、光、电等现象。总之，**化学是研究物质的组成、结构、性质变化规律以及伴随变化发生的现象的科学。**

自然界，物质的种类繁多，但它们基本是由到目前为止已发现的 114 种元素中的一种或几种构成的。其中碳元素形成的化合物较为复杂，数量也远远超过由其他元素构成的化合物的总和，它们还是构成生物有机体的主要成分。因此，化学又初步划分为有机化学和无机化学。有机化学是专门研究碳的化合物的化学。**无机化学则是研究除碳元素以外的所有元素及其化合物的化学。**碳酸盐、一氧化碳、二氧化碳、氰化物、碳化物、硫氰化物等碳元素的简单化合物一般也划入无机化学范围之内。所以无机化学研究的范围很广，内容十分丰富。作为一门基础课，无机化学主要介绍一些基本理论、重要规律和一些典型的、有实用性的无机物的性质、存在、制备及用途。

二、无机化学的发展与前景

化学的产生与发展是与人类最基本的生产活动紧密联系在一起的。从最初的制陶，到金属冶炼、纸和火药的发明、瓷器和玻璃的制造、染色工艺的出现等，都是从生产实践中发展起来的古代实用化学，它所涉及的原料及成品几乎都是无机物，它的出现和发展就是对无机化学的研究，所以最初的化学是无机化学。化学的发展也是从对无机物的研究开始的。

17 世纪欧洲发生产业革命，大大地解放了生产力，使社会生产达到了前所未有的高度。由于冶金、化工生产的发展，人们积累了大量关于物质转化的知识，加快了对物质世界认识的飞跃。

英国化学家和物理学家波义耳（R. Boyle，1627—1691）以他十分丰富的科学实践经验，为化学元素提出了科学的定义，为使化学特别是无机化学发展成为真正的科学做出了重大贡献。恩格斯对此给予了高度评价，指出"波义耳把化学确立为科学"。

从 18 世纪中叶到 19 世纪中叶，无机化学进入了繁荣时期。1748 年罗蒙诺索夫（M. B. Lomonosov 1711—1765）确立了质量守恒定律。1803 年英国化学家道尔顿（J. Dalton 1766—1844）提出原子假说，引出了原子量概念。原子论指出了化学现象的本质是原子的化合与化分。这一理论成为化学特别是无机化学发展的奠基石。1811 年意大利物理学家阿伏加德罗（Avogradro 1776—1856）提出了著名的阿伏加德罗假说，把分子的概念引入到化学中。1860 年原子分子假说发展为原子分子论，成为近代化学的理论基础。1869 年俄国化学家门捷列夫（Д. И. Менделеев，1834—1907）创立了元素周期律，排出了元素周期表，是近代化学史上重要的里程碑，是无机化学成为一个重要的独立分支的标志。周期律为寻找和预见新元素提供了理论上的向导。至 1961 年，已发现原子序数 1 到 103 的元素。

从 1968 年到 1982 年又发现了 104～109 号元素，迄今共有 114 种元素被发现。据核物理理论预计，175 号元素能够稳定存在。

19 世纪末到 20 世纪初，真空放电、阴极射线、X 射线等的发现，揭开了原子的秘密，打破了原子不可分割的观点，后来逐渐发展成为现代物质结构理论。

20 世纪 30～40 年代，无机化学的理论研究有了长足的发展。鲍林（L. Pauling）的价键理论、密立根（R. S. Muliken）的分子轨道理论和贝塞（H. A. Bathe）的晶体场理论，完善了化学键理论，解释了许多无机化学现象。

20 世纪 70 年代以来，无机化学除继续自身的发展外，还与其他学科交叉渗透，形成许多新的边缘学科。如无机化学与有机化学交叉形成了金属有机化学；无机化学与固体物理结合形成了固体无机化学；无机化学向生物化学渗透形成了生物无机化学。随着航空、航天、信息、新能源、新材料、环境保护、生命科学等研究领域的出现和发展，无机化学越发显得举足轻重，进入 21 世纪，它必将在上述领域的发展和突破中扮演重要角色。

但是，化学工业已给人类赖以生存的地球带来了十分严重的污染，目前全世界每年产生的有害废物达 3～4 亿吨。化学工业能否生产出对环境无害的化学品？有识之士提出了绿色化学的思想。绿色化学又称环境友好化学，其核心就是利用化学原理从源头消除污染，它的主要特点是充分利用资源和能源，采用无毒、无害的原料，在无毒、无害的条件下进行反应，力图使每一个作为原料的原子都被产品所消纳，实现"零排放"。绿色化学给化学家提出了一项新的挑战，它将改变化学工业的面貌，为子孙后代造福。

三、化学和无机化学在国民经济中的作用

大自然赐予人类丰富的天然资源，空气、海水、煤、石油、天然气、各种矿藏等。但是，它们当中绝大多数需要经过加工处理才能转变为服务于人类社会的物质资料。这种转变是物质的组成、结构、性质的转变，因此，需要化学工作者运用化学手段来实现。像硫酸、合成氨、硝酸、纯碱、烧碱等，就是以煤（或石油、天然气）、空气、水、硫铁矿、石灰石、食盐等为原料，经过化学加工制成的。它们是一些产量最大，用途最广的无机化工产品。它们又是生产成千上万种其他化工产品的原料，是构成基本化学工业的主要成员。由它们参与生产的化肥、农药、塑料、橡胶、合成纤维、染料、炸药、医药、玻璃、纸张、洗涤剂、燃料、建筑材料等，无一不与国民经济、国防建设以及人们的物质文化生活紧密相关。

高新科技的发展，促使新技术、新材料、新产品不断涌现，给人们带来新的生活理念和生活方式。1987 年 3 月，中科院物理所赵忠贤研究员等在多相的钇-钡-铜复合氧化物中观察到 -163℃ 的临界温度[1]。这意味着我国在超导材料研究方面取得了突破性进展，预示了无损耗输电、超高速电子计算机、磁悬浮列车等技术付诸实施的可能性。我国首条磁悬浮列车线路已于 2003 年在上海实现了商业性运营。

光导纤维是一种由硅、锗氧化物制成的如头发粗细的纤维，它可以供 25000 人同时通电话而互不干扰。

氢气是一种既不污染空气，资源又极丰富的能源。化学家发现并合成了一大类能贮存氢气的稀土金属氧化物（如 $LaNi_5$ 等）。加压时它们吸收氢气，减压后氢气被释放出来，解决

---

[1] 1911 年荷兰人卡麦林·翁纳斯（Kammer Lingh Onnes，1853—1926）发现 Hg、Sn、Pb 等金属在超低温时有超导现象，即电阻降到极小甚至无法测量出来。超导现象有一临界温度 T_c，在此温度下才有超导性。超导现象发现后，人们就设想制得几乎无电阻的电磁体，问题在于寻找具有较高 T_c 值的物质。

了氢气的储运难题。

近几年一些科学家合成了具有特殊性能的纳米材料，这种材料的粒径在 $1\sim100nm$ 之间。在化纤中掺入超微金属颗粒，可制成防电磁辐射或电热纤维；由纳米级原料压制成的陶瓷材料有良好的韧性和超塑性。纳米技术在催化、能源和环保领域有着越来越广泛的应用。

新技术、新产品在给人们带来乐趣、多彩和舒适生活的同时，环境问题也紧随其后，它已威胁到人类的健康与生存。当今世界十大环境问题——全球变暖、臭氧层破坏、大气污染、海洋污染、淡水资源紧张和污染、土地退化、沙漠化和石漠化、森林锐减、生物多样性减少、环境公害、有毒化学品和危险废物造成的污染中，至少有 7 个直接与化学和化工产品中的化学物质的污染有关，这些问题肯定要由化学工作者来解决。

进入 21 世纪，人们将在能源、材料、粮食、医药、环境保护等关乎民生的重大科技领域进行深入研究和创新，这无一不需要化学工作者做出长期不懈的努力。

四、无机化学的任务与学习方法

无机化学是中等专业学校化工工艺和工业分析专业学生的一门重要的专业基础课。它的任务是使学生在初中化学知识的基础上，进一步学习无机化学的基础理论、基本知识，掌握化学反应的一般规律和基本化学计算方法；加强无机化学实验操作技能的训练；培养学生独立思考、分析问题和解决问题的能力，为学习后续课程和从事化工技术工作打下坚实的基础。

已建立的各种化学理论都是在实验基础上总结出来的。这些理论能解释某些实际问题和化学变化，但有一定的局限性，还需要在实践中不断完善、提高和更新。因此，在学习基础理论时，要坚持理论联系实际的原则，不能机械地生搬硬套。对中职学生的要求是能逐步学会运用所学的基础理论去分析物质的性质、物质间的转化及其内在联系，找出规律性的东西，对今后的学习和工作起到一定的指导作用。

学习元素部分要以元素周期律为纽带，重点掌握物质的性质，再从"性质"推论"存在"、"制法"、"用途"等内容，还要运用新旧联系、归纳对比等方法，找出相关知识的异同，并配合必要的实验，这样就不会感到杂乱枯燥了。

化学是一门以实验为基础的科学。化学实验是化学工作者认识物质的性质、揭示化学变化规律的必要手段。新的化工生产工艺、化工产品，技术革新的成果，往往是先在实验室开发出来，然后再运用到生产中去。生产中出现的新问题和产品质量的提高，也需要通过实验进行研究。总之，不论是化学科学研究还是化工生产都离不开实验。因此，化学实验课是学好无机化学必不可少的实践性教学环节。要重视实验，通过实验印证、巩固并加深理解课堂所学的理论知识，掌握化学实验的基本技能，培养独立思考、勇于创新、分析问题和解决问题的能力和严谨、求实的工作作风。

第 一 章 化学基本量和化学计算

【学习目标】

1. 建立物质的量及其单位——摩尔的概念，了解物质的量与微观粒子之间的关系。
2. 掌握物质的量、摩尔质量、物质质量三者之间的关系。
3. 建立气体摩尔体积的概念，掌握有关计算。
4. 建立物质的量浓度的概念，掌握有关计算。了解物质的量浓度的配制方法。
5. 掌握化学反应方程式的书写方法及根据化学反应方程式的计算。了解热化学方程式。

第一节 物质的量及其单位

一、摩尔

原子、分子、离子和电子等微粒的质量都非常小。例如，一个碳-12原子[❶]的质量仅为 1.993×10^{-23} g。这么小的质量难以计量，实际上参加化学反应的不是几个原子或分子，而是亿万个原子或分子的微粒集体。而且这些微粒集体是按照化学方程式中各物质化学式前的计量系数比进行反应的。为了计量这些微粒集体的数量或质量，1971年国际计量大会决定引进一种新的物质的量的单位——摩尔，其符号是 mol。"1mol 物质所包含的结构粒子数与 0.012kg（或 12g）碳-12 的原子数目相等。"在使用摩尔时，结构粒子应予以指明，可以是分子、原子、离子、电子及其他微粒或是这些微粒的特定组合体。

已知 1 个碳原子的质量为 1.993×10^{-23} g，1mol 碳-12 应含有

$$\frac{12 \text{g} \cdot \text{mol}^{-1}}{1.993 \times 10^{-23} \text{g}} = 6.02 \times 10^{23} \text{个碳-12 原子} \cdot \text{mol}^{-1}$$

根据摩尔的定义：1mol 的任何物质约含有 6.02×10^{23} 个粒子。

例如，

1mol 硫原子含有 6.02×10^{23} 个硫原子；

1mol 氧分子含有 6.02×10^{23} 个氧分子；

1mol 二氧化碳含有 6.02×10^{23} 个二氧化碳分子；

1mol 氢离子含有 6.02×10^{23} 个氢离子；

1mol 氢氧根离子含有 6.02×10^{23} 个氢氧根离子；

1mol 电子含有 6.02×10^{23} 个电子。

常数 6.02×10^{23} 叫阿伏加德罗常数[❷]（N_A）。当某物质含有与阿伏加德罗常数相等数量的微粒时，这种物质的物质的量就是 1mol。

二、摩尔质量

碳-12 原子的质量是 12。各种元素原子的相对质量是以碳-12 原子的质量为标准求出的。

---

❶ 碳-12 是指原子核中，有 6 个质子和 6 个中子的碳原子。

❷ 阿伏加德罗常数可通过实验测定较精确的数值，6.02×10^{23} 是一个非常近似的数值。

已知 1mol 碳-12 原子的质量是 0.012kg（或 12g），由此可以推算 1mol 任何物质的质量。**1mol 物质的质量叫做摩尔质量，单位为 g·mol^{-1}。**

例如，1 个碳-12 原子与 1 个硫原子的质量比是 12：32，1mol 碳-12 原子与 1mol 硫原子具有相同数目的原子，所以 1mol 碳-12 原子与 1mol 硫原子的质量比为 12：32，1mol 碳-12 原子为 12g，那么 1mol 硫原子为 32g。即

$$\frac{一个碳\text{-}12原子的相对原子质量}{一个硫原子的相对原子质量}=\frac{12}{32}$$

$$\frac{1mol碳\text{-}12原子的相对原子质量}{1mol硫原子的相对原子质量}=\frac{12\times6.02\times10^{23}}{32\times6.02\times10^{23}}=\frac{12g}{32g}$$

硫原子的摩尔质量为 32g。

同理，钙的相对原子质量为 40.08，钙的摩尔质量为 40.08g·mol^{-1}；

铁的相对原子质量为 56，铁的摩尔质量为 56g·mol^{-1}。由此可以得出：**任何原子的摩尔质量，数值上等于该原子的相对原子质量**[1]。

用同样的方法可推出：**任何物质的摩尔质量，数值上等于该物质的相对分子质量**[1]。例如，

氢气的相对分子质量是 2.016，则氢气的摩尔质量是 2.016g·mol^{-1}；

氧气的相对分子质量是 32.00，则氧气的摩尔质量是 32.00g·mol^{-1}；

二氧化碳的相对分子质量是 44.01，则二氧化碳的摩尔质量是 44.01g·mol^{-1}；

水的相对分子质量是 18.02，则水的摩尔质量是 18.02g·mol^{-1}等。

当以摩尔质量表示离子的质量时，由于电子的质量极其微小，原子失去或得到的电子的质量可以略而不计，则各离子的摩尔质量，仍等于相应的原子或原子团的摩尔质量。如 H^+ 的摩尔质量是 1.008g·mol^{-1}；OH^- 的摩尔质量是 17.01g·mol^{-1}；Cl^- 的摩尔质量是 35.45g·mol^{-1}；NH_4^+ 的摩尔质量是 18.05g·mol^{-1}等。

用摩尔做物质的量的单位研究和应用化学反应中各物质量的关系非常方便。因为化学方程式中各物质的分子数之比就是它们的物质的量之比。例如，在电解食盐水制 Cl_2 和 NaOH 的反应中

$$2NaCl+2H_2O\xrightarrow{电解}2NaOH+Cl_2\uparrow+H_2\uparrow$$

分子比　　　　　　　　　　2　　2　　　2　　1　　1
物质的量之比　　　　　　　2　　2　　　2　　1　　1

三、有关物质的量的计算

物质的质量、物质的摩尔质量和物质的量（mol）之间的关系可表示为

$$物质的量(\text{mol})=\frac{物质的质量(\text{g})}{物质的摩尔质量(\text{g·mol}^{-1})}$$

或　　　　　　物质的质量(g)=物质的量(mol)×该物质的摩尔质量(g·mol^{-1})

1. 已知物质的质量，计算其物质的量

【例 1-1】 计算 196g 的硫酸是多少摩尔。若全部电离为 H^+ 和 SO_4^{2-}，它们各是多少摩尔？

解 已知 H_2SO_4 的相对分子质量是 98[2]，则 H_2SO_4 的摩尔质量为 98g·mol^{-1}，196g H_2SO_4 的物质的量为

---

❶ 以前将相对原子质量简称原子量，相对分子质量简称分子量。

❷ 98 是 H_2SO_4 的相对分子质量的近似值。

$$n = \frac{196g}{98g \cdot mol^{-1}} = 2mol$$

1 分子 H_2SO_4 全部电离，能生成 2 个 H^+ 和 1 个 SO_4^{2-}。

故

$$H_2SO_4 \longrightarrow 2H^+ + SO_4^{2-}$$

　　　1mol　　　2mol　　1mol

　　　2mol　　　4mol　　2mol

答：196g H_2SO_4 的物质的量等于 2mol；H^+ 为 4mol、SO_4^{2-} 为 2mol。

2. 已知某物质的物质的量，计算物质的质量

【例 1-2】　5mol Na_2CO_3 的质量是多少克？

解　已知 Na_2CO_3 的摩尔质量是 106g $\cdot$ mol^{-1}，则 5mol Na_2CO_3 的质量 = 5mol × 106 g $\cdot$ mol^{-1} = 530g

答：5mol Na_2CO_3 的质量为 530g。

3. 已知物质的质量，计算它的物质的量和分子个数

【例 1-3】　计算 32g SO_2 的物质的量是多少？它含有多少个 SO_2 分子？

解　(1) 已知 SO_2 的摩尔质量为 64g $\cdot$ mol^{-1}，计算 SO_2 的物质的量。

$$n = \frac{32g}{64g \cdot mol^{-1}} = 0.5mol$$

(2) 计算 SO_2 的分子个数。

$$0.5 \times 6.02 \times 10^{23} = 3.01 \times 10^{23}$$

答：32g SO_2 的物质的量是 0.5mol，它含有 3.01×10^{23} 个 SO_2 分子。

由上述计算看出，摩尔和相对原子质量（或相对分子质量）是不同的。相对原子质量（相对分子质量）代表的是 1 个原子（1 个分子）的相对质量；而摩尔代表的则是 6.02×10^{23} 个微粒集体，所以**物质的量可以是整数，也可以是小数或分数**。

第二节　气体摩尔体积

一、气体摩尔体积

1mol 各种固体物质或液体物质的体积是不相同的。例如，20℃时，1mol 铁的体积是 7.1cm³；1mol 铝的体积是 10cm³；1mol 铅的体积是 18.33cm³（见图 1-1）。1mol 水的体积是 18.0cm³；1mol 纯硫酸的体积是 54.1cm³；1mol 蔗糖的体积是 215.5cm³（见图 1-2）。

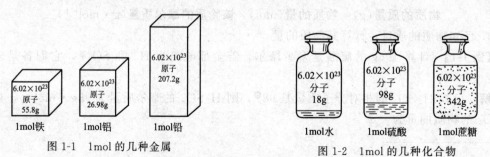

图 1-1　1mol 的几种金属　　　　　　　图 1-2　1mol 的几种化合物

1mol 的各种气体物质的体积是否也不同呢？任何气体的体积都是随着温度和压力的变

化而改变的。**一定量的气体，在压力一定时，温度越高，体积越大；在温度一定时，压力越大，体积越小**。所以要比较气体体积的大小，就必须在同一温度和同一压力下。

为了便于研究，规定**温度为 0℃ 和压力为 100kPa 时的状况叫做标准状况**。

实验测出，标准状况下，H_2、CO 的密度分别为 $0.0899g \cdot L^{-1}$ 和 $1.25g \cdot L^{-1}$。又知它们的摩尔质量为 $2.016g \cdot mol^{-1}$ 和 $28.01g \cdot mol^{-1}$，则 1mol H_2、1mol CO 气体在标准状况下所占的体积为

$$\frac{2.016g \cdot mol^{-1}}{0.0899g \cdot L^{-1}} = 22.4L \cdot mol^{-1}$$

$$\frac{28.01g \cdot mol^{-1}}{1.25g \cdot L^{-1}} = 22.4L \cdot mol^{-1}$$

在标准状况下，1mol 的任何气体所占的体积都约为 22.4L，这个体积叫做气体的**摩尔体积**。任何气体的 1mol 体积里都含有 6.02×10^{23} 个气体分子。

22.4L 相当于一个边长为 0.282m 的正方体的体积。图 1-3 是以氢气和二氧化碳为例，示意气体物质的摩尔体积所具有的三重意义。

为什么 1mol 的固体或液体物质的体积各不相同，而 1mol 气体物质在标准状况下所占的体积都相同呢？这是因为一般情况下，气体的分子是在较大的空间里运动着的。分子间的平均距离（约 4×10^{-9} m）是分子直径（4×10^{-9} m）的 10倍左右，这样任意一种气态物质的体积就比它在液态或固态时大 1000 倍左右。可见，气体的体积主要决定于气体分子间的平均距离，而不像液体或固体的体积主要决定于分子本身的大小。

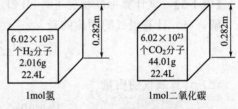

图 1-3 气体摩尔体积

由于在相同温度和相同压力下，不同气体分子间的平均距离是相同的，因而相同数目的气体分子占据的体积应相等，如在标准状况下，任何气体的摩尔体积都约为 $22.41L \cdot mol^{-1}$。

同理，**在相同温度和相同压力下，同体积的任何气体都含有相同数目的分子，这个关于气体的规律称为阿伏加德罗定律**。如在标准状况下，11.2L 的任何气体，其分子数都为 3.01×10^{23} 个。

根据阿伏加德罗定律，同温同压下，相同体积的两种气体的物质的量也相同，设为 n（mol）。如用 M_A、M_B 代表两种气体的摩尔质量，则两种气体的质量分别为 nM_A 和 nM_B。两种气体具有相同的体积 V，它们的密度为：

$$\rho_A = \frac{nM_A}{V} \qquad \rho_B = \frac{nM_B}{V}$$

两种气体的密度比为

$$\frac{\rho_A}{\rho_B} = \frac{\dfrac{nM_A}{V}}{\dfrac{nM_B}{V}} = \frac{M_A}{M_B}$$

$\dfrac{\rho_A}{\rho_B}$ 即为 A、B 两种气体的相对密度，它等于两种气体相对分子质量的比值。因而得出：**同温同压下，各种气体密度与它们的相对分子质量成正比**。也就是说，同温同压下，同体积的气体，相对分子质量大的比相对分子质量小的质量大。如空气的平均相对分子质量为 29，

NH_3 的相对分子质量为 17，空气比氨重。

二、关于气体摩尔体积的计算

1. 已知气体的质量，计算在标准状况下气体的体积

【例 1-4】　计算 25.5g 氨在标准状况下的体积。

解　(1) 计算 25.5g 氨气的物质的量

已知氨的摩尔质量为 $17g \cdot mol^{-1}$ 则 25.5g 氨的物质的量为

$$\frac{25.5g}{17g \cdot mol^{-1}} = 1.5mol$$

(2) 计算 1.5mol 氨气在标准状况下的体积

在标准状况下，1mol 气体的体积是 $22.4L \cdot mol^{-1}$，则 1.5mol 氨气的体积为

$$1.5mol \times 22.4L \cdot mol^{-1} = 33.6L$$

答：22.5g 氨气在标准状况下的体积是 33.6L。

2. 已知在标准状况下气体的体积，计算气体的质量

【例 1-5】　试计算标准状况下，11.2L 氧气的质量等于多少克？

解　(1) 计算氧气的物质的量

$$\frac{11.2L}{22.4L \cdot mol^{-1}} = 0.5mol$$

(2) 计算氧气的质量

$$0.5mol \times 32g \cdot mol^{-1} = 16g$$

答：标准状况下 11.2L 氧气的质量为 16g。

3. 已知标准状况下，气体的体积和质量，计算相对分子质量

【例 1-6】　已知在标准状况下，0.5L 某气体的质量为 0.985g，试计算其相对分子质量。

解　第一种方法：先计算出单位体积内气体的质量，再计算气体的摩尔质量。

$$每升中含某气体的质量 = \frac{0.985g}{0.5L} = 1.97g \cdot L^{-1}$$

$$该气体的摩尔质量 = 1.97g \cdot L^{-1} \times 22.4L \cdot mol^{-1} = 44g \cdot mol^{-1}$$

第二种方法：设气体的摩尔质量为 x，则

$$0.5L : 0.985g = 22.4L \cdot mol^{-1} : x$$

$$x = \frac{0.985g \times 22.4L \cdot mol^{-1}}{0.5L} = 44g \cdot mol^{-1}$$

答：某气体的相对分子质量等于 44。

4. 计算标准状况下，气体的密度及不同气体的相对密度

在标准状况下，气体密度可由下式求得：

$$气体密度(\rho) = \frac{1mol 气体的质量(g \cdot mol^{-1})}{22.4(L \cdot mol^{-1})}$$

单位用 $g \cdot L^{-1}$ 表示。

【例 1-7】　计算标准状况下，空气、二氧化碳、氨的气体密度。

解　先计算出各种气体的摩尔质量，然后再求出气体密度。

(1) 已知空气的平均相对分子质量是 29，故其摩尔质量为 $29g \cdot mol^{-1}$

则

$$\rho_{空气} = \frac{29g \cdot mol^{-1}}{22.4L \cdot mol^{-1}} = 1.293g \cdot L^{-1}$$

（2）CO_2 的相对分子质量是 44.01，则摩尔质量为 $44.01g \cdot mol^{-1}$

$$\rho_{CO_2} = \frac{44.01g \cdot mol^{-1}}{22.4L \cdot mol^{-1}} = 1.965g \cdot L^{-1}$$

（3）NH_3 的相对分子质量是 17.031，则摩尔质量为 $17.031g \cdot mol^{-1}$

$$\rho_{NH_3} = \frac{17.031g \cdot mol^{-1}}{22.4L \cdot mol^{-1}} = 0.760g \cdot L^{-1}$$

答：空气、二氧化碳、氨的气体密度分别为 $1.293g \cdot L^{-1}$、$1.965g \cdot L^{-1}$、$0.760g \cdot L^{-1}$。

【例 1-8】 计算标准状况下，Cl_2、CH_4 对空气的相对密度。

解 已知 Cl_2、CH_4、空气的相对分子质量分别为 71、16、29，根据同温同压下，两种气体的相对密度等于其相对分子质量之比即

$$\frac{\rho_A}{\rho_B} = \frac{M_A}{M_B}$$

（1）Cl_2 对空气的相对密度

$$\frac{\rho_{Cl_2}}{\rho_{空气}} = \frac{71}{29} = 2.45$$

（2）CH_4 对空气的相对密度

$$\frac{\rho_{CH_4}}{\rho_{空气}} = \frac{16}{29} = 0.552$$

答：Cl_2 对空气的相对密度为 2.45；CH_4 对空气的相对密度为 0.552。

第三节　根据化学方程式的计算

一、化学方程式

根据质量守恒定律，用化学式来表示物质的化学反应的式子称为化学方程式。化学方程式也叫化学反应式或简称反应式。每一个化学方程式都是在实验基础上总结出来的，是客观事实的反映，绝不能凭主观臆造。

按如下步骤书写化学反应方程式。

（1）写出反应物和生成物的化学式。将反应物写在左边，生成物写在右边，中间暂时画一横线，各反应物和各生成物之间分别用"＋"号相连。例如，硫酸铝与氢氧化钠反应

$$Al_2(SO_4)_3 + NaOH \longrightarrow Al(OH)_3 + Na_2SO_4$$

（2）根据质量守恒定律配平反应式。一般用观察法给各化学式配上适当的系数，使横线两边的各种元素原子的总数完全相等，随即将横线改为箭号。

$$Al_2(SO_4)_3 + 6NaOH \longrightarrow 2Al(OH)_3 + 3Na_2SO_4$$

（3）把必要的反应条件如加热（用"$\triangle$"表示）。催化剂、压力、光照等注在等号上面或下面。生成物中如有沉淀、气体生成可用"↓"、"↑"标明。例如：

$$4P + 5O_2 \xrightarrow{燃烧} 2P_2O_5$$

$$2KClO_3 \xrightarrow[\triangle]{MnO_2} 2KCl + 3O_2 \uparrow$$

$$Ca(OH)_2 + CO_2 \longrightarrow CaCO_3 \downarrow + H_2O$$

化学反应方程式不仅表示了反应物和生成物的种类，而且还表达了它们相互反应的量的关系。这种量的关系体现在原子数或分子数、物质的量、质量及气体体积等方面。

例如：

$$2Al+3H_2SO_4（稀）\longrightarrow Al_2(SO_4)_3+3H_2\uparrow$$

分子(或原子)比	2	:	3	:	1	:	3

质量比	2×27:	3×98	:	292	:	3×2
	(54)	(294)				(6)

摩尔比　　　　　　　　　　2　：　　　　3　：　　　1　：　　3

气体的体积　　　　　　　　　　　　　　　　　　　　　　$3mol\times22.4L\cdot mol^{-1}$

　　　　　　　　　　　　　　　　　　　　　　　　　　　　（67.2L）

二、根据化学方程式的计算

根据化学方程式中各反应物质间的定量关系，可以进行一系列的化学计算。

1. 原料用量和产品产量的计算

【例 1-9】　130g 锌与足量的稀 H_2SO_4 作用，能生成多少克硫酸锌？

解　写出反应方程式，设生成的硫酸锌的质量为 x。

$$Zn+H_2SO_4\longrightarrow ZnSO_4+H_2\uparrow$$

　　　　　65.4g　　　　　　　161.4g

　　　　　130g　　　　　　　　x

$$x=\frac{130g\times161.4g}{65.4g}=320.8g$$

答：130g 锌能生成 320.8g 硫酸锌。

【例 1-10】　欲制取氧气 75g，需要氯酸钾多少克？

解　设所需的氯酸钾为 x，则

$$2KClO_3\xrightarrow[\triangle]{MnO_2}2KCl+3O_2$$

　　　$2\times122.5g$　　　　　　　　$3\times32g$

　　　　x　　　　　　　　　　　　75g

$$x=\frac{2\times122.5g\times75g}{3\times32g}=191.4g$$

答：制取 75g 氧气需 191.4g 氯酸钾。

2. 有关气体体积的计算

【例 1-11】　如合成 146kg 氯化氢气体，在标准状况下，需要多少立方米的氢气和氯气？

解　设 x、y 分别代表所需氢气和氯气的 kmol，146kg 氯化氢的 kmol 为

$$\frac{146kg}{36.5kg\cdot(kmol)^{-1}}=4kmol$$

依化学方程式

$$H_2+Cl_2\longrightarrow2HCl$$

　　　　　1　　1　　　　2

　　　　　x　　y　　　　4

则 $x=y=2kmol$，其体积为

$$2kmol\times22.4m^3\cdot kmol^{-1}=44.8m^3$$

答：合成 146kg 氯化氢，在标准状况下需氢气和氯气各为 44.8m³。

3. 有关不纯物质参加化学反应的计算

进行有不纯物质参加化学反应的计算时，应先将其质量换算成纯物质的质量。

纯物质的质量＝不纯物质的质量×物质的质量分数

例如：500kg 纯度为 90％的软锰矿中，所含纯 MnO_2 的质量为：

$$500kg \times 90\% = 450kg$$

【例 1-12】　工业上煅烧石灰石生产氧化钙和二氧化碳。若煅烧 5t 含 90％碳酸钙的石灰石，能制得多少吨氧化钙和多少立方米二氧化碳（标准状况下）？（假定煅烧过程中，除 $CaCO_3$ 外，石灰石中的其他成分不发生变化。）

解　5t 石灰石中纯碳酸钙的质量为

$$5t \times 90\% = 4.5t$$

设 x 为所得氧化钙的质量；y 为所得二氧化碳的体积。

$$CaCO_3 \xrightarrow{\text{煅烧}} CaO + CO_2 \uparrow$$

$$\begin{array}{ccc} 100t & 56t & 22400m^3 \\ 4.5t & x & y \end{array}$$

$$x = \frac{4.5t \times 56t}{100t} = 2.52t$$

$$y = \frac{4.5t \times 22400m^3}{100t} = 1008m^3$$

答：煅烧 5t 含 90％ $CaCO_3$ 的石灰石可制得氧化钙 2.52t，二氧化碳 1008m³（标准状况下）。

4. 产品产率与原料利用率的计算

在生产过程中，由于各种因素的影响，产品的实际产量总是低于理论产量；原料的实际消耗总是高于理论用量。这种实际量与理论量的差异，可以用产品产率和原料利用率来说明。

$$产率 = \frac{实际产量}{理论产量} \times 100\%$$

$$原料利用率 = \frac{理论消耗量}{实际消耗量} \times 100\%$$

【例 1-13】　若 ［例 1-12］中，实际制得的氧化钙是 2.40t，计算产品的产率是多少？

解　已知理论产量为 2.52t，

则

$$产率 = \frac{2.40t}{2.52t} \times 100\% = 95.2\%$$

答：产率是 95.2％。

【例 1-14】　用黄铁矿生产硫黄。黄铁矿中 FeS_2 含量为 84％，经隔绝空气加热，生产 1t 纯硫黄，理论上需黄铁矿多少吨？如实际生产中用去 4.8t，问原料的利用率是多少？

解　(1) 求黄铁矿的理论用量

设纯 FeS_2 的理论用量为 x

$$FeS_2 \xrightarrow{\triangle} FeS + S$$

$$\begin{array}{cc} 119.8t & 32.0t \\ x & 1t \end{array}$$

则

$$x = \frac{119.8t}{32.0t} \times 1t = 3.74t$$

黄铁矿的理论用量为

$$3.74t \div 84\% = 4.54t$$

（2）计算原料的利用率

$$原料利用率=\frac{4.45t}{4.8t}\times100\%=92.7\%$$

答：用含 FeS_2 为 84％的黄铁矿生产 1t 纯硫黄，理论需黄铁矿 4.45t；原料利用率为 92.7％。

5. 多步反应的计算

在化工生产中，从起始原料到制得最终产品，一般需要经过几个连续反应。像这样的连续反应称为多步反应。如工业上用黄铁矿制造硫酸、氨氧化法生产硝酸的过程，都是多步反应。若按各步反应，先由起使原料算出中间产物的量，再由中间产物算出最终产物的量。这样计算显然很烦琐，误差也较大。为简化计算，对这类多步反应宜采用从起始原料到最终产品一步完成的计算方法。

【例 1-15】 用 4.8t 纯度为 84％的黄铁矿生产硫酸，问能制得 98％的硫酸多少吨？已知原料利用率为 92.7％？

解 用黄铁矿生产硫酸，需要经过三步反应。因此本题是多步反应的计算，其计算步骤如下：

（1）写出各步反应的化学方程式

$$4FeS_2+11O_2\longrightarrow2Fe_2O_3+8SO_2\uparrow$$
$$2SO_2+O_2\longrightarrow2SO_3$$
$$SO_3+H_2O\longrightarrow H_2SO_4$$

（2）根据各步反应中反应物和生成物间的定量关系，找出起始反应物、中间产物和最终生成物之间的物质的量的关系。

$$FeS_2\longrightarrow2SO_2\longrightarrow2SO_3\longrightarrow2H_2SO_4$$

（3）确定起始原料和最终产品之间的物质的量的比例。

$$FeS_2\longrightarrow2H_2SO_4$$
$$S\longrightarrow H_2SO_4$$

（4）依据已知条件进行计算

设制成的 98％ H_2SO_4 为 x

$$
\begin{array}{cc}
FeS_2 & 2H_2SO_4 \\
119.8t & 2\times98t \\
4.8t\times84\%\times92.7\% & 98\%x
\end{array}
$$

$$x=\frac{4.8t\times84\%\times92.7\%\times2\times98t}{119.8t\times98\%}=6.24t$$

答：可制成 98％硫酸 6.24t。

6. 反应物有一种剩余时的计算

已知两种或几种反应物质的量，如果它们的质量比与化学方程式中相应物质的比例不符，则决定生成物数量的是最少的那一种反应物。因此解决此类问题，首先对比各反应物的相对量，以量少的那种反应物为依据，计算生成物的量。

【例 1-16】 将 55.8g 纯铁投入 500g 质量分数为 8％的硫酸铜溶液中，问能析出多少克铜？

解 （1）计算 500g 溶液中 $CuSO_4$ 的物质的量（已知 $CuSO_4$ 的摩尔质量为 160 $g\cdot mol^{-1}$）。

$$\frac{500g\times8\%}{160g\cdot mol^{-1}}=0.25mol$$

（2）根据化学方程式对比 $CuSO_4$ 与 Fe 的相对量（已知 Fe 的摩尔质量为 55.8 $g \cdot mol^{-1}$）。

$$CuSO_4 \; + \; Fe \longrightarrow FeSO_4 + Cu\downarrow$$

理论量　　　　　　　1mol　　1mol

实际量　　　　　　　0.25mol　$\dfrac{55.8g}{55.8g \cdot mol^{-1}}$

铁过量，故以 0.25mol 硫酸铜为基准，计算析铜量。

（3）设析出铜 y

$$Fe+CuSO_4 \longrightarrow FeSO_4+Cu\downarrow$$

　　　　　　　　1mol　　　　　　1mol

　　　　　　　　0.25mol　　　　　y

$$1mol : 1mol = 0.25mol : y$$
$$y = 0.25mol$$
$$0.25mol \times 63.5g \cdot mol^{-1} = 15.88g$$

答：能析出 15.88g 铜。

三、热化学方程式

化学反应往往伴随有能量的变化，通常表现为吸收或放出热量。**反应过程中放出或吸收的热量叫做该反应的反应热。** 一般以 1mol 物质参加反应所吸收或放出的热量来衡量某反应的反应热。实验测得 1mol 碳在氧气中燃烧成 CO_2 时放热 393.5kJ（千焦）；1mol 氢气燃烧时放热 241.8kJ；当 1mol 灼烧的碳与水蒸气反应生成 CO 时，吸收 131.4kJ 热量，分别表示如下：

$$C(s)+O_2(g) \longrightarrow CO_2(g)+393.5kJ$$
$$H_2(g)+\frac{1}{2}O_2(g) \longrightarrow H_2O(g)+241.8kJ$$
$$C(s)+H_2O(g) \xrightarrow{\triangle} CO(g)+H_2(g)-131.4kJ$$

这种表明反应所放出或吸收的热量的化学方程式叫做热化学方程式。放出热量的反应叫做放热反应；吸收热量的反应叫做吸热反应。

书写热化学方程式按以下步骤。

（1）反应热写在化学方程式的右边，单位是 kJ。反应放热以"＋"号表示；反应吸热以"－"号表示。上例中，碳的燃烧反应是放热反应；碳与水蒸气反应是吸热反应。

（2）因为反应热与物质的聚集状态有关，所以在热化学方程式中要注明物质的聚集状态，以符号 g、l、s 分别代表气、液、固三态。

（3）热化学方程式中，各分子式前面的计量系数代表物质的量（摩尔），不代表分子数，它可以是整数，也可以是分数。

（4）温度和压力的变化影响反应热的数值，为了便于比较，规定：25℃（298K）和 100kPa 下的反应热为标准反应热。一般若不作特殊指明，反应热皆指标准反应热。

应用热化学方程式可以计算化学反应中出现的热量的变化。

第四节　溶液的浓度

溶液的浓度除用溶质的质量分数（w）表示外，还可用物质的量浓度表示。后者在化学计算中占有很重要的地位，是生产和科研常用的浓度表示方法。

一、物质的量浓度

1. 物质的量浓度

以 1 升（L）溶液中所含溶质的物质的量，来表示溶液的浓度，称为物质的量浓度或简称浓度。用 c 表示。单位是 $mol \cdot L^{-1}$。

例如：1L 硫酸溶液中含 1mol（98g）硫酸，叫做 $1mol \cdot L^{-1}$ 硫酸溶液；

1L 硫酸溶液中含 0.1mol（9.8g）硫酸，叫做 $0.1mol \cdot L^{-1}$ 硫酸溶液；

1L 硫酸溶液中含 0.5mol（49g）硫酸，叫做 $0.5mol \cdot L^{-1}$ 硫酸溶液；

溶液的物质的量浓度可用下式表示

$$\text{物质的量浓度} / (mol \cdot L^{-1}) = \frac{\text{溶质的物质的量} / mol}{\text{溶液的体积} / L}$$

当溶质的物质的量不变时，则溶液的物质的量的浓度和溶液的体积成反比；在等体积、等物质的量浓度的溶液中，所含溶质的分子数是相等的。

下面讨论有关溶液物质的量浓度的计算及溶液配制方法。

【例 1-17】　在 200mL 稀盐酸里，含有 0.73g HCl，计算该溶液的物质的量浓度。

解　已知 HCl 的摩尔质量是 $36.5g \cdot mol^{-1}$，0.75g HCl 的物质的量为

$$\frac{0.73g}{36.5g \cdot mol^{-1}} = 0.02mol$$

则该溶液的物质的量浓度为

$$\frac{0.02mol}{\frac{200}{1000}L} = 0.1mol \cdot L^{-1}$$

答：这种稀盐酸的物质的量浓度为 $0.1mol \cdot L^{-1}$。

【例 1-18】　在 200mL Na_2CO_3 溶液中，含有 6.36g Na_2CO_3 计算此溶液的物质的量浓度。

解　已知 Na_2CO_3 的摩尔质量是 $106g \cdot mol^{-1}$，则 6.36g Na_2CO_3 的物质的量为

$$\frac{6.36g}{106g \cdot mol^{-1}} = 0.06mol$$

该溶液的物质的量浓度为

$$\frac{0.06mol}{\frac{200}{1000}L} = 0.3mol \cdot L^{-1}$$

答：Na_2CO_3 溶液的物质的量浓度为 $0.3mol \cdot L^{-1}$。

2. 已知溶液的物质的量浓度，计算一定体积溶液中所含溶质的质量

【例 1-19】　配制 1000mL $0.1mol \cdot L^{-1}$ NaOH 溶液，需要多少克 NaOH？怎样配制？

解　1mol NaOH 的质量为 40g，则 0.1mol NaOH 的质量为

$$40g \cdot mol^{-1} \times 0.1mol = 4g$$

设 1000mL、$0.1mol \cdot L^{-1}$ NaOH 溶液中含 NaOH 为 x

则

$$x = \frac{1000mL \times 4g}{1000mL} = 4g$$

答：需要 4g NaOH。

配制溶液的方法如下：

在天平上称取 4g 固体 NaOH，放在烧杯中，用少量蒸馏水溶解，冷却，再将溶液小心

地注入1000mL 容量瓶（见图1-4）中，再加少量蒸馏水洗涤烧杯2~3次，洗液也注入容量瓶中，然后用蒸馏水稀释至容量瓶的刻度处。盖紧瓶塞，摇匀即可。

【例1-20】　配制250mL 0.1mol·L^{-1} $CuSO_4$ 溶液，需要多少克胆矾（$CuSO_4 \cdot 5H_2O$）？

解　0.1mol·L^{-1} $CuSO_4$ 溶液，即1L溶液中溶有0.1mol $CuSO_4$，则1L溶液中溶有的 $CuSO_4$ 为

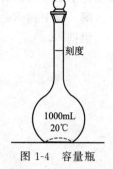

图1-4　容量瓶

$$160g \cdot mol^{-1} \times 0.1mol = 16g$$

250mL 0.1mol·L^{-1} $CuSO_4$ 溶液中含 $CuSO_4$ 为

$$\frac{250mL \times 16g}{1000mL} = 4g$$

1mol $CuSO_4 \cdot 5H_2O$（250g）中含有1mol $CuSO_4$，4g $CuSO_4$ 相当的 $CuSO_4 \cdot 5H_2O$ 的质量为

$$\frac{250g \cdot mol^{-1}}{160g \cdot mol^{-1}} \times 4g = 6.25g$$

答：配制250mL 0.1mol·L^{-1} $CuSO_4$ 溶液需胆矾6.25g。

3. 有关溶液稀释的计算

溶液稀释前后溶质的质量不变，即溶液中溶质的物质的量不变。

则　　　　　　　　　　　　$$c_1 V_1 = c_2 V_2$$

式中　V_1——稀释前溶液的体积；

c_1——稀释前溶液的物质的量浓度；

V_2——稀释后溶液的体积；

c_2——稀释后溶液的物质的量浓度。

【例1-21】　配制3L 1mol·L^{-1} $BaCl_2$ 溶液，需2mol·L^{-1}的 $BaCl_2$ 溶液多少升？

解　已知 $c_1 = 2mol \cdot L^{-1}$，$c_2 = 1mol \cdot L^{-1}$，$V_2 = 3L$

根据　　　　　　　　　　$$c_1 V_1 = c_2 V_2$$

则　　　　　　　　　　　$$2 \times V_1 = 1 \times 3$$

$$V_1 = 1.5L$$

答：取1.5L 2mol·L^{-1} $BaCl_2$ 溶液，加水稀释至3L，即得1mol·L^{-1} $BaCl_2$ 溶液。

4. 物质的量浓度与化学计算

【例1-22】　如果向10mL 2mol·L^{-1}的稀硫酸里，滴入30mL 1mol·L^{-1}的氢氧化钠溶液，所得溶液呈酸性还是碱性？为什么？

解　（1）根据已知条件计算 H_2SO_4、$NaOH$ 的物质的量。

$NaOH$ 物质的量 $= 1mol \cdot L^{-1} \times 0.03L = 0.03mol$

H_2SO_4 物质的量 $= 2mol \cdot L^{-1} \times 0.01L = 0.02mol$

（2）根据化学方程式对比 $NaOH$ 与 H_2SO_4 的相对量

$$2NaOH + H_2SO_4 \longrightarrow Na_2SO_4 + 2H_2O$$

理论量　　　　　　　　2mol　　1mol

实际量　　　　　　　　0.03mol　0.02mol

显然，H_2SO_4 过量，溶液呈酸性。

答：H_2SO_4 过剩，溶液呈酸性。

【例 1-23】 在滴定一未知浓度的盐酸时，0.2385g 纯 Na_2CO_3 恰与 22.5mL 该盐酸溶液反应，求盐酸的物质的量浓度？

解 设中和 Na_2CO_3 所需纯 HCl 为 x，已知 Na_2CO_3 摩尔质量为 106g·mol^{-1}。

根据

$$Na_2CO_3 \quad + \quad 2HCl \longrightarrow 2NaCl + H_2O + CO_2 \uparrow$$
$$1mol \qquad\qquad 2mol$$
$$\frac{0.2385g}{106g \cdot mol^{-1}} \qquad\qquad x$$

$$1mol : 2mol = \frac{0.2385g}{106g \cdot mol^{-1}} : x$$

$$x = \frac{0.2385g}{106g \cdot mol^{-1}} \times 2 = 0.0045mol$$

该盐酸溶液物质的量浓度为

$$\frac{0.0045mol}{0.0225L} = 0.2mol \cdot L^{-1}$$

答：该盐酸溶液物质的量浓度为 0.2mol·L^{-1}。

在实践中，有时也使用质量摩尔浓度，即**将 1000g 溶剂中溶有的溶质的物质的量所表示的溶液浓度，叫做溶质的质量摩尔浓度，常用 m 表示，单位是 mol·$(1000g)^{-1}$ 溶剂。**

二、溶液浓度的换算

市售的许多液体试剂常常只标明密度和质量分数，如盐酸密度 1.19g·mL^{-1}、质量分数 37％；H_2SO_4 密度 1.84g·mL^{-1}、质量分数 98％等。而在实际工作中，往往要用到物质的量浓度，因而就需要进行浓度的相互换算。

溶液浓度的表示方法虽有不同，但实际上分为两大类。一类是质量浓度，表示溶质和溶液的质量比；另一类是体积浓度，如物质的量浓度，表示一定体积的溶液中所含溶质的量。这两大类浓度可以通过"密度"联系起来，因而"密度"就成为两大类浓度换算的桥梁。

$$溶液的密度/(g \cdot mL^{-1}) = \frac{溶液的质量/g}{溶液的体积/mL}$$

如将质量分数换算为物质的量浓度，可通过溶液的密度（ρ）、体积（V）、质量分数（w）先算出溶质的质量（G）。

$$G = \rho V w$$

然后，再由溶质的质量与溶质的摩尔质量求出溶质的物质的量，进而算出物质的量浓度。

【例 1-24】 盐酸的质量分数为 37％，密度为 1.19g·mL^{-1}，求该盐酸的物质的量浓度？

解 已知 HCl 的摩尔质量为 36.5g·mol^{-1}，$\rho = 1.19g \cdot mL^{-1}$，质量分数为 37％，则 1L 盐酸中所含 HCl 的质量

$$G = \rho V w = 1.19g \cdot mL^{-1} \times 1000mL \cdot L^{-1} \times 37\% = 440.3g \cdot L^{-1}$$

$$c = \frac{440.3g \cdot L^{-1}}{36.5g \cdot mol^{-1}} = 12.06mol \cdot L^{-1}$$

答：该盐酸的物质的量浓度为 12.06mol·L^{-1}。

【例 1-25】 市售 98％硫酸溶液，密度为 1.84g·mL^{-1}，配成 1∶5（体积比）的硫酸溶液。

(1) 计算这种硫酸的质量分数；

(2) 若所得稀硫酸的密度为 1.19g·mL^{-1}，试计算其物质的量浓度？

解 题目没有给出溶液的体积，解这类题目时，应先确定一种计算基准。为便于计算，

设浓硫酸的体积为 1mL。

（1）计算 1∶5 硫酸溶液的质量分数：

1mL 浓硫酸与 5mL 水混合，所得溶液总质量为

$$1mL \times 1.84g \cdot mL^{-1} + 5mL \times 1g \cdot mL^{-1} = 6.84g$$

溶质的质量

$$1mL \times 1.84g \cdot mL^{-1} \times 98\% = 1.8g$$

1∶5 硫酸溶液的质量分数

$$w = \frac{1.8g}{6.84g} \times 100\% = 26.3\%$$

（2）计算 1∶5 硫酸物质的量浓度

$$c = \frac{1000mL \times 1.19g \cdot mL^{-1} \times 26.3\%}{98g \cdot mol^{-1} \times 1L} = 3.19mol \cdot L^{-1}$$

答：（1）1∶5 硫酸的质量分数为 26.3%；

（2）1∶5 硫酸的物质的量浓度为 3.19mol·L⁻¹。

【例 1-26】 2mol·L⁻¹ NaOH 溶液的密度是 1.08g·mL⁻¹，计算其质量分数？

解 以 1L 2mol·L⁻¹ NaOH 溶液为计算基准 NaOH 摩尔质量为 40g·mol⁻¹，2mol·L⁻¹ NaOH 溶液密度为 1.08g·mL⁻¹，其 1L 溶液中含 NaOH 的质量：

$$G = 2mol \cdot L^{-1} \times 1L \times 40g \cdot mol^{-1} = 80g$$

而 1L 溶液的质量为：

$$1.08g \cdot mL^{-1} \times 1000mL = 1080g$$

则

$$w\% = \frac{80g}{1080g} \times 100\% = 7.4\%$$

答：2mol·L⁻¹ NaOH 溶液的质量分数为 7.4%

本章复习要点

一、摩尔、摩尔质量、气体摩尔体积、物质的量浓度的定义、单位、相互换算关系

基 本 量	定 义	相互换算关系	备 注
摩尔(mol)	当某物质含有与阿伏加德罗常数相等数量的微粒时,这种物质的量就是 1mol		阿伏加德罗常数(N_A)为 $6.02 \times 10^{23} mol^{-1}$
摩尔质量 M(g·mol⁻¹)	指 1mol 物质的质量,数值上等于物质的相对分子质量(或相对原子质量)	$\dfrac{质量/g}{摩尔质量/(g \cdot mol^{-1})} = $ 物质的量/mol	
气体摩尔体积(标准状况下)V_{m0}(L·mol⁻¹)	在标准状况下,1mol 的任何气体所占的体积约为 22.4L	$\dfrac{摩尔质量/(g \cdot mol^{-1})}{气体密度(标准状况)/(g \cdot L^{-1})}$ = 气体摩尔体积/(L·mol⁻¹)	标准状况温度:0℃(273.15K)压力:100kPa
物质的量浓度 c (mol·L⁻¹)	1L 溶液中所含溶质的物质的量	1. 稀释时:$c_1V_1 = c_2V_2$ 2. 溶液的质量分数与物质的量浓度的换算 $c = \dfrac{\rho \times w \times 1000}{M}$	c_1、c_2 为稀释前后物质的量浓度 V_1、V_2 为稀释前后溶液的体积 ρ 为溶液密度(g·mL⁻¹) w 为溶液的质量分数 M 为溶质的摩尔质量

二、化学方程式和化学计算

用分子式表示化学反应的式子叫做化学方程式。表明反应中热量变化的化学方程式叫做热化学方程式。

化学方程式表达了物质的质和量（质量、物质的量、体积等）的变化。根据化学方程式，可以计算反应中各物质的质量，物质的量和气体体积等。生产上用来计算原料用量和产品产量。

$$产品的产率 = \frac{实际产量}{理论产量} \times 100\%$$

$$原料利用率 = \frac{理论消耗量}{实际消耗量} \times 100\%$$

第 二 章　碱金属和碱土金属

【学习目标】

1. 掌握氧化还原反应的基本概念，了解常用的氧化剂、还原剂。

2. 掌握钠、钾、镁、钙的单质及其重要化合物的性质和应用。

3. 了解碱金属、碱土金属的金属活泼性与原子结构的关系。通过对碱金属、碱土金属元素及其重要化合物性质的学习，初步建立元素族的概念。

4. 了解硬水及其软化方法。

5. 掌握离子互换反应进行的条件，正确书写离子方程式。

第一节　氧化还原反应的基本概念

在初中化学里，把物质跟氧发生的化学反应叫做氧化反应；把含氧化合物失去氧的化学反应叫做还原反应。例如，在加热条件下，氧化铜跟氢气的反应中

$$CuO + H_2 \xrightarrow{\triangle} Cu + H_2O$$

氢气得到氧变成水发生的就是氧化反应；氧化铜失去氧变成金属铜发生的就是还原反应。像这样一种物质被氧化，同时另一种物质被还原的化学反应叫做氧化还原反应。

实际上，许多没有氧参与的化学反应也是氧化还原反应。例如：

$$Cu + Cl_2 \xrightarrow{\triangle} CuCl_2$$

$$2P + 3Cl_2 \xrightarrow{\triangle} 2PCl_3$$

一、氧化和还原

上述三个氧化还原反应的共同特点是反应前后元素的化合价发生了变化，有的元素化合价升高了，有的元素化合价降低了。所以，**凡是反应前后元素的化合价有改变的化学反应都是氧化还原反应**。在氧化还原反应中，**元素化合价升高的过程叫氧化；元素化合价降低的过程叫还原**。

例如，氧化铜和氢气的反应中，铜的化合价从 $+2$ 降低到 0，CuO 被还原；氢的化合价从 0 升高到 $+1$，H_2 被氧化。

还原(化合价降低)

$$\overset{+2}{Cu}O + \overset{0}{H_2} \xrightarrow{\triangle} \overset{0}{Cu} + \overset{+1}{H_2}O$$

氧化(化合价升高)

在铜和氯气的反应中，铜的化合价从 0 升高到 $+2$，Cu 被氧化；氯的化合价从 0 降低到 -1，Cl_2 被还原。

氧化(化合价升高)

$$\overset{0}{Cu} + \overset{0}{Cl_2} \xrightarrow{\triangle} \overset{+2}{Cu}\overset{-1}{Cl_2}$$

还原(化合价降低)

在磷和氯气的反应中，磷的化合价从 0 升高到 +3，磷被氧化；氯的化合价从 0 降低到 -1，Cl_2 被还原。

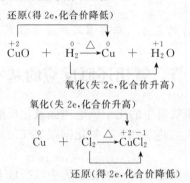

$$\overset{0}{2P} + \overset{0}{3Cl_2} \xrightarrow{\triangle} \overset{+3\ -1}{2PCl_3}$$

（上：氧化（化合价升高）；下：还原（化合价降低））

应当指出，氧化还原反应中，元素化合价发生改变是由电子的得失或电子对的偏离引起的。因此，**氧化还原反应的实质是电子的转移**。反应中原子或离子失去电子的过程叫氧化，获得电子的过程叫还原。在同一氧化还原反应中，得失电子的过程是同时发生的，氧化和还原总是相伴而生，得失电子的总数是相等的。例如：

（上：还原（得 2e，化合价降低））

$$\overset{+2}{CuO} + \overset{0}{H_2} \xrightarrow{\triangle} \overset{0}{Cu} + \overset{+1}{H_2O}$$

（下：氧化（失 2e，化合价升高））

（上：氧化（失 2e，化合价升高））

$$\overset{0}{Cu} + \overset{0}{Cl_2} \xrightarrow{\triangle} \overset{+2\ -1}{CuCl_2}$$

（下：还原（得 2e，化合价降低））

二、氧化剂和还原剂

在氧化还原反应中，若一种反应物的组成元素的化合价升高（氧化），则必有另一种反应物的组成元素的化合价降低（还原）。**失电子（化合价升高）的物质叫做还原剂，还原剂将另一种物质还原，本身被氧化，它的反应产物叫做氧化产物；得电子（化合价降低）的物质叫做氧化剂，氧化剂将另一种物质氧化，本身被还原，它的反应产物叫做还原产物。** 如：

（2e）

$$\overset{+2}{CuO} + \overset{0}{H_2} \xrightarrow{\triangle} \overset{0}{Cu} + \overset{+1}{H_2O}$$

（氧化剂）　（还原剂）　　（还原产物）　（氧化产物）

（2e）

$$\overset{+4}{MnO_2} + \overset{-1}{4HCl(浓)} \xrightarrow{\triangle} \overset{+2}{MnCl_2} + \overset{0}{Cl_2}\uparrow + H_2O$$

（氧化剂）　　（还原剂）　　　（还原产物）　（氧化产物）

另外一种情况，在一个氧化还原反应中，某一种物质既是氧化剂，也是还原剂。例如：

$$\overset{+5\ -2}{2KClO_3} \xrightarrow{\triangle} \overset{-1}{2KCl} + \overset{0}{3O_2}\uparrow$$

反应中，氯酸钾分子内的 -2 价氧被氧化，氧化产物是 O_2；+5 价的氯被还原，还原产物是 KCl；氯酸钾既是氧化剂，也是还原剂。像这样**发生在同一种分子内的不同种元素间的氧化还原反应叫做自身氧化还原反应**。又如

$$\overset{0}{Cl_2} + 2NaOH \longrightarrow \overset{+1}{NaClO} + \overset{-1}{NaCl} + H_2O$$

氯分子中一个原子被氧化，化合价升高；另一个原子被还原，化合价降低；像这样**发生在同一分子内同种元素的原子间的氧化还原反应叫做歧化反应**。Cl_2 既是氧化剂，又是还原剂。

容易得到电子的物质可做氧化剂。活泼的非金属单质如 O_2、O_3、Cl_2、I_2 等，含高价元素的分子和离子如 $KMnO_4$、$K_2Cr_2O_7$、$KClO_3$、HNO_3、浓 H_2SO_4 等，过氧化物如 H_2O_2、Na_2O_2 等都是常用的氧化剂。

容易失去电子的物质可做还原剂。活泼的金属单质如 Na、Mg、Al、Fe、Zn 等，某些非金属如 C 和 H_2，含低价元素的分子和离子如 Sn^{2+}、Fe^{2+}、I^-、H_2S 等都是常用的还原剂。

某些**元素**具体多种价态，**当它处在中间价态时，既可作氧化剂，也可作还原剂。**例如 H_2O_2 分子中，元素氧的价态是 -1，当它与强氧化剂如 $KMnO_4$ 在酸性溶液中作用时，它作为还原剂给出电子，分子中元素氧的价态由 -1 升高到 0；

$$5\overset{-1}{H_2O_2}+2\overset{+7}{KMnO_4}+3H_2SO_4（稀）\longrightarrow$$
$$2\overset{+2}{Mn}SO_4+5\overset{0}{O_2}\uparrow+K_2SO_4+8H_2O$$

当它与还原剂如 $FeSO_4$ 在酸性溶液中反应时，它作为氧化剂获得电子，分子中元素氧的价态由 -1 降低到 -2。

$$\overset{-1}{H_2O_2}+2\overset{+2}{Fe}SO_4+H_2SO_4（稀）\longrightarrow\overset{+3}{Fe_2}(SO_4)_3+2\overset{-2}{H_2O}$$

氧化剂、还原剂及其反应的产物，是由氧化剂和还原剂的性质以及化学反应的条件决定的，是以实验事实为依据的，是相对的，不是绝对的。例如，在金属与盐酸是置换反应中，金属做还原剂，氧化产物是金属氯化物；盐酸（其中的 H^+）做氧化剂，还原产物是氢气。二氧化锰跟浓盐酸加热反应时，二氧化锰是氧化剂，还原产物是二氯化锰；盐酸（其中的 Cl^-）做还原剂，氧化产物是氯气。

至于氧化剂、还原剂的相对强弱，将在第九章第四节中讨论。

第二节　碱　金　属

碱金属包括锂（Li）、钠（Na）、钾（K）、铷（Rb）、铯（Cs）、钫（Fr）六种金属元素。因它们的氧化物溶于水呈强碱性，所以称其为碱金属。其中锂、铷、铯是稀有金属；钫是放射性元素；而钠、钾在地壳内蕴藏较丰富，且它们的单质和化合物用途较广泛，所以本节将重点介绍钠、钾及其重要化合物。

一、碱金属的原子结构和化合价

碱金属元素原子最外电子层只有一个电子，次外层是稀有气体的稳定结构。最外层这个电子离核较远，容易失去，所以碱金属元素的主要化合价为 $+1$（如表 2-1 所示）。

表 2-1　碱金属的原子结构和化合价

元素名称	元素符号	核电荷数	各电子层的电子数						化合价 $+1$
			K	L	M	N	O	P	
锂	Li	3	2	1					+1
钠	Na	11	2	8	1				+1
钾	K	19	2	8	8	1			+1
铷	Rb	37	2	8	18	8	1		+1
铯	Cs	55	2	8	18	18	8	1	+1

二、钠、钾的物理性质

【演示实验 2-1】 取一小块金属钠，用滤纸擦去表面的煤油，用小刀切开，观察切割后的新鲜表面。

钠、钾都是具有银白色光泽的金属，有延展性，是电和热的良导体。**钠、钾还有三种与一般金属不同的独特的物理性质**，即**密度小**，比水轻，能浮在水面上，是典型的轻金属[1]；**硬度**[2]**小**，能用刀切割；**熔点低**，其熔点比水的沸点还低，能在常温下形成液体合金，如钠和汞的合金熔点只有 $-36.8℃$。碱金属的物理性质见表 2-2。

表 2-2　碱金属的物理性质

名称 性质	锂	钠	钾	铷	铯
密度/$(g \cdot cm^{-3})$	0.53	0.97	0.86	1.53	1.87
熔点/℃	108.5	98	93.2	38.8	28.6
沸点/℃	1331	890	763	701	685
硬度(金刚石=10)	0.6	0.4	0.5	0.3	0.2

三、钠、钾的化学性质

常温下，钠、钾容易和许多非金属元素及**水等发生剧烈反应**。在这些反应里，它们总是做还原剂。钾比钠更容易失电子，具有更强的还原能力。

1. 钠、钾与氧的反应

【演示实验 2-2】　观察演示实验 2-1 中金属钠新鲜表面颜色的变化，然后把小块钠放在燃烧勺中加热，观察现象。

钠、钾在干燥的空气中放置，逐渐被空气氧化，形成氧化物。氧化物吸收空气中的二氧化碳转化为碳酸盐。具有银白色光泽的金属钠的新鲜表面因此而变暗。

$$4Na+O_2 \longrightarrow 2Na_2O$$
$$Na_2O+CO_2 \longrightarrow Na_2CO_3$$

钠、钾在空气中燃烧时，若空气充足，钠主要生成淡黄色的过氧化钠（Na_2O_2）、钾主要生成橙黄色的超氧化钾（KO_2）。

$$2Na+O_2 \xrightarrow{\triangle} Na_2O_2$$

$$K+O_2 \xrightarrow{\triangle} KO_2$$

燃烧时，钠、钾分别呈现黄色和紫色火焰，此现象称为焰色反应。分析化学中常用焰色反应检验某些金属元素的存在。

2. 钠、钾与氢的反应

化学活泼性很高的钠、钾在 $300 \sim 400℃$ 温度范围内与氢气可直接化合生成氢化钠 NaH 或氢化钾 KH。

$$2Na+H_2 \xrightarrow{\triangle} 2NaH$$

3. 钠、钾与其他非金属的反应

钠、钾与卤素[3]、硫、磷等非金属单质在常温下即可发生剧烈反应，加热时甚至发生爆炸，生成相应的离子型化合物，而显示活泼的金属性。

---

[1] 密度在 $5g \cdot cm^{-3}$ 以下的金属，称为轻金属。
[2] 硬度：是以滑石的硬度作为 1、金刚石作为 10 相比较得到的。
[3] 关于卤素的含义可参阅第三章。

$$2Na+Br_2\longrightarrow 2NaBr$$

$$2Na+S\longrightarrow Na_2S$$

$$3Na+P\longrightarrow Na_3P$$

4. 钠、钾与水的反应

【演示实验2-3】　用镊子取一小块如绿豆大小的金属钠，放入盛有水（事先滴入两滴酚酞指示剂）的烧杯里，观察钠与水的反应情况。并收集所产生的气体（见图2-1），反应结束后，将试管取下，检验生成的氢气。

钠遇水剧烈反应，产生大量的热，使钠熔化成小球，在水面上浮动，同时发出嘶嘶的声音。反应放出氢气，生成氢氧化钠。

$$2Na+2H_2O\longrightarrow 2NaOH+H_2\uparrow$$

钾与水的反应更剧烈，产生的氢气可燃烧。

$$2K+2H_2O\longrightarrow 2KOH+H_2\uparrow$$

钠、钾与盐酸或稀硫酸反应生成相应的盐并放出氢气。因反应十分剧烈，不宜用此法制取氢气。

图 2-1　钠和水起反应

由上述钠、钾的性质可知，它们在空气中很不稳定，易发生各种剧烈反应。因此，钠、钾都要隔绝空气和水妥善保存。大量的钠、钾要密封在钢桶中，单独存放。少量的钠、钾则浸在煤油中保存。在使用钠、钾时，要佩戴防护眼镜。遇其着火时，只能用砂土或干粉灭火，绝不能用水。

四、钠、钾的存在与制备

由于碱金属的化学性质很活泼，所以它们均以化合态存在于自然界。钠、钾是地壳[1]中含量较丰富的元素，两者均约占地壳的 2.5%。主要的矿物质有钠长石（$NaAlSi_3O_8$）、钾长石（$KAlSi_3O_8$）、光卤石（$KCl\cdot MgCl_2\cdot 6H_2O$）及明矾石 $[K_2SO_4\cdot Al_2(SO_4)_3\cdot 24H_2O]$ 等。海水中氯化钠的含量为 2.7%。植物灰中也含有钾盐。

由于钠离子得电子能力极弱，工业上采用电解熔融盐的方法制取金属钠。

$$2NaCl(熔融)\xrightarrow{\text{电解}} 2Na+Cl_2\uparrow$$

电解用的原料是氯化钠和氯化钙的混合盐。如果只用氯化钠进行电解，不仅熔融氯化钠（熔点 800℃）需要的温度高，而且电解析出的金属钠（沸点 890℃）容易挥发，还容易分散在熔融盐中难于分离出来。加入氯化钙后，一方面可降低电解质的熔点（混合盐的熔点约500℃），防止金属钠的挥发；另一方面，因熔融混合物的密度比金属钠大，电解析出的钠浮在上面，易于分离。

钾的沸点低易挥发，且易溶于熔融氯化钾中难于分离。所以，工业上一般不用电解熔融盐法制取金属钾，而主要用金属置换法，本书不作详细讨论。

五、钠、钾的用途

钾的来源比钠困难，而钠、钾的性质又很相似，因此大多数情况下，可以用钠代替钾。钠主要用作强还原剂冶炼金属，如金属钛和锆就是利用其还原性制取的。

钠、钾另一种用途是制造合金。77.2%的钾和22.8%的钠形成的合金，熔点（−12.3℃）

---

❶ 地壳是地球表面30～40km厚的一个薄层，它除了由岩石组成的固体层以外，还包括海水和大气，分别称为岩石圈、水圈和大气圈。

低、比热大、液化温度范围宽，用做核反应堆的冷却剂；钠与汞的合金（钠汞齐，熔点 -36.6℃）具有缓和的还原性，常在有机合成中用作还原剂。大量的钠还用于制取那些不能由氯化钠直接制取的钠的化合物，如过氧化钠、氰化钠（NaCN，剧毒！）、氢化钠等。

六、钠、钾的重要化合物

钾的化合物与对应的钠的化合物性质很相似，又由于钾的来源较困难，所以工业上多用钠的化合物。但钾盐有不含结晶水、不易潮解、易提纯等特点，实验室、化学分析中应用较多。钾的化合物主要用作钾肥。本节重点讨论钠的化合物。

1. 氢化物

氢化钠 NaH、氢化钾 KH 是离子型化合物，也称盐型氢化物。它们都是白色晶体，在**熔融状态下能导电，电解时在阴极析出金属，在阳极产生氢气。表明这些盐型氢化物中的氢是带负电的组分。**

所有碱金属氢化物都是强还原剂，广泛用于冶金和有机合成工业。如固态 NaH 在 400℃时能将四氯化钛（$TiCl_4$）还原为金属钛（Ti）。

$$4NaH + TiCl_4 \xrightarrow{400℃} Ti + 4NaCl + 2H_2 \uparrow$$

NaH、KH 遇水会立即反应放出氢气。

$$NaH + H_2O \longrightarrow NaOH + H_2 \uparrow$$

2. 过氧化钠

过氧化钠（Na_2O_2）是淡黄色粉末状固体，易吸潮，热至 500℃仍很稳定，遇水或稀酸反应产生 H_2O_2。H_2O_2 不稳定，易分解放出氧气。

$$Na_2O_2 + 2H_2O \longrightarrow H_2O_2 + 2NaOH$$
$$Na_2O_2 + H_2SO_4（稀）\longrightarrow H_2O_2 + Na_2SO_4$$
$$2H_2O_2 \longrightarrow 2H_2O + O_2 \uparrow$$

【演示实验2-4】 往盛有少量过氧化钠的试管中滴水，再将火柴的余烬靠近试管口，检验放出的氧气。

实验室中常用上述反应，制取少量氧气或过氧化氢（反应时要加以冷却，以防过氧化氢分解。）

利用上述反应，Na_2O_2 可作为氧气发生剂。它也是一种强氧化剂。工业上用作漂白剂，漂白麦秆、羽毛等。Na_2O_2 还常用作分解矿石的熔剂。熔融时遇到棉花、炭粉或铝粉等，能发生爆炸，使用时要十分小心。

过氧化钠暴露在空气中遇二氧化碳也可放出氧气，所以过氧化钠必须密闭保存。

$$2Na_2O_2 + 2CO_2 \longrightarrow 2Na_2CO_3 + O_2 \uparrow$$

利用这一性质，Na_2O_2 在防毒面具、高空飞行和潜水艇中用作 CO_2 的吸收剂或供氧剂。

超氧化钾 KO_2 是橙黄色固体。它比 Na_2O_2 有更强的氧化性，与水剧烈反应

$$2KO_2 + 2H_2O \longrightarrow O_2 \uparrow + H_2O_2 + 2KOH$$

遇二氧化碳迅速放出氧气。KO_2 是很好的供氧剂。

$$4KO_2 + 2CO_2 \longrightarrow 2K_2CO_3 + 3O_2 \uparrow$$

3. 氢氧化钠

氢氧化钠是白色固体，暴露在空气中易潮解，吸收空气中的二氧化碳，生成碳酸钠和水

$$2NaOH + CO_2 \longrightarrow Na_2CO_3 + H_2O$$

因此，**NaOH 要密封保存。**合成氨生产中，就是利用氢氧化钠溶液除去氮、氢原料气中微量

的二氧化碳的。

氢氧化钠易溶于水，溶解时放出大量的热。它的固体和浓溶液对皮肤、纸张等有强烈的腐蚀作用，因此又称之为苛性钠、火碱、烧碱。使用它的固体或浓溶液时，要小心谨慎。

氢氧化钠溶于水后，全部电离为 Na^+ 和 OH^-

$$NaOH \longrightarrow Na^+ + OH^-$$

它的溶液具有碱的一切性质，能同酸、酸性氧化物、盐等起反应。如氢氧化钠与二氧化硅反应生成硅酸钠和水。

$$2NaOH + SiO_2 \longrightarrow Na_2SiO_3 + H_2O$$

硅酸钠的水溶液是一种胶黏剂。实验室盛装氢氧化钠的试剂瓶应使用橡胶塞，不能用玻璃塞。否则，存放时间较长时，氢氧化钠就会和瓶口玻璃中的二氧化硅反应生成硅酸钠，把玻璃塞和瓶口粘在一起。

氢氧化钠是重要的化工基本原料，主要用于精炼石油、肥皂、造纸、化学纤维、纺织、有机合成等生产中。在实验室可用于干燥氨、氧、氢等气体。它也是常用的化学试剂。

工业上是用电解食盐水溶液的方法制备氢氧化钠的。

$$2NaCl + 2H_2O \xrightarrow{\text{电解}} 2NaOH + H_2\uparrow + Cl_2\uparrow$$

电解装置中有特制的离子交换膜将氢气、氯气分开，所得氢氧化钠溶液浓度可达30%，仅含极微量的盐（详见第九章［阅读材料］）。根据需要可进一步蒸发、浓缩，直至除去全部水分。将得到的熔融物装于铁桶中密封，冷却后凝成固体烧碱。

在内陆盐湖天然碱（Na_2CO_3）比较富集的地区，也可用苛化法制备氢氧化钠。即用石灰乳（氢氧化钙的悬浮液）与碳酸钠溶液反应，生成氢氧化钠溶液和碳酸钙沉淀。

$$Na_2CO_3 + Ca(OH)_2 \longrightarrow CaCO_3\downarrow + 2NaOH$$

滤去碳酸钙沉淀，将氢氧化钠溶液浓缩，便可制得固体烧碱。

4. 钠、钾的盐类

碱金属的常见盐类有卤化物、碳酸盐、硝酸盐、硫酸盐和硫化物。下面仅对钠盐、钾盐的共同特性作简单介绍。

（1）颜色　不论在水溶液还是在晶体中，Na^+、K^+ 都是无色的，因此它们的盐类一般都是无色或白色的固体。少数钠、钾盐有颜色是因为阴离子有颜色，如高锰酸钾的紫色就是高锰酸根的颜色。

（2）溶解性　钠盐、钾盐的最大特征是易溶于水，并且在水中完全电离，但是碳酸氢钠（$NaHCO_3$）溶解度较小。温度的改变对 NaCl 溶解度影响不大。

（3）熔点　钠盐、钾盐一般具有较高的熔点（见表2-3）。这是因为离子化合物的晶体中，正、负离子有较强的吸引力所致。

表2-3　一些钠盐和钾盐的熔点　　　　　　　　　　　℃

	F^-	Cl^-	Br^-	I^-	SO_4^{2-}	CO_3^{2-}	NO_3^-
Na^+	995	808	755	661	884	851	308
K^+	856	772	748	677	1069	891	334

（4）热稳定性　钠盐、钾盐具有较高的热稳定性。其卤化物在高温下挥发，但难分解；其硫酸盐在高温下既难挥发又难分解；其碳酸盐熔融后也不分解。唯有其硝酸盐的热稳定性较差，加热到一定温度分解为亚硝酸盐并放出氧气。

$$2NaNO_3 \xrightarrow{720℃} 2NaNO_2 + O_2 \uparrow$$

【阅读材料】

钾　肥

钾是植物生长的三大要素（氮、磷、钾）之一。钾的化合物对于植物生长起着重要作用，它能促进淀粉和糖的合成，促进植物对氮的吸收，还能使农作物茎秆坚韧，增强抗倒伏能力和抗病虫害能力。重要的钾肥有氯化钾、硫酸钾、碳酸钾。农作物茎秆的草木灰中，碳酸钾的含量较多，如向日葵的灰分里碳酸钾的含量高达 55％。用水浸取灰分，将浸出液蒸发可制得碳酸钾。所以，农民常把草木灰当作钾肥使用。

七、碱金属的通性

1. 碱金属都是银白色的、易熔的、软的轻金属。随着核电荷数的增加，它们的熔点、沸点逐渐降低，而密度略有增大（见表 2-2）。

2. 焰色反应

金属或其挥发性盐在灼烧时，呈现特征火焰颜色的现象叫焰色反应。碱金属元素中，不仅钠、钾，锂、铷、铯也都有焰色反应。

离子	Li^+	Na^+	K^+	Rb^+	Cs^+
焰色	红	黄	紫	紫红	紫红

【演示实验2-5】 将一铂丝小环（也可用镍、铬、钨丝或铅笔芯）熔接在玻璃棒的一端（如图 2-2），用纯净的盐酸洗净铂丝环，放在酒精灯的外焰（最好用煤气灯）灼烧，至火焰与原来灯焰的颜色一致，否则应再用盐酸清洗。然后用小环分别蘸一些氯化钠、氯化钾、氯化锂溶液或它们的晶体，在灯的外焰上灼烧，观察火焰的焰色。

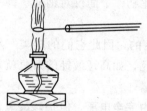

图 2-2　焰色反应实验操作

注意，每次试验完成后，都要用盐酸将小环清洗干净。在做钾的焰色反应时，为了避免钾盐中微量钠盐的干扰，应借助蓝色的钴玻璃（滤去黄光）观察焰色。

3. 碱金属元素及其化合物性质的比较

碱金属都是很活泼的金属元素，它们能与绝大多数非金属、水、酸反应，许多反应在常温下就能进行，甚至发生爆炸。

锂在空气中缓慢氧化，燃烧时只能生成 Li_2O；钠、钾在空气中迅速被氧化成氧化物，燃烧时生成过氧化物或超氧化物；铷、铯在空气中便可自燃。

在加热的条件下，它们均能同氢气反应生成金属氢化物。

碱金属的氧化物与水反应均生成氢氧化物。与水反应的程度，从氧化锂到氧化铯依次增强。氧化锂与水反应缓慢，氧化铷、氧化铯与水反应时会发生燃烧，甚至爆炸。**这些元素的氢氧化物在水中的溶解度相当大，**其水溶液呈碱性，且从氢氧化锂到氢氧化铯碱性依次增强。它们热稳定性很高，加热至熔融也不分解。

碱金属的盐类，绝大多数易溶于水（锂盐较特殊，碳酸锂、磷酸锂、氟化锂较难溶）。它们有较高的熔点和热稳定性，高温下挥发或熔融，但难分解（硝酸盐在一定温度下能分解，碳酸锂在 1270℃以上分解为氧化锂和二氧化碳）。

综上所述，碱金属元素及其化合物的性质是很相似的，但又有差异。这是由它们的原子结构特征所决定的。

4. 碱金属的性质与原子结构的关系

碱金属原子最外层只有一个电子，次外层均为稀有气体结构。因此它们极易失去最外层的电子而趋于稳定。这是它们表现为强金属性的根本原因。其最外层和次外层电子数均相同（锂为 2 电子），决定了它们有相似的化学性质。由于它们的原子半径不同，性质又有差异。**从锂到铯，电子层数依次增多，原子半径随之增大**（见图 2-3），**原子核对外层电子的吸引力逐渐减弱，失电子能力依次增强，故金属活泼性依次增强。**

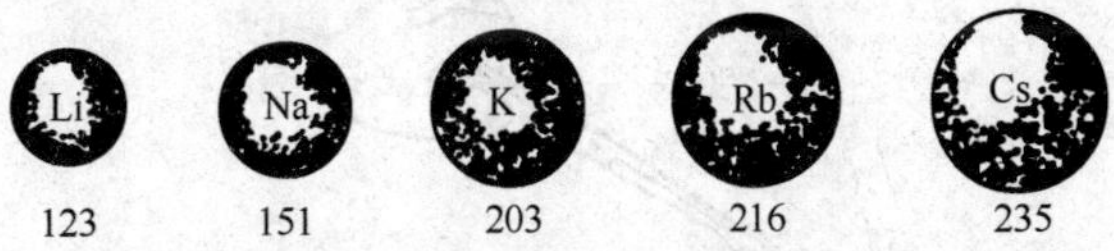

Li 123　Na 151　K 203　Rb 216　Cs 235

图 2-3　碱金属原子半径示意图（半径/10^{-12} m）

可见，原子结构是决定元素及其化合物性质的内在因素，因而锂、钠、钾、铷、铯构成一个性质相似的元素族。

第三节　碱 土 金 属

碱土金属包括铍 Be、镁 Mg、钙 Ca、锶 Sr、钡 Ba、镭 Ra 六种金属元素。由于钙、锶、钡的氧化物具有碱性，又有三氧化二铝 Al_2O_3 的"土性"（以前把黏土的主要成分、既难溶于水又难熔融的 Al_2O_3 称为土），所以，把这几种金属称为碱土金属。现在习惯上把铍和镁也包括在内。其中铍是稀有金属，镭是放射性元素。镁、钙、锶、钡在地壳内蕴藏较丰富，且镁、钙的单质及其化合物在工农业生产和日常生活中用途较广泛。所以，本节将重点介绍镁和钙及其重要化合物。

一、碱土金属的原子结构和化合价

碱土金属原子最外层有 2 个电子，次外层是稀有气体的稳定结构。在化学反应中，它们容易失去最外层的 2 个电子，形成 +2 价阳离子（见表 2-4）。

表 2-4　碱土金属的原子结构和化合价

元素名称	元素符号	核电荷数	各电子层电子数						化合价
			K	L	M	N	O	P	
铍	Be	4	2	2					+2
镁	Mg	12	2	8	2				+2
钙	Ca	20	2	8	8	2			+2
锶	Sr	38	2	8	18	8	2		+2
钡	Ba	56	2	8	18	18	8	2	+2

二、镁及其重要化合物

1. 镁的性质

镁是银白色的轻金属，密度 $1.74 \mathrm{g} \cdot \mathrm{cm}^{-3}$，即使在粉末状态下也具有金属光泽。熔点 650℃，硬度 2.5。

镁是一种相当活泼的金属，但在干燥的空气中很稳定。这是因为常温下，镁与空气中的氧缓慢反应，表面上生成一层十分致密的氧化物膜，保护内层镁不再继续受空气的氧化。因此镁无需密闭保存。由于镁的这个性质，它在工业上有很大的实用价值。

（1）镁与氧的反应

【演示实验 2-6】 取一段镁条，用细砂纸磨掉其表面的氧化膜，置于酒精灯上加热，反应开始后，将镁条离开灯焰，观察镁条在空气中的燃烧情况（见图 2-4）。

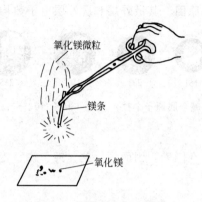

图 2-4　镁条在空气中燃烧　　　　　　　图 2-5　镁条在 CO_2 中燃烧

镁在空气中加热时，剧烈燃烧，生成白色粉末状的氧化镁，同时发出耀眼的白光。

$$2Mg+O_2 \xrightarrow{燃烧} 2MgO$$

这是由于镁燃烧时放出大量的热，使氧化镁的微粒灼热并达到白炽状态，故此发生强光。利用这个性质可用镁制造烟火、照明弹等。

镁在空气中燃烧生成氧化镁的同时，也会和空气中的氮气反应生成少量的氮化镁。

$$3Mg+N_2 \xrightarrow{高温} Mg_3N_2$$

镁与氧的结合能力很强，它不仅能与游离的氧反应，还能夺取多种氧化物中的氧。 如把燃烧着的镁条放进二氧化碳气体中，镁条会继续燃烧（见图 2-5）。

$$2Mg+CO_2 \xrightarrow{燃烧} 2MgO+C$$

（2）镁与其他非金属的反应　一定温度下，镁能同卤素、硫等反应生成卤化镁和硫化镁。如

$$Mg+Br_2 \xrightarrow{\triangle} MgBr_2$$

（3）镁与水、稀酸的反应　镁也能置换水中的氢，但在冷水中反应非常缓慢，甚至于不易察觉出来。这是因为它的表面生成了一层难溶的氢氧化镁，阻止了镁同水的进一步反应。只有在沸水中，才能较显著地反应。

$$Mg+2H_2O \xrightarrow{\triangle} Mg(OH)_2\downarrow+H_2\uparrow$$

镁易溶于非氧化性稀酸，生成相应的盐并迅速放出氢气。如

$$Mg+H_2SO_4 \longrightarrow MgSO_4+H_2\uparrow$$

金属镁主要用于制造轻合金，如铝镁合金（含 10%～30% 的镁）、电子合金（90% 镁、微量的 Al、Cu、Mn 等）。它们质轻，但硬度大、韧性强、耐腐蚀（不能耐海水的腐蚀），适用于飞机和汽车的制造。镁还是叶绿素中不可缺少的元素。

2. 镁的存在与制备

镁在自然界的含量为 2%，仅次于钠、钾的含量。海水中镁的含量为 0.13%，地壳中也蕴藏大量镁的化合物，如白云石（$CaCO_3 \cdot MgCO_3$）、光卤石（$KCl \cdot MgCl_2 \cdot 6H_2O$）、菱

镁矿（$MgCO_3$）等。

工业上电解熔融氯化镁或脱去结晶水的光卤石来制备金属镁。

$$MgCl_2（熔融）\xrightarrow{电解}Mg+Cl_2\uparrow$$

3. 镁的重要化合物

（1）氧化镁　**氧化镁是一种松软的白色粉末，难溶于水，熔点高达 2800℃，可做耐火材料**，工业上用于制备耐火砖、坩埚、高温炉的衬里等。

（2）氢氧化镁　**氢氧化镁是一种微溶于水的白色粉末。它是中等强度的碱。**可用易溶镁盐和石灰水反应制取。造纸工业中常用氢氧化镁做填充材料。制牙膏时也要用氢氧化镁。

（3）氯化镁　氯化镁（$MgCl_2 \cdot 6H_2O$）是无色晶体，易溶于水，味苦。无水氯化镁是制取金属镁的原料，光卤石和海水是制取 $MgCl_2$ 的主要资源。$MgCl_2 \cdot 6H_2O$ 受热至 527℃以上，会分解为氧化镁、氯化氢和水。

$$MgCl_2 \cdot 6H_2O \xrightarrow{>527℃} MgO+2HCl+5H_2O$$

要得到无水氯化镁，必须将 $MgCl_2 \cdot 6H_2O$ 在干燥的氯化氢气流中加热使其脱水。

将灼烧过的氧化镁和氯化镁的浓溶液按一定比例混合，所得的浆液经数小时后即凝成固体，俗称镁水泥。这种水泥硬化快，强度高，还可以与木屑、锯末混合制成板材。

（4）碳酸镁　碳酸镁是白色固体，难溶于水。若将 CO_2 气体通入碳酸镁的悬浮液，则生成可溶性的碳酸氢镁。

$$MgCO_3+CO_2+H_2O \longrightarrow Mg(HCO_3)_2$$

三、钙及其重要化合物

1. 钙的性质

钙是一种银白色的轻金属，密度 $1.54g \cdot cm^{-3}$，熔点 848℃，硬度比镁略小。

（1）钙与氧的反应　**钙在空气中极易氧化。**若将金属钙暴露于空气中，表面上很快形成一层疏松的氧化钙，它对内层的金属钙没有保护作用，**因此钙必须密封保存。**

钙在空气中加热能燃烧，火焰呈砖红色，主要生成氧化钙，并伴有少量的氮化钙。

（2）钙与氢的反应　在加热的条件下（200～300℃），钙与氢气可直接反应生成氢化钙。

$$Ca+H_2 \xrightarrow{200～300℃} CaH_2$$

氢化钙是离子型化合物，有很强的还原性，遇水立即放出氢气，常用它作为野外发生氢气的材料。

$$CaH_2+2H_2O \longrightarrow Ca(OH)_2+2H_2\uparrow$$

（3）钙与其他非金属的反应　钙与非金属硫、氮、卤素接触能迅速发生反应生成硫化钙、氮化钙和卤化钙，且反应活泼性比镁高。如

$$Ca+Br_2 \longrightarrow CaBr_2$$

（4）钙与水、稀酸的反应　钙与冷水能迅速反应，生成氢氧化钙、同时放出氢气。

$$Ca+2H_2O \longrightarrow Ca(OH)_2+H_2\uparrow$$

钙与非氧化性稀酸反应更加剧烈，放出氢气并生成相应的盐。

加热时，钙几乎能和所有的金属氧化物起反应，将其还原为单质，所以钙主要用于高纯度金属的冶炼。钙与铅的合金广泛用作轴承材料。

2. 钙的存在与制备

钙在自然界以化合态存在，分布广、蕴藏量高。主要以碳酸盐和硫酸盐形式存在。如石灰

石、大理石、方解石（均为 $CaCO_3$）、白云石（$CaCO_3 \cdot MgCO_3$）、萤石（CaF_2）、石膏（$CaSO_4 \cdot 2H_2O$）、磷灰石 [$Ca_5F(PO_4)_3$] 等。动物骨骼的主要成分是磷酸钙 [$Ca_3(PO_4)_2$]。

工业上电解熔融氯化钙来制备金属钙。

$$CaCl_2(熔融) \xrightarrow{\text{电解}} Ca + Cl_2 \uparrow$$

3. 钙的重要化合物

（1）氧化钙　氧化钙由煅烧石灰石制得。它是白色块状或粉末状固体，俗称生石灰。高温下，它能和二氧化硅、五氧化二磷等非金属氧化物作用

$$CaO + SiO_2 \xrightarrow{\text{高温}} CaSiO_3$$

$$3CaO + P_2O_5 \xrightarrow{\text{高温}} Ca_3(PO_4)_2$$

在冶金工业中利用这些反应，可将矿石中的硅、磷等杂质转入炉渣而除去。

（2）氢氧化钙　**氢氧化钙是白色粉末状固体、微溶于水，其溶解度随温度升高而减小，**它的饱和水溶液叫石灰水。因氢氧化钙的溶解度较小，所以石灰水的碱性较弱。

温度/℃	0	20	50
溶解度/(g·L^{-1})	0.173	0.166	0.130

氢氧化钙是最便宜的碱。在工业生产中，如不需要很纯的碱，可将氢氧化钙制成石灰乳代替烧碱使用。制取漂白粉、纯碱、糖等都需要大量的氢氧化钙，但更多的是被用作建筑材料。

（3）氯化钙　氯化钙极易溶于水 [0℃及100℃时的溶解度分别为 59.5g·(10gH$_2$O)$^{-1}$ 和 159g·(100gH$_2$O)$^{-1}$]，且能溶于酒精。它遇水形成 $CaCl_2 \cdot 6H_2O$，遇氨形成 $CaCl_2 \cdot 8NH_3$，遇酒精形成 $CaCl_2 \cdot 4CH_3CH_2OH$。将 $CaCl_2 \cdot 6H_2O$ 热至200℃，失水而成 $CaCl_2 \cdot 2H_2O$，温度再高会脱去所有的水分，成为多孔状无水氯化钙。**无水氯化钙的吸水性很强，实验室中常用作干燥剂，但不能用来干燥酒精、氨**。带2个结晶水的氯化钙医药上用作补钙药品。

氯化钙水溶液的冰点很低，如 $CaCl_2$ 的质量分数为32.5%时，其冰点为−51℃。它是常用的冷冻剂，工厂里称其为冷冻盐水。

（4）硫酸钙　天然的硫酸钙有硬石膏（$CaSO_4$）和石膏（$CaSO_4 \cdot 2H_2O$）。$CaSO_4 \cdot 2H_2O$ 为无色晶体，微溶于水，0℃时的溶解度为 0.18g·(100gH$_2$O)$^{-1}$，若将 $CaSO_4 \cdot 2H_2O$ 加热至120℃，将失去3/4的水而转化为熟石膏（$CaSO_4)_2 \cdot H_2O$

$$2CaSO_4 \cdot 2H_2O \xrightarrow{\text{120℃}} (CaSO_4)_2 \cdot H_2O + 3H_2O$$

上述过程是可逆的，当用水将熟石膏拌成浆状物后，它又会转化为石膏并凝成硬块，且体积略有增大。因此可用熟石膏制作塑像、模型、粉笔和医疗用的石膏绷带。

若将 $CaSO_4 \cdot 2H_2O$ 加热至500℃以上，它将脱去所有的结晶水，成为无水 $CaSO_4$。硬石膏无可塑性。

四、碱土金属的通性

1. 物理性质

碱土金属除铍为钢灰色外，其余四种均具有银白色的金属光泽。由于原子间的吸引力较强，它们的熔点、沸点比碱金属高，密度、硬度比碱金属大（见表2-5），但仍属轻金属。

表 2-5　碱土金属的物理性质

性　　　质	铍(Be)	镁(Mg)	钙(Ca)	锶(Sr)	钡(Ba)
密度/(g・cm^{-3})	1.86	1.74	1.54	2.60	3.74
熔点/℃	1285	650	845	757	717
沸点/℃	2970	1100	1439	1366	1696
硬度	4	2.5	2	—	—

碱土金属中**钙、锶、钡**三种元素与碱金属类似，**在灼烧时也呈现焰色反应**。钙为砖红色，锶为洋红色，钡为黄绿色。利用焰色反应可以鉴别这些元素是否存在。这一特性也可用于制造节日焰火。

2. 碱土金属元素及其化合物性质的比较

碱土金属都是较活泼的金属元素，活泼性依 Be—Mg—Ca—Sr—Ba 的顺序逐渐增强。 如镁只有在沸水中才能较显著地反应，而钙、锶、钡与冷水能剧烈反应；在空气中燃烧，铍、镁只生成普通氧化物，而钙、锶、钡可生成过氧化物；铍、镁不能与氢直接化合，而钙、锶、钡在加热条件下可与氢直接化合形成氢化物。

碱土金属的氧化物突出的特点是熔点高， 如下表中所列。

氧化物	BeO	MgO	CaO	SrO	BaO
熔点/℃	2530	2800	2576	2430	1923

所以，氧化铍、氧化镁常用来制造耐火材料。90%MgO、5%FeO 和 5%CaO、Al_2O_3、SiO_2 在 1400℃所制成的耐火砖，烧到 2000℃时仍不熔化。

氧化铍难溶于水；氧化镁与水缓慢反应；氧化钙、氧化锶很容易与水反应，并放出大量的热；氧化钡与水发生极剧烈的反应，若用水量很少，则反应热可使固体红热。

碱土金属的氢氧化物比碱金属的氢氧化物的碱性弱得多，其递变顺序为：

Be(OH)$_2$	Mg(OH)$_2$	Ca(OH)$_2$	Sr(OH)$_2$	Ba(OH)$_2$
两性	中强碱	强碱	强碱	强碱

这些氢氧化物［除 Be(OH)$_2$ 外］受热到一定温度、均可脱水形成相应的氧化物。

碱土金属的盐类除氯化物、硝酸盐、硫酸铍、硫酸镁易溶于水外，其余的硫酸盐、碳酸盐、磷酸盐等皆难溶于水。硝酸盐、碳酸盐在一定温度下亦能分解成相应的氧化物。碳酸盐在二氧化碳为 100kPa 时的分解温度为：

BeCO$_3$	MgCO$_3$	CaCO$_3$	SrCO$_3$	BaCO$_3$
<100℃	540℃	900℃	1290℃	1360℃

从上述情况可以看出，碱土金属元素及其化合物的性质有许多相似之处，这是由于它们的原子结构的相似性造成的。从铍到钡原子半径逐渐增大、失电子的能力逐渐增强，所以金属活泼性依次增强，这一递变规律与碱金属是一致的。所以铍、镁、钙、锶、钡五种元素构成了另一个元素族——碱土金属。

五、碱金属与碱土金属活泼性的比较

通过以上的讨论，可以看出碱土金属的活泼性较碱金属的活泼性差，这主要是它们原子结构的差异所引起的。

表 2-6 中，每一横排中的两种元素（如锂和铍，钠与镁等）原子的电子层数和内层的电子数均相同，不同的是碱土金属的原子总比相应的碱金属原子多一个核电荷，最外层多一个电子；原子半径也较小。核电荷的增多以及原子半径的缩小，使碱土金属原子失去电子的倾向相应减弱，导致其活泼性不及碱金属元素。由此可见，**最外层电子数对元素性质的影响是很大的，比内层电子数的影响更为重要。**

表 2-6　碱金属和碱土金属原子结构的比较

碱金属	核电荷数	电子层数	次外层电子数	最外层电子数	原子半径 /10^{-12} m	碱土金属	核电荷数	电子层数	次外层电子数	最外层电子数	原子半径 /10^{-12} m
Li	3	2	2	1	123	Be	4	2	2	2	89
Na	11	3	8	1	154	Mg	12	3	8	2	136
K	19	4	8	1	203	Ca	20	4	8	2	174
Rb	37	5	8	1	216	Sr	38	5	8	2	191
Cs	55	6	8	1	235	Ba	56	6	8	2	198

第四节　离子反应

一、离子反应与离子方程式

电解质在溶液中可全部或部分地电离为离子，因此，电解质在溶液中的化学反应实质上是离子间的反应。

离子反应大体可以分为两类，其一是反应前后元素化合价无变化的离子互换反应，即复分解反应；其二是反应前后元素化合价发生变化的氧化还原反应（第九章讨论），本节只讨论离子互换反应。

绝大部分离子反应是离子间的复分解反应。如在氯化钠溶液中加入硝酸银溶液时，立即生成氯化银的白色沉淀，反应方程式为：

$$NaCl + AgNO_3 \longrightarrow AgCl\downarrow + NaNO_3$$

硝酸银、氯化钠、硝酸钠都是易溶易电离的化合物，它们在溶液中均以离子形式存在。氯化银溶解度很小，在溶液中以固体形式存在。因此上述反应方程式可写成：

$$Ag^+ + NO_3^- + Na^+ + Cl^- \longrightarrow AgCl\downarrow + Na^+ + NO_3^-$$

这说明 Na^+、NO_3^- 并未参与反应，可以从反应方程式中消去，得下式：

$$Ag^+ + Cl^- \longrightarrow AgCl\downarrow$$

这种用实际参加反应的离子的符号来表示化学反应的式子叫做离子方程式。

又如，在氯化钾溶液中加入氟化银（AgF）溶液，同样会生成氯化银的白色沉淀。

$$AgF + KCl \longrightarrow AgCl\downarrow + KF$$

将上式中氟化银、氯化钾、氟化钾写成离子形式，并消去未参与反应的 K^+、F^-。

$$Ag^+ + F^- + K^+ + Cl^- \longrightarrow AgCl\downarrow + K^+ + F^-$$

$$Ag^+ + Cl^- \longrightarrow AgCl\downarrow$$

于是得到了与前一反应相同的离子方程式。这就是说，只要是可溶性的银盐和氯化物在溶液中的反应，实质上都是 Ag^+ 和 Cl^- 结合生成 AgCl 沉淀的反应。因此离子方程式和一般分子方程式不同，它不仅可以表示一定物质间的化学反应，而且可以表示同一类型的化学反应。

所以，离子方程式更能说明化学反应的本质。

现以硫酸铜溶液和氢硫酸的反应为例，说明离子方程式的书写方法。

第一步：完成反应的化学方程式。

$$CuSO_4 + H_2S \longrightarrow CuS\downarrow + H_2SO_4$$

第二步：将反应前后，易溶易电离的物质写成离子的形式；难溶物、难电离物质、气体物质仍以分子式表示。

$$Cu^{2+} + SO_4^{2-} + H_2S \longrightarrow CuS\downarrow + 2H^+ + SO_4^{2-}$$

第三步：消去未参加反应的离子，即方程式两边相同数量的同种离子。

$$Cu^{2+} + H_2S \longrightarrow CuS\downarrow + 2H^+$$

第四步：检查离子方程式两边各种原子数是否相等，各离子电荷的总代数和是否相等。

经过上述步骤，就可以得到完整的离子反应方程式。

又如，$Ba(OH)_2$ 和 H_2SO_4 反应的化学方程式为

$$Ba(OH)_2 + H_2SO_4 \longrightarrow BaSO_4 + 2H_2O$$

其离子方程式为：

$$Ba^{2+} + 2OH^- + 2H^+ + SO_4^{2-} \longrightarrow BaSO_4\downarrow + 2H_2O$$

这说明所有的离子都参加了反应。

书写离子方程式时，必须熟知电解质的溶解性和电离的程度。只有易溶易电离的物质才能以离子形式表示它们在溶液中的存在。

二、离子互换反应进行的条件

溶液中离子间的互换反应是有条件的，例如 $NaCl$ 与 KNO_3 的反应

$$NaCl + KNO_3 \longrightarrow NaNO_3 + KCl$$

$$Na^+ + Cl^- + K^+ + NO_3^- \longrightarrow Na^+ + NO_3^- + K^+ + Cl^-$$

实际上，上述反应中 Na^+、K^+、Cl^-、NO_3^- 四种离子都没有发生变化。可见，如果反应物和生成物都是易溶易电离的物质，在溶液中均以离子形式存在，它们之间不能生成新物质，实质上离子间没有发生反应。

溶液中离子间发生互换反应的条件是：

1. 有沉淀生成

如，$BaCl_2$ 溶液与 Na_2SO_4 溶液的反应

$$BaCl_2 + Na_2SO_4 \longrightarrow BaSO_4\downarrow + 2NaCl$$

$$Ba^{2+} + 2Cl^- + 2Na^+ + SO_4^{2-} \longrightarrow BaSO_4\downarrow + 2Na^+ + 2Cl^-$$

$$Ba^{2+} + SO_4^{2-} \longrightarrow BaSO_4\downarrow$$

溶液中的 Ba^{2+} 和 SO_4^{2-} 绝大部分生成了 $BaSO_4$ 沉淀，所以反应能进行。

2. 有气体生成

如，用固体 $CaCO_3$ 和盐酸的反应

$$CaCO_3(s) + 2HCl \longrightarrow CaCl_2 + CO_2\uparrow + H_2O$$

$$CaCO_3(s) + 2H^+ + 2Cl^- \longrightarrow Ca^{2+} + 2Cl^- + CO_2\uparrow + H_2O$$

$$CaCO_3(s) + 2H^+ \longrightarrow Ca^{2+} + CO_2\uparrow + H_2O$$

因反应生成的 CO_2 气体，不断从溶液中逸出，所以反应也能够进行。

3. 有水或其他难电离的物质生成

如，$NaOH$ 和 HCl 的反应

$$NaOH + HCl \longrightarrow NaCl + H_2O$$

$$Na^+ + OH^- + H^+ + Cl^- \longrightarrow Na^+ + Cl^- + H_2O$$
$$OH^- + H^+ \longrightarrow H_2O$$

上述反应说明强酸强碱的中和反应，实质上是酸中的 H^+ 和碱中的 OH^- 之间生成难电离的 H_2O 的反应。

又如，醋酸钠（NaAc）[1] 与盐酸的反应

$$NaAc + HCl \longrightarrow NaCl + HAc$$
$$Na^+ + Ac^- + H^+ + Cl^- \longrightarrow Na^+ + Cl^- + HAc$$
$$Ac^- + H^+ \longrightarrow HAc$$

因生成了电离程度小的醋酸（HAc），使溶液的酸性减弱。

再如，NaOH 与 NH_4Cl 溶液的反应

$$NaOH + NH_4Cl \longrightarrow NaCl + NH_3 \cdot H_2O$$
$$Na^+ + OH^- + NH_4^+ + Cl^- \longrightarrow Na^+ + Cl^- + NH_3 \cdot H_2O$$
$$OH^- + NH_4^+ \longrightarrow NH_3 \cdot H_2O$$

因反应生成了电离程度小的氨水（$NH_3 \cdot H_2O$），使溶液的碱性减弱，反应也能够进行。

综上所述，**离子互换反应进行的条件是生成物中要有难溶物或易挥发物或难电离物质产生，否则，反应便不能进行。**

当反应物中有难溶物（或难电离物质）时，则生成物中应有一种比它更难溶的物质（或更难电离的物质）产生时，离子反应才能进行。

例如，HAc 与 NaOH 的反应

$$HAc + NaOH \longrightarrow NaAc + H_2O$$
$$HAc + OH^- \longrightarrow Ac^- + H_2O$$

HAc 是难电离的物质，但生成的 H_2O 比 HAc 更难电离，所以反应能够向右进行。

又如，Na_2CO_3 与 $Ca(OH)_2$ 固体间的反应

$$Na_2CO_3 + Ca(OH)_2(s) \longrightarrow CaCO_3 \downarrow + 2NaOH$$
$$CO_3^{2-} + Ca(OH)_2(s) \longrightarrow CaCO_3 \downarrow + 2OH^-$$

微溶于水的 $Ca(OH)_2$ 转化为难溶的 $CaCO_3$，所以反应能够向右进行。

此外，离子互换反应除上述三种情况外，还有一种生成配合物的反应（第十二章中介绍）。

总的来说，**离子互换反应总是朝着减少溶液中离子浓度的方向进行的。**

第五节　硬水及其软化

一、硬水

水是日常生活和工农业生产中不可缺少的物质。水还是最重要的溶剂。水质的好坏直接影响人们的生活、生产。河水、井水等各种天然水由于长期和空气、土壤、矿物质等接触，会不同程度地溶有某些无机盐、有机物和气体等杂质。天然水中的无机盐主要有钙、镁的酸式碳酸盐、硫酸盐、氯化物等，即水中含有 Ca^{2+}、Mg^{2+}、HCO_3^-、SO_4^-、Cl^- 等离子。不同地区的天然水里含有离子的种类和数量不尽相同。

---

[1] NaAc 中的 Ac^- 代表醋酸根离子 CH_3COO^-。

【演示实验 2-7】 在两支大试管中，分别加入蒸馏水和天然水各 5mL。然后各滴入肥皂酒精水溶液[1]数滴，用力振荡试管，观察现象。

Ca^{2+}、Mg^{2+} 能与肥皂水溶液中的硬脂酸根（$C_{17}H_{35}COO^-$）反应生成难溶于水的硬脂酸钙、硬脂酸镁。

$$2C_{17}H_{35}COO^- + Ca^{2+} \longrightarrow (C_{17}H_{35}COO)_2Ca \downarrow$$

$$2C_{17}H_{35}COO^- + Mg^{2+} \longrightarrow (C_{17}H_{35}COO)_2Mg \downarrow$$

所以盛天然水的试管振荡后不起泡沫（或泡沫少），而蒸馏水中无 Ca^{2+}、Mg^{2+} 离子，滴加肥皂酒精水溶液后，振荡则产生大量泡沫。

河水、井水等地表水中因**含有较多的钙盐、镁盐称为硬水**。**含有钙、镁的酸式碳酸盐的水称为暂时硬水**。它经煮沸就能将钙、镁离子除去。

$$Ca(HCO_3)_2 \xrightarrow{\text{煮沸}} CaCO_3 \downarrow + CO_2 \uparrow + H_2O$$

$$Mg(HCO_3)_2 \xrightarrow{\text{煮沸}} MgCO_3 \downarrow + CO_2 \uparrow + H_2O$$

含有钙、镁的硫酸盐或氯化物的水称为永久硬水。这种水用煮沸的方法不能将钙、镁离子除去。

水的硬度是水的一种质量指标。通常用 1L 水中含有 $CaCO_3$（或相当于 $CaCO_3$）的质量（毫克）即 $CaCO_3 \, mg \cdot L^{-1}$ 来表示水的硬度。如饮用水要求 $CaCO_3$ 含量在 $450mg \cdot L^{-1}$ 以下。

二、硬水的危害

一般硬水可以饮用，但在化工生产中、蒸汽动力、印染、纺织、医药等行业使用硬水，会给生产和产品质量带来不良影响。锅炉若长期使用硬水，日久就会产生锅垢。它主要是钙，镁的酸式碳酸盐热分解的产物和钙的硫酸盐。锅垢导热效率低，不紧耗费燃料（据测每 1mm 厚锅垢，使耗煤量增加 5%），还会因传热不均匀而引起锅炉爆炸[2]。化工生产中如用硬水，Ca^{2+}、Mg^{2+} 会带入产品，影响产品质量。印染工业用硬水会影响染色。洗涤用硬水，会浪费肥皂。

因此，**工业用水需进行处理，以减少或除去硬水中的 Ca^{2+}、Mg^{2+}，这个过程叫水的软化**。

三、硬水的软化

1. 化学法

根据水中 Ca^{2+}、Mg^{2+} 的含量，加入适量的石灰和纯碱，使 Ca^{2+} 以碳酸盐、Mg^{2+} 以氢氧化物沉淀的形式除去。

暂时硬水的软化

$$Ca(HCO_3)_2 + Ca(OH)_2 \longrightarrow 2CaCO_3 \downarrow + 2H_2O$$

$$Mg(HCO_3)_2 + Ca(OH)_2 \longrightarrow Mg(OH)_2 \downarrow + CaCO_3 \downarrow + H_2O$$

永久硬水的软化

$$Mg^{2+} + Ca(OH)_2 \longrightarrow Mg(OH)_2 + Ca^{2+}$$

$$Ca^{2+} + CO_3^{2-} \longrightarrow CaCO_3 \downarrow$$

---

[1] 肥皂酒精水溶液的配制：取肥皂片约 1g，用少量酒精溶解，然后用蒸馏水稀释为无色透明的溶液。

[2] 由于锅垢与钢铁的膨胀程度不同，致使锅垢产生裂缝。水渗入裂缝后，接触到高温的钢铁，迅速蒸发，局部压强骤然增大，会使锅炉变形，甚至发生爆炸。

先加入石灰，使 Mg^{2+} 沉淀完全，再加入纯碱使 Ca^{2+} 沉淀完全，硬水即得到软化。

这种方法，需要沉淀，过滤或倾泻等过程，操作不便，劳动强度大，软化效率也不太高，但成本低，适用于 Ca^{2+}、Mg^{2+} 含量较高的水的初步处理。

2. 离子交换法

离子交换法是用离子交换剂除去硬水中 Ca^{2+}、Mg^{2+}、SO_4^{2-}、Cl^- 的方法。常用的离子交换剂有磺化煤、沸石和离子交换树脂。如沸石，它是铝硅酸的钠盐（$Na_2Al_2Si_4O_{12}$，简写为 Na_2Z），不溶于水。但沸石中的 Na^+ 可与硬水中的 Ca^{2+}、Mg^{2+} 进行离子交换。当硬水通过沸石时，发生下列离子交换反应：

$$Na_2Z + Ca^{2+} \longrightarrow CaZ + 2Na^+$$

$$Na_2Z + Mg^{2+} \longrightarrow MgZ + 2Na^+$$

随着反应的进行，沸石中可供交换的 Na^+ 越来越少。当处理后的水不合格时，它就失去了软化能力。此时，可用 10% 的 NaCl 溶液浸泡沸石，使上述交换反应逆向进行，NaCl 溶液中的 Na^+ 把沸石上的 Ca^{2+}、Mg^{2+} 交换下来，沸石的软化能力得到恢复，这一过程叫做沸石的再生。磺化煤的情况与沸石相似。

离子交换树脂有阳离子交换树脂和阴离子交换树脂两种类型。它们都属于高分子有机化合物。在进行水的软化处理时，常使用磺酸型阳离子交换树脂 $R—SO_3^-H^+$（R 代表高分子骨架）和季铵型阴离子交换树脂 $R—N(CH_3)_3^+OH^-$。树脂中的 H^+、OH^- 都是可以交换的离子。

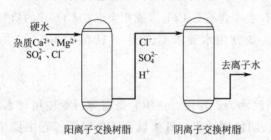

图 2-6 离子交换树脂净化水示意图

如图 2-6，当硬水通过阳离子交换树脂柱时，树脂上的 H^+ 与水中的 Ca^{2+}、Mg^{2+} 等阳离子交换进入水中。水继续通过阴离子交换树脂柱时，树脂上的 OH^- 与水中的 SO_4^{2-}、Cl^-、HCO_3^- 等阴离子交换也进入水中。

$$2R—SO_3H + Ca^{2+} \longrightarrow (R—SO_3)_2Ca + 2H^+$$

$$R—N(CH_3)_3OH + Cl^- \longrightarrow R—N(CH_3)_3Cl + OH^-$$

H^+ 和 OH^- 中和生成水。

$$H^+ + OH^- \longrightarrow H_2O$$

经过离子交换树脂处理的水，杂质离子基本除尽，称为去离子水。它不仅是软化水，还可以代替蒸馏水广泛适用于制药工业、分析检验等。

用过的离子交换树脂分别用 5% 的 HCl（处理阳离子交换树脂）和 5% 的 NaOH 溶液（处理阴离子交换树脂）浸洗，使之再生，恢复其软化能力。

$$(R—SO_3)_2Ca + 2HCl \longrightarrow 2R—SO_3H + CaCl_2$$

$$R—N(CH_3)_3Cl + NaOH \longrightarrow R—N(CH_3)_3OH + NaCl$$

本章复习要点

一、氧化还原反应的基本概念

凡是反应前后元素化合价有改变的化学反应都是氧化还原反应。氧化还原反应的实质是电子的转移。

同一氧化还原反应中：

得电子数＝失电子数

化合价降低数＝化合价升高数

氧化、还原反应同时发生

发生在同一种分子内的不同元素间的氧化还原反应叫做自身氧化还原反应。

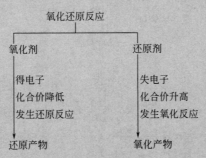

发生在同一种分子内的同种元素间的氧化还原反应叫做歧化反应。

二、碱金属

1. 通性

碱金属都是银白色的软的轻金属。碱金属元素原子的最外层只有 1 个电子，次外层为 8 个电子（锂为 2 个电子）的稳定结构。它们都容易失去最外层的 1 个价电子，形成 +1 价阳离子，它们是已知元素中一组最活泼的金属元素。化学活泼性随核电荷数的增多（依 Li—Na—K—Rb—Cs 顺序）而增强。

2. 钠、钾单质的性质

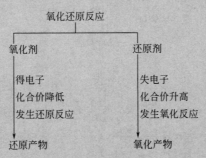

3. 钠、钾的化合物

（1）氢化物　都是强还原剂，遇水可迅速放出氢气。

（2）氧化物　过氧化钠有较强的氧化性，能同水、稀酸反应放出氧气；并能吸收二氧化碳同时放出氧气。

（3）氢氧化物　氢氧化钠是易溶的强碱，对皮肤、纸张有很强的腐蚀性。工业上用电解食盐水的方法生产氢氧化钠。

（4）盐　钠盐、钾盐都是无色或白色的固体物质，易溶于水；熔点高，除硝酸盐外，都有很强的热稳定性。

三、碱土金属

1. 通性

碱土金属除铍为钢灰色外均为银白色的轻金属。碱土金属元素原子的最外层有 2 个电子，次外层的电子数与相邻的碱金属相同。它们易失去最外层的 2 个价电子形成 +2 价阳离子，其化学活泼性从 Be→Ba 逐渐增强。但化学活泼性明显弱于相邻的碱金属。

2. 镁、钙单质的性质

① 镁的化学性质

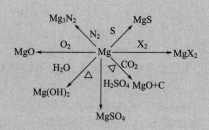

② 钙的化学性质

3. 镁、钙的主要化合物

名　称	分子式	性　质	主要用途
氧化镁	MgO	白色粉末,难溶于水熔点高	耐火材料
氧化钙	CaO	白色固体,难溶于水熔点高	建筑材料、制电石
氢氧化钙	$Ca(OH)_2$	白色粉末,微溶于水中强碱	建筑材料、制漂白粉、制纯碱的辅助材料
氯化镁	$MgCl_2$	白色晶体,易溶于水味苦	制造镁水泥,冶炼镁的原料
氯化钙	$CaCl_2$	白色晶体,易溶于水	干燥剂、制冷剂、医药补钙用品
硫酸钙	$CaSO_4$	白色晶体,微溶于水	雕塑、医用石膏绷带
碳酸钙	$CaCO_3$	白色固体,难溶于水	炼铁炼钢的熔剂,制玻璃、水泥、石灰、二氧化碳气体、建筑材料、纯碱

四、离子反应

用实际参加反应的离子的符号来表示化学反应的式子叫做离子方程式。

离子互换反应进行的条件是生成物中要有难溶物或易挥发生或难电离物质生成。

当反应物中有难溶物（或难电离物质）时，生成物中应有一种比它更难溶的物质（或更难电离的物质）生成时，离子反应才能进行。

五、硬水及其软化

含有较多 Ca^{2+} 、 Mg^{2+} 的水叫硬水。硬水分为暂时硬水和永久硬水。

暂时硬水　含有 $Ca(HCO_3)_2$ 和 $Mg(HCO_3)_2$ 经煮沸就能软化的水叫暂时硬水。

永久硬水　含有 Ca^{2+} 、 Mg^{2+} 的硫酸盐和氯化物的水叫永久硬水。

工业用水要进行适当的处理，除去或减少硬水中的 Ca^{2+} 和 Mg^{2+} ，降低水的硬度，这叫水的软化。

硬水软化的方法有化学法和离子交换法。

第 三 章　卤素

【学习目标】

　　1. 了解卤素性质递变规律与其原子结构的关系。

　　2. 掌握卤素单质、卤化氢、氢卤酸、氯的含氧酸及其盐的重要性质和用途。

　　3. 熟悉氯、溴、碘离子的检验方法。

　　氯（Cl）是活泼的非金属元素。游离态的氯能和金属起反应生成盐。氟（F）、溴（Br）、碘（I）、砹（At）四种元素，也能直接和金属化合成盐。上述五种元素统称为卤素。

　　卤素原子的最外电子层都有 7 个电子。它们夺取电子形成稀有气体稳定结构的倾向很强，是典型的非金属元素。卤素的原子结构见表 3-1。游离态的卤素，以双原子分子形式存在。

表 3-1　卤素的原子结构

元素名称	元素符号	核电荷数	各电子层的电子数					
			K	L	M	N	O	P
氟	F	9	2	7				
氯	Cl	17	2	8	7			
溴	Br	35	2	8	18	7		
碘	I	53	2	8	18	18	7	
砹	At	85	2	8	18	32	18	7

　　卤素中以氯及其化合物最重要、最普遍。本章将以氯为重点，在认识氯的基础上，学习溴、碘和氟。

第一节　氯　气

　　氯占地壳总质量的 0.14%。氯很活泼，它在自然界总是呈化合态存在。最主要的有氯化钠（NaCl）、氯化镁（$MgCl_2$）、氯化钾（KCl）和氯化钙（$CaCl_2$）等。海水中含有氯化钠，还有氯化镁，是取之不尽的氯的源泉。氯对生命有重要意义，血液中含氯（Cl^-）0.25%，胃液中含盐酸（HCl）约 0.5%。

一、氯气的性质

　　氯气分子的结构❶见图 3-1。常温下，氯气是黄绿色、有强烈刺激性气味的气体。氯气有毒，吸入少量的氯气会使鼻和喉头的黏膜受到强烈的刺激，引起胸部疼痛和咳嗽，吸入大量氯气会窒息，有生命危险。因此，闻氯气时要用手在容器口轻轻扇动，让微量的气体飘进鼻孔。

　　氯气比空气重，对空气的相对密度是 2.5。**氯气易液化**，常压下，冷冻至 −34.6℃，变

---

　　❶ 氯分子的大小，常用分子中两个原子核间距离（即 $1.98×10^{-10}$ m）表示。

为黄绿色油状液体，工业上称为"液氯"。

氯气能溶于水。常温下，1 体积水能溶解 2.5 体积的氯气。**氯气的水溶液叫做"氯水"。**饱和氯水呈淡黄绿色，具有氯气的刺激性气味。

氯气的化学性质很活泼。它容易和金属、非金属发生氧化还原反应。在反应中，它总是**夺取这些物质的电子，生成氯化物，起氧化剂的作用。**

1. 氯气和金属的反应

氯气易和金属直接化合。加热时，许多金属还能在氯气中燃烧。

金属钠在氯气中燃烧，产生黄色火焰，生成的白烟是氯化钠的小颗粒。

$$2Na + Cl_2 \xrightarrow{\text{点燃}} 2NaCl$$

铁丝在氯气中燃烧，得到棕色的氯化铁。

$$2Fe + 3Cl_2 \xrightarrow{\text{点燃}} 2FeCl_3$$

【演示实验 3-1】 将一束细铜丝灼热后，迅速放入充满氯气的集气瓶中（见图 3-2），观察现象。再将少量水注入瓶中，观察溶液的颜色。

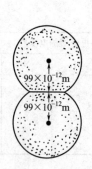

图 3-1 氯气分子结构

图 3-2 铜在氯气中燃烧

赤热的铜丝在氯气中剧烈燃烧，瓶里充满棕黄色的烟，这是氯化铜晶体的微粒。

$$Cu + Cl_2 \xrightarrow{\text{点燃}} CuCl_2$$

氯化铜溶于水时，电离为氯离子和铜离子，Cu^{2+} 使水溶液显蓝色。

2. 氯气和非金属的反应

氯气能和许多非金属化合。常温下（在没有光线照射时），氯气与氢气的化合很慢；当**强光直射或点燃时，氯和氢迅速化合，甚至发生爆炸，生成氯化氢。**

$$Cl_2 + H_2 \xrightarrow[\text{或点燃}]{\text{光照}} 2HCl$$

氯气和磷剧烈反应，产生白色烟雾，这是三氯化磷和五氯化磷的混合物。

$$2P + 3Cl_2 \xrightarrow{\text{点燃}} 2PCl_3$$

$$PCl_3 + Cl_2 \xrightarrow{\triangle} PCl_5$$

三氯化磷是重要的化工原料，许多磷的化合物都用它来制备。

3. 氯气和水的反应

氯气溶于水后，一部分和水反应生成次氯酸（HClO）和盐酸，同时次氯酸和盐酸又能再转化为氯气和水。像这类在同一条件下，可以同时向正反两方向进行的化学反应，叫做可逆反应。在可逆反应方程式中，"──→"号改用"⇌"符号表示。

$$Cl_2 + H_2O \rightleftharpoons HCl + HClO$$

可见，氯水是混合物，含有少量的盐酸和次氯酸，以及相当数量的游离氯。

次氯酸是强氧化剂。因此，氯水有漂白和杀菌能力。自来水常用氯气（1L 水大约通入 0.002g 氯气）消毒，布匹和纸浆也可用氯气来漂白。

【演示实验 3-2】 将干燥的和润湿的有色纸条分别放入盛有氯气的集气瓶中，盖好玻璃片观察现象。

片刻，湿润的纸条退色了，干燥的无变化。证明干燥的氯气无漂白能力，起漂白作用的是氯气和水反应生成的次氯酸。

4. 氯气和碱的反应

常温下，氯气与碱反应生成次氯酸盐和金属氯化物。例如，氯气和氢氧化钠反应生成次氯酸钠（NaClO）和氯化钠。

$$Cl_2 + 2NaOH \longrightarrow NaClO + NaCl + H_2O$$

所以，碱溶液能吸收大量的氯气。

二、氯气的制法

在自然界中，氯常以离子化合物存在。氯气的制备方法可归结为 −1 价氯离子的氧化。

$$2Cl^- - 2e \xrightarrow[\text{或电流}]{\text{氧化剂}} Cl_2 \uparrow$$

工业上，用电解饱和食盐水溶液的方法制取氯气，同时也制得烧碱。总反应如下：

$$2NaCl + 2H_2O \xrightarrow{\text{电解}} 2NaOH + Cl_2 \uparrow + H_2 \uparrow$$

反应生成的氯气和氢气，可以直接合成氯化氢。因此，氯碱工业是重要的基本化学工业之一。

实验室里，常用二氧化锰或高锰酸钾等氧化剂和浓盐酸反应来制取氯气[❶]。

$$MnO_2 + 4HCl(浓) \xrightarrow{\triangle} MnCl_2 + Cl_2 \uparrow + 2H_2O$$

$$2KMnO_4 + 16HCl(浓) \longrightarrow 2MnCl_2 + 5Cl_2 \uparrow + 2KCl + 8H_2O$$

在反应中，一部分盐酸做还原剂，被氧化为氯单质；另一部分盐酸生成相应的氯化物。

三、氯气的用途

氯气常用于饮用水消毒、制造盐酸和漂白粉，还用于制备聚氯乙烯塑料、合成纤维、农药、染料、有机溶剂和各种氯化物。氯气是重要的化工原料。

第二节 氯化氢和盐酸

一、氯化氢

【演示实验 3-3】 按图 3-3 将仪器装好。在盛有适量食盐的干燥烧瓶中，通过分液漏斗缓缓加入浓硫酸，加热。观察氯化氢气体的产生，并收集在干燥容器中。剩余的氯化氢用水吸收。

---

❶ 实验室制氯气，应在通风橱中进行。用向上排空气（因为氯气比空气重）法将氯气收集在集气瓶中。剩余的氯气要用碱液吸收，以免污染空气。

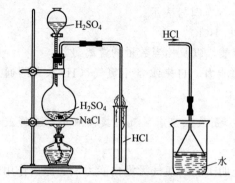

图 3-3　实验室制取氯化氢的装置

室温或微热下，食盐和浓硫酸复分解，生成氯化氢。这是实验室制取氯化氢常用的方法。

$$NaCl + H_2SO_4(浓) \xrightarrow{\triangle} NaHSO_4 + HCl\uparrow$$

若温度高于 500℃时，能进一步反应，生成硫酸钠和氯化氢。

$$NaHSO_4 + NaCl \xrightarrow{>500℃} Na_2SO_4 + HCl\uparrow$$

总的化学方程式为：

$$2NaCl + H_2SO_4(浓) \xrightarrow{强热} Na_2SO_4 + 2HCl\uparrow$$

工业上，用合成法制备氯化氢。图 3-4 所示用来生产氯化氢的合成炉可使氢气在氯气中平稳地燃烧，而不致爆炸。

常温下，**氯化氢是无色有刺激性气味的气体**。它极易溶于水。室温下，1 体积水能溶解 450 体积的氯化氢，**水溶液叫氢氯酸，俗称盐酸**。氯化氢在潮湿的空气中与水蒸气形成盐酸液滴而呈现白雾。

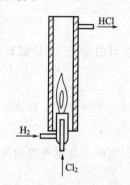

图 3-4　合成氯化氢的设备

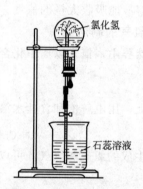

图 3-5　氯化氢易溶于水

【演示实验 3-4】　在干燥的圆底烧瓶里充满氯化氢，用带有玻璃导管和滴管（滴管中预先吸入水）的塞子塞紧瓶口。然后立即倒置烧瓶，将玻璃导管插入盛有石蕊溶液的烧杯中，压缩滴管胶头将水挤入烧瓶内。氯化氢迅速溶于水，烧瓶里的压力大大降低，烧杯中的溶液被空气压入烧瓶中，形成美丽的红色喷泉（见图 3-5）。

所以，实验室制取盐酸时，氯化氢导管不宜插入水中，以防倒吸。通常，在导管上连接漏斗管，漏斗的喇叭口大头朝下，边缘稍浸入烧杯中水面以下，这样可防止氯化氢溶于水后烧杯里的水往烧瓶里倒流。

氯化氢大量用于制造盐酸，还用于生产聚氯乙烯、氯丁橡胶等，是重要的有机化工原料。

二、盐酸

纯净的盐酸是无色有氯化氢气味的液体，它是挥发性酸。工业浓盐酸因含有铁盐等杂质而显黄色。试剂浓盐酸含 HCl 38%，密度是 1.19g·cm^{-3}（工业浓盐酸一般仅含 HCl 32% 左右，密度约 1.16g·cm^{-3}）。

盐酸是强酸，它具有酸的通性，能和金属、碱性氧化物、碱类等作用生成盐。它有还原性，遇强氧化剂时生成氯气。

盐酸是一种重要的化工产品。广泛用于冶金、纺织、皮革、制药、食品等工业。它也是重要的化学试剂。

三、氯化物的检验

盐酸的盐类——盐酸盐即金属氯化物,它们多数易溶于水。仅氯化铅 $PbCl_2$、氯化亚汞 Hg_2Cl_2、氯化银 AgCl 等难溶于水。

【演示实验3-5】 分别取 4mL 0.1mol·L^{-1} 氯化钠、0.1mol·L^{-1} 碳酸钠、0.1mol·L^{-1} 盐酸溶液于三支试管中,各滴加 2 滴硝酸银试液,观察是否有白色沉淀生成。再逐滴加入 3mol·L^{-1} 硝酸溶液,振荡,观察沉淀的溶解情况。

盐酸和氯化钠均和硝酸银起反应,生成不溶于稀硝酸的氯化银白色沉淀。

$$HCl + AgNO_3 \longrightarrow AgCl\downarrow + HNO_3$$
$$NaCl + AgNO_3 \longrightarrow AgCl\downarrow + NaNO_3$$

离子方程式 $\qquad Cl^- + Ag^+ \longrightarrow AgCl\downarrow$

碳酸钠能和硝酸银起反应,生成碳酸银白色沉淀,但它溶于稀硝酸。

$$Na_2CO_3 + 2AgNO_3 \longrightarrow 2NaNO_3 + Ag_2CO_3\downarrow$$
$$Ag_2CO_3 + 2HNO_3 \longrightarrow 2AgNO_3 + CO_2\uparrow + H_2O$$

离子方程式 $\qquad Ag_2CO_3 + 2H^+ \longrightarrow 2Ag^+ + CO_2\uparrow + H_2O$

综上所述,一种未知溶液里加入硝酸银溶液后,若产生不溶于稀硝酸的白色沉淀,就可以认定该溶液含有盐酸或某种金属氯化物。

第三节 氯的含氧酸及其盐

一、次氯酸及其盐

次氯酸是比碳酸还弱的酸,很不稳定,仅存在于稀溶液中。它极易分解,光照下分解更快,并放出氧气。

$$2HClO \xrightarrow{\text{光照}} O_2\uparrow + 2HCl$$

因此,氯水宜现用现制备,并贮于棕色瓶中。

受热时,次氯酸发生歧化反应,生成较稳定的盐酸和氯酸($HClO_3$)。

$$3HClO \xrightarrow{\triangle} 2HCl + HClO_3$$

所以,要获得次氯酸需将氯气通入冷水中。次氯酸不稳定,常用它的盐。

氯气在常温下和碱作用可制取次氯酸盐。

次氯酸钠($NaClO$)是强氧化剂,有漂白、杀菌作用。常用于印染、制药工业。

氯气与消石灰反应的产物叫漂白粉;若和石灰乳反应,则能得到质量更好的漂粉精。

$$2Cl_2 + 2Ca(OH)_2 \longrightarrow Ca(ClO)_2 + CaCl_2 + 2H_2O$$

漂白粉是白色粉末状混合物[1],其有效成分是次氯酸钙[$Ca(ClO)_2$]。漂白粉在空气中吸收水蒸气和二氧化碳后,其中的次氯酸钙逐渐转化成次氯酸而产生刺激性气味。因此,漂白粉应密封于暗处保存。使用时,它在水溶液中发生复分解反应释放出次氯酸,所以有漂

---

[1] 漂白粉主要是由次氯酸钙和氯化钙结合成的复盐 $Ca(ClO)_2 \cdot CaCl_2 \cdot 3H_2O$ 及消石灰和氯化钙组成的碱式盐 $CaCl_2 \cdot Ca(OH)_2 \cdot H_2O$ 所组成。其中 ClO^- 中的氯具有漂白能力。所以,常用"有效氯"表示漂白粉的质量。一般漂白粉含有效氯约 35%。漂粉精含有效氯约 70%。

白、杀菌作用。

$$Ca(ClO)_2 + CO_2 + H_2O \longrightarrow CaCO_3 \downarrow + 2HClO$$

工业上使用时，常加入少量稀硫酸，短时间内即可收到良好的漂白效果。它也常用作消毒剂。

二、氯酸及其盐

氯酸（$HClO_3$）是强酸，稳定性虽强于次氯酸，但也只能存在于溶液中。40%以上的浓溶液受热分解。

氯酸也是氧化剂，氧化性弱于次氯酸。因其稳定性差，一般用它的盐。

氯酸钾是最重要的氯酸盐。

将氯气通入热的苛性钾溶液中，生成氯酸钾和氯化钾。

$$3Cl_2 + 6KOH \xrightarrow{>70℃} KClO_3 + 5KCl + 3H_2O$$

经冷却，氯酸钾从溶液中结晶析出（因为在低温下它的溶解度比氯化钾小得多）。

氯酸钾是白色晶体，易溶于热水，冷水中溶解度不大。它**在酸性溶液中，由于转化为氯酸而显氧化性。**氯酸钾和盐酸作用时，发生氧化还原反应产生氯气。反应方程式如下：

$$KClO_3 + 6HCl \xrightarrow{\triangle} KCl + 3Cl_2 \uparrow + 3H_2O$$

氯酸钾的中性溶液不显氧化性，和碘化钾不反应，而在酸性溶液中，能将 KI 氧化为 I_2。

$$KClO_3 + 6KI + 3H_2SO_4 \longrightarrow KCl + 3K_2SO_4 + 3I_2 + 3H_2O$$

$$ClO_3^- + 6I^- + 6H^+ \longrightarrow Cl^- + 3I_2 + 3H_2O$$

氯酸钾比氯酸稳定得多，但加热时仍能分解。在催化剂作用下，它迅速分解，放出氧气。

$$2KClO_3 \xrightarrow[MnO_2]{200℃} 2KCl + 3O_2 \uparrow$$

若不使用催化剂，将其加热至熔化时，上述反应仍不明显，而主要发生下列歧化反应。

$$4KClO_3 \xrightarrow{400℃} KCl + 3KClO_4$$

这也证明了，高价氯的含氧酸盐比低价的稳定。

氯酸钾是常用的氧化剂。固态氯酸钾与易燃物（如硫、磷、碳等还原性物质）混合后，受到摩擦撞击时会引起爆炸着火，保存和使用时要特别小心。它用于制造火柴、炸药、信号弹和焰火等，也是重要的化学试剂。

* 三、高氯酸及其盐

高氯酸 $HClO_4$ 是无色液体，酸性比氯酸强，是已知的无机最强酸。它的无水物已经制得，但不稳定，其水溶液则比氯酸稳定。市售 60% $HClO_4$ 用作化学试剂。**高氯酸的氧化性比氯酸弱**，但浓热的高氯酸是强氧化剂。

高氯酸盐比氯酸盐稳定性强。常用的是高氯酸钾，其氧化性较氯酸钾弱，在 610℃时熔化并分解。

$$KClO_4 \xrightarrow{\triangle} KCl + 2O_2 \uparrow$$

利用高氯酸钾的氧化性可用其制造安全炸药和焰火。

综上所述，氯的含氧酸及其盐的性质变化有一定的规律性，见表 3-2。

氯的含氧酸价态愈高，酸性愈强，氧化性愈弱；价态愈低，酸性愈弱，稳定性愈差，容易分解放出氧，所以氧化性愈强。氯的含氧酸盐的稳定性强弱顺序和氯的含氧酸相似，且都比相应的含氧酸稳定得多。

表 3-2 氯的含氧酸及其盐的性质变化规律

价 态	含氧酸	热稳定性和酸的强度	氧化性	含氧酸盐	热稳定性	氧化性
+1	HClO			KClO		
+3	HClO₂	增 强 ↓	减 弱 ↓	KClO₂	增 强 ↓	减 弱 ↓
+5	HClO₃			KClO₃		
+7	HClO₄			KClO₄		

热稳定性显著增强 →

← 氧化性显著增强

第四节　溴、碘及其化合物

溴、碘和氯一样,在自然界中均以化合态存在。溴以极少量的溴化钠、溴化钾、溴化镁等存在于海水和某些盐矿水中。某些海藻灰(如海带等)含碘可达 1%,是碘的重要来源。硝石矿中含有碘酸钠($NaIO_3$),常用来制取碘。人和动物的甲状腺里也含有碘,它对于生物的新陈代谢起着重要的作用。

一、溴和碘的性质

溴在常温下为棕红色液体,易挥发。它的蒸气有强烈的窒息性恶臭,应将其密闭保存于阴凉处。

【演示实验 3-6】 将一个盛有少量碘晶体的封口试管加热,观察现象。将该管冷却,有何现象。

碘在常温下是略带金属光泽的黑紫色晶体。在常压下加热,不经熔化碘就直接变为紫色蒸气,蒸气遇冷,又重新凝成固体。**这种固态物质不经熔化直接变成气态的现象叫做升华。**利用碘的升华可将它提纯。

溴和碘均有毒,且溴的毒性、腐蚀性更强。使用时,要避免灼伤皮肤或吸入大量溴蒸气刺激呼吸道、鼻黏膜而引起中毒。

【演示实验 3-7】 在盛有 4mL 水的试管中,加入约 1mL Br_2,振荡,制得橙色的饱和溴水(图 3-6,Ⅰ);将上层溴水倒入另一支试管里,再加入 1mL 四氯化碳❶(或苯、汽油等有机溶剂),振荡后静置(图 3-6,Ⅱ)。溴在四氯化碳等有机溶剂中的溶解度比在水中的溶解度大得多。因此,四氯化碳层由无色变为橙色。

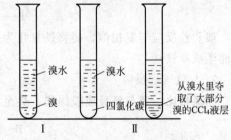

图 3-6　溴在不同溶剂中的溶解性

【演示实验 3-8】 在分别盛有 3mL 水、3mL 酒精的试管中,均加入少量碘晶体,振荡,比较碘在这两种溶剂中的溶解性。在盛有水的试管里,再滴入 1mL 四氯化碳(或苯、汽

❶ 四氯化碳 CCl_4 是无色有特殊气味的液体,有毒,难溶于水。它的化学性质稳定,不能燃烧,是常用的灭火剂和溶剂。

油)，振荡后静置。可见四氯化碳层由无色变为紫色，证明其中溶有较多的碘。

实验表明，**溴和碘在水中的溶解度不大，但易溶于四氯化碳、酒精以及苯、汽油、二硫化碳**[1]**等有机溶剂中。**

利用溶质在两种互不相溶的溶剂里溶解度的不同，选用一种溶剂，把溶质从它与另一种溶剂所组成的溶液里提取出来的方法，叫做萃取。萃取所用的试剂叫萃取剂。例如，用四氯化碳萃取碘水中的碘(在室温下碘在四氯化碳中的溶解度，比同体积的水大 80 余倍)。

【演示实验3-9】 在含有碘晶体的碘水溶液中，加入适量碘化钾晶体，振荡。可见碘晶体逐渐溶解，溶液呈深棕色。

碘易溶于 KI 溶液中，生成易溶于水的三碘化钾 KI_3

$$I_2 + KI \rightleftharpoons KI_3$$

利用这一特性可配制高浓度的碘水溶液。

现将溴和碘的物理性质列于表 3-3 中。

表 3-3　溴和碘的物理性质

性　质	溴(Br_2)	碘(I_2)
状态(常温下)	棕红色液体,有恶臭味易挥发	黑紫色固体,有金属光泽,可升华
密度/($g \cdot cm^{-3}$)	3.20	4.93
熔点/℃	-7.2	113.5
沸点/℃	58.8	184.4
溶解性	可溶于水,室温下,饱和 Br_2 水质量分数约 3%。易溶于有机溶液中,在 CS_2 中的溶解度是水中的 80 倍	难溶于水,室温下饱和 I_2 水质量分数仅 0.08%。易溶于酒精等有机溶剂及 KI 溶液中

溴、碘原子的最外层电子数和氯相同，但它们的原子半径按 Cl、Br、I 顺序依次增大，所以化学活泼性、非金属性依次减弱。

1. 与金属的反应

溴、碘与活泼金属常温下能相互作用，与一般金属反应常需加热。例如：

$$2Fe + 3Br_2 \xrightarrow{\triangle} 2FeBr_3$$

溴和铁反应与氯相似，能将铁氧化为三价盐，但反应温度要高些；碘的氧化能力较弱，只能生成亚铁盐。

2. 与氢气的反应

和氯相比，溴与氢反应较缓和。热至 300℃时，两者缓慢地化合。

$$Br_2 + H_2 \xrightarrow{\triangle} 2HBr$$

碘和氢要在 400℃ 的强热下才缓慢地反应，因碘化氢强热时可分解，所以**反应是可逆的。**

$$I_2 + H_2 \overset{\text{强热}}{\rightleftharpoons} 2HI$$

---

[1]　二硫化碳 CS_2 是具有大蒜臭味的无色有毒液体，不溶于水，易挥发，易燃、蒸气有毒。它能溶解硫、磷单质和油脂、黏胶纤维等，是常用的溶剂。

3. 与其他非金属的反应

溴、碘在加热下也能和磷反应，生成相应的三卤化磷。与氯相似，足量的溴能将三溴化磷氧化为五溴化磷；而碘只生成三碘化磷。

$$Br_2 + PBr_3 \xrightarrow{\triangle} PBr_5$$

4. 溴、碘与碱的反应

溴和水的歧化反应较氯困难些；碘难溶于水，歧化反应不显著。

溴和碱在常温下发生歧化反应，生成溴化物和次溴酸盐，升温后次溴酸盐又发生歧化，可得到溴酸盐

$$Br_2 + 2NaOH \xrightarrow{冷却} NaBr + NaBrO + H_2O$$

$$3Br_2 + 6KOH \xrightarrow{\triangle} 5KBr + KBrO_3 + 3H_2O$$

碘和碱液容易发生歧化反应，室温下即得到碘酸盐。这一点和氯、溴有差别。

$$3I_2 + 6NaOH \longrightarrow 5NaI + NaIO_3 + 3H_2O$$

5. 碘与淀粉的特征反应

【演示实验3-10】　在盛有3mL水的试管中，加入1mL碘水，再滴入1～2滴淀粉试液，观察溶液颜色的变化。

碘单质能和淀粉作用生成蓝色物质。这一特征反应常用来检验溶液中游离碘的存在[1]。

二、溴和碘的制法

氯是较强的氧化剂。它能夺取溴离子或碘离子的电子，使它们转化为单质[2]。工业上，常采用通氯气于溴或碘的二元盐溶液中来制备溴和碘。反应方程式如下：

$$Cl_2 + 2KBr \longrightarrow 2KCl + Br_2$$

$$Cl_2 + 2Br^- \longrightarrow 2Cl^- + Br_2$$

$$Cl_2 + 2NaI \longrightarrow 2NaCl + I_2$$

$$Cl_2 + 2I^- \longrightarrow 2Cl^- + I_2$$

【演示实验3-11】　取4mL 0.1mol·L^{-1} KI溶液于试管中，加入2滴淀粉试液，边振荡边滴加溴水，观察溶液颜色的变化。

溴比碘活泼，它能从碘化物中置换出碘单质。所以溶液由无色变为蓝色。

$$Br_2 + 2KI \longrightarrow 2KBr + I_2$$

$$Br_2 + 2I^- \longrightarrow 2Br^- + I_2$$

 【阅读材料】

从海水中提取溴

自然界中，99%以上的溴存在于海洋中，总量达十万亿吨。工业上利用海水提取溴的方法如下。

将氯气通入酸化后的海水中，将溴离子氧化为溴单质

$$Cl_2 + 2Br^- \longrightarrow 2Cl^- + Br_2$$

---

[1] 用新配制的可溶性淀粉溶液效果良好。陈旧的淀粉液应煮沸、过滤后再用。一般认为，生成的蓝色物质是直链淀粉分子靠分子间的力与I_2分子结合，将它包容起来生成的一种包合物。

[2] 过量的Cl_2甚至能将I_2在溶液中进一步氧化为无色的碘酸（HIO_3）。

$$5Cl_2 + I_2 + 6H_2O \longrightarrow 2HIO_3 + 10HCl$$

通入空气吹出游离的粗溴，用纯碱吸收后生成溴化钠和溴酸钠

$$3Na_2CO_3 + 3Br_2 \xrightarrow{\triangle} 5NaBr + NaBrO_3 + 3CO_2 \uparrow$$

上述溶液用硫酸酸化，单质溴便析出。

$$NaBrO_3 + 5NaBr + 3H_2SO_4 \xrightarrow{\triangle} 3Br_2 \uparrow + 3Na_2SO_4 + 3H_2O$$

经过蒸馏、冷凝、分离，即得到成品溴。

三、溴和碘的氢化物及其盐

溴化氢和碘化氢与氯化氢类似，均为无色、有刺激性气味、极易溶于水的气体。水溶液分别称为氢溴酸、氢碘酸，它们同属挥发性强酸。

溴、碘的氢化物还原性比氯化氢强。氯化氢和浓硫酸不反应，溴化氢、碘化氢则易被浓硫酸氧化。因而，溴化钾、碘化钾和浓硫酸复分解时，产生的不是溴化氢、碘化氢，而是溴、碘的单质。

$$2HBr + H_2SO_4(浓) \longrightarrow Br_2 + SO_2 \uparrow + 2H_2O$$

碘化氢不仅可将浓硫酸还原为二氧化硫，还能进一步将其还原为硫化氢。

$$2HI + H_2SO_4(浓) \longrightarrow I_2 + SO_2 \uparrow + 2H_2O$$

$$8HI + H_2SO_4(浓) \xrightarrow{\triangle} 4I_2 + H_2S \uparrow + 4H_2O$$

碘化氢有强还原性，即使在空气中它也能逐渐被氧化为碘单质。

$$4HI + O_2 \longrightarrow 2I_2 + 2H_2O$$

因此，不宜用浓硫酸与金属卤化物反应来制备溴化氢或碘化氢。

一般可用浓磷酸与相应的金属卤化物作用，或用它们的磷化物水解的方法来制备这两种卤化氢。

氢溴酸和氢碘酸的盐类如溴化铵、溴化钠、溴化钾及碘化钠、碘化钾等是白色易溶于水的离子化合物，常用作化学试剂。溴化银、碘化银和其他卤化银一样，有感光性，见光易分解。

$$2AgBr \xrightarrow{光照} 2Ag + Br_2$$

溴、碘及其化合物的用途较广。医药工业中溴化物是神经镇静剂；红溴汞、碘酒、碘甘油等为外科常用消炎药；内服含碘药剂也不少。溴化银和碘化银为照相工业的感光材料，也用于制造变色玻璃和人工降雨。溴和碘也是有机化工的重要原料和常用的化学试剂。

【演示实验3-12】　在两支各盛有 4mL 0.1mol·L^{-1} KBr 或 KI 溶液的试管中，均加入几滴 0.1mol·L^{-1} AgNO$_3$ 试液。观察两支试管中卤化银沉淀的生成，并试验该沉淀能否溶于稀硝酸。

溴离子、碘离子遇到银离子，分别生成比 AgCl 更难溶解的淡黄色 AgBr 和黄色 AgI。它们不溶于稀硝酸。离子方程式为

$$Br^- + Ag^+ \longrightarrow AgBr \downarrow$$

$$I^- + Ag^+ \longrightarrow AgI \downarrow$$

利用以上反应可检验溶液中 Br$^-$、I$^-$ 的存在。

第五节　氟及其化合物

氟的主要矿物有萤石（CaF$_2$）、氟磷灰石［Ca$_5$F(PO$_4$)$_3$］和冰晶石（Na$_3$AlF$_6$）等。海水及动物的牙齿、骨骼、血液以及某些植物体内也含有少量氟化物。氟也是生命不可缺少的元素。

一、氟的性质

氟在常温下是淡黄色有强烈刺激性气味的气体，氟比空气略重。

氟是自然界中最活泼的非金属元素。 氟和金属反应很强烈。氯只能将钴氧化为 Co^{2+}，而氟能将它氧化成 Co^{3+}。但常温时氟与许多金属生成的氟化物大多难挥发、难溶解，覆盖在金属表面而使反应缓和下来。所以，常温下铁、镍、铅、铜等金属对氟较为稳定。高温下氟和金属剧烈反应而燃烧。

室温下，氟和许多非金属剧烈反应。由于生成的氟化物具有挥发性，难以阻缓非金属与氟剧烈作用。硫、磷、碳、硅、硼等遇氟立即燃烧，甚至爆炸。而氯在常温下与这些非金属作用极为缓慢。

氟和氢在低温暗处相遇，就能发生剧烈反应而爆炸，甚至固态氟与液态氢在黑暗处也能迅速化合生成氟化氢。

$$H_2 + F_2 \xrightarrow[\text{暗处}]{\text{低温}} 2HF$$

氟和水反应时，不像氯那样发生歧化，而是剧烈地分解水，放出氧气。

$$2F_2 + 2H_2O \longrightarrow 4HF + O_2 \uparrow$$

可见，**氟的化学活泼性强于氯，是最强的氧化剂。**

氟与许多有机物（如酒精、松节油等）接触时剧烈燃烧；和石棉、玻璃等化学性质很稳定的物质接触，能迅速发生反应并产生白烟。

氟对一切生物体有致命的毒性。 因此，生产和使用氟必须在有特殊安全措施的条件下进行。

二、氟的制法和用途

氟是最活泼的非金属，没有一种氧化剂能将 F^- 氧化为 F_2。 因此，只有采用电解这个最强有力的氧化还原手段来制取氟单质。

电解总反应方程式为：

$$KF \cdot 2HF \xrightarrow[\text{(熔融)}]{\text{电解}} KF + H_2 \uparrow + F_2 \uparrow$$

制成的氟以 175×10^2 kPa 的压力，压缩在含镍的特种钢瓶中。

随着科学技术的发展，氟的用途日益广泛。在原子能工业中，它用于制造六氟化铀和四氟化铀，来分离铀的同位素，为核反应堆提供燃料。氟也用于制备六氟化硫。它是对高电压具有高介电常数和强绝缘能力的一种稳定气体。液态氟也可作为火箭燃料的高能氧化剂。

三、氟化氢、氢氟酸及其盐

工业上，用萤石和浓硫酸共热在铅质蒸馏设备中制备氟化氢。

$$CaF_2 + H_2SO_4(\text{浓}) \xrightarrow{180℃} CaSO_4 + 2HF \uparrow$$

氟化氢是无色有刺激性气味的气体，剧毒，极易溶于水，水溶液称为氢氟酸。

氢氟酸为无色有刺激性气味的液体。常见商品含 HF 40%、密度为 $1.13 \text{g} \cdot \text{cm}^{-3}$。**氢氟酸的酸性较弱，而其他氢卤酸均属强酸。它不能被氧化剂氧化，这一点也和其他氢卤酸不同。**

氢氟酸的一个重要特性是能和二氧化硅反应，生成易挥发的四氟化硅。 因此，可用它腐蚀玻璃、陶瓷等硅酸盐制品，刻蚀器皿的标记和花纹。

$$SiO_2 + 4HF \longrightarrow SiF_4 \uparrow + 3H_2O$$

$$CaSiO_3 + 6HF \longrightarrow SiF_4 \uparrow + CaF_2 + 3H_2O$$

制备氟化氢及其溶液时不能用玻璃器皿。通常将氢氟酸贮于铅制或塑料容器中。**氢氟酸有强烈的腐蚀性和毒性**，触及皮肤造成难以治愈的灼伤。所以，使用时要戴好橡皮手套、眼镜等护具。

 **【阅读材料】**

四氟化硅的危害与防治

工业生产中产生的 SiF_4，有强烈的刺激性气味。它在潮湿的空气中"发烟"，水解生成氢氟酸等有毒性且有强腐蚀性的物质。所以，含 HF、SiF_4 的废气要通过碱液吸收装置，净化后才能排放。反应同时得到的氟硅酸钠（Na_2SiF_6）可用作杀虫剂、搪瓷乳白剂和木材防腐剂。

氢氟酸近年来大量用于制备有机氟化物，用作制冷剂❶、灭火剂、杀虫剂及耐腐蚀、耐高温、绝缘性能好的"塑料王"聚四氟乙烯、氟枫桐胶等。此外，在半导体工业、铸造、电镀、金属氟化物，化学试剂等方面均有广泛应用。

氢氟酸盐（金属氟化物）的化学性质稳定，但溶解性往往不同于其他氢卤酸盐。如氟化银 AgF 为易溶于水的强电解质，其他卤化银为难溶电解质。镁、钙、钡的氟化物难溶于水，而这些碱土金属的其他卤化物却是易溶盐。

重要的氟化物有氟化钙。它是制取氟化物的主要原料和冶金的助熔剂。最纯净的萤石可透过红外线和紫外线，用于制造光学仪器。氟化钠和氟化钾用作木材防腐剂、农作物杀虫剂和化学试剂。含氟药物在医药工业中占一定的比例。氟化物有毒性。无论气、液、固态氟化物由于和水发生复分解作用后产生氢氟酸，对细胞组织和骨骼有侵蚀作用，所以使用氟化物要注意安全。但微量氟对人体有益，如饮水中含微量氟（F^-）可以预防牙科疾病。国家生活饮用水卫生标准（GB 5749—2005）要求饮用水氟化物限值为 $1mg \cdot L^{-1}$。

第六节　卤素及其化合物性质比较

一、卤素的原子结构和元素性质的相似性

卤素最典型的化学性质是容易夺取电子，而显示氧化性。因此，它们是活泼的非金属元素，在自然界中不能游离存在。卤素单质是由矿物原料通过氧化还原反应制备的。卤化氢均易溶于水，生成相应的氢卤酸。氢卤酸盐比较稳定，而卤素的含氧酸盐不够稳定。卤素和其他物质反应，也有许多相似的地方。

卤素性质相似的原因是它们原子的最外层都有 7 个电子。尽管元素的核电荷数、电子层数均不同，只要最外层电子数相同，元素的性质就呈现出相似性❷。

因此，氟、氯、溴、碘及砹构成一个性质相似的元素族，即卤族元素。

二、卤素的分子结构和性质的差异

卤素原子的核电荷数、电子层结构、原子半径均不相同，单质分子的大小也不同。所以，**卤素单质的物理、化学性质也显示出差异性。**

1. 物理性质的比较

从表 3-4 可见，常温下卤素单质从氟-碘，由气态-液态-固态，密度依次增大，熔点和沸

---

❶ 由于含氟制冷剂对臭氧层有破坏作用，现正以其他制冷剂替代。

❷ 这一规律适用于最外层电子数相同，电子层数虽不同但内层电子全充满、有相似性的那些元素。在第四章中将会叙及。

点依次增高。这是因为随着卤素核电荷数递增，单质的相对分子质量增大，分子间的吸引力随之增强，导致卤素单质物理性质的递变。

表 3-4 卤素单质的物理性质

单质	相对分子质量	分子的核间距/10^{-12}m	颜色	常温下的聚集状态	密度（常温下）	熔点/℃	沸点/℃
F_2	38.0	128	淡黄色	气态	$1.58g \cdot L^{-1}$	-219.6	-188.1
Cl_2	70.9	198	黄绿色	气态	$2.95g \cdot L^{-1}$	-101	-34.6
Br_2	159.8	228	棕红色	液态	$3.20g \cdot cm^{-3}$	-7.2	58.8
I_2	253.8	266	黑紫色	固态	$4.93g \cdot cm^{-3}$	113.5	184.4

2. 卤素化学活泼性的递变

大多数金属和非金属单质都能和氟剧烈反应，发生燃烧，甚至爆炸。它们和氯作用时，就没有那么猛烈，与溴、碘反应时常需加热，有时只生成较低价态的碘化物。由于碘化物的热稳定性差，反应呈可逆性。卤素单质化学活泼性的递变见表 3-5。

表 3-5 卤素单质化学性质的比较

卤素单质	和金属反应	和氢反应的条件，卤化氢的稳定性	和水的反应	卤素单质的活泼性比较
F_2	常温下，能氧化所有的金属	在冷、暗处即剧烈反应，且爆炸 HF 很稳定	强烈分解水，放出氧气	F_2 最活泼，能把 Cl_2、Br_2、I_2 从它们的化合物中置换出来
Cl_2	能氧化各种金属，但往往需要加热	在强光直射下，可剧烈反应，且爆炸 HCl 相当稳定	发生歧化反应，在日光照射下缓慢放出氧气	Cl_2 次于 F_2，只能从溴、碘化物中置换出 Br_2 和 I_2
Br_2	在加热下可与一般金属化合	在高温下缓慢地化合 HBr 不太稳定	歧化反应较氯微弱	Br_2 又次于 Cl_2，只能从碘化物中置换出 I_2
I_2	在加热下，能和一般金属化合，常生成低价盐如 FeI_2 等	持续强热下，缓慢地化合，因 HI 不稳定，同时发生分解。反应很不完全	歧化反应，较溴微弱，且很不明显	I_2 在卤素中最不活泼

综上所述，卤素单质夺取电子（$X_2 + 2e^- \longrightarrow 2X^-$）的能力，按下列顺序减弱。

$$F_2 > Cl_2 > Br_2 > I_2$$
→ 氧化性减弱

三、卤化氢性质的比较

卤素能形成一些组成相似的化合物。由于卤素化学活泼性不同，这些化合物的稳定性、氧化还原性的强弱也不同。如卤化氢和氢卤酸的物理、化学性质均有差异，见表 3-6。

表 3-6 卤化氢的性质比较

性 质	HF	HCl	HBr	HI
熔点/℃	-83	-115	-88	-51
沸点/℃	20	-85	-67	-35
溶解度（常压，20℃）/%	35	42	49	57
气态分子内核间距/10^{-12}m	96	131	146	165
结合能[①]/(kJ·mol^{-1})	565	431	362	299
热分解率(1000℃)/%	—	0.014	0.5	33
热稳定性	由强渐弱 →			
还原性	由弱渐强 →			
氢卤酸的酸性	由弱渐强 →			

① 结合能 指 1mol HX 分离为原子态的 H 和 X 时，消耗的能量。

卤化氢均易溶于水，生成相应的有挥发性的氢卤酸。但由于卤化氢气态分子内核间距、结合能都不同，所以热稳定性、还原性和氢卤酸的酸性也不同，有一定的递变规律。氟化氢分子内核间距最小，结合能最大，热稳定性则最强，HF 的还原性最弱，它在水中难以电离，在氢卤酸中酸性最弱。同理，HCl、HBr、HI 热稳定性依次减弱，还原性和酸性依次增强。

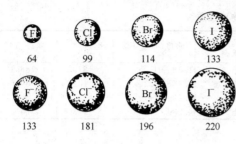

图 3-7　卤素原子和负离子示意图
（半径单位：10^{-12} m）

总之，卤素及其化合物性质间的差别，主要是它们原子半径显著递变（见图 3-7）引起的。**从氟到碘原子半径显著增大，原子核吸引电子能力显著减弱，则非金属性由强渐弱。**

卤素原子结合电子后，转化为半径更大的负离子。**从氟到碘，负离子半径显著增大，原子核对最外层电子的控制能力相应减弱，所以卤素负离子失电子（$2X^- - 2e^- \longrightarrow X_2$）能力按下列顺序增强。**

$$F^- < Cl^- < Br^- < I^-$$
———————————→还原性增强

氟在卤素中远较氯活泼，非金属性最强，生成的氢氟酸盐最稳定，这都是由原子结构决定的。氟原子不仅半径最小，次外层电子结构也较特殊——只有 2 个电子，而氯原子为 8 个电子，溴、碘原子均为 18 个电子（见表 3-1）。所以，氟显示较多的特殊性，溴、碘又有不少的相似性。可见，决定元素性质除了最外层电子数外，次外层电子数也有一定的影响。

本章复习要点

卤素是性质相似易成盐的一族典型的非金属元素。

一、卤素原子结构及其性质

氟（F）、氯（Cl）、溴（Br）、碘（I）及砹（At）元素，统称卤素。

元素名称	核电荷数	次外层电子数	最外层电子数	原子半径 $/10^{-12}$ m	X^- 离子半径 $/10^{-12}$ m	X_2 分子间的作用力	常温下的聚集状态	X 的非金属性	X^- 的还原能力	化合价 正	化合价 负
氟 F	9	2	7	64	133	相对分子质量增大 分子间吸引力增大	淡黄色气体	吸引电子能力增强 原子半径减小 非金属性增强	失电子能力增强 还原能力增强 离子半径增大		-1
氯 Cl	17	8	7	99	181		黄绿色气体			+1 +3 +5 +7	-1
溴 Br	35	18	7	114	196		红棕色液体			+1 +3 +5 +7	-1
碘 I	53	18	7	133	220		黑紫色固体			+1 +3 +5 +7	-1

化学性质：

（1）和金属起反应　生成卤化物（二元盐）。

（2）和氢起反应　生成卤化氢。

（3）和水起反应　歧化为氢卤酸和次卤酸，是可逆过程（氟例外，它剧烈分解水）。

（4）和碱起反应　生成金属卤化物和卤素含氧酸盐等（氟除外）。

（5）和卤化物的反应　把较不活泼的卤素从它们的卤化物中置换出来。

（6）I_2 遇淀粉变蓝。

二、卤化氢

卤化氢为无色有刺激性气味、易溶于水的气体。水溶液为有挥发性的氢卤酸。除氢氟酸外，皆为强酸。

$$HF \qquad HCl \qquad HBr \qquad HI$$

气体热稳定性由强渐弱 →

还原性由弱渐强 →

氢卤酸的酸性由弱渐强 →

氢氟酸的特性是能腐蚀玻璃等硅酸盐制品，产生易挥发的四氟化硅。氢氟酸毒性大，腐蚀性强。

三、卤素单质的制备

用氧化剂和卤化物作用，或用电解法。

$$2X^- - 2e \longrightarrow X_2$$

卤素的含氧酸及其盐做氧化剂时，常被还原为 -1 价的卤化物，或卤素单质。

四、氟、氯、溴、碘及其化合物间的转化

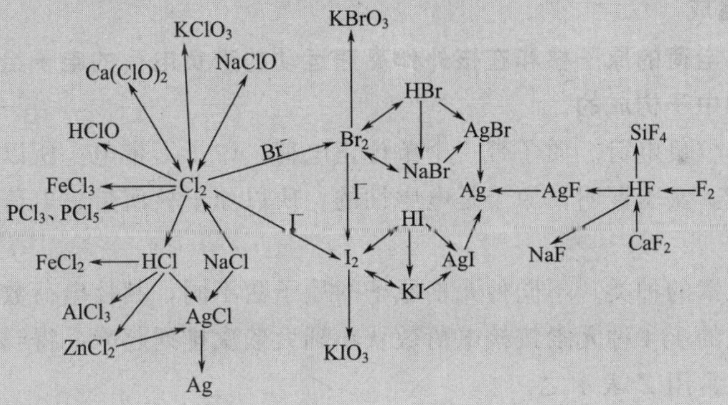

五、氯、溴、碘离子的检验

用 $AgNO_3$（HNO_3）法，生成不溶于酸的卤化银沉淀；或用氯氧化法将溴离子、碘离子氧化为单质。

第四章 原子结构与元素周期律

【学习目标】

　　1. 掌握构成原子的粒子间的关系。

　　2. 了解原子核外电子运动状态和核外电子排布规律。掌握 1～36 号元素的核外电子排布及原子结构示意图。

　　3. 掌握元素周期律和元素周期表的结构及元素性质递变规律。

　　4. 了解元素性质与原子结构的关系。

　　原子是物质进行化学反应的基本微粒。原子是由带正电荷的原子核和核外带负电荷的电子组成的。在一般的化学反应中（非核反应）原子的一切性质、变化只与核外电子的运动有关，原子核不发生变化。通常所说的原子结构是指核外电子的数目、排布、能量及其运动状态。世界是由物质构成的，物质的分子又是由原子构成的，为了研究物质的性质，必须首先了解原子的结构，然后才能知道它们是如何结合成分子的，从而对物质的性质有比较本质的认识。

第一节　原子的组成

一、原子的组成

　　原子是由带正电荷的原子核和在核外作高速运动的带负电荷的电子组成的。原子核是由一定数目的质子和中子构成的。

　　电子带一个单位负电荷。质子带一个单位正电荷。中子不带电。所以原子核所带正电荷数等于核内质子数。实验证明，原子是电中性的，所以原子核所带正电荷数与其核外电子所带负电荷数相等。

　　质子数确定元素的种类。不同种元素原子的质子数不同，其核电荷数不同，核外电子数也不同。将已发现的 114 种元素按核电荷数从小到大依次排列起来，得到的顺序号，称为元素的原子序数，通常用 Z 表示之。

　　则　　　　　　　　**原子序数(Z)＝核电荷数＝核内质子数＝核外电子数**

　　原子是一种电中性的微粒，其直径约为 10^{-10} m。原子核更小，其体积约为原子体积的 $1/10^{12}$，假如把原子设想成一个直径为 10m 的圆球，那么原子核就只有针尖大小，电子的体积比原子核还小。

　　原子既是一种微粒，就有一定的质量。原子的质量应是质子、中子和电子的质量之和，但电子的质量很小，约为 9.110×10^{-31} kg，相当于质子或中子质量的 $\dfrac{1}{1837}$，可忽略不计。

因此原子的质量主要集中在原子核上（见表 4-1），这就是说原子的质量由核内质子数和中子数决定。原子中质子数和中子数之和称为原子的质量数，通常用 A 表示。则

原子质量数(A)＝质子数(Z)＋中子数(N)

若已知上式中任意两个量，便可求出第三个量。

表 4-1 原子中基本粒子的质量和相对质量

基本粒子	符 号	质量/kg	相对质量[①]	电荷/电子单位
质子	p	1.673×10^{-27}	1.007	+1
中子	n	1.675×10^{-27}	1.008	0
电子	e	9.110×10^{-31}	0.00055	-1

① 以碳原子质量的 1/12 作为标准。

例如，已知氯原子的质量数为 35，原子序数为 17，则氯原子内的中子数：

$$N = A - Z = 35 - 17 = 18$$

归纳起来，若以 X 代表一个质量数为 A、原子序数为 Z 的原子，则构成原子的微粒间的关系可表示如下：

$$原子(_Z^A X) = \begin{cases} 原子核 \begin{cases} 质子(Z) \\ 中子(A-Z) \end{cases} \\ 核外电子(Z) \end{cases}$$

二、同位素

在研究原子核的组成时，人们发现多数元素的原子虽然具有相同的质子数，但是它们的质量数却有多个数值。这是由于核内中子数不同的缘故。例如，有三种具有不同质量数的氢原子：通常被称为氢原子的 $_1^1H$、重氢原子 $_1^2H$ 和超重氢原子 $_1^3H$，它们的质子数相同，但中子数不同，所以质量数不同，如表 4-2。

表 4-2 氢的同位素

同位素	符 号	名 称	质量数	质子数	中子数	电子数
氢($_1^1H$)	H	氕(音撇)	1	1	0	1
重氢($_1^2H$)	D	氘(音刀)	2	1	1	1
超重氢($_1^3H$)	T	氚(音川)	3	1	2	1

这种原子核内质子数相同，而中子数不同的同种元素的不同原子互称同位素。

同种元素的同位素间虽然质量数不同，但电子层结构相同，所以其化学性质几乎完全相同。因此，**元素是质子数相同的一类原子的总称。**例如，$_1^1H$、$_1^2H$、$_1^3H$ 是三种氢原子，但它们同属氢元素。到目前为止，发现所有的元素都存在同位素，少则几种，多则十几种。自然界存在的各种元素的同位素约 300 多种，而人造同位素达 1500 多种。

自然界中氢元素绝大部分为 $_1^1H$，但也有极少量的 $_1^2H$ 和痕量的 $_1^3H$。$_1^2H$ 和 $_1^3H$ 是制造氢弹的原料。在普通水的组成中主要含 $_1^1H$，但也含有极少量的 $_1^2H$。重氢和氧组成的水俗称重水 D_2O。重水的物理性质与普通水不同，如它的冰点和沸点比普通水高，重水是制取 $_1^2H$ 的主要原料。天然铀矿含 $_{92}^{233}U$、$_{92}^{234}U$、$_{92}^{235}U$ 三种铀的同位素，其中 $_{92}^{235}U$ 是制造原子弹和核反应堆的原料。

在天然存在的某种元素里，不论是游离态还是化合态，各种同位素原子间的相对质量分数是不变的。这个相对质量分数也叫"丰度"。通常使用的元素相对原子质量，是按各种天然同位素原子的质量和相对质量分数计算出来的平均数值。

例如，氯元素含 $_{17}^{35}Cl$ 和 $_{17}^{37}Cl$ 两种同位素：

同位素	相对原子质量	丰度
$_{17}^{35}Cl$	34.969	75.77%
$_{17}^{37}Cl$	36.966	24.23%

那么天然氯元素两种同位素的平均原子量为：
$$34.969 \times 75.77\% + 36.966 \times 24.23\% = 35.453$$
所以，氯元素的相对原子质量是 35.45。

【阅读材料】

核　素

　　具有一定数目的质子和一定数目的中子的一种原子叫做核素。如 $_1^1H$、$_1^2H$、$_1^3H$ 就各为一种核素。故同一元素的不同核素之间也互称为同位素。如 $_1^1H$、$_1^2H$、$_1^3H$ 三种核素是氢的同位素；$_8^{16}O$、$_8^{17}O$、$_8^{18}O$ 三种核素均是氧的同位素。此处的"同位"是指这几种核素的质子数相同，在元素周期表中占据同一位置的意思。

　　同位素有的是天然存在的，有的是人工制造的，有的具有放射性。所谓放射性，是指某些物质能放射出看不见的射线，这种射线包括 α、β、γ 三种。α 射线是带正电荷的 α 粒子（氦原子核）流，β 射线是带负电的电子流，γ 射线是不带电的光子流。

　　利用放射性核素，可以给金属制品探伤；抑制马铃薯和洋葱等发芽、延长贮存和保鲜期；在医疗方面，可以利用某些核素放射出的射线治疗癌症等。

第二节　核外电子的运动状态

一、电子云

　　电子是质量极轻、体积极小、带负电荷的微粒，它在直径 $10^{-10}\,\mathrm{m}$ 的空间内围绕原子核作高速运转。其运动规律与宏观物体不同，它的运动有自己的特殊性。

　　根据经典的牛顿力学理论，通过火车、飞机、汽车等宏观物体的运动速率，可准确地确定它们在某时刻的位置和运动轨迹。电子则不同，它是微观粒子。运用经典力学理论，不能准确地测定出电子在某一时刻的位置和速率。但是，若采用统计的方法，即对一个电子多次的行为或多个电子的一次行为进行研究，可以得到电子在核外空间某一区域内出现机会的多少，数学上称为概率。

　　电子在核外空间各区域出现的概率不同，但却是有规律的。例如，氢原子核外只有一个电子，它围绕原子核高速运转，为了找到该电子在某时刻的位置，假想用一架特殊的照相机，给一个氢原子拍照五次，得到如图 4-1 所示的不同的图像。

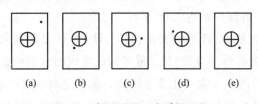

(a)　　(b)　　(c)　　(d)　　(e)

图 4-1　氢原子的五次瞬间照相

　　图中 ⊕ 表示原子核，小黑点表示电子。显然，每瞬间电子在核外空间的位置不同，但是，如果给氢原子拍上几万张照片，则会发现：每张照片上电子的位置均不同，若将这些照片叠加起来，则会得到如图 4-2 所示的图像。

　　由图 4-2 可以看出，**电子总是在核外空间的一个球形区域内出现，如同一团带负电荷的云雾笼罩在原子核的周围，人们形象地称为电子云。**这团"电子云雾"呈球形对称，离核越近，密度越大；离核越远，密度越小。即离核越近，单位体积的空间内，电子出现的概率越大；离核越远，单位体积的空间内，电子出现的概率越小。

　　图 4-2(d) 是在通常情况下，氢原子电子云的示意图。原子核位于中心，小黑点的疏密

表示电子在核外空间各区域出现机会的多少。

电子云的另外一种表示方法，是电子云界面图，如图4-3。图4-3（a）虚线表示的球壳称为电子云的界面，界面以内电子出现的概率大于90％，界面以外电子出现的概率小于10％。图4-3（b）所示即为氢原子的电子云界面图。

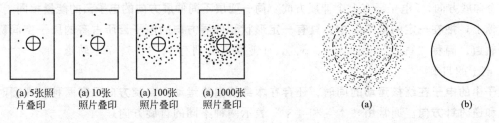

| (a) 5张照片叠印 | (a) 10张照片叠印 | (a) 100张照片叠印 | (a) 1000张照片叠印 |

图4-2　将若干张氢原子瞬间照片叠印的结果　　　图4-3　氢原子1s电子云的界面图

二、核外电子的运动状态

1. 电子层

地球对物体有吸引力，在地球引力范围内运动的物体距地球的远近，与该运动物体能量的大小有关。这个规律也适用于原子。在多电子原子中，电子的能量不尽相同。**在离核较近的区域内运动的电子能量低些，在离核较远的区域内运动的电子能量高些。**为此，人们将核外电子运动的区域分为若干层——简称电子层，用 n 表示。**电子层是确定核外电子运动能量的主要因素。** n 只能是正整数1、2、3…表示电子距原子核的远近，**n 值越大，表示电子所在的层次离核越远，能量越高。**有时也用 K、L、M、N、O、P、Q 等字母分别代表 $n=$ 1、2、3、4、5、6、7 等层次。

电子层 n：1、2、3、4、5、6、7
常用符号：K、L、M、N、O、P、Q

$\longrightarrow$ 电子离核由近到远，电子的能量由低到高

2. 电子亚层和电子云的形状

在同一电子层中，电子的能量不尽相同，电子云的形状也不同。所以，一个电了层又分为若干亚层，各亚层分别用 s、p、d、f 表示。K层（$n=1$）只有一个亚层，即 s 亚层；L层（$n=2$）有 s、p 两个亚层；M层（$n=3$）有 s、p、d 三个亚层；N层（$n=4$）有 s、p、d、f 四个亚层。**每一电子层中，电子亚层的数目等于电子层的序数。** s 电子云是

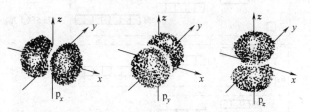

图4-4　p亚层各原子轨道在空间的伸展方向示意图

以原子核为中心的球壳体，p 电子云为哑铃形。如图4-4。d 电子云和 f 电子云的形状较为复杂，本书不作介绍。

同一电子层中，各亚层的能量是按 s、p、d、f 的顺序递增的。为了表明电子在核外所处的电子层、电子亚层及其能量的高低，通常将电子层的序数 n 标注在亚层符号的前面。例如，处在 K 层的 s 亚层的电子记为 1s；处在 L 层的 s 亚层和 p 亚层的电子分别记为 2s 和 2p；处在 M 层的 d 亚层的电子记为 3d；处在 N 层的 f 亚层的电子记为 4f 等。由于原子中各亚层的能量不同，并按 s、p、d、f 顺序递增，好像阶梯一样一级一级的，所以**一个亚层又**

称为一个能级。如上述 1s、2s、2p、3d、4f 等都是原子的一个能级。

3. 电子云的伸展方向

电子云不仅有确定的形状，而且在空间有一定的伸展方向。s 电子云呈球形对称，在空间各个方向伸展程度相同。p 电子云沿空间坐标的 x、y、z 轴三个方向伸展，如图 4-4，d 电子云有五个伸展方向，f 电子云有七个伸展方向。同一亚层不同伸展方向的电子云的能量相同。

习惯上，把在一定的电子层中，具有一定形状和伸展方向的电子云所占有的原子空间称为原子轨道，简称"轨道"。因此，s、p、d、f 亚层就分别有 1、3、5、7 个轨道。

4. 电子的自旋

原子中的电子在绕核运动的同时，还存在本身的自旋运动。自旋方向只有两种，即顺时针方向和逆时针方向。通常用"↑"和"↓"表示两种不同的自旋方向。

综上所述，描述原子核外电子的运动状态时，应指明电子所处的电子层、电子亚层、电子云的伸展方向和电子的自旋方向。

第三节　核外电子的排布

人们根据实验结果，总结出了多电子原子中核外电子排布的三条规律。

一、能量最低原理

处于稳定状态的原子，其核外电子将尽可能地按能量最低的原则进行排布。也就是说核外电子总是先排入能量最低的原子轨道，然后再依次排入能量较高的轨道。

轨道能量（E）的高低主要取决于电子层数和电子亚层。不同电子层的同类型轨道的能量，n 值越大，能量越高。例如 $E_{3s}>E_{2s}>E_{1s}$，$E_{3p}>E_{2p}$。同一电子层中，不同亚层的能量按 s、p、d、f 的顺序递增，$E_{nf}>E_{nd}>E_{np}>E_{ns}$。在多电子原子中，核外电子间还存在着相互作用，致使某些轨道能级相互交错，例如 $E_{4s}<E_{3d}$，$E_{5s}<E_{4d}$，$E_{6s}<E_{4f}<E_{5d}$ 等。

图 4-5 是反映多电子原子轨道能级高低的近似能级图。

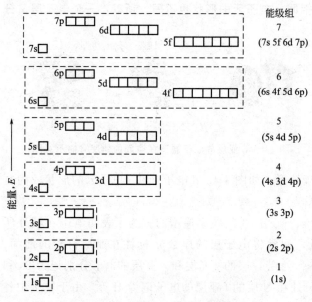

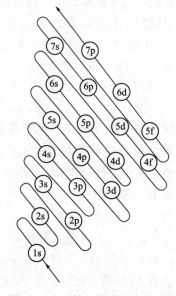

图 4-5　多电子原子的近似能级图　　　　图 4-6　电子填入轨道顺序助记图

　　图中每一个小方框表示一个轨道，方框的位置越低表示能级越低。从第三电子层开始出现能级交错现象。

　　图中按原子轨道能级的高低，将邻近的能级用虚线方框分为七个能级组。每个能级组内各亚层轨道间的能量差较小，而相邻能级组间的能量差较大。由图可见，按能量最低原理，电子排入轨道的顺序是 1s→2s、2p→3s、3p→4s、3d、4p→5s、4d、5p→6s、4f、5d、6p→7s、5f、6d……图 4-6 为电子填入轨道顺序助记图。

二、泡利不相容原理

　　同一个原子中，不可能有两个电子处于完全相同的运动状态，这就是泡利不相容原理。换言之，**每个原子轨道最多只能容纳两个自旋方向相反的电子。**

　　例如，$_2^4\text{He}$，核外有两个电子，按照能量最低原理，这两个电子应同处于 1s 轨道上，它们的自旋方向必然相反，一个为"↑"，一个为"↓"。其轨道表示式为：

$_2\text{He}$：　$\boxed{\uparrow\downarrow}$
　　　　　 1s

　　现将 1～4 电子层可容纳电子的最大数目列于表 4-3 中。

表 4-3　1～4 电子层可容纳电子的最大数目

电子层 n	K $n=1$	L $n=2$		M $n=3$			N $n=4$			
电子亚层	1s	2s	2p	3s	3p	3d	4s	4p	4d	4f
亚层中的轨道数目	1	1	3	1	3	5	1	3	5	7
亚层中的电子数	2	2	6	2	6	10	2	6	10	14
表示符号	$1s^2$	$2s^2$	$2p^6$	$3s^2$	$3p^6$	$3d^{10}$	$4s^2$	$4p^6$	$4d^{10}$	$4f^{14}$
电子层可容纳电子的最大数目	2	8		18			32			

　　从表 4-3 中看出，各电子层可能容纳的电子数最多为 $2n^2(n\leqslant 4)$。如第 3 层可容纳 18=2×3^2 个电子。

　　根据上述两条电子排布原理，Li、B 的电子排布为：

元素	轨道表示式	电子排布式
$_3\text{Li}$	$\boxed{\uparrow\downarrow}$　$\boxed{\uparrow}$ 　1s　　2s	$1s^2 2s^1$
$_5\text{B}$	$\boxed{\uparrow\downarrow}$　$\boxed{\uparrow\downarrow}$　$\boxed{\uparrow\ \ \ }$ 　1s　　2s　　　2p	$1s^2 2s^2 2p^1$

三、洪德规则

　　B 原子之后是原子序数为 6 的碳原子，其核外有 6 个电子，$1s^2 2s^2 2p^2$。p 亚层有三个能量相同的轨道 p_x、p_y、p_z，2 个 p 电子在不违背能量最低和泡利不相容原理的情况下，在 2p 轨道上可以有下面三种排布方式：

$\boxed{\uparrow\downarrow\ \ \ }$　$\boxed{\uparrow\ \uparrow\ \ }$　$\boxed{\uparrow\ \downarrow\ \ }$
　2p　　　　 2p　　　　 2p

那么这两个电子究竟是怎样排布的呢？从实验总结出来的洪德规则回答了这个问题。

　　在等价轨道（能量相同的轨道）上排布的电子将尽可能分布在不同的轨道上，且自旋方

向相同，以使原子的能量最低。这就是洪德规则。

据此，碳原子 2p 轨道上的 2 个电子的排布应为：$\boxed{\uparrow\,\uparrow\,\,}$ $2p_x^1 2p_y^1$

同理，原子序数为 7 的氮元素、原子序数为 8 的氧元素核外电子排布如下：

N $1s^2 2s^2 2p^3$ （$2p_x^1 2p_y^1 2p_z^1$）$\boxed{\uparrow\downarrow}$ $\boxed{\uparrow\downarrow}$ $\boxed{\uparrow\,\uparrow\,\uparrow}$
　　　　　　　　　　　　　　　1s　　2s　　　2p

O $1s^2 2s^2 2p^4$ （$2p_x^2 2p_y^1 2p_z^1$）$\boxed{\uparrow\downarrow}$ $\boxed{\uparrow\downarrow}$ $\boxed{\uparrow\downarrow\,\uparrow\,\uparrow}$
　　　　　　　　　　　　　　　1s　　2s　　　2p

氟和氖的核外电子排布如下：

　　　　　　　　　　　　　　1s　　2s　　　2p
F 　$1s^2 2s^2 2p_x^2 2p_y^2 2p_z^1$ 即 $\boxed{\uparrow\downarrow}$ $\boxed{\uparrow\downarrow}$ $\boxed{\uparrow\downarrow\,\uparrow\downarrow\,\uparrow}$
　　　　　　　　　　　　　　1s　　2s　　　2p
Ne $1s^2 2s^2 2p_x^2 2p_y^2 2p_z^2$ 即 $\boxed{\uparrow\downarrow}$ $\boxed{\uparrow\downarrow}$ $\boxed{\uparrow\downarrow\,\uparrow\downarrow\,\uparrow\downarrow}$

氖原子是全充满的稳定电子层结构，化学性质极不活泼。

作为洪德规则的特例，当等价轨道不排入电子（全空）、或半充满状态、或全充满状态时是一种比较稳定、能量较低的状态。 即

全　空　　p^0 或 d^0 或 f^0
半充满　　p^3 或 d^5 或 f^7
全充满　　p^6 或 d^{10} 或 f^{14}

例如，原子序数为 24 的铬，其核外电子排布为：$1s^2 2s^2 2p^6 3s^2 3p^6 3d^5 4s^1$ 而不是 $1s^2 2s^2 2p^6 3s^2 3p^6 3d^4 4s^2$。原子序数为 29 的铜，其核外电子排布为：$1s^2 2s^2 2p^6 3s^2 3p^6 3d^{10} 4s^1$ 而不是 $1s^2 2s^2 2p^6 3s^2 3p^6 3d^9 4s^2$。这是由于 d^5 和 d^{10} 都是较为稳定的状态。

根据上述核外电子排布的三条原则，表 4-4 列出了 36 种元素原子的核外电子排布。

表 4-4　1～36 号元素原子的核外电子排布

周期	原子序数	元素名称	元素符号	电　子　层														
				K	L		M			N				O				P			Q
				1s	2s	2p	3s	3p	3d	4s	4p	4d	4f	5s	5p	5d	5f	6s	6p	6d	7s
1	1	氢	H	1																	
	2	氦	He	2																	
2	3	锂	Li	2	1																
	4	铍	Be	2	2																
	5	硼	B	2	2	1															
	6	碳	C	2	2	2															
	7	氮	N	2	2	3															
	8	氧	O	2	2	4															
	9	氟	F	2	2	5															
	10	氖	Ne	2	2	6															
3	11	钠	Na	2	2	6	1														
	12	镁	Mg	2	2	6	2														
	13	铝	Al	2	2	6	2	1													
	14	硅	Si	2	2	6	2	2													
	15	磷	P	2	2	6	2	3													
	16	硫	S	2	2	6	2	4													
	17	氯	Cl	2	2	6	2	5													
	18	氩	Ar	2	2	6	2	6													

周期	原子序数	元素名称	元素符号	电子层																	
				K	L		M			N				O				P			Q
				1s	2s	2p	3s	3p	3d	4s	4p	4d	4f	5s	5p	5d	5f	6s	6p	6d	7s
4	19	钾	K	2	2	6	2	6		1											
	20	钙	Ca	2	2	6	2	6		2											
	21	钪	Sc	2	2	6	2	6	1	2											
	22	钛	Ti	2	2	6	2	6	2	2											
	23	钒	V	2	2	6	2	6	3	2											
	24	铬	Cr	2	2	6	2	6	5	1											
	25	锰	Mn	2	2	6	2	6	5	2											
	26	铁	Fe	2	2	6	2	6	6	2											
	27	钴	Co	2	2	6	2	6	7	2											
	28	镍	Ni	2	2	6	2	6	8	2											
	29	铜	Cu	2	2	6	2	6	10	1											
	30	锌	Zn	2	2	6	2	6	10	2											
	31	镓	Ga	2	2	6	2	6	10	2	1										
	32	锗	Ge	2	2	6	2	6	10	2	2										
	33	砷	As	2	2	6	2	6	10	2	3										
	34	硒	Se	2	2	6	2	6	10	2	4										
	35	溴	Br	2	2	6	2	6	10	2	5										
	36	氪	Kr	2	2	6	2	6	10	2	6										

第四节　元素周期律

人们已经发现的 114 种元素，构成了自然界千千万万种性质各异的物质。为了了解各种物质性质间的差异和内在联系，现将原子序数为 1～18 的元素按核电荷数递增的顺序排列，并将它们的一些主要性质列于表 4-5 中。

由表 4-5 可以看出以下规律。

原子半径：由碱金属元素锂到卤素氟，随着原子序数的递增，原子半径由 123pm 递减到 64pm，由碱金属元素钠到卤素氯，随着原子序数的递增，原子半径由 154pm 递减到 99pm，即随着原子序数的递增，元素原子的半径呈周期性变化。

化合价：从 11 号元素到 17 号元素依次再现了 3 号到 9 号元素化合价的递变规律，即正价从 +1(Na) 到 +7(Cl)，负价从 −4(Si) 到 −1(Cl)。18 号以后元素的化合价有相同的递变规律，即元素的化合价随着原子序数的递增呈周期性变化。

金属性与非金属性：从锂到氟、从钠到氯都是由最活泼的金属元素逐渐过渡到最活泼的非金属元素。

最高价氧化物及其水合物的酸碱性：从锂到氟、从钠到氯对应的氧化物及其水合物的碱性依次减弱，酸性依次增强。即元素化合物的性质随着原子序数的递增呈周期性变化。

远在 19 世纪 20 年代，人们已经发现元素性质的不同与它们相对原子质量的大小有关。到 19 世纪 70 年代，随着所发现元素数目的增多，对它们性质间的差异和相似之处有了比较清楚的认识。通过许多人的努力，终于归纳出一个规律，即如果按照元素相对原子质量大小的顺序把元素排列起来，每经过一定的数目，就会出现一个和前面某一元素性质十分相似的元素。把性质相似的元素归为一类，可以把所有元素很严整地分为几大类。19 世纪 70 年代俄国化学家门捷列夫在此基础上，明确指出：元素的性质随着相对原子质量的递增，呈现周期性的变化。这就是早期有名的元素周期律。

表 4-5　元素性质随核外电子的排布呈周期性的变化

原子序数	1	2
元素名称	氢	氦
元素符号	H	He
最外层电子排布	$1s^1$	$1s^2$
原子半径/pm	32	93
化合价	+1	0
金属性与非金属性		
最高价氧化物分子式	H_2O	稀有气体
最高价氧化物水化物分子式	—	

原子序数	3	4	5	6	7	8	9	10
元素名称	锂	铍	硼	碳	氮	氧	氟	氖
元素符号	Li	Be	B	C	N	O	F	Ne
最外层电子排布	$2s^1$	$2s^2$	$2s^2 2p^1$	$2s^2 2p^2$	$2s^2 2p^3$	$2s^2 2p^4$	$2s^2 2p^5$	$2s^2 2p^6$
原子半径/pm	123	89	82	77	70	66	64	112
化合价	+1	+2	+3	+4 -4	+5 -3	-2	-1	0
金属性与非金属性	活泼金属	较活泼金属	非金属	非金属	非金属	很活泼非金属	最活泼非金属	稀有气体
最高价氧化物分子式	Li_2O	BeO	B_2O_3	CO_2	N_2O_5	—	—	
最高价氧化物水化物分子式	LiOH 碱性	$Be(OH)_2$ 两性	H_3BO_3 弱酸	H_2CO_3 弱酸	HNO_3 强酸	—	—	

原子序数	11	12	13	14	15	16	17	18
元素名称	钠	镁	铝	硅	磷	硫	氯	氩
元素符号	Na	Mg	Al	Si	P	S	Cl	Ar
最外层电子排布	$3s^1$	$3s^2$	$3s^2 3p^1$	$3s^2 3p^2$	$3s^2 3p^3$	$3s^2 3p^4$	$3s^2 3p^5$	$3s^2 3p^6$
原子半径/pm	154	136	118	117	110	104	99	154
化合价	+1	+2	+3	+4 -4	+5 -3	+6 -2	+7 -1	0
金属性与非金属性	很活泼金属	活泼金属	金属	非金属	非金属	较活泼非金属	很活泼非金属	稀有气体
最高价氧化物分子式	Na_2O	MgO	Al_2O_3	SiO_2	P_2O_5	SO_3	Cl_2O_7	
最高价氧化物水化物分子式	NaOH 强碱	$Mg(OH)_2$ 中强碱	$Al(OH)_3$ H_3AlO_3 两性	H_2SiO_3 弱酸	H_3PO_4 中强酸	H_2SO_4 强酸	$HClO_4$ 最强酸	

　　随着现代科学技术的发展，人们逐渐认识到元素性质呈周期性变化并不是由相对原子质量的大小决定的，而是由元素原子核电荷数决定的。从表 4-5 可以看出：从锂到氟、从钠到氯最外层电子排布重复出现 $s^1 \rightarrow s^2 p^5$，即随着原子序数的递增，元素原子的最外层电子排布呈现周期性的变化。这就是元素性质呈现周期性变化的内在原因。因此，现代以原子结构理论为基础的**元素周期律是：随着原子序数的递增，元素的性质呈现周期性的变化**。

　　周期律的建立对化学的发展起了很大的推动作用，它把元素性质系统化了，不必再个别地、零散地对每一个元素进行许多重复性的工作，而是可以将元素分成少数几个类别，研究每一类元素间的差异，从而获得更为系统的认识。另外，在对元素性质的周期性有了更深入的了解之后，还可以根据各类元素之间性质递变的情况，预测出某些未知的信息。

根据元素周期律，把元素以表格的形式排列起来，就构成了元素周期表。

【阅读材料】

门捷列夫生平简介

门捷列夫（Д. И. Менделеев，1834—1907）是俄国化学家。自然科学基本定律化学元素周期律的发现者之一，并据此预见了一些尚未发现的元素。他运用元素性质周期性变化的观点，于 1869～1871 年写成《化学原理》一书，提出溶液水化理论，是近代溶液学说的先驱。研究气体和液体体积同温度和压力的关系，于 1860 年发现了气体的临界温度。

门捷列夫对人类最大的贡献就是发现了元素周期律。周期律的发现标志着无机化学学科的形成，奠定了现代无机化学的理论基础。到 1869 年，人们虽已掌握了 63 种元素及其化合物的化学及物理性质的丰富资料，但这些资料是繁杂而纷乱的，缺乏系统性。门捷列夫紧紧抓住相对原子质量这个元素的基本特性，去探索相对原子质量与元素性质之间的相互关系，于 1869 年发表了一份关于周期律的图表。又经过两年的努力，于 1871 年发表了《化学元素的周期性依赖关系》一文，并公布了与现行周期表形式相类似的门捷列夫周期表。

周期律的发现深刻地揭示了元素之间的内在联系，表明元素并不是孤立的，而是存在于严整的自然序列之中。根据周期律，人们可以预测未知元素和化合物的性质，发现了原子的组成和结构。周期律的发现反映了相对原子质量的量变引起元素性质质变的事实，充分证明了关于量变引起质变的普遍规律。

门捷列夫的晚年被形而上学的自然观所束缚，否认原子的复杂性和电子的客观存在，否认元素转化的可能性，因此他没有能够根据新的科学实验成果，进一步发展关于周期律的学说。

第五节　原子的电子层结构与元素周期表

根据元素周期律，把已知的 114 种元素中电子层数目相同的元素，按原子序数递增的顺序从左到右排成横列，再把不同横列中最外电子层电子数相同的元素按电子层数递增的顺序由上而下排成纵行。这样排成的表，叫元素周期表（见元素周期表）。元素周期表是元素周期律的具体表现形式。它反映了元素的个性与共性，元素性质与原子结构的相互关系。元素周期表有多种形式，各有短长，目前广泛使用的是长式周期表（见元素周期表）。

一、周期

元素周期表有 7 个横排，每个横排为一周期，共 7 个周期。**元素所在的周期数等于该元素原子的电子层数。**

第一周期只有氢和氦两种元素，称为特短周期，它们只有一个电子层，电子填充到第一能级组（1s）。

第二周期有 8 种元素，它们有两个电子层，电子填充到第二能级组（2s2p）。第三周期也有 8 种元素，它们有 3 个电子层，电子填充到第三能级组（3s3p）。这两个周期称为短周期。

第四、五周期各有 18 种元素，它们分别有 4 个和 5 个电子层，电子亦分别填充到第四和第五能级组（4s3d4p 和 5s4d5p），这两个周期称为长周期。

第六周期有 32 种元素，它们有 6 个电子层，电子填充到第六能级组（6s4f5d6p）。其中从 57 号元素到 71 号元素，因性质非常相近，它们在周期表中只占一个方格，称为"镧系元素"，习惯上把它们单独地列在大表的下边。

第七周期也应有 32 种元素，这些元素有 7 个电子层，电子填充到第七能级组

（7s5f6d7p），其中从 89 号元素到 103 号元素，因性质相近，它们在周期表中也只占一个方格，称为"锕系元素"。习惯上把它们列在镧系元素的下边。第六、七周期称为特长周期。到目前为止，第七周期只发现了 28 种元素，所以又称其为不完全周期。

从上述的讨论可以看出：周期的划分是原子核外电子排布的必然结果。核外电子排布是按照能级组由低到高顺序填充的，每个能级组对应一个周期，由于每个能级组所包含的轨道数目不同，所以每个周期所包含的元素的数目也就不同。**各周期元素的数目等于相应能级组中原子轨道所能容纳的电子总数。**除第一周期外，每周期从左到右，元素原子的最外层电子都是由 1 个逐渐增加到 8 个，相应的元素从碱金属开始，最后是稀有气体。除氢的电子层构型为 $1s^2$ 外，其余稀有气体原子的最外电子层结构都是 ns^2np^6。下面将周期与电子层结构的关系列于表 4-6。

表 4-6　周期和电子层结构的关系

周　　期	电子层数	元素数目	相应能级组	相应能级组所能容纳的电子总数
第 1 周期	1	2	1s	2
第 2 周期	2	8	2s2p	8
第 3 周期	3	8	3s3p	8
第 4 周期	4	18	4s3d4p	18
第 5 周期	5	18	5s4d5p	18
第 6 周期	6	32	6s4f5d6p	32
第 7 周期	7	……①	7s5f6d7p	32

① 第七周期可以容纳 32 种元素，目前仅发现 28 种元素，所以为不完全周期。

二、族

周期表共有 18 个纵行，除 8、9、10 三个纵行统称为第 ⅧB 族外，其余每一纵行为一族，共 16 个族。族又分为主族和副族。**按电子填充顺序，最后一个电子填入到最外层的 s 或 p 轨道上的称为主族，共 8 个主族，分别用 ⅠA～ⅧA 表示。**周期表左边两个族和右边六个族都是主族元素。最右边一族是稀有气体，化学性质很不活泼，它们在一般情况下不起化学变化，其化合价是零，因此称为零族元素。同一主族元素原子的电子层数不同，但最外层电子数相同，例如碱金属都是 ns^1，为 ⅠA 族，卤素都是 ns^2np^5 为 ⅦA 族。

主族元素的族序数＝元素的最外层电子数。主族元素的最外层电子都可参与化学反应，所以**主族元素的最高化合价等于它的族序数。**

按电子填充顺序，最后一个电子填入次外层 d 轨道上或倒数第三层 f 轨道上的是副族元素，位于周期表的中间，共 8 个副族，分别用 ⅠB～ⅧB 表示。

1986 年 IUPAC 无机化学命名委员会正式将 18 族命名的长式周期表列入了《无机化学命名指导》一书，推荐使用。IUPAC 推荐的 18 族命名法是将周期表中每一纵行为一族，从左到右依次为第 1 到第 18 族，将罗马数字改为阿拉伯数字作为族序编号。这种划分方法，族序数恰恰等于 $(n-1)d$、ns、np 轨道上的电子数之和（见元素周期表）。

本书两种族序划分方法同时使用，但要求学生务必熟悉两种划分方式之间的对应关系。

第六节　原子的电子层结构与元素性质

原子结构决定元素的性质。元素原子核外电子构型的周期性变化，必然导致元素性质的周期性变化，如原子半径、元素的金属性和非金属性、电离能、电负性、化合价等性质都随着原子序数的递增，呈现周期性变化。

一、原子半径

原子半径[1]的大小与原子的核外电子数、电子层结构、核电荷数有关。一般电子层数越多，原子半径越大；电子层数相同，核电荷数越多，原子半径越小。另外，最外层电子结构达到稳定状态时（s^2p^6），原子半径也比较大，表 4-7 列出了周期表中前六周期各元素原子的共价半径[2]。

表 4-7　元素原子的共价半径　　pm

H 32																	He 93
Li 123	Be 89											B 82	C 77	N 70	O 66	F 64	Ne 112
Na 154	Mg 136											Al 118	Si 117	P 110	S 104	Cl 99	Ar 154
K 203	Ca 174	Sc 144	Ti 132	V 122	Cr 118	Mn 117	Fe 117	Co 116	Ni 115	Cu 117	Zn 125	Ga 126	Ge 122	As 121	Se 117	Br 114	Kr 169
Rb 216	Sr 191	Y 162	Zr 145	Nb 134	Mo 130	Tc 127	Ru 125	Rh 125	Pd 128	Ag 134	Cd 148	In 144	Sn 140	Sb 141	Te 137	I 133	Xe 190
Cs 235	Ba 198	La 169	Hf 144	Ta 134	W 130	Re 128	Os 126	Ir 127	Pt 130	Au 134	Hg 144	Tl 148	Pb 147	Bi 146	Po 146	At 145	Rn 220

La 169	Ce 165	Pr 164	Nd 164	Pm 163	Sm 162	Eu 185	Ed 162	Tb 161	Dy 160	Ho 158	Er 158	Tm 158	Tb 170	Lu 158

从表 4-7 可以看出，同一周期的元素从左到右，随着核电荷数的增加，元素原子半径逐渐减小。这是由于随着核电荷数的增加，原子核对核外电子的吸引力增大引起的。同一族中，从上到下，主族元素的原子半径因电子层增多而逐渐增大。副族元素在电子层增多的同时，核电荷数增加显著，原子半径变化不明显。

二、电离能

电离能是元素的气态原子失去电子成为气态阳离子所需要的能量。符号为 I，单位为 kJ·mol^{-1}。失去第一个电子所需的能量称为第一电离能（I_1），失去第二个电子所需的能量称为第二电离能（I_2）……

电离能可以用来衡量气态原子失去电子的难易程度。**元素的电离能越小，原子越易失去电子；元素的电离能越大，原子越难失去电子。**一般引用第一电离能数据进行比较。

元素原子的电离能也表现出明显的周期性变化（见表 4-8）。

从表 4-8 的数据中可以看出，每一周期电离能最低的是碱金属，最高的是稀有气体，周期数越高，电离能越低。还可以看到在每一周期的电离能数据中都有小的起伏；如 $I_B < I_{Be}$，$I_{Al} < I_{Mg}$，这是因为第三主族元素，最后一个电子填充在 p 轨道上，失去一个电子则 p 轨道全空，能量低，体系较为稳定。又如 $I_O < I_N$，$I_S < I_P$，这是因为第五主族元素的原子电子构型为 s^2p^3，p 轨道半满，失去一个 p 电子要破坏半满状态，需较高能量。而第六主

---

[1] 原子半径是指电子在核外出现最大概率处离核的距离。

[2] 共价半径：同种元素的原子以共价单键结合，其原子核间距离的一半叫该元素原子的共价半径（见第三章图 3-1）。

族元素原子的电子构型为 s^2p^4，失去一个电子造成 p 轨道半满，所需能量较低。

表 4-8　元素原子的第一电离能 I_1　　　　　　　　　　kJ·mol^{-1}

H 1312																	He 2372
Li 520	Be 899											B 801	C 1086	N 1402	O 1314	F 1681	Ne 2069
Na 496	Mg 738											Al 578	Si 789	P 1012	S 999	Cl 1251	Ar 1521
K 419	Ca 590	Sc 631	Ti 658	V 650	Cr 653	Mn 717	Fe 759	Co 758	Ni 737	Cu 746	Zn 906	Ga 579	Ge 762	As 944	Se 941	Br 1140	Kr 1351
Rb 403	Sr 549	Y 616	Zr 660	Nb 664	Mo 685	Tc 702	Ru 711	Rh 720	Pd 805	Ag 731	Cd 868	In 558	Sn 709	Sb 832	Te 869	I 1008	Xe 1170
Cs 376	Ba 503	La 538	Hf 654	Ta 761	W 770	Re 760	Os 840	Ir 880	Pt 870	Au 890	Hg 1007	Tl 589	Pb 716	Bi 703	Po 812	At [917]	Rn 1038
Fr [386]	Ra 509	Ac 490															

很容易理解，对所有的原子都存在：

$$I_1 < I_2 < \cdots$$

这是因为离子的正电荷越高，进一步失去电子就越难。

三、电负性

1932 年美国化学家鲍林（L. Pauling）提出电负性的概念，用以度量**分子内原子吸引成键电子能力的相对大小**。电负性不是孤立原子的性质，而是原子在分子的环境中，并在周围原子的影响之下的一种性质。

鲍林指定氟的电负性为 4.0，然后通过计算求出其他元素的相对电负性值。见表 4-9。

表 4-9　元素的电负性[①]

H 2.1																	He 3.2
Li 1.0	Be 1.5											B 2.0	C 2.5	N 3.0	O 3.5	F 4.0	
Na 0.9	Mg 1.2											Al 1.5	Si 1.8	P 2.1	S 2.5	Cl 3.0	
K 0.8	Ca 1.0	Sc 1.3	Ti 1.5	V 1.6	Cr 1.6	Mn 1.5	Fe 1.8	Co 1.9	Ni 1.9	Cu 1.9	Zn 1.6	Ga 1.6	Ge 1.8	As 2.0	Se 2.4	Br 2.8	
Rb 0.8	Sr 1.0	Y 1.2	Zr 1.4	Nb 1.6	Mo 1.8	Tc 1.9	Ru 2.2	Rh 2.2	Pd 2.2	Ag 1.9	Cd 1.7	In 1.7	Sn 1.8	Sb 1.9	Te 2.1	I 2.5	
Cs 0.7	Ba 0.9	La 1.0~1.2	Hf 1.3	Ta 1.5	W 1.7	Re 1.9	Os 2.2	Ir 2.2	Pt 2.2	Au 2.4	Hg 1.9	Tl 1.8	Pb 1.9	Bi 1.9	Po 2.0	At 2.2	
Fr 0.7	Ra 0.9	Ac 1.1															

① 鲍林电负性数据。

从表 4-9 可以看出：元素电负性也呈周期性变化。同一周期中，从左到右元素的电负性递增；同一主族中，从上到下元素的电负性递减。但过渡元素的电负性没有明显的变化规律。

电负性越大，元素原子吸引电子的能力越强；相反，电负性越小，元素原子吸引电子的

能力越弱。通常情况下，金属元素的电负性小于 2.0，非金属元素的电负性大于 2.0。电负性不但能判断元素的性质，还可以判断在形成化合物时元素的化合价的正负。在化合物中电负性大的元素吸引电子的能力强，显负价；电负性小的元素吸引电子能力弱，显正价。例如，在 CH_4（甲烷）分子中，C 的电负性是 2.5，H 的电负性是 2.1，所以 C 显 -4 价，H 显 $+1$ 价；而在 CCl_4（四氯化碳）分子中，Cl 的电负性是 3.0，所以 C 显 $+4$ 价，Cl 显 -1 价。另外，电负性还可以帮助判断化学键的某些性质，这将在分子结构一章中讨论。

四、元素的金属性与非金属性

元素的金属性是指元素的原子失去电子而显正价的能力；元素的非金属性是指元素的原子得到电子而显负价的能力。元素原子失去电子或得到电子的难易程度主要取决于以下几个因素：①核电荷的多少；②原子半径的大小；③原子的电子层构型，特别是价电子构型。这几个因素是相互联系的。一般情况下，核电荷越少、半径越大、价电子数越少，就越容易失去电子，金属性越强；反之，则非金属性越强。

在同一周期中，元素原子的电子层数相同，但从左到右，核电荷数逐渐增多，原子半径逐渐减小，原子失电子能力逐渐减弱，得电子能力逐渐增强（稀有气体除外）。因此，同一周期的元素从左到右，元素金属性逐渐减弱，非金属性逐渐增强。下面以第三周期元素为例，来说明它们的金属性、非金属性的递变规律。

【演示实验 4-1】　（1）在盛有水的烧杯中，加一滴酚酞试液，再放入一小块金属钠，观察现象。

（2）在试管中放入少许镁粉，3mL 水和 1 滴酚酞试液，观察现象；加热溶液至沸，有何现象发生？

钠与冷水剧烈反应，产生氢气并生成强碱氢氧化钠。说明钠具有极活泼的金属性。而镁不与冷水反应，能与沸水反应产生氢气并生成中强碱氢氧化镁，说明镁是一种活泼的金属，但镁的金属活泼性不如钠。

【演示实验 4-2】　取一小片铝和一小段镁带，用砂纸擦去氧化膜，分别放入两支试管中，再各加入 2mL 3mol·L^{-1}NaOH 溶液，加热，观察现象。然后将 3mol·L^{-1}NaOH 溶液改为 1mol·L^{-1}HCl 溶液，分别与镁带、铝片反应。

镁、铝均与盐酸反应；铝能与碱反应，而镁则不能。说明镁只有金属性，而铝既能与酸反应，又能与碱反应，说明铝是既具有金属性，又具有非金属性的两性元素。铝的金属活泼性次于镁。

14 号元素硅是非金属。它的最高价氧化物二氧化硅（SiO_2），是酸性氧化物，与其对应的水化物是硅酸（H_2SiO_3）。硅酸是一种很弱的酸。硅只有在高温下才能与氢气反应，生成气态氢化物四氢化硅（SiH_4）。

15 号元素磷是非金属。它的最高价氧化物是五氧化二磷（P_2O_5），与其对应的水化物是磷酸（H_3PO_4），磷酸是中强酸。磷的蒸气与氢气反应能生成气态氢化物磷化氢（PH_3）。

第 16 号元素硫是较活泼的非金属。它的最高价氧化物是三氧化硫（SO_3），对应的水化物是硫酸（H_2SO_4），硫酸是一种强酸。在加热时硫可与氢气直接化合生成气态氢化物硫化氢（H_2S）。

第 17 号元素氯是活泼的非金属。它的最高价氧化物是七氧化二氯（Cl_2O_7），与其对应的水化物是高氯酸（$HClO_4$），它是已知酸中最强的酸。氯气与氢气在光照或点燃时都能发生爆炸反应生成气态氢化物氯化氢（HCl）。

第 18 号元素氩是稀有气体。

综上所述，第三周期元素：从钠到氯的金属性、非金属性、最高价氧化物及其水化物的酸碱性都呈现递变规律，归纳如下：

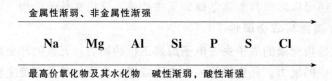

金属性渐弱、非金属性渐强

Na　Mg　Al　Si　P　S　Cl

最高价氧化物及其水化物　碱性渐弱，酸性渐强

一般情况下，同周期元素最高价氧化物及其水化物的酸碱性的递变规律与其金属性、非金属性的递变规律是一致的。

短周期元素随核电荷的递增，最后一个电子填充在最外层轨道上，性质递变显著。长周期元素从ⅢB元素开始随着核电荷数的递增，由于最后一个电子填充在次外层 d 轨道上，原子半径变化缓慢，电负性变化不规则，直到 d 轨道填满，进入ⅢA后，随着核电荷数增多，元素原子半径逐渐减小，电负性逐渐增大，出现了和短周期一样的变化规律。所以，长周期和短周期元素的金属性、非金属性变化规律一样，只是长周期元素的性质递变过程缓慢一些罢了。

同一主族元素，从上到下，原子半径显著增大，电离能和电负性一般趋于减小，**元素原子失电子能力逐渐增强，得电子能力逐渐减弱。所以，元素的金属性逐渐增强，非金属性逐渐减弱。**对应的最高价氧化物及其水化物的碱性逐渐增强，酸性减弱。这可以从碱金属、碱土金属和卤素的化学性质的递变得到证明。

副族元素的原子结构特征决定了它们都是金属元素。同一副族元素从上到下原子半径增加不明显，而核电荷数显著增加，所以金属性略有减弱，其递变规律与主族元素相反 [3(ⅢB) 族除外]。

将主族元素金属性、非金属性的递变规律归纳于表 4-10 中。

表 4-10　主族元素金属性和非金属性的变化规律

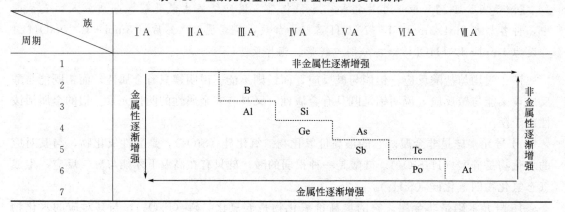

沿着表中硼、硅、砷、碲、砹与铝、锗、锑、钋之间划一条虚折线，其左下方都是金属元素，右上方都是非金属元素。表的左下角是金属性最强的元素铯（Cs），右上角是非金属性最强的元素氟（F）。由于元素的金属性和非金属性没有严格的界线，位于虚折线两侧附近的元素，既有金属性，又有非金属性，虚折线左下附近的以金属性为主，虚折线右上附近的以非金属性为主。

五、元素的化合价

化合价是指某元素一个原子与一定数目的其他元素原子相结合的个数比。或者说是某元素一个原子能结合几个其他元素原子的能力。

元素化合价与其价电子构型有关，价电子构型的周期性变化决定了元素化合价的周期性变化。

原子最外电子层的 s 和 p 轨道全充满电子的元素最为稳定，不易与其他元素化合，化合价为零，如稀有气体。其他最外电子层的 s 轨道和 p 轨道不满的元素，皆有化学活性，既有获得电子使 s 和 p 轨道全满而形成负价的趋势，也有失去电子使 s 和 p 轨道全空而形成正价的趋势。如镁、硫、锰三种元素的核外电子排布为：

$_{12}Mg$：$1s^2 2s^2 2p^6 3s^2$　　　价电子构型为：$3s^2$

$_{16}S$：$1s^2 2s^2 2p^6 3s^2 3p^4$　　价电子构型为：$3s^2 3p^4$

$_{25}Mn$：$1s^2 2s^2 2p^6 3s^2 3p^6 3d^5 4s^2$　价电子构型为：$3d^5 4s^2$

它们都有失去价电子层上的电子分别形成 +2、+6、+7 化合价而达到稳定结构的趋势。现将主族元素的价电子构型与化合价的关系列于表 4-11 中。

表 4-11　各主族元素的化合价

主　　族	1（ⅠA）	2（ⅡA）	13（ⅢA）	14（ⅣA）	15（ⅤA）	16（ⅥA）	17（ⅦA）
价电子构型	ns^1	ns^2	ns^2np^1	ns^2np^2	ns^2np^3	ns^2np^4	ns^2np^5
最高正化合价	+1	+2	+3	+4	+5	+6	+7
负化合价				−4	−3	−2	−1

从表 4-11 可以看出：**主族元素的最高正化合价等于价电子总数，也等于该元素所属的族序数。从第 14（ⅣA）族开始元素出现负化合价，第 14（ⅣA）到第 17（ⅦA）各族非金属元素的负化合价依次为 −4、−3、−2、−1。**

副族元素的价电子包括 ns、$(n-1)d$ 和 $(n-2)f$ 电子，其化合价变化较为复杂，不再赘述。

 【阅读材料】
人工合成元素的新进展

原子序数	元素符号	元素名称	合成年份	合　成　者
104	Rf	铲	1964 1969	[苏]弗列洛夫 [美]乔索等
105	Db	钍	1967 1970	[苏]杜布纳研究所 [美]乔索等
106	Sg	镶	1974 1974	[苏]杜布纳研究所 [美]乔索等
107	Bh	铖	1976 1981	[苏]杜布纳研究所 [德]明岑贝格等
108	Hs	镖	1984	[德]明岑贝格等，达姆施塔特重离子研究中心
109	Mt	铵	1982	[德]明岑贝格等，达姆施塔特重离子研究中心

原子序数	元素符号	元素名称	合成年份	合 成 者
110	Uun		1994	［德］达姆施塔特重离子研究中心
111	Uuu		1994	［德］达姆施塔特重离子研究中心
112	Uub		1996	［德］P. 阿尔穆勃鲁斯特和 S. 霍夫曼等，达姆施塔特重离子研究中心
114	Uuq		1998	［俄］杜布纳研究所 ［美］劳伦斯贝克莱国家实验室等合作
116	Uuh		1999	［美］劳伦斯贝克莱国家实验室等合作
118			1999	［美］劳伦斯贝克莱国家实验室等合作

本章复习要点

一、原子结构

1. 构成原子的粒子间的关系如下：

$$原子_Z^A X \begin{cases} 原子核 \begin{cases} 质子\ Z\ 个 \\ 中子（A-Z）个 \end{cases} \\ 核外电子\quad Z\ 个 \end{cases}$$

2. 具有相同质子数和不同中子数的同一元素的原子互称同位素。

3. 一个电子的运动状态由它所处的电子层、电子亚层、电子云的空间伸展方向和它的自旋方向四个方面来决定。

（1）电子层 n 是确定电子能量高低的主要因素。

（2）电子亚层：同一电子层又分为 s、p、d、f 几个亚层，它确定电子云的形状和电子能量的高低。

（3）电子云的伸展方向：s 电子云是球形对称的；p 电子云有三个伸展方向；d 电子云有五个伸展方向；f 电子云有七个伸展方向。

在一定的电子层上，具有一定形状和伸展方向的电子云所占据的空间称为一个"轨道"。

（4）电子的自旋：电子的自旋有顺时针和逆时针两种方向。

4. 核外电子排布遵守以下三条规律。

（1）能量最低原理：核外电子总是尽先占有能量最低的轨道，保持原子的能量最低。

（2）泡利不相容原理：在一个原子中，不可能有运动状态完全相同的两个电子存在。

（3）洪德规则：在能量相同的轨道上分布的电子，将可能分占不同的轨道，而且自旋方向相同，这样排布可使原子的能量最低。

二、元素周期律和周期表

1. 元素及其单质和化合物的性质，随着元素原子序数的递增而呈周期性变化，这就是元素周期律。

2. 元素周期表是元素周期律的具体表现形式。周期表中每一横行叫做一个周期，共七个周期；每一纵行叫做一族，共18族。

各周期元素的数目＝相应能级组中各亚层轨道所能容纳的最多电子数

元素的周期序数＝元素的电子层数

主族元素的族序数(罗马字序)＝元素的最外层电子数

副族元素的族序数（阿拉伯字序）＝元素的（$n-1$)d 与 ns 电子数之和

3. 主族元素的化合价

$$最高正价＝最外层电子数＝所在的族序数(罗马字序)$$

$$非金属元素的负价＝所在的族序数-8$$

4. 同一周期，从左到右，元素的金属性减弱，非金属性增强。同一主族，从上到下，金属性增强，非金属性减弱。

5. 同一周期元素从左到右，最高价氧化物对应的水化物碱性逐渐减弱，而酸性逐渐增强。同一主族元素从上到下，最高价氧化物对应的水化物碱性增强，酸性减弱。

第 五 章 分子结构

【学习目标】

1. 建立化学键的概念，掌握离子键、共价键、配位键、金属键的本质和特征。
2. 熟悉化学键的极性与分子极性的关系。
3. 了解分子间力、氢键及其对物质性质的影响。
4. 了解晶体的特征、晶体的基本类型及特性。

本章将在原子结构的基础上，进一步研究原子如何相互结合形成分子，以及分子结构与物质性质的关系。

分子结构包括两方面含义，一是原子在分子中的排列方式，即分子的空间构型；二是原子与原子的结合方式，即化学键。原子既然能结合成分子，原子间必然存在着相互作用。这种相互作用既存在于直接相邻的原子之间，也存在于分子内非直接相邻的原子之间。前一种作用比较强烈，要破坏它就需要消耗比较大的能量，这是使原子相互作用形成分子的主要因素。因此，化学上把分子或晶体中，**直接相邻原子之间的主要的、强烈的相互作用力叫化学键**。

按元素原子间相互作用的方式和强度的不同，化学键又分为离子键、共价键、配位键和金属键。

第一节 离 子 键

一、离子键的形成

电负性较小的金属元素的原子容易失去电子，电负性较大的非金属元素的原子容易得到电子。这两种元素的原子相接触时，会发生电子转移，形成带相反电荷的阳离子和阴离子。例如金属钠在氯气中燃烧生成氯化钠的反应，就是一个比较典型的例子。钠原子和氯原子的电子层构型分别为

$$_{11}Na：1s^2 2s^2 2p^6 3s^1$$
$$_{17}Cl：1s^2 2s^2 2p^6 3s^2 3p^5$$

反应时，钠原子失去它的 3s 电子，成为钠离子；氯原子获得这个电子，成为氯离子。它们都具有了稳定的电子层结构。

$$Na-e \longrightarrow Na^+$$
$$1s^2 2s^2 2p^6 3s^1 \qquad 1s^2 2s^2 2p^6$$
$$Cl + e \longrightarrow Cl^-$$
$$1s^2 2s^2 2p^6 3s^2 3p^5 \qquad 1s^2 2s^2 2p^6 3s^2 3p^6$$

带有相反电荷的 Na^+ 和 Cl^- 相互吸引，当它们靠近到一定距离时，两种离子的核间斥作用和电子之间相斥作用，阻碍它们进一步接近，于是吸引力和排斥力达到平衡，带相反电荷的 Na^+ 与 Cl^- 之间，便形成了稳定的化学键。从而形成了离子化合物 NaCl。上述过程

可表示为

$$2Na + Cl_2 \xrightarrow{2 \times e} 2Na^+ Cl^-$$

也可用电子式❶来表示。

$$Na \times + \cdot \overset{\cdot\cdot}{\underset{\cdot\cdot}{Cl}} : \longrightarrow Na^+ [\times \overset{\cdot\cdot}{\underset{\cdot\cdot}{Cl}} :]^-$$

这种**由阴、阳离子间靠静电作用形成的化学键叫做离子键**。由离子键结合形成的化合物叫离子化合物。

形成离子键的重要条件是两成键原子的电负性差值较大，一般大于 1.7 容易形成离子型化合物。在周期表中，大多数活泼金属［1（ⅠA）、2（ⅡA）族及低氧化态过渡金属］电负性较小，活泼非金属（卤素、氧等）电负性较大，它们之间相化合形成的卤化物、氧化物、氢氧化物及含氧酸盐中均存在着离子键。

二、离子键的特征

离子键是由原子得失电子后，生成的阴、阳离子之间靠静电作用形成的化学键，所以**离子键的本质是静电力。静电力无方向性**。离子的电荷分布是球形对称的，它可以在空间各个方向同时吸引若干带有相反电荷的离子。例如在 NaCl 晶体中（见图 5-8）钠离子（或氯离子）吸引任何方向的氯离子（钠离子），形成相同的离子键，所以**离子键是没有方向性的**。

一个阳离子在空间允许范围内，可以和尽可能多的阴离子结合。同样一个阴离子也可以和尽可能多的阳离子结合。例如在 NaCl 晶体中每个 Na^+ 周围等距离排列着 6 个 Cl^-，而在 CsCl 晶体中，每个 Cs^+ 周围等距离排列着 8 个 Cl^-。Na^+ 和 Cs^+ 均带一个正电荷，但 Na^+ 比 Cs^+ 的离子半径小、允许吸引 Cl^- 的空间范围小，所以 Na^+ 周围的 Cl^- 比 Cs^+ 周围少，并非 Na^+ 电场已达饱和，因此，**离子键的另一个特征是没有饱和性**。

第二节　共　价　键

电负性相同或差别不大的元素原子之间，不可能通过得失电子形成正负离子，构成离子键。近代共价键理论对同种或不同种非金属原子的结合如 H_2、N_2、HCl 等分子的形成作了较好的说明，下面以氢分子的形成为例，说明共价键的形成过程。

一、共价键的形成

1. 共价键的概念

氢分子是由两个氢原子结合而成的。在形成氢分子过程中，两个氢原子采用各自提供一个电子，形成共用电子对，填充到各自的 1s 轨道上，使每个氢原子的 1s 轨道具有稀有气体氦的稳定结构。共用电子对在两个核之间产生的吸引作用，形成了 H_2 分子。H_2 分子的形成，可用电子式表示：

---

❶ 电子式：在元素符号周围用小黑点或"×"表示原子的最外层电子数的式子叫做电子式。如 $\cdot\overset{\cdot\cdot}{\underset{\cdot\cdot}{Cl}}:$、$\cdot H$、$Na \cdot$、$\cdot Ca \cdot$。

由于得失电子形成的阴、阳离子，要标明离子的电荷，一般阴离子需加方括号，例如，$CaCl_2$ 的电子式为 $^-[:\overset{\cdot\cdot}{\underset{\cdot\cdot}{Cl}}\times] Ca^{2+} [\times \overset{\cdot\cdot}{\underset{\cdot\cdot}{Cl}}:]^-$。利用电子式可以简明地表示分子的形成。

$$H\cdot + \times H \longrightarrow H \overset{\times}{\cdot} H$$

这种靠共用电子对，把原子结合在一起的化学键叫共价键。由共价键所形成的分子叫共价型分子。如 HCl、CO_2、N_2 等都是共价型分子，它们的形成可用电子式表示：

$$H\times + \cdot \ddot{\underset{..}{Cl}} : \longrightarrow H \overset{\times}{\cdot} \ddot{\underset{..}{Cl}} :$$

$$: \ddot{O} : + \overset{\times}{\underset{\times}{C}} + : \ddot{O} : \longrightarrow : \ddot{O} \overset{\times}{\underset{\times}{:}} C \overset{\times}{\underset{\times}{:}} \ddot{O} :$$

$$\overset{\times}{\underset{\times}{N}} \overset{\times}{\times} + : N : \longrightarrow : N \overset{\times}{\underset{\times}{:}} N :$$

在化学上常用"—"（一根短线）表示一对共用电子、用"＝"表示两对共用电子、用"≡"表示三对共用电子，分别称为共价单键、双键、三键。H_2、HCl、CO_2、N_2 的结构式[1]可表示为 H—H、H—Cl、 O＝C＝O 、 N≡N 。

2. 共价键的本质

下面仍以 H_2 分子的形成说明共价键的本质。

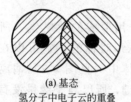

(a) 基态
氢分子中电子云的重叠

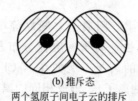

(b) 推斥态
两个氢原子间电子云的排斥

图 5-1 氢分子的形成

每个氢原子都有一个未成对的 1s 电子。如果两个氢原子的电子是同向自旋的，当这两个氢原子相互靠近时，电子之间互相排斥，使两核间电子云密度减小 [图 5-1(b)]，不可能形成氢分子。如果两个氢原子的电子是反向自旋，当它们相互靠近时，电子云在两核间重叠，构成一个负电荷的"桥"，把两个带正电荷的核吸引在一起，形成了氢分子 [图 5-1(a)]，所以**共价键的本质仍是电性引力**。

总之，共价键的形成，实际上是具有自旋相反的成单电子的原子相互接近时，电子云重叠的结果。

二、共价键的特征

1. 共价键的饱和性

一个原子的未成对电子跟另一个原子的自旋相反的电子配对成键后，就不能再与第三个原子的电子配对成键，否则其中必有两个电子因自旋方向相同而互相排斥。因此**一个原子中有几个未成对电子，就只能和几个自旋相反的电子配对成键，这就是共价键的饱和性**，是共价键与离子键重要区别之一，也是氢只能形成 H_2 而不形成"H_3"的原因。

2. 共价键的方向性

原子间形成共价键时，成键电子的电子云重叠越多，核间电子云密度越大，形成的共价键就越牢固。因此共价键尽可能沿着电子云密度最大的方向形成。s 电子云是球形对称的，无论在哪个方向上都可能发生最大重叠。而 p、d 电子云在空间都有不同的伸展方向，**为了形成稳定的共价键，电子云尽可能沿着密度最大的方向进行重叠，这就是共价键的方向性**，是与离子键的另一重要区别。

以氯化氢分子的形成为例说明共价键的方向性。氯原子核外仅有一个未成对的 3p 电子，当它与氢原子的 1s 电子云在两原子核间距离相同的情况下，按图 5-2 所示的三种情况重叠。

---

❶ 仅表示共用电子对，其余电子一律省去的式子，叫结构式。

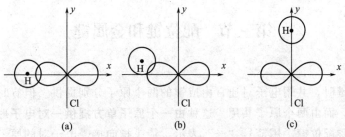

图 5-2 氢的 s 电子云和氯的 p 电子云的三种重叠情况

（a）氢原子沿着 x 轴同氯原子接近，电子云重叠程度最大，形成稳定的共价键；（b）氢原子沿另一方向同氯原子接近，电子云重叠程度较小，结合不牢固；（c）氢原子沿 y 轴向氯原子接近，电子云不能重叠，无法成键。

三、极性共价键和非极性共价键

根据成键电子对在两原子核间有无偏移，把共价键分为极性共价键和非极性共价键。

1. 非极性共价键

同种元素的原子吸引电子的能力相同，由它们形成的共价键，电子对没有偏向，电子云密集的区域位于两个原子核中间。这种**成键电子对没有偏向的共价键叫做非极性共价键，简称非极性键**。如单质 H_2、Cl_2、N_2 等分子中的共价键就是非极性共价键。

2. 极性共价键

由两种不同元素的原子形成的共价键，因其电负性不同，电子云密集的区域将偏向电负性较大的原子一方，两原子间电荷分布不均匀。电负性较小的原子一端带部分正电荷，电负性较大的原子一端带负电荷，好像在键的两端形成了正极和负极，电负性大的原子一方为负极，另一方为正极。这种**共用电子对有偏向的共价键叫极性共价键，简称极性键**。如 HCl、H_2O、NH_3 等分子中的 H—Cl、H—O、N—H 键就是极性键。

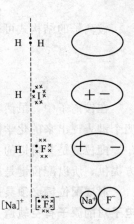

图 5-3 由非极性键向离子键的过渡

通常以成键原子电负性的差值大致判断共价键极性的强弱。如成键两原子的电负性差值为零，则形成非极性键；电负性差值大于零，则形成极性键。电负性差值越大，键的极性越强。当成键两原子电负性差值大到一定程度时，电子对完全转移到电负性大的原子上，就形成了离子键。图 5-3 和表 5-1 示意了非极性键逐渐向离子键的过渡。

应该指出，用电负性差值来判断化学键的类型，在大多数情况下是适用的，但也有例外。

表 5-1 电负性差值与键的极性

分 子		两元素电负性差值	化 学 键	键 的 极 性
H_2	H—H	0	非极性键	
HI	H—I	0.4	极性键	
HBr	H—Br	0.7	极性键	极性增强
HCl	H—Cl	0.9	极性键	
HF	H—F	1.9	极性键	
NaCl	Na^+Cl^-	2.1	离子键	
NaF	Na^+F^-	3.1	离子键	

第三节　配位键和金属键

一、配位键

在形成共价键时，共用电子对通常由成键的两个原子分别提供。但有时共用电子对由一个原子单方提供，而由两个原子共用。这种**由一个原子单方提供一对电子形成的共价键称为配位共价键，简称配位键**。用箭号"→"表示，箭头指向接受电子对的原子。

例如，NH_3 分子和 H^+ 就是通过配位键形成 NH_4^+ 的。

$$:NH_3 + H^+ \longrightarrow NH_4^+$$

NH_3 分子中 N 原子上有一[1]孤电子对，H^+ 是氢原子失去 1s 电子而形成的，它具有 1s 空轨道。当 NH_3 分子跟氢离子作用时，NH_3 分子上的孤电子对进入 H^+ 的空轨道，这一对电子为氮、氢两原子所共有，于是形成了配位键。

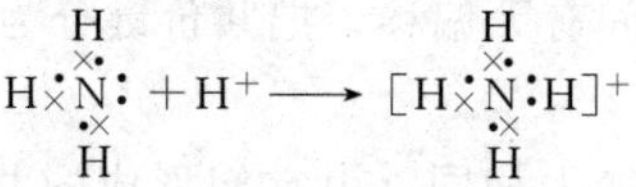

$$H\!:\!\overset{\overset{H}{\times\!\!\times}}{\underset{\underset{H}{\times\!\!\times}}{N}}\!:\! + H^+ \longrightarrow \left[H\!:\!\overset{\overset{H}{\times\!\!\times}}{\underset{\underset{H}{\times\!\!\times}}{N}}\!:\!H \right]^+$$

铵离子的结构式可表示为

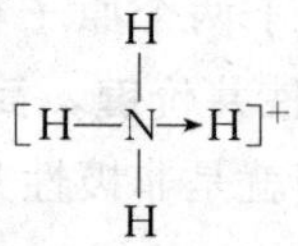

$$\left[H{-}\overset{\overset{H}{|}}{\underset{\underset{H}{|}}{N}}{\to}H \right]^+$$

在铵离子中，虽然有一个 N—H 键跟其他三个 N—H 键的形成过程不同，但是它们的四个键表现出来的化学性质是完全相同的。

配位键是共价键的一种，它具有共价键的一般特性。但共用电子对毕竟是由一个原子单方提供，所以配位键是极性共价键。

形成配位键必须具备两个条件：（1）**提供共用电子对的原子有孤电子对；**（2）**接受共用电子对的原子有空轨道。**

很多无机化合物的分子或离子中都有配位键，例如氯化铵（NH_4Cl），氟硼酸 HBF_4

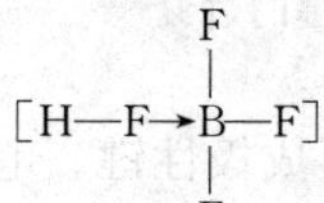

$$\left[H{-}F{\to}\overset{\overset{F}{|}}{\underset{\underset{F}{|}}{B}}{-}F \right]$$。配位化合物分子中也有配位键。

二、金属键

金属有很多共同的物理特性，如金属有颜色和光泽、有良好的导电性和传热性、有好的机械加工性能等。金属有这些共性是因为金属具有类似的内部结构。

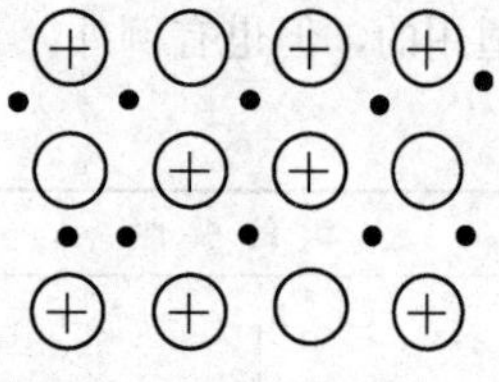

图 5-4　金属结构示意图

金属原子的外层价电子较少，与原子核的联系较松弛，容易脱落下来形成阳离子。在金属晶体中从原子上脱落下来的电子，不是固定在某一金属离子的附近，而是在金属晶体中自由运动，叫做自由电子，图 5-4 中黑点代表自由电子。

在金属晶体中，由于自由电子不停地运动，把金属原子和离子联系在一起，这种化学键

---

[1] N 最外层有 5 个电子，即 $2s^2 2p^3$，其中三个已与 H 成键，余下的 2 个 s 电子就是它的孤电子对。

叫做金属键。这些自由电子好像为许多原子或离子所共有，从这个意义上可以认为金属键是一种改性的共价键，但毕竟与共价键不同，金属键没有方向性和饱和性。

第四节　分子的极性

一、极性分子和非极性分子

由离子键构成的分子如气态氯化钠 Na^+Cl^- 分子 [图 5-5(a)]，显然是有极性的。由共价键构成的分子是否有极性，则决定于分子内正、负电荷的分布情况。

在任何分子中，都有带负电荷的电子和带正电荷的原子核。像物体的质量中心（重心）那样，在分子内部也可以取一个正电中心和一个负电中心，或者叫分子的极。通常用"＋"和"－"分别表示分子的正、负极 [见图 5-5(b)、(c)]。

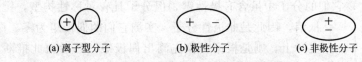

(a) 离子型分子　　　　(b) 极性分子　　　　(c) 非极性分子

图 5-5　分子中电荷分布示意图

如果分子中正负电荷中心是重合的，这种分子叫做非极性分子；如果分子中正负电荷中心是偏离的，这种分子叫做极性分子。

双原子分子的极性，决定于键的极性。如 N_2、H_2、O_2 等分子是由非极性键构成的，分子内正负电荷中心重合 [如图 5-5(c)]，它们是非极性分子。又如 HCl、HI 等分子是由极性键构成的，分子内正负电荷中心是偏离的 [如图 5-5(b)]，它们是极性分子。

由极性键组成的多原子分子，分子有无极性要取决于分子的空间构型。如 CO_2 分子中的 C＝O 键是极性键，但由于 CO_2 是直线型对称结构 O＝C＝O，两个 C＝O 键的极性互相抵消，正、负电荷中心重合，所以 CO_2 是非极性分子。

H_2O 分子中的 O—H 键和 NH_3 分子中的 N—H 键均为极性键，它们的空间构型分别为三角型 $\overset{O}{\underset{H\quad H}{\diagdown}}$ 和三角锥型 $\overset{N}{\underset{H\ H\ H}{|}}$，结构不对称，键的极性在它们的分子中不能完全抵消，正、负电荷中心偏离，所以 H_2O 和 NH_3 都是极性分子。可见含极性键的分子是否有极性，决定于整个分子中正负电荷中心是否重合。

二、偶极矩

分子极性的强弱可用偶极矩来度量，偶极矩（μ）就是偶极长度[1] d 与正电中心或负电中心的电量 q 的乘积。

$$\mu = qd$$

偶极矩是一个矢量，其方向是由正电中心指向负电中心。表 5-2 列出了某些物质分子的偶极矩。

偶极矩等于零的分子是非极性分子，偶极矩大于零的分子是极性分子。偶极矩愈大，分子的极性愈强，所以偶极矩是度量分子极性强弱的尺度。例如，NH_3、HCl、H_2O 偶极矩分别为 $4.29 \times 10^{-30} C \cdot m$、$3.58 \times 10^{-30} C \cdot m$、$6.17 \times 10^{-30} C \cdot m$，这说明 H_2O 分子的极

---

[1] 偶极长度就是分子内正、负电荷中心间的距离。

性最强，其次是 NH_3 分子，再次是 HCl。偶极矩可由实验测得。

表 5-2   某些物质分子的偶极矩 μ   C·m

物 质 名 称	偶 极 矩	物 质 名 称	偶 极 矩
N_2	0	HF	6.34×10^{-30}
H_2	0	HCl	3.58×10^{-30}
CO_2	0	HBr	2.57×10^{-30}
CS_2	0	HI	1.25×10^{-30}
CH_4	0	CO	0.40×10^{-30}
CCl_4	0	H_2S	3.63×10^{-30}
$CHCl_3$	3.63×10^{-30}	H_2O	6.17×10^{-30}
NH_3	4.29×10^{-30}	SO_2	5.28×10^{-30}

注：偶极矩的单位为库·米。

分子的极性与分子的类型及空间构型有关。例如，正四面体型的 CCl_4、平面三角型的 BF_3、直线型的 CS_2，它们的分子中虽含有极性键，但分子具有对称性构型，键的极性可以抵消，因此是非极性分子。实测它们的偶极矩为零，两者相吻合。实际上，则是根据实验先测出偶极矩，然后由此推断分子的空间构型。例如，从实测 NH_3 的 $\mu > 0$ 就可确定它不是平面三角型而是三角锥型分子。同理，从实测 SO_2 的 $\mu > 0$，也可以确定它不是直线型而是角型（弯曲型）分子。

图 5-6   水分子的极性实验

【演示实验 5-1】   如图 5-6 所示，在酸式滴定管中注入 40mL 蒸馏水，夹在滴定管夹上，滴定管下端放一 200mL 烧杯，打开玻璃活塞，让水慢慢下流如线状。把摩擦带电的玻璃棒接近水流，观察水流的方向有明显偏移；如用 CCl_4 代替水做上述实验，CCl_4 液流不改变方向。根据这个实验，可以得出水分子有极性、CCl_4 分子无极性的结论。

表 5-3 综合了不同类型的简单分子的空间构型与分子极性的关系，可据其判断分子极性。

表 5-3   简单类型分子的极性

分子的类型和空间构型	偶极矩	分子极性	实 例
单原子分子 A	0	非极性	稀有气体
双原子分子 A_2	0	非极性	N_2、H_2、O_2、Cl_2
AB	>0	极性	CO、HCl、HF
三原子分子 ABA（直线型）	0	非极性	CO_2、CS_2、$BeCl_2$
ABA（弯曲型）	>0	极性	H_2O、H_2S、SO_2
ABC（直线型）	>0	极性	HCN
四原子分子 AB_3（平面三角型）	0	非极性	BF_3、BCl_3
AB_3（三角锥型）	>0	极性	NH_3、PCl_3
五原子分子 AB_4（正四面体）	0	非极性	CH_4、CCl_4、$SnCl_4$
AB_3C（四面体）	>0	极性	CH_3Cl、$CHCl_3$

第五节   分子间力和氢键

一、分子间力及与物质性质的关系

1. 分子间力

在化学键的学习中，我们知道分子内原子之间存在着主要的、强烈的作用力。那么分子之间是否也存在相互作用力呢？从气态物质在降低温度、增大压强时，能够凝聚成液体、固体的事实，可以证明**分子间也存在相互作用力，这种力称为分子间力。分子间力能量大约有十几至几十 kJ·mol^{-1}，相当于化学键能量的十几分之一，或几十分之一。而且只有当分子间距离小于 500pm 时，这种力才起作用，距离再远作用力就变得极弱，可以忽略不计。**

1873 年，荷兰物理学家范德华（J. D. Van der Waals，？—1923）在研究气体性质时，首先提出并研究了这种力，因此分子间力又称为范德华力。范德华力包括取向力、诱导力、色散力，本书不作介绍。

2. 分子间力与物质性质的关系

（1）对熔、沸点的影响　由于分子间力随相对分子质量增大而增大，故同类物质的熔、沸点（指分子型物质）随相对分子质量增大而增高。例如卤素分子都是非极性分子，从 F_2 到 I_2 相对分子质量逐渐增大，熔、沸点依次增高，故常温下 F_2、Cl_2 为气体，Br_2 为液体，I_2 为固体。

（2）对相互溶解的影响　人们从大量实验事实总结出了**"结构相似相溶"**规律，即**溶质、溶剂的分子结构愈相似，溶解前后分子间的作用力变化愈小，这样的溶解过程就容易发生。**例如，NH_3 和 H_2O 都是强极性分子，它们可以互溶。CCl_4、I_2 都是非极性分子，它们都不溶于水，但 I_2 易溶于 CCl_4 中。

二、氢键

卤素氢化物的沸点应随相对分子质量的增大而升高，相对分子质量最小的氟化氢却反常。它的沸点比其余三种卤化氢的沸点都高。

氢化物	HF	HCl	HBr	HI
沸点/℃	20	−84	−67	−35

氟化氢沸点的反常现象，说明氟化氢分子之间有更大的作用力，致使这些简单分子缔合为复杂分子。所谓缔合就是由简单分子结合成比较复杂的分子，而不引起物质化学性质改变的现象。

$$n\,HF \Longleftrightarrow (HF)_n$$

HF 分子缔合的重要原因是由于分子间形成了氢键。氟原子的电负性很大，HF 中的共用电子对强烈地偏向氟原子一方，而使氢原子几乎变成一个没有电子且半径极小的核。因此，这个氢原子能和另一个 HF 分子中的氟原子相互吸引，形成氢键。

已经和电负性很大的原子形成共价键的氢原子，还能和另一个电负性很大的原子形成第二个键，这第二个键叫做氢键。若以 X—H 表示氢原子的第一个强极性共价键，以 Y 表示另一个电负性很大的原子，以 H--·Y 表示氢原子的第二个键，则氢键的通式可表示为：

$$X—H\cdots Y$$

1. 氢键形成的条件

（1）X—H 为强极性共价键，即 X 元素电负性要大，且半径要小。

（2）Y 元素要有吸引氢核的能力。即 Y 元素电负性也要大，原子半径要小，而且有孤电子对。

总之，X 与 Y 元素电负性愈大，原子半径愈小，形成的氢键愈牢固。氟、氧、氮原子都能形成氢键。例如，H_2O 分子可以缔合，说明水分子间有氢键存在。

$$H—O\cdots H—O\cdots H—O$$
$$|\qquad|\qquad|$$
$$H\qquad H\qquad H$$

氯原子的电负性虽大，但原子半径也较大，形成的氢键 $Cl—H\cdots Cl$ 非常弱；而碳原子的电负性小，也不能形成氢键。

2. 氢键具有饱和性和方向性

当化合物中的氢原子与一个 Y 原子形成氢键后，就不能和第二个 Y 原子形成氢键了，这就是氢键的饱和性。

在 $X—H\cdots Y$ 形成氢键时，只有 $X—H\cdots Y$ 三个原子在一条直线上，作用力最强，这就是氢键的方向性。

氢键的键能一般在 $40kJ \cdot mol^{-1}$ 以下，与分子间力是同一数量级。**分子间氢键的形成，增强了分子间的作用力，欲使这些物质汽化，除了克服分子间力以外，还要破坏氢键，这就需要消耗更多的能量**，所以 NH_3、H_2O、HF 的沸点比同族元素的氢化物沸点高。总的来说，形成氢键的液体的熔、沸点常有反常的现象。氢键的形成对化合物的物理、化学性质有各种不同的影响。如氨极易溶于水，就是由于氨分子与水分子间形成了氢键。因水分子之间形成了具有方向性的氢键，使结构疏松，所以冰的密度比水小。

第六节　晶体的基本类型

晶体是物质在固态时特有的结构。一般地说，固体物质可以分为晶体和非晶体两大类，绝大多数固体都是晶体。

一、晶体的特征

1. 晶体具有一定的几何外形

例如，食盐晶体是立方体，明矾晶体是正八面体（如图 5-7）。非晶体则没有一定的几何形状，如玻璃、沥青等。

2. 晶体具有各向异性

晶体的物理性质在不同方向上是不同的，这称为各向异性。晶体的光学性质、导热性、解理性[1]等，从不同的方向测定时是不一样的。如云母片可以层层撕开，但其垂直方向上剥离时，就困难得多；又如食盐只能沿一定方向才能劈裂成小立方体。非晶体各向是同性的，当打碎一块玻璃时，它不会沿着一定方向破裂，而是得到不同形状的碎片。

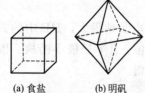

(a) 食盐　　(b) 明矾

图 5-7　食盐和明矾的晶体

3. 晶体具有一定的熔点

把晶体加热到某一温度时，它开始熔化，继续加热，温度保持不变，只有当晶体全部熔化后，温度才继续升高，这说明晶体具有固定的熔点，例如冰的熔点为 $0℃$。非晶体在加热时，随着温度的升高而逐渐变软，流动性增大，最后变成液体，说明非晶体没有固定的熔

---

[1] 解理性：晶体容易沿着某一平面剥离的现象。

点，沥青的熔化就是一个典型的例子。

晶体与非晶体性质的差异，主要是由内部结构决定的。X 射线研究表明，**晶体是质点（分子、离子、原子）在空间有规则地排列成的，具有整齐外形的多面体固体物质。**组成晶体的质点有规则地排列在空间的一定点上，有规则排列的点形成的空间格子叫做晶格（或点阵）。在晶格上排列有微粒的那些点叫做晶格结点。**非晶体的微粒在空间的排列是不规则的。**

应该指出，晶体与非晶体之间没有鲜明的界限。许多无定形物质，如炭黑，实际上是由极小的晶体组成的。在一定条件下，晶体与非晶体也可以相互转化，例如石英晶体可以转化为石英玻璃（非晶体）；玻璃（非晶体）也可以转化为晶态玻璃。另外，金属经特殊处理也可以成为非晶体。这在新技术方面有其特殊的应用价值。

二、晶体的基本类型

根据组成晶体的微粒，以及微粒之间的作用力，可将晶体分为以下几种类型。

1. 离子晶体

在晶格结点上，按一定规则排列着正离子和负离子。正、负离子之间靠静电引力（离子键）互相结合，这样的晶体叫离子晶体。图 5-8 是 NaCl 和 CsCl 的晶体结构。

在 NaCl 晶体中，晶格结点上的质点为 Na^+、Cl^-，质点间作用力为离子键。由于离子键没有方向性和饱和性，每个 Na^+ 同时吸引 6 个 Cl^-；每个 Cl^- 也同时吸引着 6 个 Na^+。在 CsCl 晶体中，每个 Cs^+ 同时吸引着 8 个 Cl^-；每个 Cl^- 同时也吸引着 8 个 Cs^+。因此，在 NaCl 或 CsCl 晶体中，都不存在单个的 NaCl 分子或单个的 CsCl 分子。不过在这种晶体里，正、负离子数之比均为 1∶1。

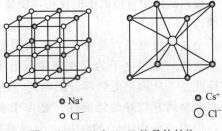

○ Na^+ ● Cs^+
○ Cl^- ○ Cl^-

图 5-8 NaCl 和 CsCl 的晶体结构

所以，严格地说，NaCl 和 CsCl 都是表示晶体中正、负离子的比例的化学式，而不是分子式。但在一般情况下并不严格区分，习惯上也把 NaCl、CsCl 叫分子式。

在离子型晶体中，正、负离子之间有很强的静电作用，所以属于离子型晶体的化合物具有较高的熔点和沸点。

离子型化合物的其他特征是在熔融状态或水溶液中都是良导体；大多数离子型化合物易溶于极性溶剂，特别是水，但基本不溶于非极性溶剂。

2. 原子晶体

在晶格结点上排列着原子，原子和原子之间靠共价键结合，这样的晶体叫做原子晶体。在金刚石晶体中，每个碳原子与其周围的四个碳原子相结合形成无数个正四面体，组成了金刚石的巨型分子。所以在原子晶体中也不存在单个的小分子，如图 5-9 所示。

原子晶体是由原子以共价键相结合而形成的，破坏原子晶体内的共价键，需要很多能量。因此，原子晶体的特点是硬度大（金刚石是所有物质中最硬的），熔、沸点高（金刚石的熔点高达 3570℃，沸点为 4827℃），在一般溶剂中不溶解，固态和液态时均不导电。但有些原子晶体如硅、锗等则是优良的半导体。

3. 分子晶体

在晶格结点上排列着分子，质点间的作用力是分子间力，这样的晶体叫做分子晶体。由于分子间力很弱，所以分子晶体的硬度小，熔、沸点低。在室温下，所有的气体物质，或在室温下易挥发的液体、易熔化易升华的固体物质都是分子晶体。如氢气（沸点－233℃）、甲烷（沸点－162℃）、水、二氧化碳等。图 5-10 为二氧化碳的晶体结构。

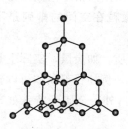
图 5-9　金刚石的结构

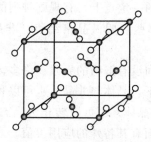
图 5-10　二氧化碳晶体结构

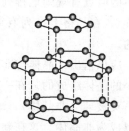
图 5-11　石墨的晶体结构

分子是电中性的，所以分子晶体无论是固态还是液态都不导电。

4. 金属晶体

在晶格结点上，排列着金属原子和金属离子，原子和离子之间的结合力是金属键，这种晶体叫做金属晶体。

金属晶体中自由电子的存在，使金属具有光泽，良好的导电、导热性和良好的机械加工特性。

金属的导电性，是在外电场的影响下，自由电子沿外电场定向流动的结果。金属的导热性也与自由电子的存在有关。电子在晶体中运动时，不断地与原子或离子碰撞，并交换能量，从而把受热部分的热能传给温度较低的部分，使整个金属的温度很快地达到均一。金属有较好的延展性，是由于金属受到外力作用时，金属原子层间容易做相对位移，但由于自由电子的作用，金属晶体的结构不会被破坏，因此金属可以拉成丝或展成片。

以上介绍的四种基本类型的晶体中，晶格结点上粒子间的作用力都是相同的。**有些物质晶格结点上粒子间的作用力不完全相同，这种粒子间由不同作用力构成的晶体，称为混合晶体。**例如石墨晶体就是混合晶体。这是它和金刚石性质不同的所在。

石墨晶格结点上每个碳原子以三个价电子分别与其周围的三个碳原子以共价单键结合，每六个碳原子在同一平面上联结成一个正六角形，这种结构不断重复延伸，构成蜂巢状的层状结构。每个碳原子剩下的一个价电子，可在层间自由移动，相当于金属晶体中的自由电子（如图 5-11 所示），所以石墨有金属光泽、能导电、传热。层与层之间相隔 340pm，距离较大，是以微弱的范德华力结合起来的。因此层间容易滑动，工业上石墨用作固体润滑剂、电极等。由于同一层上碳原子间结合力很强，极难破坏，所以石墨的熔点很高，化学性质也很稳定。

石墨是介于原子晶体、金属晶体、分子晶体之间的混合型晶体，也称过渡型晶体。石棉、云母也是这类晶体。

【阅读材料】

C_{60} 及其应用

1985 年 9 月科学家们在氦的脉冲气流里，用激光汽化石墨生成碳簇合物，并用飞行质谱仪分析得到的产物，发现了 C_{60}、C_{70} 等球碳分子。后来又相继发现了 C_{44}、C_{50}、C_{70}、C_{84}、C_{120}、C_{180} 等由纯碳组成的分子。这类由 n 个碳原子组成的分子称为碳原子簇，其分子式以 C_n 表示。它们都呈现封闭的多面体形的圆球形或椭球形，是碳单质的一种存在形式。

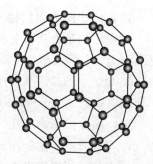

图 5-12 C_{60} 结构示意图

在种类繁多的碳原子簇中，以 C_{60} 研究得最为深入，因为它最稳定。C_{60} 分子是一个直径为 1000pm 的空心圆球，60 个碳原子围成直径为 700pm 的球形骨架，球心到每个碳原子平均距离为 350pm。圆球中心有一直径为 360pm 的空腔，可容纳其他原子。在球面上有 60 个顶点，由 60 个碳原子组成 12 个五元环面、20 个六元环面、90 条棱（见图 5-12）。

人们发现 C_{60} 与碱金属作用形成的 A_xC_{60}（A＝K、Rb、Cs 等）具有超导性能，其临界温度（T_c）比金属合金超导体高（如 K_3C_{60} T_c 为 $-244℃$，$RbCs_2C_{60}$ T_c 为 $-240℃$），是很有发展前途的材料。C_{60} 的化合物可作为新型催化剂或催化剂载体、高温润滑剂、耐热和防火的材料，还有可能在半导体、高能电池和药物等领域得到应用。

本章复习要点

一、化学键

在分子或晶体中直接相邻的原子间的主要的和强烈的相互作用力叫做化学键。

二、化学键的类型和特性

项目	离子键	共价键		配位键	金属键
概念	阴、阳离子间靠静电作用形成的化学键	原子间通过共用电子对所形成的化学键		电子对由一个原子单方提供与另一个原子共用形成的共价键	自由电子不停运动使金属原子和离子联系在一起的化学键
		非极性键	极性键		
		同种元素的原子形成的共价键	不同元素的原子形成的共价键		
原子间成键电子的特性	电子转移	共用电子对不偏向任何一个原子	共用电子对偏向电负性大的原子	共用电子对偏向电负性大的原子	自由电子
形成条件	成键原子间电负性大于 1.7	价电子层中有自旋相反的成单电子		①提供电子对的原子有孤对电子②接受电子对的原子有空轨道	金属元素
特性	没有饱和性没有方向性	有饱和性有方向性		有饱和性有方向性	没有饱和性没有方向性
实例	KCl Na$_2$SO$_4$	H$_2$ Cl$_2$		HCl H$_2$O	NH$_4$Cl[F$_4$B]H	Na Fe

三、极性分子和非极性分子

项目	极性分子	非极性分子
电荷分布	正、负电荷中心重合	正、负电荷中心不重合
偶极矩（μ）	$\mu > 0$	$\mu = 0$
分子结构	结构不对称	结构对称
实例	HCl，H$_2$O，NH$_3$	H$_2$，CO$_2$，CH$_4$

四、分子间力和氢键

1. 分子间的作用力又叫范德华力，它的能量比化学键小 1～2 个数量级。分子间作用力是短程力，它的大小对物质的熔点、沸点和溶解度等性质有影响。

2. 氢键：通常用 X—H···Y 表示。其中 X、Y 代表 F、O、N 等电负性大、原子半径小的非金属原子。由于氢键的存在使物质的熔、沸点升高。

五、晶体的基本类型

1. 晶体具有一定的几何外形、一定的熔点和各向异性三个特征。

2. 晶体可以根据组成晶体微粒的种类及微粒间的作用力不同而分为四类，如下表所列。

晶体类型	结点上的质点	结合力	晶体特征	实　例
离子晶体	阳离子和阴离子	离子键	硬而脆,熔、沸点高,熔态或水溶液中导电	NaCl　KF　MgO
原子晶体	原子	共价键	硬度大,熔、沸点高,不导电	金刚石　SiC　SiO_2
分子晶体	分子	分子间力	硬度小,熔、沸点低,固态、熔态不导电	H_2O　HCl　NH_3　CH_4　Cl_2　CO_2
金属晶体	金属原子和金属离子	金属键	有金属光泽,导电性、导热性好,延展性好,硬度和熔、沸点不一致	W　Na　Al　Hg　Mn　Zn

第六章 化学反应速率和化学平衡

【学习目标】

1. 建立化学反应速率、化学平衡的概念；熟悉化学平衡常数、平衡转化率的意义、掌握基本的化学平衡计算。

2. 理解温度、浓度、压力、催化剂等因素对化学反应速率的影响。

3. 掌握温度、浓度、压力对化学平衡的影响。

4. 了解化学反应速率和化学平衡原理在生产中的应用。

研究化学反应，不仅要注意其产物的种类，还必须注意另外两个重要问题，即化学反应速率和化学平衡。

反应速率就是反应进行的快慢。有些化学反应进行得很快，如火药爆炸、酸碱中和，瞬间即可完成；许多有机反应则需要几小时甚至几天才能完成；煤和石油的形成要亿万年才能实现。即使同一个反应在不同条件下，其反应速率也可能有很大差别。化学平衡是一定条件下反应进行的完全程度。如盐酸和烧碱的中和反应就很完全，N_2、H_2 合成氨的反应则只有小部分反应物转变为生成物。人们总希望有利于生产的反应进行得快些、完全些，对于不希望发生的反应采取某些措施抑制甚至阻止其发生，如金属的腐蚀、有机化学反应中的副反应等。因此就必须研究化学反应速率和化学平衡，以掌握化学反应的规律，为今后学习电离平衡、氧化还原、配位化合物等奠定理论基础。

第一节 化学反应速率的表示方法

在化学反应中，随着反应的进行，反应物浓度不断减小，生成物浓度不断增大。通常用单位时间内任一反应物或生成物浓度的变化来表示化学反应速率。浓度单位用 $mol \cdot L^{-1}$，时间单位可根据反应的快慢，用 h（小时）、min（分）、s（秒）等表示。反应速率的单位可用 $mol \cdot L^{-1} \cdot h^{-1}$、$mol \cdot L^{-1} \cdot min^{-1}$、$mol \cdot L^{-1} \cdot s^{-1}$ 等表示。例如，在一定条件下，合成氨反应：

	$N_2 + 3H_2 \longrightarrow 2NH_3$		
起始浓度/$(mol \cdot L^{-1})$	1.0	3.0	0
2s 后的浓度/$(mol \cdot L^{-1})$	0.8	2.4	0.4

它的反应速率❶ v：

若以氮的浓度变化表示，则：

$$v_{N_2} = \frac{1.0 mol \cdot L^{-1} - 0.8 mol \cdot L^{-1}}{2s} = 0.1 mol \cdot L^{-1} \cdot s^{-1}$$

若以氢的浓度变化表示，则：

---

❶ 反应速率中，反应物或生成物浓度的变化，均以绝对值表示。

$$v_{H_2} = \frac{3.0\,mol \cdot L^{-1} - 2.4\,mol \cdot L^{-1}}{2s} = 0.3\,mol \cdot L^{-1} \cdot s^{-1}$$

若以氨的浓度变化表示，则：

$$v_{NH_3} = \frac{0.4\,mol \cdot L^{-1} - 0\,mol \cdot L^{-1}}{2s} = 0.2\,mol \cdot L^{-1} \cdot s^{-1}$$

对于同一个化学反应，以不同物质浓度的变化所表示的反应速率，其数值虽然不同，但它们的比值却恰好是反应方程式中各相应物质的计量系数比。因此，用任一物质在单位时间内的浓度变化来表示该反应的速率，其意义都一样，只须指明是以哪一种物质的浓度变化来表示的。

另外，上述化学反应速率是指一定时间间隔内的平均速率。由于在反应中，各物质浓度均随时间而改变，故不同时间间隔内的平均反应速率是不相同的。一般用粗略的平均速率描述反应速率时，还要指明是哪一段时间内的反应速率。

第二节　影响化学反应速率的因素

化学反应速率的大小，首先决定于反应物的性质。例如，氢化氟在低温、暗处即可发生爆炸反应，而氢和氯则需光照或加热才能迅速化合。其次，温度、浓度、压力、催化剂等外界条件对化学反应速率也有不可忽略的影响。

一、浓度对反应速率的影响

实验证明：当其他外界条件相同时，增大反应物的浓度，会提高反应速率；减小反应物的浓度，会降低反应速率。如稀硫酸和硫代硫酸钠的反应为

$$Na_2S_2O_3 + H_2SO_4(稀) \longrightarrow Na_2SO_4 + S\downarrow + SO_2\uparrow + H_2O$$

反应生成的单质硫不溶于水，而使溶液出现白色混浊。可以利用从溶液混合到出现混浊所需要的时间，来比较该反应在不同浓度时的反应速率。

【演示实验6-1】 往试管（1）中加入2mL 0.1mol·L^{-1} Na$_2$S$_2$O$_3$溶液和3mL水；往试管（2）中加入5mL 0.1mol·L^{-1} Na$_2$S$_2$O$_3$溶液。再同时往两支试管内各加入5mL 0.1mol·L^{-1} H$_2$SO$_4$，振荡试管。记录两支试管从加入硫酸至开始出现混浊所需的时间（如表6-1）。（2）号试管比（1）号试管的反应时间短，说明反应物浓度大，反应快。

表6-1　10℃时不同浓度的硫代硫酸钠与稀硫酸反应的时间

试管号	0.1mol·L^{-1} H$_2$SO$_4$/mL	0.1mol·L^{-1} Na$_2$S$_2$O$_3$/mL	H$_2$O/mL	反应时间/s
（1）	5	2	3	135
（2）	5	5	—	50

又如，实验证明：下列化学反应是一步完成的简单反应（当温度高于225℃时）。

$$NO_2 + CO \longrightarrow NO + CO_2$$

从表6-2中的实验数据，可以找出其反应速率与反应物浓度的定量关系。当NO$_2$浓度不变时，CO浓度增大一倍，反应速率（v_{CO}）增大一倍，即v_{CO}与CO浓度成正比；当CO浓度不变时，NO$_2$浓度增大一倍，反应速率（v_{NO_2}）增大一倍，即v_{NO_2}与NO$_2$浓度成正比。由此可以得出结论：一定温度（高于225℃）下，该反应的速率与NO$_2$和CO浓度的乘积成正比。

$$v \propto c_{NO_2} c_{O_2} \tag{1}$$

表 6-2　400℃ 时，$NO_2(g) + CO(g) \longrightarrow CO_2(g) + NO(g)$ 的起始反应速率

反应物起始浓度/(mol·L^{-1})		反应速率/(mol·L^{-1}·s^{-1})	反应物起始浓度/(mol·L^{-1})		反应速率/(mol·L^{-1}·s^{-1})
NO$_2$	CO	v_{CO}	NO$_2$	CO	v_{NO_2}
0.1	0.1	0.005	0.1	0.1	0.005
0.1	0.2	0.010	0.2	0.1	0.010
0.1	0.3	0.015	0.3	0.1	0.015

再如，$2NO(g) + O_2(g) \longrightarrow 2NO_2(g)$ 也是一步完成的简单反应。从表 6-3 的实验数据可以得出这一结论。当 NO 浓度（0.010 mol·L^{-1}）不变时，O_2 浓度增大一倍，v_{NO} 增大一倍；当 O_2 浓度（0.020 mol·L^{-1}）不变时，NO 浓度增大到原来的 3 倍，v_{NO} 则从 5×10^{-3} mol·L^{-1}·s^{-1} 增大到 45×10^{-3} mol·L^{-1}·s^{-1}，即增大到原来的 9（3^2）倍，就是说 v_{NO} 与 NO 浓度的平方成正比。

$$v \propto c_{NO}^2 c_{O_2} \tag{2}$$

表 6-3　327℃ 时，$2NO + O_2 \longrightarrow 2NO_2$ 的起始反应速率

反应物起始浓度/(mol·L^{-1})		起始反应速率/(mol·L^{-1}·s^{-1})(v_{NO})
NO	O$_2$	
0.010	0.010	2.5×10^{-3}
0.010	0.020	5.0×10^{-3}
0.030	0.020	45×10^{-3}

式（2）中 c_{NO} 的幂是反应方程式中 NO 的计量系数。这说明反应（2）的反应速率不仅与反应物浓度有关，还与反应物的分子数有关。

总之，对于 $mA + nB \longrightarrow C$ 这类一步完成的简单反应，其反应速率与浓度的关系为：

$$v \propto c_A^m c_B^n$$

即在一定温度下，化学反应速率与各反应物浓度幂的乘积成正比。这个结论就是质量作用定律。其数学表达式为：

$$v = k c_A^m c_B^n$$

上式也称做反应速率方程式。式中 k 是一个比例常数，叫反应速率常数，其数值首先决定于反应物的性质，不同的化学反应有其特定的速率常数。**反应速率常数随温度、催化剂改变，与浓度无关。一般，温度愈高，k 值愈大。**

在一定温度下，反应物浓度均为 1 mol·L^{-1} 时，反应速率就等于该温度下的速率常数。

$$v = k$$

必须指出，质量作用定律的数学表达式中，反应物浓度的幂等于该反应物在化学方程式中的计量系数，这种关系只适用于一步完成的简单反应。

化学反应方程式一般只表达了从反应物转化为生成物的最终结果，不能说明反应步骤。但是许多化学反应往往是分几步进行的。如前述反应：

$$NO_2 + CO \longrightarrow NO + CO_2$$

只有在温度高于 225℃ 时，才是一步完成的简单反应。当温度低于 225℃ 时，实验测得其反应速率与 NO$_2$ 浓度的平方成正比，即

$$v = kc_{NO_2}^2$$

而不是与 NO_2 浓度和 CO 浓度的乘积成正比。这说明低于 225℃ 时，该反应是一个分步进行的复杂反应。反应可能分两步进行。

第一步　　$NO_2 + NO_2 \longrightarrow NO_3 + NO$（慢）

第二步　　$NO_3 + CO \longrightarrow NO_2 + CO_2$（快）

第一步反应速率小，它决定总反应的速率。所以该反应的速率与 NO_2 浓度的平方成正比。可见，对于一个给定的化学反应，其反应速率和浓度的关系式，不能一概用总反应方程式表达，而是要通过实验确定。

二、压力对反应速率的影响

对于有气态物质参加的反应，压力影响该反应的速率。**在温度一定时增大压力，气态物质的浓度随之增大，反应速率增大**。反之，**降低压力，气态物质的浓度减小，反应速率减小**。例如，在一定温度时，将反应 $N_2 + O_2 \longrightarrow 2NO$ 的压力增大一倍，反应速率将发生下述变化。

如令增大压力前 $c_{N_2} = a$，$c_{O_2} = b$，则

$$v = kab$$

若将压力增大一倍，体积缩小到原来的一半，浓度增大到原来的 2 倍。即 $c_{N_2}' = 2a$，$c_{O_2}' = 2b$，则 $v' = k \cdot 2a \cdot 2b = 4kab$，结果压力增大一倍，该反应的速率增大到原来的 4 倍。

上式中 c_{N_2}'、c_{O_2}'、v' 分别是增大压力后，氮气、氧气的浓度和反应速率。

三、温度对反应速率的影响

温度对化学反应速率有很显著的影响。一般，**升高温度，反应速率增大；降低温度，反应速率减小**。

如反应　　　　　　　　　$H_2O_2 + 2HI \longrightarrow I_2 + 2H_2O$

当 $[H_2] = [H_2O_2] = 1 mol \cdot L^{-1}$ 时，在不同温度下的反应速率（把℃时的反应速率作为1）如下：

温度/℃	0	10	20	30	40	50
反应速率	1.00	2.08	4.32	8.38	16.19	39.95

可以看出，温度每升高 10℃，反应速率大约增加一倍，即为原速率的 2 倍。范托夫（Van't Hoff，1852～1911）研究了各种反应速率与温度的关系，提出了下面这个经验的规律：**温度每升高 10℃，反应速率约增加到原来的 2～4 倍**。图 6-1 说明了温度对反应速率的影响。

一般，**当温度升高时，吸热反应的速率增长的倍数大些，放热反应的速率增长的倍数小些**。

从 $v = kc_A^m c_B^n$ 看出，当浓度一定时，升高温度，反应速率增大，速率常数亦随之增大。也就是说，**温度对反应速率的影响，主要体现在温度对速率常数的影响上**。在生产和生活中，常利用改变反应温度来控制反应速率的大小。例如，在常温下，观察不到煤与 O_2 的反应，但将它加热到高温，便会在空气中剧烈燃烧起来；再如，夏日将食物放入冰箱保存，以延缓其变质。

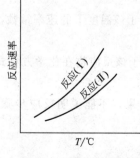

图 6-1　不同反应的速率与温度的关系

四、催化剂对反应速率的影响

凡能改变反应速率而其本身的组成、质量和化学性质在反应前后保持不变的物质，称为催化剂。

【演示实验 6-2】　在试管（1）和（2）中各加入 5 mL 3％ H_2O_2 溶液，再往试管（2）中加入少量二氧化锰，则见该试管中很快就有气泡生成，试管（1）里产生的气泡则很少。

这是因为二氧化锰加大了过氧化氢（H_2O_2）的分解速率。

$$2H_2O_2 \xrightarrow{\quad MnO_2 \quad} 2H_2O + O_2 \uparrow$$

实验证明，MnO_2 的化学组成、质量和性质在反应前后没有发生变化，它是这个反应的催化剂。像这种**有催化剂参加的反应叫催化反应。在催化剂作用下，反应速率发生改变的现象叫催化作用。**能增大反应速率的催化剂称为正催化剂，如演示实验 6-2 中的 MnO_2。有些物质能减小某些反应的速率，如橡胶中的防老剂，这类物质叫负催化剂。以后提到催化剂，如果没有特别说明，都是指正催化剂。催化剂也叫触媒。

催化剂在化工生产中具有十分重要的意义。合成氨、硫酸、硝酸的生产、石油裂解加工等，无不依赖于催化剂的使用。如由 N_2、H_2 合成氨的反应，即使在高温下，反应仍然十分缓慢，在工业上没有实用价值。如以铁做催化剂，则反应大大加快，使工业合成氨有了现实性。

生物体内的复杂的代谢反应是仰仗各种酶[1]催化剂来进行的。酶催化剂的效能比非酶催化剂一般高十万倍以上。而且酶催化无需高温高压，只在通常条件下就能起到催化作用。因而将酶催化用于工业生产已成为当前研究的重要课题。

催化剂是有选择性的。一种催化剂只能对某一反应起催化作用。不同的反应要选择不同的催化剂。SO_2 氧化为 SO_3 用五氧化二钒（V_2O_5）做催化剂；NH_3 氧化为 NO 用铂-铑做催化剂。

催化剂的选择性还表现在同一种反应物用不同的催化剂，可以得到不同的产物。如以水煤气（$CO+H_2$）为原料，用铜做催化剂可得到甲醇；用镍做催化剂可得到甲烷；用铑做催化剂可得到固体石蜡。

催化剂的选择性在生物催化作用中更为突出。一般，一种酶只对一种或一种类型的生化反应起催化作用，所以生物体内的酶数不胜数。如果没有酶的催化作用，就没有机体的生命活动，生命也就不存在了。

催化剂的选择性还与反应条件有关。一种反应的催化剂不是在任意温度下，而是在一定温度范围内发生催化作用的。**催化剂发生催化作用的温度叫催化剂的活性温度。**如 V_2O_5 的活性温度约为 $440\sim600℃$；人体中大多数酶的活性温度在 37℃ 左右。

催化剂具有用量少、能大幅度地改变反应速率等优点。但是，催化剂遇到某些物质会发生降低或失去催化作用的现象，这种现象叫催化剂的中毒。因此，使用催化剂时，要对反应物进行必要的针对性处理，以除去某些能使催化剂中毒的物质。

五、其他因素对反应速率的影响

在有固体物质参加的化学反应中，固体粒子的大小对反应速率也有影响。

---

[1] 酶是由生物的细胞产生的具有催化能力的蛋白质，能在有机体所能忍受的常温下，加速生物体内的许多化学反应。

【演示实验 6-3】　取少许粉状和块状碳酸钙，分别放入两支试管内，再各加入 5mL 3mol·L^{-1} 盐酸，则见粉状碳酸钙与盐酸的反应比块状的要快得多。

当固体与液体或气体发生反应时，分子间的碰撞仅在固体表面进行。固体物质是无所谓"浓度"的。**一定质量的固体物质，颗粒愈小，其总表面积愈大，固-液或固-气间分子接触的机会就愈多，反应速率愈大。**所以，在有固体物质参加反应时，其质量作用定律表达式中，不包括固体物质的"浓度"。例如，碳的燃烧反应：

$$C(s) + O_2 \longrightarrow CO_2$$

在一定条件下，燃烧速率只与氧的浓度成正比。

$$v = kc_{O_2}$$

两种互不相溶液体间的反应是在它们的分界面上进行的。机械搅拌能加快它们之间的反应。因为搅拌不仅增大了分界面，而且也加快了两种液体分子的相互扩散，所以能大大地提高反应速率。对于有固体物质参加的反应，搅拌能将固体颗粒均匀地悬浮于液体或气体中，增大了接触面积，加快了分子的扩散，因而提高了反应速率。例如，工业上生产硫酸，用硫铁矿与空气生成 SO$_2$ 的反应，就是气-固反应。为了增大反应速率，生产上用具有一定压力的空气将细砂状的硫铁矿吹起，使其悬浮在空气中进行焙烧。

第三节　化学平衡

一、可逆反应与化学平衡

烧碱和盐酸反应生成氯化钠和水，而氯化钠和水不能再生成烧碱和盐酸。

$$NaOH + HCl \longrightarrow NaCl + H_2O$$

像这种几乎可能向一个方向进行"到底"的反应叫做不可逆反应。但是，大多数化学反应都是可逆反应。例如，在一定条件下，氮、氢气体合成氨的同时，氨又分解为氮、氢气体。这种**在同一条件下，能同时向正、反方向进行的反应叫做可逆反应。**通常把化学反应式中向右进行的反应叫正反应；向左进行的反应叫逆反应。如

$$N_2 + 3H_2 \underset{\text{逆反应}}{\overset{\text{正反应}}{\rightleftharpoons}} 2NH_3$$

可逆反应在密闭容器中进行时，任何一个方向的反应都不能进行到底。例如，如 600℃ 和 200×10^2 kPa 下，将 1:3（摩尔比）的氮氢混合气体密闭于有催化剂的容器里进行反应。当混合气体中氨达到 9.2%、未反应的氮、氢气体为 90.8% 时，反应似乎停顿了。这是由于存在着逆反应。开始反应时，氮、氢浓度大，正反应速率大，逆反应速率为零（见图 6-2）。然而，一旦生成了氨，逆反应立即发生。随着反应的进行，氮、氢浓度逐渐降低，氨浓度逐渐增大，正反应速率逐渐减小，逆反应速率逐渐增大。最后，正、逆反应速率达到相等。即单位时间内，由氮、氢合成氨的分子数等于单位时间内分解为氮、氢的氨的分子数。此时，反应体系中各物质的浓度不再发生变化，正、逆反应达到了平衡状态。

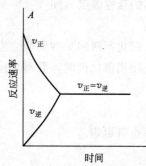

图 6-2　正、逆反应速率随时间的
变化（平衡时　$v_{正} = v_{逆} \neq 0$）

当可逆反应进行到正、逆反应速率相等时的状态，叫做化学平衡。化学平衡的特征是：在外界条件不变时，反应体系中

各物质的浓度不再随时间改变。而且无论反应从正、逆哪一个方向趋向平衡，结果都一样。可见，**平衡状态是一定条件下化学反应进行的最大限度**。

需要强调指出的是：在反应体系处于平衡状态时，反应并没有停止，而是正、逆反应以相等的速率进行着。因此，**化学平衡是一个动态平衡**。

二、平衡常数

应用质量作用定律研究化学平衡，可以进一步了解平衡时各物质的浓度和可逆反应进行的程度。如：

$$CO + H_2O(g) \rightleftharpoons H_2 + CO_2$$

其正、逆反应速率表达式为：

$$v_正 = k_正 \, c_{CO} c_{H_2O(g)}$$
$$v_逆 = k_逆 \, c_{CO_2} c_{H_2}$$

式中 $k_正$、$k_逆$ 分别是正、逆反应的速率常数。

在一定条件下，当反应达到化学平衡时，正反应速率等于逆反应速率。

$$v_正 = v_逆$$
$$k_正 \, c_{CO} c_{H_2O(g)} = k_逆 \, c_{CO_2} c_{H_2}$$
$$\frac{k_正}{k_逆} = \frac{c_{CO_2} c_{H_2}}{c_{CO} c_{H_2O(g)}}$$

由于 $k_正$、$k_逆$ 是只随温度变化而与浓度无关的常数，所以它们的比值，在一定温度下，也是一个常数。

如令

$$\frac{k_正}{k_逆} = K_c$$

则

$$K_c = \frac{c_{CO_2} c_{H_2}}{c_{CO} c_{H_2O(g)}}$$

式中 c_{CO_2}、c_{H_2}、$c_{H_2O(g)}$、c_{CO} 是平衡时各物质的浓度，单位：$mol \cdot L^{-1}$。

理论推导和实验证明：任一可逆反应

$$mA + nB \rightleftharpoons pC + qD$$

在一定温度下，反应达到平衡时，各物质平衡浓度之间都有如下关系：

$$K_c = \frac{c_C^p c_D^q}{c_A^m c_B^n}$$

上式称为平衡常数表达式，式中 m、n、p、q 分别是可逆反应中，相应物质的计量系数。

K_c 叫可逆反应的平衡常数。它表示在一定温度下，可逆反应达到平衡时，生成物浓度幂的乘积与反应物浓度幂的乘积之比值，是一个常数。这个关系称为化学平衡定律。

将实验数据（平衡浓度）代入平衡常数表达式中所求得的平衡常数叫实验平衡常数或经验平衡常数。如果实验平衡常数中各物质的化学计量系数 $(p+q) - (m+n) \neq 0$ 时，K_c 的单位即 $(mol \cdot L^{-1})^{(p+q)-(m+n)}$。在热力学中平衡常数是没有量纲的，它是把 K_c 中各物质的平衡浓度均除以标准浓度 $c^\ominus (1mol \cdot L^{-1})$，如 $\frac{c_A}{c^\ominus} = \frac{c_A/mol \cdot L^{-1}}{c^\ominus/mol \cdot L^{-1}} = [A]$，此时平衡浓度的数值不变，但不再有量纲，用 [ ] 表示，平衡常数用 $K^\ominus$ 表示，称为标准平衡常数。

$$K^\ominus = \frac{\left(\dfrac{c_C}{c^\ominus}\right)^p \left(\dfrac{c_D}{c^\ominus}\right)^q}{\left(\dfrac{c_A}{c^\ominus}\right)^m \left(\dfrac{c_B}{c^\ominus}\right)^n} = \frac{[C]^p [D]^q}{[A]^m [B]^n}$$

$K^{\ominus}$ 与 K_c 数值是相等的。本书以后各章出现的平衡常数都是热力学平衡常数。

有固体物质参加的可逆反应，其平衡常数表达式中不列入固体物质的"浓度"。如可逆反应

$$Fe_3O_4(s)+4H_2 \rightleftharpoons 3Fe(s)+4H_2O(g)$$

$$K^{\ominus}=\frac{[H_2O(g)]^4}{[H_2]^4}$$

还应指出，同一可逆反应的平衡常数，随反应方程式中各物质的计量系数不同而改变。如可逆反应：

$$2SO_2+O_2 \rightleftharpoons 2SO_3$$

其平衡常数

$$K^{\ominus}=\frac{[SO_3]^2}{[SO_2]^2[O_2]}$$

该反应方程式有时也表示为：

$$SO_2+\frac{1}{2}O_2 \rightleftharpoons SO_3$$

则与其对应的平衡常数 $K^{\ominus\prime}$ 为：

$$K^{\ominus\prime}=\frac{[SO_3]}{[SO_2][O_2]^{\frac{1}{2}}}$$

显然，$K^{\ominus}=(K^{\ominus\prime})^2$ 或 $K^{\ominus\prime}=\sqrt{K^{\ominus}}$

所以，在查阅平衡常数的数据时，必须注意与该常数所对应的反应方程式。

$K^{\ominus}$ 只随温度改变，与反应物的起始浓度无关。 从表 6-4 看出：尽管反应物的起始浓度不同，但在同一温度下，反应达到平衡时，$\dfrac{[NO_2]^2}{[N_2O_4]}$ 的比值即 $K^{\ominus}$，总是一个定值。

表 6-4　100℃ 时 $N_2O_4 \rightleftharpoons 2NO_2-Q$ 在不同起始浓度下的平衡浓度和平衡常数

起始浓度/(mol·L⁻¹)		平衡浓度/(mol·L⁻¹)		$K^{\ominus}=\dfrac{[NO_2]^2}{[N_2O_4]}$
NO_2	N_2O_4	NO_2	N_2O_4	
0.000	0.100	0.120	0.040	0.36
0.100	0.00	0.072	0.014	0.37
0.100	0.100	0.160	0.070	0.36

可逆放热反应的 $K^{\ominus}$ 随温度升高而减小；可逆吸热反应的 $K^{\ominus}$ 则随温度升高而增大（见表 6-5）。

表 6-5　可逆反应平衡常数随温度的变化

$CO+H_2O(g) \rightleftharpoons CO_2+H_2+42.9kJ$			$N_2O_4 \rightleftharpoons 2NO_2-58.2kJ$		
$K^{\ominus}=\dfrac{[CO_2][H_2]}{[CO][H_2O(g)]}$			$K^{\ominus}=\dfrac{[NO_2]^2}{[N_2O_4]}$		
温度/℃	400	500	温度/℃	100	150
$K^{\ominus}$	11.7	4.96	$K^{\ominus}$	0.36	3.2

总之，在一定温度下，每个可逆反应都有一定的平衡常数。也就是说可逆反应必须进行

到生成物浓度幂的乘积与反应物浓度幂的乘积之比值等于这个常数时，才达到平衡。因此，平衡常数是可逆反应的特征常数。它可以表示可逆反应进行的程度。$K^\ominus$ 愈大，平衡时生成物浓度愈大，正反应趋势愈大，反应物转化为生成物的程度就愈大。反之，$K^\ominus$ 愈小，反应物转化为生成物的程度就愈小。

三、有关化学平衡的计算

1. 由平衡浓度计算平衡常数

【例 6-1】　见表 6-4 中的数据计算 100℃时，可逆反应 $N_2O_4 \rightleftharpoons 2NO_2$ 的平衡常数 $K^\ominus$。

解　对表 6-4 中所列三组 NO_2 及 N_2O_4 的平衡浓度，自上而下顺序编号 (1)、(2)、(3)，计算与其对应的平衡常数 $K^\ominus$。

(1) $K^\ominus = \dfrac{[NO_2]^2}{[N_2O_4]} = \dfrac{(0.120)^2}{0.04} = 0.36$

(2) $K^\ominus = \dfrac{[NO_2]^2}{[N_2O_4]} = \dfrac{(0.072)^2}{0.014} = 0.37$

(3) $K^\ominus = \dfrac{[NO_2]^2}{[N_2O_4]} = \dfrac{(0.160)^2}{0.070} = 0.36$

100℃时，可逆反应 $N_2O_4 \rightleftharpoons 2NO_2$ 的平衡常数为 0.36。

2. 由平衡常数计算平衡浓度和平衡转化率

【例 6-2】　已知 800℃时，可逆反应 $CO_2 + H_2 \rightleftharpoons CO + H_2O(g)$ 的平衡常数 $K^\ominus = 1$。若将 0.1mol CO_2 和 0.2mol H_2 置于 1L 容器中反应，计算在 800℃反应达到平衡时，各物质的浓度和二氧化碳的平衡转化率。

解　(1) 计算各物质的平衡浓度

已知：CO_2 和 H_2 的起始浓度分别为 0.1mol·L^{-1} 和 0.2mol·L^{-1}。

设平衡时 $[CO]=x$，则 $[H_2O(g)]=x$，而 $[CO_2]=0.1-x$；$[H_2]=0.2-x$。

	CO_2	$+$	H_2	$\rightleftharpoons CO$	$+$	$H_2O(g)$
起始浓度/(mol·L^{-1})	0.1		0.2	0		0
浓度变化/(mol·L^{-1})	x		x	x		x
平衡浓度/(mol·L^{-1})	$0.1-x$		$0.2-x$	x		x

$$K^\ominus = \frac{[CO][H_2O(g)]}{[CO_2][H_2]} = \frac{xx}{(0.1-x)(0.2-x)} = 1$$

$$x^2 = 0.02 - 0.3x + x^2$$

$$x = \frac{0.2}{3}$$

$$[CO] = [H_2O(g)] = \frac{0.2}{3} = 0.067$$

$$[CO_2] = 0.1 - \frac{0.2}{3} = \frac{0.1}{3} = 0.033$$

$$[H_2] = 0.2 - \frac{0.2}{3} = \frac{0.4}{3} = 0.133$$

平衡时各物质的浓度为：$c_{CO} = c_{H_2O(g)} = 0.067$mol·L^{-1}，$c_{CO} = 0.033$mol·L^{-1}，$c_{H_2} = 0.133$mol·L^{-1}。

(2) 计算二氧化碳的平衡转化率

$$平衡转化率 = \frac{平衡时已转化的某反应物的浓度}{该反应物的起始浓度} \times 100\%$$

根据（1）中计算结果

$$CO_2 \text{ 平衡转化率} = \frac{0.2/3}{0.1} \times 100\% = 66.7\%$$

第四节　化学平衡的移动

研究化学平衡的目的，绝不是等待一个平衡状态的出现，也不是维持平衡状态不变，而是要了解各种外界因素如何影响平衡，使平衡向着有利的方向移动。

化学平衡是可逆反应在一定条件下正、逆反应速率相等时的状态。平衡是相对的、暂时的。如果浓度、温度等条件改变，由于它们对正、逆反应速率有不同的影响，使正、逆反应速率产生相对的差别，平衡就会被破坏。当正、逆反应速率再度达到相等的时候，反应在新的条件下又建立起新的平衡。**因外界条件的改变，使化学反应由原来的平衡状态转变到新的平衡状态的过程，叫化学平衡的移动。**新平衡状态下体系中各物质的浓度，已不同于原平衡状态下的浓度。

影响化学平衡的因素有浓度、压力、温度等。

一、浓度对化学平衡的影响

铬酸钾（K_2CrO_4）和重铬酸钾（$K_2Cr_2O_7$）在酸碱性不同的溶液中可以互相转化。

【演示实验 6-4】 在盛有 5mL 0.1mol·L^{-1} K_2CrO_4 的溶液中，逐滴加入 1mol·L^{-1} H_2SO_4，当溶液颜色由黄色变为橙色后，再往试管中滴加 2mol·L^{-1} NaOH，溶液由橙色又变为黄色。

在溶液中 K_2CrO_4 与 $K_2Cr_2O_7$ 存在着下列平衡：

$$2K_2CrO_4 + H_2SO_4 \Longrightarrow K_2Cr_2O_7 + K_2SO_4 + H_2O$$
$$\text{（黄色）} \qquad\qquad\qquad \text{（橙色）}$$

当往平衡体系中加入 H_2SO_4 后，反应物浓度增大了，正反应速率加快，$v_{正}' > v_{逆}$（见图 6-3），平衡被破坏。随着反应的进行，反应物浓度不断降低，生成物浓度不断升高，同时正反应速率逐渐减小，逆反应速率逐渐加大。最后，又达到正、逆反应速率相等的平衡状态。这一过程中，正反应取得主导地位，其结果是生成物浓度增大，溶液由黄色变为橙色，就是说平衡向增大生成物浓度的方向（向右）移动了。

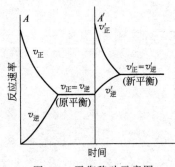

图 6-3　平衡移动示意图

当往溶液中加入 NaOH 时，它中和了溶液中的 H_2SO_4，降低了反应物的浓度，使逆反应速率大于正反应速率，反应逆向进行，结果反应物浓度增大，生成物浓度减小，溶液由橙色变为黄色，就是说平衡向反应物浓度增大的方向移动了。

同理，如减小平衡体系中生成物的浓度，平衡将向右移动；如增大生成物的浓度，平衡将向左移动。

还可以从平衡常数不随浓度变化，来讨论一定温度下，浓度的改变对化学平衡的影响。如可逆反应 $CO + H_2O(g) \Longrightarrow H_2 + CO_2$ 的平衡常数为：

$$K^{\ominus} = \frac{[H_2][CO_2]}{[CO][H_2O(g)]}$$

当其他条件不变时，若增大 $H_2O(g)$ 浓度，并用 $c'_{H_2O(g)}$ 表示，则

$$Q_c{}^{❶} = \frac{c_{H_2} c_{CO_2}}{c_{CO} c'_{H_2O(g)}} < K^{\ominus}$$

平衡被破坏，反应正向进行，直到体系再度达到平衡时，$Q_c = K^{\ominus}$。这时 CO_2、H_2 的浓度增大了，CO 和 $H_2O(g)$ 的浓度减小了，即平衡向右移动了。如增大 CO 的浓度或减小 H_2、CO_2 的浓度，平衡同样要向右移动。

同理，如增大 H_2 或 CO_2 的浓度，都会使 $Q_c > K^{\ominus}$，则反应逆向进行。当 Q_c 又等于 $K^{\ominus}$ 时，$H_2O(g)$、CO 浓度增大了，H_2、CO_2 浓度减小了，即平衡向左移动了。如减小 $H_2O(g)$ 或 CO 的浓度，平衡也会向左移动。

下面以可逆反应 $CO + H_2O(g) \Longleftrightarrow CO_2 + H_2$ 为例，用计算说明增大水蒸气浓度对该反应平衡的影响。

【例 6-3】 已知 CO 的起始浓度为 $0.2\,mol\cdot L^{-1}$；800℃时，反应的平衡常数 $K^{\ominus} = 1$。计算 (1) 800℃时，$c_{H_2O(g)} = 0.3\,mol\cdot L^{-1}$，CO 的平衡转化率。(2) 温度不变，如将平衡体系中 $c_{H_2O(g)}$ 增至 $0.4\,mol\cdot L^{-1}$，当反应再度达到平衡时，CO 的总转化率。

解 (1) 计算 $c_{H_2O(g)} = 0.3\,mol\cdot L^{-1}$ 时，CO 的平衡转化率。

设反应达到平衡时，生成的 CO 为 x，根据反应方程式

	CO	+	$H_2O(g) \Longleftrightarrow$	$CO_2 +$	H_2
起始浓度/$(mol\cdot L^{-1})$	0.2		0.3	0	0
平衡浓度/$(mol\cdot L^{-1})$	$0.2-x$		$0.3-x$	x	x

$$K^{\ominus} = \frac{xx}{(0.2-x)(0.3-x)} = 1$$
$$x^2 = x^2 - 0.5x + 0.6$$
$$x = 0.12$$

平衡时，各物质的浓度为

$$c_{H_2} = c_{CO_2} = 0.12\,mol\cdot L^{-1};$$
$$c_{H_2O(g)} = 0.3 - 0.12 = 0.18\,mol\cdot L^{-1};$$
$$c_{CO} = 0.2 - 0.12 = 0.08\,mol\cdot L^{-1}$$

$$CO\ 的平衡转化率 = \frac{0.12}{0.2} \times 100\% = 60\%$$

(2) 计算将平衡体系中 $c_{H_2O(g)}$ 增至 $0.4\,mol\cdot L^{-1}$ 时，CO 的总转化率。

设在新条件下，CO 再转化 y。

反应重新开始时，体系中除 $H_2O(g)$ 外，其他物质的起始浓度分别为体系在原平衡状态下，各相应物质的浓度。

---

❶ 一个可逆反应的生成物浓度乘积与反应物浓度乘积之比，称为浓度商 Q_c。如 $CO + H_2O(g) \Longleftrightarrow H_2 + CO_2$ 的浓度商可表示为：

$$Q_c = \frac{c'_{CO_2} c'_{H_2}}{c'_{H_2O(g)} c'_{CO}}$$

式中各物质的浓度是任意状态下的，其商值是不定的，用 [ ] 表示，以区别于平衡常数表达式中各物质的平衡浓度。如一般可逆反应 $mA + nB \Longleftrightarrow pC + qD$，则其浓度商

$$Q_c = \frac{c'_{Cp} c'_{Dq}}{c'_{Am} c'_{Bn}}$$

$$\begin{array}{ccccccc} & CO & + & H_2O(g) & \Longrightarrow & CO_2 & + & H_2 \end{array}$$

起始浓度/(mol·L^{-1})　　　　　0.08　　0.4　　　　0.12　　0.12

平衡浓度/(mol·L^{-1})　　　0.08$-y$　0.4$-y$　　0.12$+y$　0.12$+y$

$$K^{\ominus}=\frac{(0.12+y)(0.12+y)}{(0.08-y)(0.4-y)}=1$$

$$0.0144+0.24y+y^2=0.032-0.48y+y^2$$

$$y=0.024$$

平衡时各物质的浓度为：

$$c_{CO_2}=c_{H_2}=0.12+0.024=0.144\,mol\cdot L^{-1}$$

$$c_{CO}=0.08-0.024=0.056\,mol\cdot L^{-1}$$

$$c_{H_2O(g)}=0.4-0.024=0.376\,mol\cdot L^{-1}$$

$$CO\,的总转化率=\frac{0.12+0.024}{0.2}\times100\%=72\%$$

计算结果表明：由于增大了水蒸气的浓度，平衡右移，CO 的转化率由 60% 提高到 72%。

总之，**对任何可逆反应，其他条件不变时，增大反应物浓度（或减小生成物浓度），平衡向增大生成物浓度方向（正反应方向）移动；增大生成物浓度（或减小反应物浓度），平衡则向增大反应物浓度方向（逆反应方向）移动。**

在化工生产中，为了提高反应物的转化率，可根据具体情况采取如下措施。

（1）增大反应物浓度　往往加入过量的原料，而使较贵重的原料得到充分利用。如 CO 和 $H_2O(g)$ 转化为 H_2 和 CO_2 的反应，实际生产中将 $\dfrac{H_2O(g)}{CO}$ 的物质的量的比提高到 5～8，以使 CO 尽可能地转化为氢。

（2）减小生成物的浓度　在反应进行中不断将生成物移出平衡体系，能使可逆反应进行到底。如在煅烧石灰石制取生石灰的过程中，不断地将 CO_2 抽走，可使 $CaCO_3$ 分解完全。

许多在溶液中进行的可逆反应，因为生成了易挥发或难溶物从溶液中逸出或析出，使生成物浓度不断降低，反应可趋于完全。

二、压力对化学平衡的影响

通常说的一个可逆反应的压力，是指总压力。如果改变压力，无论气态反应物还是气态生成物的浓度，都要随压力成正比例地变化，这就有可能使正、逆反应速率不再相等，而引起平衡的移动。如可逆反应：

$$2NO_2(g)\Longrightarrow N_2O_4(g)$$

在一定条件下，当反应达到平衡时，

$$v_{正}=v_{逆}$$

而　　　　　$$v_{正}=k_{正}[NO_2(g)]^2;\ v_{逆}=k_{逆}[N_2O_4(g)]$$

如将压力增大到原来的两倍，此时，

$$v_{正}'=k_{正}(2[NO_2(g)])^2=4k_{正}[NO_2(g)]^2=4v_{正}$$

$$v_{逆}'=k_{逆}2[N_2O_4(g)]=2k_{逆}[N_2O_4(g)]=2v_{逆}$$

即 $v_{正}'>v_{逆}'$，平衡向生成 N_2O_4 的方向移动。

如将压力降至原来的一半，则

$$v_{正}' = k_{正}\left(\frac{1}{2}\left[NO_2(g)\right]\right)^2 = \frac{1}{4}k_{正}\left[NO_2(g)\right]^2 = \frac{1}{4}v_{正}$$

$$v_{逆}' = k_{逆}\frac{1}{2}\left[N_2O_4(g)\right] = \frac{1}{2}k_{逆}\left[N_2O_4(g)\right] = \frac{1}{2}v_{逆}$$

即 $v_{逆}' > v_{正}'$，平衡向生成 NO_2 的方向移动。

可以看出，改变压力，造成正、逆反应速率产生差异的原因是反应前后气体总分子数不同。气体总分子数多的一方，其反应速率受压力的影响较大。

因此，当温度不变时，增大压力，平衡向气体分子总数减少的方向移动；降低压力，平衡向气体分子总数增多的方向移动。

对于反应前后气体分子总数相等的可逆反应，如 $CO + H_2O(g) \rightleftharpoons CO_2 + H_2$、$H_2 + I_2 \rightleftharpoons 2HI$ 等，改变压力，同等程度地影响正、逆反应速率，因而不能使平衡发生移动。

对于没有气态物质参加的可逆反应，因为压力对液体、固体体积的影响很小，改变压力，对其平衡几乎没有影响。

三、温度对化学平衡的影响

化学反应总是伴随着热量的变化。如果可逆反应的正反应是放热的，其逆反应必然是吸热的。例如：

$$2NO_2 \underset{吸热}{\overset{放热}{\rightleftharpoons}} N_2O_4 + Q$$

反之，如果正反应是吸热的，其逆反应必然是放热的。例如：

$$N_2 + O_2 \underset{放热}{\overset{吸热}{\rightleftharpoons}} 2NO - Q$$

当温度改变时，吸热反应和放热反应的速率发生不同的变化。升高温度，吸热反应速率增长的倍数大于放热反应增长的倍数，使 $v_{吸} > v_{放}$；降低温度时，吸热反应速率减小的倍数大于放热反应减小的倍数，使 $v_{吸} < v_{放}$。因而引起化学平衡的移动。

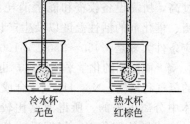

冷水杯　无色　　热水杯　红棕色

图 6-4　温度对 $2NO_2 \rightleftharpoons$ $N_2O_4 + Q$ 平衡的影响

【演示实验 6-5】 将充有 NO_2 气体的双联玻璃球（如图 6-4）的两端，分别置于盛有冷水和热水的烧杯内，观察气体颜色的变化。

冷水杯中球内气体的颜色变浅了，说明温度降低，NO_2 的浓度减小，N_2O_4 的浓度增大了；热水杯中球内气体的颜色加深了，说明温度升高，NO_2 浓度增大，N_2O_4 浓度减小了。这是因为**升高温度时，平衡向吸热方向移动；降低温度时，平衡向放热方向移动。**

四、勒夏特列原理

综合浓度、压力、温度等条件的改变对平衡移动的影响，勒夏特列（A. L. Le Chatelier. 1850—1936）将其概括为一条普遍规律：**假如改变平衡体系的条件之一，如温度、压力或浓度，平衡就向能减弱这个改变的方向移动。这个规律就称为勒夏特列原理，也叫平衡移动原理。**

以合成氨反应为例，$N_2 + 3H_2 \rightleftharpoons 2NH_3 + 176kJ$，当在平衡体系中增大氮或氢的浓度时，平衡即向生成氨的方向移动，氮或氢的浓度相应降低；当增大平衡体系的总压力时，平衡向生成氨即气体总分子数减少的方向移动，体系的总压力随气体总分子数的减少相应降低；当降低平衡体系的温度时，平衡向生成氨即放热反应方向移动，体系的温度相应升高。

平衡移动原理不仅适用于化学平衡，也适用于物理平衡（例如，液体和它的蒸气之间所建立的平衡），但不适用于未建立平衡的体系。例如在室温下氢和氧不会发生反应，就是氢、氧和水蒸气之间在室温时事实上不能达成平衡。虽然氢和氧合成水蒸气是一个放热反应，但是在室温时不能作出这样的结论：即温度越低，氢和氧越容易化合成水蒸气。在一定温度范围内（约 2000～4000℃）这个反应才能建立平衡。

$$2H_2 + O_2 \rightleftharpoons 2H_2O$$

还须指出，**催化剂能同等程度地改变正、逆反应的速率，使用催化剂不致引起平衡的移动**。但是寻找具有较低活性温度的催化剂，使可逆放热反应在适当的低温下进行，以提高其反应物的转化率却是具有重要意义的。例如，合成氨生产中，CO 转变为 H_2 的反应是一个可逆放热反应。该反应如使用铁铬催化剂，反应温度为 400～500℃，反应后，气体中剩余的 CO 一般为 2%～3%。如使用活性温度较低（200～280℃）的铜锌催化剂，未转化的 CO 可降至 0.4% 以下。

第五节　化学反应速率及化学平衡原理的应用

在化工生产中，常常需要综合考虑反应速率和化学平衡两方面的因素来选择最适宜的条件。如合成氨是一个气体总分子数减少的可逆放热反应。根据平衡移动原理，采取较高的压力和较低的温度，能使更多的氮、氢气体生成氨，即可提高氨的产率。但是温度太低，反应速率又太小，单位时间内的产量就会很低。何况即使在较高温度下，合成氨的反应速率仍然很小。氨的合成必须采用催化剂才具有工业意义。因此，合成氨反应的适宜温度，应在催化剂的活性温度范围内尽可能地低些。增大压力可以提高氨的产率和加快反应速率。但是压力过高，所需设备投资和能量消耗会相应增多，生产成本增高。综合化学反应速率和化学平衡、催化剂的活性温度以及生产设备、能量消耗诸因素，目前我国采用铁催化剂合成氨的反应条件大多是：450～550℃，$100 \times 10^2 \sim 300 \times 10^2$ kPa。

上面讨论的化学平衡原理，也可用于合成氨反应的逆过程。利用氨的催化分解来制取纯净的氢气和氮气。N_2、H_2 气体合成氨后，氨是在高压下冷却液化，从 N_2、H_2、NH_3 的混合气体中分离出来的。所得液氨比较纯净。将液氨在常压下汽化，并加热到 600～700℃，通过合成氨的催化剂，氨即迅速分解。因为反应条件是高温低压，所以 NH_3 几乎完全分解为 N_2、H_2 气体。经进一步处理，可得纯净的 N_2、H_2 气体，供电子工业电气元件的烧氢还原之用。

本章复习要点

一、化学反应速率

1. 化学反应速率的表示方法

通常用单位时间内，任一种反应物或生成物浓度的变化表示反应速率。单位：mol·L^{-1}·h^{-1}；mol·L^{-1}·min^{-1}；mol·L^{-1}·s^{-1}。

2. 质量作用定律

在一定温度下，化学反应速率与各反应物浓度幂的乘积成正比。对于一步完成的一般反应

$$mA + nB \longrightarrow C$$
$$v = kc_{A^m}c_{B^n}$$

式中 k 叫反应速率常数。不同的化学反应有不同的 k 值。同一反应的 k 值随温度、催化剂改变,与浓度无关。一般温度升高,k 值增大。

3. 催化剂

凡能改变反应速率而它本身的组成、质量和化学性质在反应前后保持不变的物质,称为催化剂。一般是指加快反应速率的正催化剂。

催化剂有选择性,不同的反应有不同的催化剂。

起催化作用的温度,称为催化剂的活性温度。

4. 温度、压力、浓度、催化剂对反应速率的影响

外界条件的改变	对反应速率的影响
增大反应物浓度	反应速率增大
增大压力	有气态物质参加的反应速率增大
升高温度	反应速率常数 k 增大,反应速率增大。吸热反应速率增加的倍数大些;放热反应速率增加的倍数小些
使用催化剂	成亿万倍的增大反应速率常数 k,反应速率相应增大

二、化学平衡

1. 化学平衡状态的特征:

(1) 正、逆反应速率相等;

(2) 反应物和生成物浓度不再发生变化;

(3) 是有条件的动态平衡。

2. 平衡常数 $K^{\ominus}$

任一可逆反应 $mA + nB \rightleftharpoons pC + qD$ 的平衡常数表达式为:

$$K^{\ominus} = \frac{[C]^p[D]^q}{[A]^m[B]^n}$$

有固体物质参加的可逆反应,其平衡常数表达式中,不列入固体物质的"浓度"。

不同可逆反应有不同的平衡常数。平衡常数是可逆反应的特征常数。

$K^{\ominus}$ 只随温度变化,与浓度无关。可逆吸热反应的 $K^{\ominus}$ 随温度升高而增大;可逆放热反应的 $K^{\ominus}$ 随温度升高而减小。

$K^{\ominus}$ 愈大,正反应趋势愈大;$K^{\ominus}$ 愈小,正反应趋势愈小。

3. 平衡转化率

$$平衡转化率 = \frac{平衡时已转化的某反应物的浓度}{该反应物的起始浓度} \times 100\%$$

转化率除与温度有关外,还随浓度改变。

4. 平衡移动原理

对外界对处于平衡状态的可逆反应施加某种影响时,平衡就向着减弱这种影响的方向移动。这就是勒夏特列原理,也叫平衡移动原理。

　　增大反应物浓度，平衡向减小反应物浓度即增大生成物浓度方向移动。

　　增大压力，平衡向降低压力即向气体分子总数减少的方向移动。

　　升高温度，平衡向降低温度即吸热方向移动。

　　催化剂能同等程度的改变正、逆反应的速率，不影响化学平衡，但它能缩短反应达到平衡的时间。

第七章 电解质溶液

【学习目标】

1. 明确电解质与非电解质、强电解质与弱电解质的区别。
2. 掌握一元弱酸、弱碱的电离平衡、电离常数、电离度的概念。
3. 熟悉水的电离平衡及弱酸、弱碱稀溶液 pH 的计算。
4. 熟悉各类盐溶液的酸、碱性,了解影响盐类水解的因素及水解的应用与抑制。

  无机物之间的反应大多数是酸、碱、盐之间的反应。酸、碱、盐都是电解质。它们在水溶液中的反应都是离子间的反应。离子反应包括酸碱反应、沉淀反应、氧化还原反应、配位反应。在这些反应中都存在着平衡问题。本章将应用化学平衡原理讨论酸碱反应的平衡及其移动规律。

第一节 电解质和非电解质

一、电解质和非电解质

在水溶液中或熔化状态下,能够导电的物质叫电解质,不能导电的物质叫非电解质。
酸、碱、盐都是电解质。绝大多数有机化合物都是非电解质,如酒精、蔗糖、甘油等。

二、电解质的电离

导电现象是由于带电微粒做定向运动产生的。 在酸、碱、盐溶液中存在着带电微粒,当它们做定向运动时,就会产生导电现象。碱类和盐类一般都是离子化合物,它们在溶液中,受水分子的吸引和碰撞,减弱了正、负离子之间的吸引力,而分离为自由移动的离子❶。如

$$NaCl \longrightarrow Na^+ + Cl^-$$

当受热时,晶体中的离子吸收了足够的能量,克服了正、负离子间的吸引力,晶体被拆散,也会变为自由移动的离子。

  具有强极性键的分子,在溶液中受水分子的吸引和撞击,使极性键断裂,而分离为正、负离子。如:

$$HCl \longrightarrow H^+ + Cl^-$$

电解质在水溶液中或在熔化状态下分离成为离子的过程叫电离。

  非极性分子或极性很弱的分子,与水分子间的作用力较弱,在水中不能或极少发生电离。

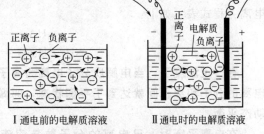

Ⅰ通电前的电解质溶液   Ⅱ通电时的电解质溶液

图 7-1 电解质溶液导电示意图

  在电解质溶液中,离子的运动杂乱无章,当通电于溶液时,离子将做定向运动,正离子移向阴极,负离子移向阳极,于是产生了导电现象(见图 7-1)。

  必须指出,电解质的电离过程是在水或热的作用下发生的,并非通电后才引起的。

---

❶ 实际上电解质在水中电离为正、负离子后,又都与若干个水分子结合为水合离子。

溶剂的极性是电解质电离的一个不可缺少的条件。如苯是非极性分子，当氯化氢溶于苯后不发生电离，因此，氯化氢的苯溶液不能导电。水是应用最广泛的溶剂，本章仅讨论以水作溶剂的电解质溶液。

第二节　电　离　度

一、强电解质和弱电解质

不同的电解质在水溶液中电离的程度是不相同的。

【演示实验7-1】　按图7-2连接烧杯中的电极、灯泡和电源，观察各灯泡的明亮程度。

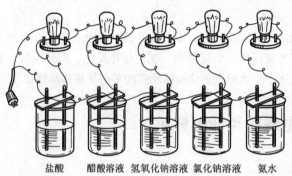

盐酸　　醋酸溶液　氢氧化钠溶液　氯化钠溶液　氨水

图7-2　几种电解质溶液的导电能力测试

从各灯泡的明亮程度可知，盐酸、氢氧化钠、氯化钠溶液的导电能力强，而醋酸、氨水溶液的导电能力就弱得多。这是因为不同的电解质在水中电离的程度不同。像盐酸、氯化钠、氢氧化钠在水中全部电离，溶液中离子多，而在醋酸或氨的水溶液中，只有少部分氨的水合物或醋酸分子发生电离，在同浓度同体积的溶液中的离子要少得多，它们的导电能力自然要弱得多。**在水溶液中或熔融状态下能完全电离的电解质称强电解质；在水溶液中仅能部分电离的电解质称弱电解质。**

电解质的强弱与其分子结构有关[1]。离子化合物和强极性共价化合物是强电解质，强酸、强碱以及大多数无机盐都是强电解质。弱极性共价化合物如常见的弱酸（醋酸、氢氰酸等）和弱碱（氨水等）以及某些盐如 $Pb(Ac)_2$ 等都是弱电解质。

二、电离度

根据阿伦尼乌斯的电离理论，弱电解质在水溶液中只有少部分发生电离，而电离生成的离子又会重新结合为分子。所以弱电解质的电离是一个可逆过程。如醋酸、氨水的电离可用电离方程式表示如下：

$$HAc \rightleftharpoons H^+ + Ac^-$$
$$NH_3 \cdot H_2O \rightleftharpoons NH_4^+ + OH^-$$

在一定温度下，当电解质分子电离为离子的速率等于离子重新结合为分子的速率时，未电离的分子和离子间就达到了平衡状态，叫做电离平衡。电离平衡是化学平衡的一种，也是动态平衡。

在电离平衡时，已电离的分子数与溶液中原有溶质分子总数之比叫做电离度，用 α 表示。

$$电离度(\alpha) = \frac{已电离溶质的分子数}{溶液中原有溶质的分子总数} \times 100\%$$

---

[1]　溶剂不同，电解质的强弱也会发生变化，如醋酸在水溶液中是弱电解质，而在液氨作溶剂的溶液中，则是强电解质。

$$=\frac{\text{已电离溶质的浓度}}{\text{溶液的起始浓度}}\times100\%$$

例如：18℃时，$0.1\text{mol}\cdot\text{L}^{-1}$ HAc 溶液内，每一万个醋酸分子中，有 134 个电离子，其电离度为

$$\alpha=\frac{134}{10000}\times100\%=1.34\%$$

电离度可由电导实验测定。不同电解质的电离度不同（见表 7-1）。一般盐的电离度大些；酸、碱的电离度差别较大。电离度的大小不仅决定于物质的结构和性质，还与溶液浓度有关。

表 7-2 列出了不同浓度的醋酸溶液的电离度。实验证明，**同种弱电解质溶液愈稀，电离度愈大**。因为稀释对电离速率几乎没有影响，但溶液愈稀，单位体积内离子的数目就愈少，离子相互碰撞结合为分子的速率也就愈小，电离度就会增大。因此在提到某电解质的电离度时，必须指明溶液的浓度。

表 7-1　某些电解质溶液（$0.1\text{mol}\cdot\text{L}^{-1}$）的电离度（18℃）

电解质	分子式	电离度/%	电解质	分子式	电离度/%
亚硫酸	H_2SO_3	34	碳酸	H_2CO_3	0.17
磷酸	H_3PO_4	27	氢硫酸	H_2S	0.07
氢氟酸	HF	8.5	氢氰酸	HCN	0.01
醋酸	HAc	1.34	氨水	$NH_3\cdot H_2O$	1.34

表 7-2　不同浓度醋酸溶液的电离度（25℃）

溶液浓度/$(\text{mol}\cdot\text{L}^{-1})$	0.2	0.1	0.01	0.005	0.001
电离度/%	0.934	1.34	4.19	5.85	12.4

电离度还与温度有关，但温度对电离度的影响不显著。

电离度的大小，可以说明弱电解质的相对强弱。**在相同浓度下，电离度愈大，电解质愈强；电离度愈小，电解质愈弱。**如在氢氟酸、醋酸、氢氰酸三种弱酸中，氢氟酸最强，氢氰酸最弱。

三、强电解质在溶液中的状况

强电解质在稀溶液中是全部电离的，不存在离子与未电离分子间的平衡。因此，强电解质的电离度都应是 100%。在它们的电离方程式中不用可逆号。如：

$$HCl\longrightarrow H^++Cl^-$$

$$NaOH\longrightarrow Na^++OH^-$$

但是根据溶液导电性实验，所测得的强电解质的电离度都小于 100%（见表 7-3）。

表 7-3　几种强电解质（$0.1\text{mol}\cdot\text{L}^{-1}$）的电离度（25℃）　　%

电解质	KCl	$ZnSO_4$	HCl	HNO_3	H_2SO_4	NaOH	$Ba(OH)_2$
表观电离度	86	40	92	92	67	91	81

在电解质溶液中，离子的运动受周围其他离子的影响。在弱电解质溶液中，离子浓度很小，这种影响可以忽略。在强电解质溶液中，离子浓度较大，正、负离子间较强的牵制作用减慢了离子运动的速率，影响了导电能力。表面上离子浓度好像比按完全电离计算的要低

些，所以由实验测得的电离度小于100%。可见，强电解质电离度与弱电解质电离度的意义不同，它反映了溶液中离子互相牵制的强弱程度。因此，强电解质的电离度称为表观电离度。

一般强电解质溶液越浓，离子的电荷越多，离子间互相牵制的作用越大，其表观电离度越小，导电能力越弱。

应该指出：一般在有关强电解质溶液的计算中，如不指明表观电离度，则按100%电离看待。

【阅读材料】

阿伦尼乌斯生平简介

1859年2月阿伦尼乌斯（Svante Arrhenius，1859—1927）出生于瑞典乌普萨拉附近的威克。17岁时，他以优异的数学和物理成绩考入乌普萨拉大学，大学毕业后攻读博士学位。1881年9月在瑞典皇家科学院物理教授爱德伦德（E. Edlund）的实验室工作，从此开始了对电解质电离理论的研究。1884年，他在科学论文中提出了关于电离理论的初步见解。这是一篇很有见解的学术文章，但在答辩时却遭到了评委们的指责。又经过四年的努力，1887年他又发表了一篇出色的完整的电离理论文章《关于溶质在水中的离解》，因此而成名，并于1903年荣获诺贝尔化学奖。1889年阿伦尼乌斯提出了化学反应速率随温度变化的经验式，它揭示了反应速率常数 k 与温度 $T(t+273)$ 的定量关系。这就是著名的反应速率的指数定律。这个定律所揭示的物理意义，使化学动力学理论的发展迈过了一道具有决定意义的门槛。

第三节　弱电解质的电离平衡

弱酸分子只能电离出一个 H^+ 的叫一元弱酸（如醋酸、氢氰酸、氢氟酸）。弱酸分子能电离出两个或两个以上 H^+ 的叫多元弱酸，其中能电离出两个 H^+ 的叫二元弱酸（如氢硫酸 H_2S、碳酸）；能电离出三个 H^+ 的叫三元弱酸（如磷酸 H_3PO_4）。与弱酸相类似，只能电离出一个 OH^- 的弱碱叫一元弱碱（如 $NH_3 \cdot H_2O$），能电离出两个或两个以上 OH^- 的弱碱叫多元弱碱 [如 $Zn(OH)_2$、$Al(OH)_3$]。本节重点讨论一元弱酸、弱碱的电离平衡。

一、一元弱酸、弱碱的电离平衡

1. 电离常数

如前所述，弱电解质在水溶液中存在着未电离分子与离子间的平衡。电离平衡服从化学平衡的一般规律。

如 HAc 在水溶液中，于一定温度下，电离达到平衡时，H^+、Ac^- 与未电离的 HAc 存在着下列平衡

$$HAc \Longleftrightarrow H^+ + Ac^-$$

其平衡常数表达式
$$K_{HAc}^{\ominus} = \frac{[H^+][Ac^-]}{[HAc]}$$

$K_{HAc}^{\ominus}$ 称为 HAc 的电离常数。$[H^+]$、$[Ac^-]$、$[HAc]$ 分别是 H^+、Ac^-、HAc 的平衡浓度除以标准浓度的商，即相对平衡浓度。

弱酸的电离常数又常用 $K_a^{\ominus}$ 表示。常见弱酸的电离常数见表7-4。

又如氨水的电离常数表达式为

$$K_{\mathrm{NH_3 \cdot H_2O}}^{\ominus} = \frac{[\mathrm{NH_4^+}][\mathrm{OH^-}]}{[\mathrm{NH_3 \cdot H_2O}]}$$

弱碱的电离常数也常用 $K_b^{\ominus}$ 表示。常见弱碱的电离常数见表 7-4。电离常数可通过实验测定。

表 7-4　电离常数

弱　酸	电离常数($K_a^{\ominus}$)
H_3AlO_3	$K_1^{\ominus}=6.3\times10^{-12}$
H_3AsO_4	$K_1^{\ominus}=6.3\times10^{-3}$；$K_2^{\ominus}=1.05\times10^{-7}$；$K_3^{\ominus}=3.15\times10^{-12}$
H_3AsO_3	$K_1^{\ominus}=6.0\times10^{-10}$
H_3BO_3	$K_1^{\ominus}=5.8\times10^{-10}$
HCOOH(甲酸)	1.77×10^{-4}
CH_3COOH(醋酸)	1.8×10^{-5}
$ClCH_2COOH$(氯代醋酸)	1.4×10^{-3}
$H_2C_2O_4$(草酸)	$K_1^{\ominus}=5.4\times10^{-2}$；$K_2^{\ominus}=5.4\times10^{-5}$
$H_2C_4H_4O_6$(酒石酸)	$K_1^{\ominus}=1.12\times10^{-2}$；$K_2^{\ominus}=1.0\times10^{-4}$
$H_3C_6H_5O_7$(柠檬酸)	$K_1^{\ominus}=7.4\times10^{-4}$；$K_2^{\ominus}=1.73\times10^{-5}$；$K_3^{\ominus}=4\times10^{-7}$
H_2CO_3	$K_1^{\ominus}=4.2\times10^{-7}$；$K_2^{\ominus}=5.6\times10^{-11}$
HClO	3.2×10^{-8}
HCN	6.2×10^{-10}
HCNS	1.4×10^{-1}
H_2CrO_4	$K_1^{\ominus}=9.55$；$K_2^{\ominus}=3.15\times10^{-7}$
HF	6.6×10^{-4}
HIO_3	1.7×10^{-1}
HNO_2	5.1×10^{-4}
H_2O	1.8×10^{-16}
H_3PO_4	$K_1^{\ominus}=7.6\times10^{-3}$；$K_2^{\ominus}=6.30\times10^{-8}$；$K_3^{\ominus}=4.35\times10^{-13}$
H_2S	$K_1^{\ominus}=5.7\times10^{-8}$；$K_2^{\ominus}=7.10\times10^{-15}$
H_2SO_3	$K_1^{\ominus}=1.26\times10^{-2}$；$K_2^{\ominus}=6.3\times10^{-8}$
$H_2S_2O_3$	$K_1^{\ominus}=2.5\times10^{-1}$；$K_2^{\ominus}\approx10^{-1.4\sim-1.7}$
H_4Y(乙二胺四乙酸)	$K_1^{\ominus}=10^{-2}$；$K_2^{\ominus}=2.1\times10^{-3}$；$K_3^{\ominus}=6.9\times10^{-7}$
	$K_4^{\ominus}=5.9\times10^{-11}$
弱　碱	电离常数($K_b^{\ominus}$)
$NH_3 \cdot H_2O$	1.8×10^{-5}

2. 电离常数和弱电解质的相对强弱

在一定温度下，各种弱电解质都有其确定的电离常数。**电离常数愈大，说明电离达到平衡时，同类型同浓度的弱电解质溶液中，离子浓度愈大，弱电解质的电离能力愈强；反之，电离常数愈小，其电离能力愈弱。**

电离常数基本不随溶液浓度改变❶，电离度的大小则与浓度有关（见表 7-5）。因此，用电离常数比用电离度能更方便地表示弱电解质的相对强弱，无需在指定浓度下进行比较。

电离常数随温度而改变（如表 7-6）。但变化不显著，一般不影响其数量级，所以常温下研究电离平衡，可不考虑温度对 K_i 的影响。

---

❶ 在电解质的稀溶液中，离子浓度很小，离子间的相互作用可以忽略不计。通常对稀溶液作近似计算时，可以把电离常数看作不随溶液浓度变化而改变。严格地说，在稍浓的溶液中，离子浓度对电离常数是有影响的。

表 7-5　不同浓度醋酸溶液的电离常数（25℃）

溶液浓度/(mol·L^{-1})	电离度(α)/%	电离常数 $K_a^\ominus$
0.2	0.934	1.76×10^{-5}
0.1	1.34	1.76×10^{-5}
0.02	2.96	1.80×10^{-5}
0.001	12.4	1.76×10^{-5}

表 7-6　醋酸溶液在不同温度下的电离常数

温度/℃	10	20	30	40	50
电离常数 $K_a^\ominus/10^{-5}$	1.729	1.753	1.750	1.703	1.633

二、电离度和电离常数的关系

电离常数和电离度都可以表示弱电解质的相对强弱。但二者也有区别：**电离常数是化学平衡常数的一种，电离度是转化率的一种。电离常数是某弱电解质的特征常数，基本不随浓度变化；电离度则随浓度而改变。电离常数比电离度更能反映弱电解质的本质，而电离度比电离常数能更明显地反映浓度的影响**。将电离度引入到电离平衡式中，可导出 $K_i^\ominus$ 与 α 的关系。以醋酸为例：

$$HAc \Longrightarrow H^+ + Ac^-$$

起始浓度/(mol·L^{-1})　　　　　c　　　0　　　0

平衡浓度/(mol·L^{-1})　　　　$c-c\alpha$　　$c\alpha$　　$c\alpha$

$$K_{HAc}^\ominus = \frac{[H^+][Ac^-]}{[HAc]} = \frac{c\alpha c\alpha}{c-c\alpha} = \frac{c\alpha^2}{1-\alpha}$$

如写成电离常数与电离度的一般关系式，则

$$K_i^\ominus = \frac{c\alpha^2}{1-\alpha}$$

当 $\dfrac{c}{K_i} \geqslant 500$ 时，α 很小，$1-\alpha \approx 1$

则

$$K_i^\ominus \approx c\alpha^2 \quad \text{或} \quad \alpha \approx \sqrt{\frac{K_i^\ominus}{c}}$$

上式表达了弱电解质溶液起始浓度、电离常数和电离度之间的关系，称为稀释定律。它的意义是：**同一弱电解质的电离度与其浓度的平方根成反比**，即溶液愈稀，电离度愈大；**相同浓度的不同弱电解质的电离度与电离常数的平方根成正比**，即电离常数愈大，电离度也愈大。

表 7-7　不同浓度醋酸溶液的电离度与 H$^+$ 浓度（25℃）

醋酸溶液浓度 (c)/(mol·L^{-1})	0.2	0.1	0.01	0.005	0.001
电离度(α)/%	0.934	1.34	4.19	5.85	1.24
[H$^+$]/(mol·L^{-1})	1.868×10^{-3}	1.34×10^{-3}	4.19×10^{-4}	2.93×10^{-4}	1.24×10^{-4}

从表 7-7 看出：随着溶液浓度的减小，醋酸的电离度 α 增大，但是，溶液中 H$^+$ 浓度却是随之而减小的。这是因为 $c_{H^+} = c\alpha$，溶液稀释后，虽然 HAc 的电离度 α 有所增大，但由于溶液体积的增大，使 HAc 总浓度 c 减小得更多，所以对不太浓的酸而言，溶液稀释后

H^+ 浓度减小。

三、有关电离平衡的计算

1. 一元弱酸溶液中 H^+ 浓度的计算

以醋酸为例，已知醋酸的起始浓度 $c_{HAc}=0.1mol \cdot L^{-1}$，$K_{HAc}^{\ominus}=1.8\times10^{-5}$，试计算其氢离子浓度（$[H^+]$）。

解　设平衡时 $[H^+]=x$，则 $[Ac^-]=x$

$$HAc \Longrightarrow H^+ + Ac^-$$

起始浓度/($mol \cdot L^{-1}$)　　　　 0.1　　　0　　　0
平衡浓度/($mol \cdot L^{-1}$)　　　 $0.1-x$　　x　　x

$$K_{HAc}^{\ominus}=\frac{[H^+][Ac^-]}{[HAc]}=\frac{xx}{0.1-x}=1.8\times10^{-5}$$

因 $\dfrac{c_{HAc}}{K_{HAc}^{\ominus}}=\dfrac{0.1}{1.8\times10^{-5}}>500$，醋酸电离出的 H^+ 很少，可认为 $0.1-x\approx0.1$　则 $\dfrac{x^2}{0.1}=1.8\times10^{-5}$

$$x=1.34\times10^{-3}$$

将上述的醋酸电离平衡表达式改为一般表达式，则 $\dfrac{x^2}{c_{酸}-x}=K_a^{\ominus}c_{酸}-x\approx c_{酸}$

$$x^2=K_a^{\ominus}c_{酸}　　　x=\sqrt{K_a^{\ominus}c_{酸}}$$

即
$$[H^+]=\sqrt{K_a^{\ominus}c_{酸}}$$

2. 一元弱碱中 $[OH^-]$ 的计算

以氨水为例，已知氨水起始浓度 $c_{NH_3 \cdot H_2O}=0.1mol \cdot L^{-1}$，$K_{NH_3 \cdot H_2O}^{\ominus}=1.8\times10^{-5}$，试计算其 OH^- 浓度（$[OH^-]$）。

解　设平衡时 $[OH^-]=y$，则 $[NH_4^+]=y$

$$NH_3 \cdot H_2O \Longrightarrow NH_4^+ + OH^-$$

起始浓度/($mol \cdot L^{-1}$)　　　　 0.1　　　　0　　　0
平衡浓度/($mol \cdot L^{-1}$)　　　 $0.1-y$　　　y　　y

$$K_{NH_3 \cdot H_2O}^{\ominus}=\frac{[NII_4^+][OH^-]}{[NH_3 \cdot H_2O]}=\frac{yy}{0.1-y}=1.8\times10^{-5}$$

同理，$0.1-y\approx0.1$　　$y=1.34\times10^{-3}$

用与推算一元弱酸中 $[^+H]$ 相类似的步骤可以推出一元弱碱溶液中 OH^- 浓度的近似计算公式，即

$$[OH^-]=\sqrt{K_b^{\ominus}c_{碱}}$$

3. 弱酸（碱）电离度的计算

【例 7-1】　已知 $K_{HAc}^{\ominus}=1.8\times10^{-5}$，计算 $0.01mol \cdot L^{-1}$ HAc 溶液的电离度。

解　（1）由电离平衡计算电离度

根据醋酸的电离平衡算出已电离的 HAc 的浓度 x，再计算电离度。

$$HAc \Longrightarrow H^+ + Ac^-$$

平衡时　　　　　　 $0.01-x$　　x　　x

$\dfrac{x^2}{0.01-x}=1.8\times10^{-5}$　　因为 $\dfrac{c}{K_{HAc}^{\ominus}}>500$，$0.01-x\approx0.01$

故 $x^2=1.8\times10^{-7}$　　$x=4.24\times10^{-4}$

则 $0.01 \text{mol} \cdot \text{L}^{-1}$ HAc 溶液的电离度

$$\alpha = \frac{\text{已电离溶质的浓度}/(\text{mol} \cdot \text{L}^{-1})}{\text{溶液的起始浓度}/(\text{mol} \cdot \text{L}^{-1})} \times 100\%$$

$$= \frac{4.24 \times 10^{-4}}{0.01} \times 100\% = 4.24\%$$

（2）由近似公式 $\alpha = \sqrt{\dfrac{K_i^\ominus}{c}}$ 直接计算

$$\alpha = \sqrt{\frac{1.8 \times 10^{-5}}{0.01}} = 4.24 \times 10^{-2} = 4.24\%$$

【例 7-2】 已知 $K_{\text{HAc}}^\ominus = 1.8 \times 10^{-5}$，计算 $0.05 \text{mol} \cdot \text{L}^{-1}$ HAc 溶液的电离度。

解 根据公式 $\alpha = \sqrt{\dfrac{K_{\text{HAc}}^\ominus}{c_{\text{HAc}}}} = \sqrt{\dfrac{1.8 \times 10^{-5}}{0.05}} = 1.9 \times 10^{-2} = 1.9\%$ 与［例 7-1］的计算结果比较，可以看出醋酸溶液浓度增大，电离度减小。

四、多元弱酸的电离平衡

一元弱酸（碱）的每一个分子只能电离出一个 H^+（或一个 OH^-），即只有一步电离，而多元弱酸如氢硫酸（H_2S）、碳酸（H_2CO_3）、亚硫酸（H_2SO_3）、磷酸（H_3PO_4）等的电离就比较复杂，它们在水中的电离是分步进行的。如氢硫酸在水中分两步电离。

第一步 $H_2S \Longrightarrow H^+ + HS^-$

$$K_1^\ominus = \frac{[H^+][HS^-]}{[H_2S]} \quad 25℃时\ K_1^\ominus = 5.7 \times 10^{-8}$$

第二步 $HS^- \Longrightarrow H^+ + S^{2-}$

$$K_2^\ominus = \frac{[H^+][S^{2-}]}{[HS^-]} \quad 25℃时\ K_2^\ominus = 7.1 \times 10^{-15}$$

$K_1^\ominus$ 和 $K_2^\ominus$ 分别是第一步和第二步的电离常数。$K_1^\ominus \gg K_2^\ominus$，说明第二步电离比第一步电离困难得多，即第二步由 HS^- 电离出的 H^+ 比第一步电离出的 H^+ 要少得多。这是因为带正电荷的 H^+ 从带负电荷的 HS^-（硫氢离子）中电离出来，比从中性分子 H_2S 中电离出来要困难得多，同时第一步电离出来的 H^+ 抑制了第二步电离。

磷酸（H_3PO_4）在水中的电离，也有类似的情况。

第一步 $H_3PO_4 \Longrightarrow H^+ + H_2PO_4^-$ $\quad K_1^\ominus = 7.6 \times 10^{-3}$

第二步 $H_2PO_4^- \Longrightarrow H^+ + HPO_4^{2-}$ $\quad K_2^\ominus = 6.3 \times 10^{-8}$

第三步 $HPO_4^{2-} \Longrightarrow H^+ + PO_4^{3-}$ $\quad K_3^\ominus = 4.35 \times 10^{-13}$

同样，$K_1^\ominus \gg K_2^\ominus \gg K_3^\ominus$，第一步电离比较容易，第二步比第一步困难得多，第三步比第二步又困难得多。

多元弱酸溶液中的 H^+ 大多数来自第一步电离。因此，计算多元弱酸溶液中的 $[H^+]$ 时，可以只考虑第一步电离，按一元弱酸的电离平衡处理，也可根据不同多元弱酸的 $K_1^\ominus$ 值的大小比较其相对强弱。

由近似计算得出，**当二元弱酸的 $K_1^\ominus \gg K_2^\ominus$ 时，其酸根离子的浓度近似等于 $K_2^\ominus$，与弱酸的起始浓度无关。**如氢硫酸溶液中 $c_{S^{2-}} \approx 7.1 \times 10^{-15} \text{mol} \cdot \text{L}^{-1}$。

多元弱碱也是分步电离的。如 $Zn(OH)_2$ 是难溶于水的二元弱碱，溶于水的部分按下式分两步电离。

$$Zn(OH)_2 \Longrightarrow ZnOH^+ + OH^- \quad K_1^\ominus = 4.4 \times 10^{-5}$$

$$ZnOH^+ \Longrightarrow Zn^{2+} + OH^- \quad K_2^\ominus = 1.5 \times 10^{-9}$$

第四节　水的电离和溶液的 pH

通常认为纯水是不能导电的。如果用精密仪器检验，会发现水也有微弱的导电性，这说明纯水也能进行微弱的电离。水是极弱的电解质。

一、水的电离

水可以像弱酸那样，电离出极少量的 H^+，又像弱碱那样，同时电离出与 H^+ 等物质的量的 OH^-，其电离方程式为：

$$H_2O \Longleftrightarrow H^+ + OH^-$$

一定温度下，电离达到平衡时：

$$\frac{c_{H^+} c_{OH^-}}{c_{H_2O}} = K_i$$

或

$$c_{H^+} c_{OH^-} = K_i c_{H_2O}$$

在 22℃时，由导电性实验测得纯水的 c_{H^+} 和 c_{OH^-} 浓度均为 $10^{-7} mol \cdot L^{-1}$。这说明水的电离度很小，因而电离时消耗的水分子可以忽略不计，则未电离的 c_{H_2O} 可视为一个常数（$55.5 mol \cdot L^{-1}$）。$c_{H_2O} K_i$ 仍为常数，用 $K_W^{\ominus}$ 表示。$\frac{c_{H^+}}{c^{\ominus}} = [H^+]$，$\frac{c_{OH^-}}{c^{\ominus}} = [OH^-]$

则

$$[H^+][OH^-] = K_W^{\ominus}$$

$K_W^{\ominus}$ 叫水的离子积常数，简称水的离子积。22℃时其值为：

$$K_W^{\ominus} = [H^+][OH^-] = 10^{-7} \times 10^{-7} = 10^{-14}$$

$K_W^{\ominus}$ 随温度升高而增大，如表 7-8 所列。100℃时的 $K_W^{\ominus}$ 约是 22℃时的 70 倍。说明水的电离度随温度升高显著增大。但在常温范围内一般都以 $K_W^{\ominus} = 10^{-14}$ 进行计算。

表 7-8　不同温度下水的离子积

温度/℃	$K_W^{\ominus}$	温度/℃	$K_W^{\ominus}$
0	1.3×10^{-15}	30	1.89×10^{-14}
18	7.4×10^{-15}	60	1.26×10^{-13}
22	1.0×10^{-14}	100	7.4×10^{-13}

水的电离平衡不仅存在于纯水中，也存在于任何物质的水溶液中，而且在常温下溶液中 $[H^+][OH^-] = 10^{-14}$。就是说，不论中性、酸性还是碱性溶液中，都同时存在有 H^+ 和 OH^-，只是其相对浓度不同罢了。

二、溶液的 pH

既然在常温下水溶液中 $[H^+][OH^-]$ 总是 10^{-14}，如果已知 $[H^+]$，就可计算 $[OH^-]$；已知 $[OH^-]$，也可计算 $[H^+]$，并可根据 $[H^+]$ 与 $[OH^-]$ 的相对大小确定溶液的酸碱性。例如，在纯水中加入盐酸，使其 c_H^+ 达到 $0.1 mol \cdot L^{-1}$，即 $[H^+] = 0.1$。由于 $[H^+]$ 的增大，水的电离平衡向左移动，$[OH^-]$ 随之减小，根据 $[H^+][OH^-] = 10^{-14}$

则

$$[OH^-] = \frac{10^{-14}}{0.1} = 10^{-13}$$

即

$$c_{OH^-} = 1.0 \times 10^{-13} mol \cdot L^{-1}$$

显然，$[H^+] > [OH^-]$，溶液呈酸性。

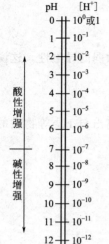

图 7-3 $[H^+]$、pH 和溶液酸碱性的关系

如在纯水中加入 NaOH，使其 c_{OH^-} 达到 $0.1\text{mol} \cdot L^{-1}$，即 $[OH^-]=0.1$，则 $[H^+]$ 为

$$[H^+] = \frac{10^{-14}}{0.1} = 10^{-13}$$

即

$$c_{H^+} = 1.0 \times 10^{-13} \text{mol} \cdot L^{-1}$$

结果 $[H^+] < [OH^-]$，**溶液呈碱性**。

由上所述，对于酸性或碱性不太强的溶液，只用氢离子的浓度就可以表示其酸碱性。由于 $[H^+]$ 的数值很小，在使用和计算时很不方便。因此，化学上常采用 **$[H^+]$ 的负对数即 pH**，来表示溶液的酸碱性。

$$\mathbf{pH = -lg[H^+]}$$

如 $[H^+]=10^{-3}$，则 pH=3；$[H^+]=10^{-7}$，则 pH=7；$[H^+]=10^{-11}$，则 pH=11，所以，

酸性溶液的 pH<7

碱性溶液的 pH>7

中性溶液的 pH=7

pH 愈小，$[H^+]$ 愈大，溶液酸性愈强；pH 愈大，$[OH^-]$ 愈大，溶液碱性愈强（见图 7-3）。

当 $c_{H^+}=1\text{mol} \cdot L^{-1}$ 时，pH=0，若 $c_{H^+}>1\text{mol} \cdot L^{-1}$ 时，pH<0；

当 $c_{OH^-}=1\text{mol} \cdot L^{-1}$ 时，pH=14，若 $c_{OH^-}>1\text{mol} \cdot L^{-1}$ 时，pH>14。

所以，当溶液中 c_{H^+} 或 c_{OH^-} 大于 $1\text{mol} \cdot L^{-1}$ 时，不用 pH 而直接用氢离子浓度来表示反而更方便些。一般 pH 的常用范围是 1～14。

同样，$[OH^-]$ 也可以用 pOH 来表示，即

$$\mathbf{pOH = -lg[OH^-]}$$

常温下，任何水溶液中 $[H^+][OH^-]=10^{-14}$，若等式两边均取负对数，则

$$-lg[H^+] + (-lg[OH^-]) = -lg10^{-14}$$

$$\mathbf{pH + pOH = 14}$$

$$pH = 14 - pOH$$

下面举几例说明 pH 的计算

【例 7-3】 计算 $0.05\text{mol} \cdot L^{-1}$ HCl 溶液的 pH。

解 盐酸是强电解质，在水溶液中全部电离为 H^+ 和 Cl^-，因此，溶液中 $c_{H^+} = 0.05\text{mol} \cdot L^{-1}$。由水电离出来的 H^+，浓度很小，与 $0.05\text{mol} \cdot L^{-1}$ 相比，可忽略不计。所以 $0.05\text{mol} \cdot L^{-1}$ HCl 溶液的 pH 为：

$$pH = -lg[H^+] = -lg0.05 = -lg(5 \times 10^{-2}) = 2 - lg5 = 2 - 0.699 \approx 1.3$$

【例 7-4】 计算 $0.02\text{mol} \cdot L^{-1}$ HAc 溶液的 pH。已知 $K_{HAc}=1.8 \times 10^{-5}$。

解 根据近似计算公式 $[H^+]=\sqrt{K_a^{\ominus} c_{酸}}$ 先算出 $0.02\text{mol} \cdot L^{-1}$ 醋酸溶液的 $[H^+]$。

$$[H^+] = \sqrt{1.8 \times 10^{-5} \times 0.02} = 6 \times 10^{-4}$$

该醋酸溶液的 $pH = -lg[H^+] = -lg6 \times 10^{-4} = 3.22$

【例 7-5】 计算 $0.01\text{mol} \cdot L^{-1}$ 氨水溶液的 pH，已知 $K_{NH_3 \cdot H_2O}^{\ominus}=1.8 \times 10^{-5}$。

解 根据近似计算公式 $[OH^-]=\sqrt{K_b^{\ominus} c_{碱}}$ 先算出氨水溶液中 $[OH^-]$。

$$[OH^-] = \sqrt{1.8 \times 10^{-5} \times 0.01} = 4.24 \times 10^{-4}$$

$$[H^+]=\frac{10^{-14}}{4.24\times10^{-4}}=2.36\times10^{-11}$$

$$pH=-\lg2.36\times10^{-11}=11-0.37=10.63$$

也可以根据［OH$^-$］先算出 pOH，再计算 pH。

$$pOH=-\lg[OH^-]=-\lg4.24\times10^{-4}=3.37$$

$$pH=14-pOH=14-3.37=10.63$$

三、酸碱指示剂

溶液 pH 在化工生产和科学研究中有着广泛的应用。例如，分析化学、某些有机化学反应、无机盐的生产等均控制一定的 pH。通常用酸碱指示剂或 pH 试纸粗略地测定溶液的 pH。精确测定时，可用电学仪器。

酸碱指示剂是能以颜色的改变，指示溶液酸碱性的物质。这些物质一般是有机弱酸或有机弱碱。它们在不同氢离子浓度的溶液中，能显示不同的颜色。因此，可以根据它们在某溶液中显示的颜色来判断溶液的 pH。指示剂发生颜色变化的 pH 范围叫指示剂的变色范围。图 7-4 为常用指示剂的变色范围。

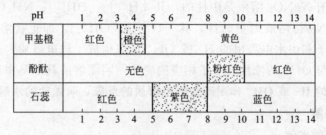

图 7-4　常用指示剂的变色范围

pH 试纸是用几种变色范围不同的指示剂的混合液浸成的试纸。使用时，将待测溶液滴在 pH 试纸，试纸立刻会显示出某种颜色，然后将其与标准比色板比较，便可确定溶液的 pH。

第五节　同离子效应

弱电解质的电离平衡和一切化学平衡一样，是有条件的、暂时的动态平衡。当外界条件改变时，电离平衡也会发生移动。

【演示实验 7-2】　在 1 支试管中加入 10mL 0.1mol·L^{-1} HAc 溶液和二滴甲基橙指示剂。然后，将溶液分为两份，一份加入少量固体 NaAc，振摇使其溶解，对比两支试管中溶液的颜色。

HAc 溶液使甲基橙显红色。当加入 NaAc 后，由于 NaAc 完全电离，溶液中 Ac$^-$ 浓度增大，使 HAc 的电离平衡左移，H$^+$ 浓度减小了，因而溶液颜色变浅。

$$HAc \Longrightarrow H^+ + Ac^-$$

$$NaAc \Longrightarrow Na^+ + Ac^-$$

这种在弱电解质溶液中，加入与其具有相同离子的强电解质，可使弱电解质的电离度减小的现象叫做同离子效应。

利用同离子效应，可以在弱酸溶液中，加入该弱酸的盐，来降低溶液的 H$^+$ 浓度。如向 0.1mol·L^{-1} HAc 溶液中加入固体 NaAc，至其含量为 0.2mol·L^{-1} 时，溶液的 H$^+$ 浓度由

$1.34 \times 10^{-3} mol \cdot L^{-1}$ 降至约 $10^{-6} mol \cdot L^{-1}$。所以，通过加入适当的弱酸盐可控制或调节弱酸溶液的 H^+ 浓度。同理，往氨水（弱碱）中加入铵盐可以控制溶液中的 OH^- 浓度。

此外，利用同离子效应，还可以控制弱酸溶液中弱酸根离子的浓度。如往 HAc 溶液中加入强酸（H^+），即可控制 Ac^- 浓度；往 H_2S 溶液中加入盐酸也可以控制 S^{2-} 浓度。

第六节　盐类的水解

盐类可由酸碱中和制得，如

强酸与强碱中和　　$NaOH + HNO_3 \longrightarrow NaNO_3 + H_2O$

强酸与弱碱中和　　$HCl + NH_3 \cdot H_2O \longrightarrow NH_4Cl + H_2O$

弱酸与强碱中和　　$HAc + NaOH \longrightarrow NaAc + H_2O$

【演示实验 7-3】　用 pH 试纸检验上述三种正盐溶液（$0.1 mol \cdot L^{-1}$）的酸碱性，观察试纸的颜色。

实验证明，只有 $NaNO_3$ 溶液是中性的，其 $[H^+] = [OH^-]$；NH_4Cl 溶液呈酸性，其 $[H^+] > [OH^-]$；$NaAc$ 溶液则呈碱性，其 $[H^+] < [OH^-]$。即正盐溶液不都是中性的。这是因为盐类的离子和由水电离出的 H^+ 或 OH^- 反应生成了弱电解质，破坏了水的电离平衡，使溶液中 H^+ 与 OH^- 的浓度发生了相应的变化，因而溶液就不是中性的了。**盐的离子与溶液中水电离出的 H^+ 或 OH^- 作用产生弱电解质的反应，叫做盐的水解。**

一、盐类的水解

1. 强碱弱酸盐的水解

例如 NaAc，它在水中完全电离成 Na^+ 和 Ac^-。水电离出极少量的 H^+ 和 OH^-。Na^+ 不会与 OH^- 结合，但一部分 Ac^- 却与 H^+ 结合成难电离的 HAc 分子。

$$NaAc \longrightarrow Na^+ + Ac^-$$
$$+$$
$$H_2O \Longleftrightarrow OH^- + H^+$$
$$\parallel$$
$$HAc$$

这破坏了水的电离平衡，促使水继续电离。结果，溶液中 $[H^+]$ 不断减小，$[OH^-]$ 相对增大，到一定程度，H^+、OH^-、H_2O 又建立新的平衡；另一方面随着 HAc 分子的不断生成，H^+ 与 Ac^- 也建立起电离平衡时，溶液中 $[H^+]$ 不再减小，$[OH^-]$ 不再增大，水解反应即达到了动态平衡。反应程式（式中要用可逆号）为：

$$NaAc + H_2O \Longleftrightarrow NaOH + HAc$$

离子方程式为：

$$Ac^- + H_2O \Longleftrightarrow OH^- + HAc$$

可见，NaAc 的水解是由于 Ac^- 与水中的 H^+ 结合成难电离的 HAc 而引起的，其结果使溶液中 $[OH^-]$ 相对增大。如 $0.1 mol \cdot L^{-1}$ NaAc 溶液的 pH 约为 8.8，即**强碱弱酸盐水解呈碱性。**

2. 强酸弱碱盐的水解

例如 NH_4Cl，它在水中全部电离，生成的 NH_4^+ 与水电离出的 OH^- 结合为难电离的 $NH_3 \cdot H_2O$，促使水的电离平衡不断右移，$[H^+]$ 不断增大，$[OH^-]$ 相对减小。当水的电离和氨水合物的电离同时达到平衡即水解反应达到平衡时，溶液中 $[H^+] > [OH^-]$，溶液呈酸性。如 $0.1mol \cdot L^{-1}$ NH_4Cl 溶液其 pH 约为 5.07。即强酸弱碱盐水解呈酸性。

$$NH_4Cl \longrightarrow NH_4^+ + Cl^-$$
$$+$$
$$H_2O \Longrightarrow OH^- + H^+$$
$$\Updownarrow$$
$$NH_3 \cdot H_2O$$

总反应方程式：　　　　　　$NH_4Cl + H_2O \Longrightarrow NH_3 \cdot H_2O + HCl$

离子方程式：　　　　　　　$NH_4^+ + H_2O \Longrightarrow NH_3 \cdot H_2O + H^+$

3. 弱酸弱碱盐的水解

这类盐的正、负离子都水解。例如醋酸铵 NH_4Ac、氰化铵 NH_4CN、甲酸铵 $HCOONH_4$ 等。它们的水溶液呈酸性还是碱性，取决于水解生成的弱酸和弱碱的相对强弱，即电离常数的大小。

(1) $K_{弱酸}^\ominus > K_{弱碱}^\ominus$ 的盐：例如 $HCOONH_4$

$$HCOONH_4 \longrightarrow HCOO^- + NH_4^+$$
$$+ \qquad +$$
$$H_2O \Longrightarrow H^+ \; + \; OH^-$$
$$\Updownarrow \qquad \Updownarrow$$
$$HCOOH \quad NH_3 \cdot H_2O$$

因为 $K_{HCOOH}^\ominus (1.77 \times 10^{-4}) > K_{NH_3 \cdot H_2O}^\ominus (1.8 \times 10^{-5})$，即 $NH_3 \cdot H_2O$ 较 $HCOOH$ 难电离，亦即 NH_4^+ 与 OH^- 的结合较 $HCOO^-$ 与 H^+ 的结合要容易。**当水解反应达到平衡时，溶液中 $[H^+] > [OH^-]$ 溶液呈酸性。**

水解反应方程式为

$$HCOONH_4 + H_2O \Longrightarrow HCOOH + NH_3 \cdot H_2O$$

离子方程式为

$$HCOO^- + NH_4^+ + H_2O \Longrightarrow HCOOH + NH_3 \cdot H_2O$$

(2) $K_{弱酸}^\ominus < K_{弱碱}^\ominus$ 的盐：例如 NH_4CN

$$NH_4CN \longrightarrow NH_4^+ \; + \; CN^-$$
$$+ \qquad +$$
$$H_2O \Longrightarrow OH^- \; + \; H^+$$
$$\Updownarrow \qquad \Updownarrow$$
$$NH_3 \cdot H_2O \quad HCN$$

因为 $K_{HCN}^\ominus (4.9 \times 10^{-10}) < K_{NH_3 \cdot H_2O}^\ominus (1.8 \times 10^{-5})$，在 NH_4CN 溶液中，CN^- 与 H^+ 比 NH_4^+ 与 OH^- 容易结合，**当水解达到平衡时，溶液中 $[H^+] < [OH^-]$，溶液呈碱性。**

(3) $K_{弱酸}^\ominus = K_{弱碱}^\ominus$ 的盐：例如 NH_4Ac

由于 $K_{HAc}^\ominus = K_{NH_3 \cdot H_2O}^\ominus$，$Ac^-$ 结合 H^+ 与 NH_4^+ 结合 OH^- 的程度是相同的。**当水解达到平衡时，溶液中 $[H^+] = [OH^-]$，溶液显中性。**

$$NH_4Ac \longrightarrow NH_4^+ \; + \; Ac^-$$
$$+ \qquad +$$
$$H_2O \Longrightarrow OH^- \; + \; H^+$$
$$\Updownarrow \qquad \Updownarrow$$
$$NH_3 \cdot H_2O \quad HAc$$

(4) 强酸强碱盐不水解　例如，KNO_3 溶于水完全电离为 K^+ 和 NO_3^-，不论是 K^+ 还是 NO_3^- 都不与 H_2O 电离出的 OH^- 或 H^+ 结合，所以**强酸强碱盐在水中不水解，溶液呈中性。**

二、多元弱酸盐和多元弱碱盐的水解

由多元弱酸形成的盐的水解是分步进行的。以 Na_2CO_3 的水解为例，溶于水中的 CO_3^{2-} 先与水电离出的 H^+ 结合成 HCO_3^-，然后，HCO_3^- 又结合一个 H^+ 生成 H_2CO_3。CO_3^{2-} 的水解是分两步进行的。

第一步
$$Na_2CO_3 + H_2O \Longleftrightarrow NaHCO_3 + NaOH$$
$$CO_3^{2-} + H_2O \Longleftrightarrow HCO_3^- + OH^-$$

第二步
$$NaHCO_3 + H_2O \Longleftrightarrow H_2CO_3 + NaOH$$
$$HCO_3^- + H_2O \Longleftrightarrow H_2CO_3 + OH^-$$

水解达到平衡时，溶液中 $[OH^-] > [H^+]$，溶液呈碱性。

必须指出，多元弱酸根离子各步水解的程度不是均等的。像 Na_2CO_3 的水解，由于 HCO_3^- 的电离度要小于 H_2CO_3 的电离度，因此 CO_3^{2-} 结合 H^+（第一步水解）要比 HCO_3^- 结合 H^+（第二步水解）容易，所以，Na_2CO_3 的水解以第一步为主。根据第一步水解计算，$0.1mol \cdot L^{-1}$ Na_2CO_3 溶液的 pH 约为 11.63，因而 Na_2CO_3 又称纯碱。

多元弱碱盐的水解也是分步进行的。例如 $AlCl_3$ 的水解。

第一步
$$AlCl_3 + H_2O \Longleftrightarrow Al(OH)Cl_2 + HCl$$
$$Al^{3+} + H_2O \Longleftrightarrow Al(OH)^{2+} + H^+$$

第二步
$$Al(OH)Cl_2 + H_2O \Longleftrightarrow Al(OH)_2Cl + HCl$$
$$Al(OH)^{2+} + H_2O \Longleftrightarrow Al(OH)_2^+ + H^+$$

第三步
$$Al(OH)_2Cl + H_2O \Longleftrightarrow Al(OH)_3 + HCl$$
$$Al(OH)_2^+ + H_2O \Longleftrightarrow Al(OH)_3 + H^+$$

总反应式：
$$AlCl_3 + 3H_2O \Longleftrightarrow Al(OH)_3 + 3HCl$$
$$Al^{3+} + 3H_2O \Longleftrightarrow Al(OH)_3 + 3H^+$$

水解达到平衡时，溶液中 $[H^+] > [OH^-]$，溶液呈酸性。$FeCl_3$、$Al_2(SO_4)_3$、$ZnCl_2$ 等的水解均属此类。

与多元弱酸盐的水解一样，多元弱碱盐的水解也是以第一步为主。

通过上述讨论，**各类盐在水中总是弱的部分水解**，其规律概括如下：

强碱弱酸盐水解显碱性，pH>7；

强酸弱碱盐水解显酸性，pH<7；

弱酸弱碱盐水解有三种情况，即

$K_a^\ominus = K_b^\ominus$ 的盐水解显中性，pH=7；

$K_a^\ominus > K_b^\ominus$ 的盐水解显酸性，pH<7；

$K_a^\ominus < K_b^\ominus$ 的盐水解显碱性，pH>7。

三、影响水解的因素

盐类的水解反应是中和反应的逆反应。由于中和反应生成了极难电离的水，反应几乎进行完全，因此其逆反应——水解反应的程度一般是微弱的。盐类水解程度的大小除与盐的组成有关，还受温度、溶液的浓度、酸（碱）度等的影响。

1. 盐的组成

组成盐的弱酸或弱碱愈弱，盐的水解程度愈大。如果水解产物是很弱的电解质、溶解度很小的难溶沉淀或易挥发物质，这类盐的水解实际上是不可逆的，即所谓完全水解，其反应的水解产物是难溶物的要写沉淀符号（↓），是气体的要写气体符号（↑）。如 Al_2S_3 的水解就是完全水解。

$$Al_2S_3 + 6H_2O \longrightarrow 2Al(OH)_3\downarrow + 3H_2S\uparrow$$

因此，Al_2S_3 在水溶液中不能存在，故不能用湿法制取 Al_2S_3，只能用"干法"合成。

2. 温度

中和反应是放热反应，因而**盐的水解是吸热反应**。升高温度，平衡向水解方向移动，**盐的水解程度增大**。

$$盐 + 水 \underset{放热}{\overset{吸热}{\rightleftharpoons}} 酸 + 碱$$

【演示实验7-4】　在试管中加入 5mL $0.1mol \cdot L^{-1}$ $FeCl_3$ 溶液，加热，观察溶液颜色的变化。

$FeCl_3$ 在水溶液中发生水解，其离子方程式为：

$$Fe^{3+} + 3H_2O \rightleftharpoons Fe(OH)_3 + 3H^+$$

常温下，$FeCl_3$ 水解程度很小，溶液澄清透明。随着温度的升高，水解程度逐渐增大，溶液逐渐由棕黄色变为棕红色，在沸水中甚至能生成 $Fe(OH)_3$ 沉淀。生产中利用这一原理，除去某些化工产品中的 Fe^{3+}，达到提纯的目的。

3. 盐溶液的浓度、酸度

加水稀释水解盐溶液，水解平衡向右移动，盐的水解程度增大。

在水解盐的溶液中，加入其水解产物，即增大溶液的酸（碱）度，可以抑制甚至阻止其水解。如配制 $SnCl_2$ 溶液时，若直接加水溶解，就会因水解产生碱式盐沉淀。

$$SnCl_2 + H_2O \rightleftharpoons Sn(OH)Cl \downarrow + HCl$$
$$（白色）$$

因此，在加水前需先加适量盐酸，抑制其水解，然后再加水稀释到所需要的浓度。

如果降低水解盐溶液的酸（或碱）度，会促进水解反应的进行。如 $Al_2(SO_4)_3$ 和 $NaHCO_3$ 的水解反应分别为：

$$Al_2(SO_4)_3 + 6H_2O \rightleftharpoons 2Al(OH)_3 + 3H_2SO_4$$
$$NaHCO_3 + H_2O \rightleftharpoons NaOH + H_2CO_3$$

当这两种溶液混合时，H_2SO_4 和 $NaOH$ 的中和反应，降低了它们的酸、碱度，起到了相互促进水解的作用，反应最终产物是 $Al(OH)_3$ 和 Na_2SO_4，并放出 CO_2。

$$Al_2(SO_4)_3 + 6NaHCO_3 \longrightarrow 2Al(OH)_3 \downarrow + 3Na_2SO_4 + 6CO_2 \uparrow$$

泡沫灭火器就是利用这一反应产生 CO_2 而灭火的。

本章复习要点

一、电解质和非电解质
在水溶液中或熔化状态下能够导电的物质叫做电解质，不能导电的叫做非电解质。

二、电离学说的要点
1. 电解质在水溶液中或熔融状态下，能离解为自由移动的离子；
2. 溶液导电是由于有带正、负电荷的离子存在；
3. 弱电解质的电离是一个可逆过程。

三、强电解质和弱电解质
在溶液中全部电离的电解质是强电解质，部分电离的是弱电解质。

四、弱电解质的电离平衡
在弱电解质溶液中存在着电离生成的离子和未电离分子间的动态平衡。

电离平衡时：电离度$(\alpha) = \dfrac{\text{已电离溶质的分子数}}{\text{溶液中原有溶质的分子总数}} \times 100\%$

电离度随温度、浓度而改变。

电离平衡时，离子浓度的乘积与未电离分子的浓度之比，在一定温度下，是一个常数，叫电离常数 $K_i^{\ominus}$。

电离常数不随浓度变化，而与温度有关。

相同类型弱电解质的 $K_i^{\ominus}$ 愈大，电解质愈强；$K_i^{\ominus}$ 愈小，电解质愈弱。

电离常数和电离度之间的关系，在稀溶液中可近似地表示为

$$\alpha \approx \sqrt{\dfrac{K_i^{\ominus}}{c}}$$

它说明弱电解溶液浓度（c）愈低，电离度愈大，称之为稀释定律。但不能认为浓度（c）愈小弱电解质溶液中离子浓度愈大。

多元弱酸（碱）在溶液中是分步电离的，各步电离常数 $K_1^{\ominus} \gg K_2^{\ominus} \gg K_3^{\ominus}$，故一般主要考虑第一步电离，按一元弱酸（碱）的电离平衡处理。

一元弱酸的 $[H^+]$ 或一元弱碱的 $[OH^-]$ 可按电离平衡计算，也可直接用近似公式 $\left(\text{当} \dfrac{c}{K_i^{\ominus}} \geqslant 500 \text{ 时}\right)$ 计算：

$$[H^+] = \sqrt{K_a^{\ominus} c_{\text{酸}}} \qquad [OH^-] = \sqrt{K_b^{\ominus} c_{\text{碱}}}$$

五、水的电离和溶液的 pH

水存在着微弱的电离：$H_2O \Longrightarrow H^+ + OH^-$

一定温度下，$[H^+][OH^-] = K_W^{\ominus}$

$K_W^{\ominus}$——水的离子积。

常温下，无论纯水还是任一物质的水溶液中 $K_W^{\ominus}$ 值均为 10^{-14}。

只是，酸性溶液中 $[H^+] > [OH^-]$，pH < 7

　　　　碱性溶液中 $[H^+] < [OH^-]$，pH > 7

　　　　中性溶液（或纯水）中 $[H^+] = [OH^-]$，pH = 7

六、同离子效应

在弱电解质溶液中，加入与其具有相同离子的强电解质，使弱电解质电离度降低的现象。

七、盐类的水解

强酸强碱盐不发生水解；

强碱弱酸盐水解溶液呈碱性；

强酸弱碱盐水解溶液呈酸性；

弱酸弱碱盐水解，当 $K_a^{\ominus} = K_b^{\ominus}$，溶液呈中性；

　　　　　　　$K_a^{\ominus} > K_b^{\ominus}$，溶液呈酸性；

　　　　　　　$K_a^{\ominus} < K_b^{\ominus}$，溶液呈碱性。

盐的水解反应是中和反应的逆反应，是吸热反应，升高温度或稀释溶液可促进盐的水解；加入相应的水解产物（酸或碱）可抑制盐的水解。

若水解产物是难溶的沉淀和难电离的物质或气体，则盐发生完全水解。

第八章 硼、铝和碳、硅、锡、铅

【学习目标】

1. 了解硼族元素、碳族元素性质递变规律与其原子结构的关系。
2. 掌握铝、碳及其重要化合物的性质和应用。
3. 了解硼、硅、锡、铅重要化合物的性质和应用。
4. 熟悉氢氧化铝的制取和两性的判断及碳酸根离子的检验方法。
5. 了解氨碱法生产纯碱的反应步骤。

第一节 硼族元素简介

一、硼族元素

元素周期表第 13（ⅢA）族包括：硼（B）、铝（Al）、镓（Ga）、铟（In）和铊（Tl）五种元素，统称为硼族元素。

有关硼族元素的基本性质，汇列在表 8-1 中。

表 8-1 硼族元素及其单质的基本性质

	性 质	硼（B）	铝（Al）	镓（Ga）	铟（In）	铊（Tl）
	原子序数	5	13	31	49	81
	相对原子质量	10.81	26.98	69.72	114.8	204.4
	价电子层构型	$2s^2 2p^1$	$3s^2 3p^1$	$4s^2 4p^1$	$5s^2 5p^1$	$6s^2 6p^1$
	主要化合价	+3	+3	+3，+1	+3，+1	+1，+3
	原子半径/pm	82	118	126	144	148
	第一电离能/($kJ \cdot mol^{-1}$)	801	578	579	558	589
	电负性	2.0	1.5	1.6	1.7	1.8
单质	固体密度/($g \cdot cm^{-3}$)	2.5	2.7	5.9	7.3	11.9
	熔点/℃	2070	660	30	156	304
	沸点/℃	2927	2447	2237	2047	1470

从表 8-1 中看出，硼族元素原子半径随原子序数增大而增大，元素的电离能则趋于减小。这种变化趋势和碱金属、碱土金属相似。但硼的原子半径比铝小得多，而从镓起随着核电荷数增加，电子填充到内层的 d 亚层或 f 亚层，所以原子半径增大的程度比碱金属、碱土金属要小。从电离能看出：硼比后四种元素的电离能大得多，而这四种元素的电离能又非常接近，远没有碱金属、碱土金属递变明显。所以，从硼到铝产生了较大的突变；由非金属过渡到金属。这和硼的原子半径小、电离能大，很有关系。

硼族元素中，最重要的是硼和铝。硼、铝的价电子层构型分别为：$2s^2 2p^1$、$3s^2 3p^1$，它们的主要化合价是 +3，成键时具有强烈的形成共价键的倾向。镓、铟、铊是与其他矿共生存在的稀有元素，它们的化合价除 +3 价外还有 +1 价。

硼的原子半径较小，电负性较大，电离能高，所以易形成共价化合物。硼单质的熔、沸点高，硬度大，化学性质稳定，这表明硼晶体中原子间的共价键是很牢固的。铝电负性较小，原子半径较大，较易失去价电子形成铝离子。由于离子电荷较多，它和不同阴离子构成的化合物性质也不同。例如氟化铝熔点较高，不易挥发；其他卤化铝熔点较低，易挥发，溶于有机溶剂。这说明，除氟化铝外其他卤化铝已不属于离子化合物，而具有共价化合物的性质。由于**硼、铝与氧化合时放出大量的热，形成很牢固的化学键，常称它们是亲氧元素。**

　　硼族元素的金属性随原子序数的增大而增强，它们的氧化物及对应的水化物，酸碱性也发生递变。硼的氧化物为酸性，铝、镓的氧化物为两性，铟、铊的氧化物则显碱性。

＊ 二、硼单质

　　硼在自然界中主要以硼酸和硼酸盐的形式存在。

　　硼单质有晶态硼和无定形硼两种同素异形体。晶态硼属原子晶体，熔、沸点很高，硬度仅次于金刚石。无定形硼是深棕色的粉末。

　　晶态硼的化学性质很不活泼，无定形硼略显活泼。无定形硼常温下，在空气或水中都很稳定，高温下它能和水蒸气作用生成硼酸和氢气，也能和一些金属或非金属反应，生成硼的化合物。

　　硼也能和热的氧化性浓酸、浓碱作用，生成硼酸或硼酸盐。

$$2B + 3H_2SO_4 (浓) \xrightarrow{\triangle} 2H_3BO_3 + 3SO_2 \uparrow$$

$$2B + 2KOH + 2H_2O \xrightarrow{\triangle} 2KBO_2 + 3H_2 \uparrow$$

镁或铝在高温下能将氧化硼还原为硼单质。

　　硼常用于制造金属硼化物和碳化硼等。含硼的合金钢用于航空和原子能工业。硼和钛、钴、镍等金属经特殊热处理煅烧成的金属陶瓷是新型的耐高温、超硬质材料。

第二节　硼的重要化合物

一、硼的含氧化合物

1. 氧化硼

氧化硼为玻璃状物或白色晶体，**溶于水生成硼酸**。因此，**它是硼酐**。

$$B_2O_3 + 3H_2O \longrightarrow 2H_3BO_3$$

硼酐的热稳定性很强，它只能在高温下被碱金属、镁、铝等还原为硼单质。

硼酐溶于碱而不溶于酸[1]。它和碱金属氧化物或某些低价金属氧化物作用，能生成有各种特征颜色的偏硼酸盐，常用于制造含硼的有色玻璃。由锂、铍、硼的氧化物制成的玻璃可用作 X 射线的窗口。耐高温的硼玻璃纤维用作火箭防护材料。硼玻璃还用于耐高温抗腐蚀的化学仪器、光学仪器、绝缘器材和玻璃钢的制造。它也是建筑、机械和军工方面所需的新型材料。此外，粉末状硼酐可用作干燥剂。

2. 硼酸

　　硼的含氧酸包括偏硼酸（HBO_2）、正硼酸（H_3BO_3）和多硼酸（$xB_2O_3 \cdot yH_2O$）。通称的硼酸常指正硼酸。

　　硼酸（H_3BO_3）为白色鳞片状晶体。它微溶于冷水，易溶于热水。

　　硼酸在水中不是离解出一个 H^+，而是加合了一个由水离解出来的 OH^-，游离出一个 H^+，建立了如下的平衡，使溶液显微酸性（$K_a = 5.8 \times 10^{-10}$）。

---

[1] 但硼酐能溶于氢氟酸，该反应可用于制取氟化硼。

$$B_2O_3 + 6HF \xrightarrow{\triangle} 2BF_3 + 3H_2O$$

$$\underset{\underset{HO}{\overset{OH}{|}}{B}}{\overset{OH}{|}}\quad +HOH \Longrightarrow \left[HO-\underset{HO}{\overset{OH}{|}}{B}\leftarrow OH \right]^{-} +H^{+}$$

因此，**硼酸是一元弱酸**。

硼酸除天然矿产外，可用硼砂（$Na_2B_4O_7 \cdot 10H_2O$）的热溶液与强酸反应，冷却后即有硼酸的晶体析出。

$$Na_2B_4O_7 + H_2SO_4 + 5H_2O \longrightarrow Na_2SO_4 + 4H_3BO_3$$

大量的硼酸用于玻璃、搪瓷工业和制取其他硼的化合物，也可用作润滑剂、医疗消毒剂等。

3. 硼酸盐

硼酸盐的种类很多。有偏硼酸盐、正硼酸盐和多硼酸盐。**最重要的硼酸盐是四硼酸钠，俗称硼砂**（$Na_2B_4O_7 \cdot 10H_2O$）。

硼砂是无色半透明晶体或白色结晶状粉末。它稍溶于冷水，易溶于热水。水溶液因水解而呈碱性。

$$B_4O_7^{2-} + 7H_2O \Longrightarrow 4H_3BO_3 + 2OH^{-}$$

硼砂在干燥空气中容易失水而风化，受热时逐步脱去结晶水，熔化后成为玻璃状物质。**熔化的硼砂能溶解许多金属氧化物，生成偏硼酸复盐，呈现出各种特征的颜色**。例如，

$$Na_2B_4O_7 + CoO \xrightarrow{熔化} 2NaBO_2 \cdot Co(BO_2)_2（蓝宝石色）$$

$$3Na_2B_4O_7 + Fe_2O_3 \xrightarrow{熔化} 6NaBO_2 \cdot 2Fe(BO_2)_3（黄棕色）$$

硼砂在陶瓷工业中用作低熔点釉，金属焊接时用作助熔剂。玻璃工业用它代替硼酐制造耐温度骤变的特种玻璃和光学玻璃。硼砂还用作肥皂和医用消毒剂、人造宝石、硼肥及化学试剂。

*二、硼氢化合物

硼和氢不能直接化合，但能间接合成一系列硼氢化合物。这类化合物叫硼烷。最简单的是乙硼烷（B_2H_6）。

乙硼烷是无色、有难闻臭味的有毒气体。它在空气中能自燃，遇水立即水解，同时放出大量的热

$$B_2H_6 + 3O_2 \xrightarrow{燃烧} B_2O_3 + 3H_2O + 2094kJ$$

$$B_2H_6 + 6H_2O \longrightarrow 2H_3BO_3 + 6H_2 + 510kJ$$

乙硼烷是还原剂。它和氢化锂作用，可制得具有更强还原能力的硼氢化锂（$LiBH_4$）。该物质是可溶于水的白色晶体，在有机合成中是 H^{-} 的提供者。硼烷的衍生物可用作火箭的高能燃料。

第三节　铝及其重要化合物

铝是地壳中含量最多的金属元素。它在地壳中含量为 7.73%，仅次于氧和硅。在自然界中，它主要以复杂的铝硅酸盐形式存在，如长石、黏土、云母等。此外，还有铝矾土（$Al_2O_3 \cdot nH_2O$）、冰晶石（Na_3AlF_6）。它们是冶炼金属铝的重要原料。

一、金属铝

铝是银白色有金属光泽的轻金属，密度 $2.7g \cdot cm^{-3}$，熔点 $660℃$。它有良好的延展性和传热、导电性。它的导电性能是铜的 60%，但其质轻，当铝导线的导电能力和铜相同时，

铝线的质量仅为铜线的一半。因此，铝也用来制造电线和高压电缆等。

铝是很活泼的金属，但是铝一旦接触空气，表面迅速形成致密的氧化铝薄膜，阻止铝进一步氧化以及和水作用。因此，常温下铝在空气和水中都很稳定。铝和镁、铜等金属形成的轻合金，不仅化学稳定性好，而且比铝坚硬、力学性能良好，广泛用于汽车和飞机制造及宇航工业。铝粉用于制油漆、涂料、焰火和冶金工业。

高温下，铝极易和卤素、氧、硫等非金属起反应。铝粉在氧气中加热，能燃烧并发光，生成氧化铝，同时放出大量热。**铝粉作为冶金还原剂，能将高熔点的金属氧化物还原为相应的金属单质。**反应中释放的热量将金属熔化，与其他氧化物分离，这种方法叫"铝热法"。**铝粉和粉末状的四氧化三铁的混合物，称为"铝热剂"，**经引燃发生反应后，可达 3000℃ 的高温，将铁熔化。

$$4Al + 3O_2 \xrightarrow{\triangle} 2Al_2O_3 + 3340kJ$$

$$8Al + 3Fe_3O_4 \xrightarrow{高温} 4Al_2O_3 + 9Fe + 3329kJ$$

工业上，铝用作炼钢脱氧剂，铝热法用于冶炼高熔点的钒、铬、锰等纯金属和无碳或低碳合金，以及焊接铁轨和器材部件等。

【演示实验 8-1】 观察下列试管中发生的现象。

(1) 铝箔与浓硫酸或浓硝酸发生"钝化"作用。

(2) 铝箔和 $3mol \cdot L^{-1}$ H_2SO_4 或 $3mol \cdot L^{-1}$ HCl 溶液起反应，放出的气体点燃时发生爆鸣。

(3) 铝箔和 30% NaOH 溶液起反应，放出的气体点燃时也可爆鸣。

铝在冷的浓硫酸或浓硝酸中，被氧化，表面生成一层致密的氧化膜。这种膜性质稳定而使内层金属与酸隔离，不再发生作用。此现象称为"金属的钝化"。所以，铝制容器可用来贮存和运输浓硫酸或浓硝酸。

常温下，铝能置换盐酸或稀硫酸中的氢。

$$2Al + 6H^+ \longrightarrow 2Al^{3+} + 3H_2 \uparrow$$

铝也能溶解在强碱溶液中，生成偏铝酸盐和氢气。

$$2Al + 2NaOH + 2H_2O \longrightarrow 2NaAlO_2 + 3H_2 \uparrow$$

铝表面总有一层氧化膜，阻挡了铝和水反应。当铝和碱接触时，氧化膜溶于碱而被破坏。失去保护膜的铝，能和水反应生成氢氧化铝并放出氢气，同时新生成的氢氧化铝又被碱溶解生成偏铝酸盐和水。所以，铝和水的反应能持续地进行。有关化学方程式如下：

$$Al_2O_3 + 2NaOH \longrightarrow 2NaAlO_2 + H_2O$$

$$2Al + 6H_2O \longrightarrow 2Al(OH)_3 + 3H_2 \uparrow$$

$$NaOH + Al(OH)_3 \longrightarrow NaAlO_2 + 2H_2O$$

表面光滑的纯铝化学稳定性良好，铝表面含有杂质或很粗糙，都会减弱氧化膜和铝的联结力，甚至破坏铝表面的氧化膜，使铝继续被氧化而遭受腐蚀。

铝的亲氧性可用来制造耐高温的金属陶瓷。将铝粉、石墨和二氧化钛或其他高熔点金属氧化物按一定比例混合均匀，涂在金属表面上，在高温下煅烧

$$4Al + 3TiO_2 + 3C \xrightarrow{煅烧} 2Al_2O_3 + 3TiC$$

金属表面就形成耐高温涂层（耐高温物质）。这种涂层已应用于宇航工业中。

二、氧化铝和氢氧化铝

1. 氧化铝

Al_2O_3 是白色难溶于水的粉末。**它是典型的两性氧化物。**

新制备的粉末状氧化铝，反应能力较强，既能溶于酸又能溶于碱液中。

$$Al_2O_3 + 6H^+ \longrightarrow 2Al^{3+} + 3H_2O$$

$$Al_2O_3 + 2OH^- \longrightarrow 2AlO_2^- + H_2O$$

经过活化处理的 Al_2O_3，有巨大的表面积，吸附能力强，称为活性氧化铝。常用于催化剂的载体和化学实验室的色层分析。

经高温（$>900℃$）煅烧后的 Al_2O_3 晶体，化学稳定性强，反应能力差。它不溶于酸、碱溶液，仅能和熔融碱作用，与其他试剂也不反应。它的熔点达 $2050℃$，硬度仅次于金刚石，称为刚玉。自然界中的刚玉由于含有不同杂质而显各种颜色。例如，含微量三氧化二铬呈红色，称为红宝石；含微量钛、铁氧化物呈蓝色，称为蓝宝石，它们常用作装饰品和仪表中的轴承。人造刚玉广泛用作研磨材料，制造坩埚、瓷器及用作耐火材料。

2. 氢氧化铝

铝盐和氨水作用，可制得白色凝胶状无定形氢氧化铝。

【演示实验8-2】 往盛有 $4mL\ 0.5mol\cdot L^{-1}\ Al_2(SO_4)_3$ 溶液的试管中，逐滴加入$6mol\cdot L^{-1}$氨水，振荡，观察白色胶状 $Al(OH)_3$ 无定形沉淀的产生。

反应方程式为

$$Al_2(SO_4)_3 + 6NH_3\cdot H_2O \longrightarrow 2Al(OH)_3\downarrow + 3(NH_4)_2SO_4$$

$$Al^{3+} + 3NH_3\cdot H_2O \longrightarrow Al(OH)_3\downarrow + 3NH_4^+$$

氢氧化铝是典型的两性氢氧化物。它能溶于酸也能溶于碱，但不溶于氨水。所以，用铝盐和氨水作用，能使 Al^{3+} 沉淀完全。若用苛性碱代替氨水，则过量的碱又会使$Al(OH)_3$溶解。

【演示实验8-3】 将制备的 $Al(OH)_3$ 分装于两支试管中，观察它在酸、碱溶液中的溶解。

离子方程式为

$$Al(OH)_3 + 3H^+ \longrightarrow Al^{3+} + 3H_2O$$

$$Al(OH)_3 + OH^- \longrightarrow [Al(OH)_4]^-$$

或 $\qquad\qquad Al(OH)_3 + OH^- \longrightarrow AlO_2^-{}^{❶} + 2H_2O$

氢氧化铝在水中存在着如下的电离平衡

$$Al^{3+} + 3OH^- \Longleftrightarrow Al(OH)_3 \Longleftrightarrow H_2O + AlO_2^- + H^+$$

加酸时，它进行碱式电离，平衡向左移动，$Al(OH)_3$ 转化为相应的铝盐。加碱时，进行酸式电离，平衡向右移动，$Al(OH)_3$ 不断溶解转化为铝酸盐。

应当说明，**氢氧化铝的碱性略强于酸性，属难溶弱碱。**

铝酸盐易水解，溶液呈碱性。

---

❶ 事实上，在溶液中并未找到偏铝酸根 AlO_2^-，AlO_2^- 在溶液中以 $Al(OH)_4^-$（四羟基合铝离子，它的组成可看作是 $AlO_2^-\cdot 2H_2O$）形式存在。因此，铝及其化合物与烧碱溶液反应生成的铝酸钠应为 $Na[Al(OH)_4]$。只有在干态或与熔态烧碱反应时，才生成 $NaAlO_2$。但习惯上，常将铝酸钠简写为 $NaAlO_2$。

$$AlO_2^- + 2H_2O \Longrightarrow Al(OH)_3 + OH^-$$

该溶液中通入 CO_2 时，促使水解平衡右移，产生氢氧化铝晶态沉淀。这也是工业上制备氢氧化铝的一种方法。

$$2[Al(OH)_4] + CO_2 \longrightarrow 2Al(OH)_3 \downarrow + CO_3^{2-} + H_2O$$
$$2AlO_2^- + 3H_2O + CO_2 \longrightarrow 2Al(OH)_3 \downarrow + CO_3^{2-}$$

氢氧化铝用于制备铝盐、纯氧化铝和医药。

三、铝盐

1. 铝的卤化物

铝的卤化物以氯化铝最重要。常温下，氯化铝为无色晶体，工业品因含铁等杂质而呈黄色。它极易挥发，热至 180℃ 时即升华。在潮湿的空气中由于水解而发烟。氧化铝溶于盐酸，可制得无色易吸潮的六水氯化铝（$AlCl_3 \cdot 6H_2O$），将其脱水时，因水解而不能制得无水氯化铝。在氯气或氯化氢气流中熔融铝，才能制得无水氯化铝。

和离子化合物氟化铝不同，无水氯化铝或溴化铝均易溶于水，也溶于乙醇、乙醚等有机溶剂。它们是有机合成和石油工业中常用的催化剂。

2. 铝的含氧酸盐

硝酸铝可由铝和硝酸反应来制取。常见的九水合物 $Al(NO_3)_3 \cdot 9H_2O$ 是无色晶体，易溶于水和醇，易潮解。其氧化能力强，与有机物接触易燃烧。主要用于制造催化剂、媒染剂以及核工业中。

无水硫酸铝 $Al_2(SO_4)_3$ 是白色粉末。常温下从溶液中分离出来的水合物是 $Al_2(SO_4)_3 \cdot 18H_2O$ 晶体。

工业上用硫酸处理矾土或黏土，或中和氢氧化铝都能制得硫酸铝。

若将等物质的量的硫酸铝和硫酸钾溶于水，蒸发、结晶，可制得一种水合复盐：$K_2SO_4 \cdot Al_2(SO_4)_3 \cdot 24H_2O$，即 $KAl(SO_4)_2 \cdot 12H_2O$，俗称明矾。明矾是离子化合物，它在水中是完全电离的。

$$KAl(SO_4)_2 \cdot 12H_2O \longrightarrow K^+ + Al^{3+} + 2SO_4^{2-} + 12H_2O$$

硫酸铝和明矾都能水解为氢氧化铝胶体而有强烈的吸附性，常用作造纸工业的胶料以及净水剂、媒染剂等。

铝盐的水解有两种情况：强酸的铝盐在溶液中部分水解，溶液显酸性，如硫酸铝在二氧化碳灭火器中常用作酸性反应液，弱酸的铝盐强烈水解。因此，这类铝盐（如 Al_2S_3 等）宜用干法制取，保存时应密封，谨防受潮后变质。

* 四、铝的冶炼

工业上，用电解法生产金属铝。主要原料是高纯度的氧化铝。因此，用铝矾土矿炼铝之前，必须提纯。首先，用烧碱溶液和高压水蒸气将矿石分解。

$$2NaOH + Al_2O_3 + 3H_2O \xrightarrow{\triangle} 2Na[Al(OH)_4]$$

滤去不溶物，把二氧化碳通入铝酸盐溶液中，析出氢氧化铝沉淀。

$$2Na[Al(OH)_4] + CO_2 \longrightarrow 2Al(OH)_3 \downarrow + Na_2CO_3 + H_2O$$

将氢氧化铝滤出、干燥、煅烧，便得到氧化铝。滤液中的纯碱和消石灰作用转化为烧碱，可循环使用。

氧化铝的熔点高（2050℃），熔融态时导电能力差。因此，电解时加入冰晶石作助溶剂❶，一方面可降

---

❶ 实际上，是把氧化铝溶解在熔融态的冰晶石中。

低电解温度（一般为 $1000℃$），同时也增强了熔融态物料的导电性。

氧化铝和冰晶石的电离式为：

$$2Al_2O_3 \xrightarrow{\text{熔融}} Al^{3+} + 3AlO_2^-$$

$$Na_3AlF_6 \xrightarrow{\text{熔融}} 3Na^+ + AlF_6^{3-}$$

当直流电通过冰晶石-氧化铝熔体时，Na^+ 和 Al^{3+} 移向阴极，AlO_2^-、AlF_6^{3-} 移向阳极，两极的电极反应为：

阴极 $\qquad\qquad\qquad\qquad\qquad Al^{3+} + 3e \longrightarrow Al$

阳极 $\qquad\qquad\qquad\qquad 4AlO_2^- - 4e \longrightarrow 2Al_2O_3 + O_2\uparrow$

总反应方程式为

$$2Al_2O_3 \xrightarrow[1000℃]{\text{熔融电解}} 4Al + 3O_2\uparrow$$
$$\text{（阴极）（阳极）}$$

第四节　碳族元素简介

元素周期表中 14（ⅣA）族包括：碳（C）、硅（Si）、锗（Ge）、锡（Sn）和铅（Pb）五种元素，统称为碳族元素。

有关碳族元素的基本性质，汇列在表 8-2 中。

表 8-2　碳族元素的基本性质

性　　质	碳(C)	硅(Si)	锗(Ge)	锡(Sn)	铅(Pb)
原子序数	6	14	32	50	82
相对原子质量	12.00	28.09	72.61	118.7	207.2
价电子层构型	$2s^2 2p^2$	$3s^2 3p^2$	$4s^2 4p^2$	$5s^2 5p^2$	$6s^2 6p^2$
主要化合价	$-4、+4、+2$	$+2、+4$	$+2、+4$	$+2、+4$	$+2、+4$
原子半径/pm	77	117	122	140	147
第一电离能/$(kJ \cdot mol^{-1})$	1086	786	762	709	714
电负性	2.5	1.8	1.8	1.8	1.9

从表 8-2 看出，碳族元素随着原子序数的增大，原子半径逐渐增大，元素电离能逐渐减小。这些变化趋势和硼族元素类似。从碳到铅非金属性向金属性递变的趋势比硼族元素缓慢。碳是非金属；硅虽为非金属，但晶体硅有金属光泽、能导电，又称半金属；锗的金属性强于非金属性，也是重要的半导体材料；锡和铅则是较典型的金属。

碳族元素的价电子构型为 $ns^2 np^2$，其最高化合价为 $+4$。它们的电负性比同周期的硼族元素大，容易形成共价型化合物。当它们和电负性大的元素化合时，若全部用 $ns^2 np^2$ 价电子成键则形成 $+4$ 价的共价化合物；若仅用 np^2 价电子成键，则形成 $+2$ 价的化合物。

碳族元素氧化物及其水化物酸碱性的递变情况，也反映出本族元素由非金属过渡到金属的性质。碳和硅是成酸元素，硅酸弱于碳酸。锗、锡、铅的四价氢氧化物显两性，但从锗到铅，酸性渐弱、碱性渐强。它们的二价化合物虽然也显两性，但其碱性比四价氢氧化物要强些。

由于从锗到铅 ns^2 电子对的稳定性增强，它们仅用 ns^2 电子对成键的趋势增强。所以，$+2$ 价化合物的稳定性由弱渐强，而 $+4$ 价化合物的稳定性则逐渐减弱。亚锡盐是常用的还原剂，它很容易氧化为四价盐。常见的铅盐均为二价盐，通常情况下都很稳定。而四价铅的化合物有氧化性，如二氧化铅在酸性环境中极易被还原为二价铅盐。

第五节　碳酸和碳酸盐

一、碳酸和碳酸盐

1. 碳酸

二氧化碳的水溶液为碳酸 H_2CO_3。常温下，1 体积水能溶解 0.9 体积的 CO_2，其浓度约 0.04mol·L^{-1}。溶于水的 CO_2，大部分以结合力较弱的（$CO_2·H_2O$）存在，仅有一小部分生成 H_2CO_3。H_2CO_3 很不稳定，仅存在于水溶液中。实验室用的蒸馏水或去离子水因溶有一些 CO_2，而呈微弱的酸性，其 pH 约为 5.6。

碳酸是二元弱酸（$K_1 = 4.2 \times 10^{-7}$），它可以形成酸式盐和正盐。

2. 碳酸盐

（1）溶解性　**酸式碳酸盐均溶于水。正盐中只有碱金属和铵（NH_4^+）的碳酸盐易溶于水。其他金属的碳酸盐均难溶于水。**另外，某些金属（如钾、钠等）酸式碳酸盐的溶解度比正盐小。

用某金属的可溶性盐溶液和碳酸钠作用，可制得该金属的碳酸盐。例如，

$$Ba^{2+} + CO_3^{2-} \longrightarrow BaCO_3 \downarrow$$

碱液吸收 CO_2，也可得到碳酸盐或酸式碳酸盐，

$$2OH^- + CO_2 \longrightarrow CO_3^{2-} + H_2O$$
$$OH^- + CO_2 \longrightarrow HCO_3^-$$

所得的产物是正盐还是酸式盐，取决于两种反应物的物质的量之比。

酸式碳酸盐和碳酸盐能相互转化。碳酸盐在溶液中与 CO_2 反应，可转化为酸式盐；酸式碳酸盐与碱反应又可转化为碳酸盐。例如，

$$CaCO_3 + CO_2 + H_2O \longrightarrow Ca(HCO_3)_2$$
$$Ca^{2+} + HCO_3^- + OH^- \longrightarrow CaCO_3 \downarrow + H_2O$$

（2）水解性　可溶性碳酸盐在水溶液中易发生水解，因此，**碱金属的碳酸盐溶液呈碱性。**

酸式碳酸根离子在水溶液中既发生水解，又发生电离

$$HCO_3^- \rightleftharpoons H^+ + CO_3^{2-}$$
$$HCO_3^- + H_2O \rightleftharpoons OH^- + H_2CO_3$$

由于水解趋势强于电离趋势，所以 $NaHCO_3$ 溶液显微碱性。例如 0.1mol·L^{-1} $NaHCO_3$ 溶液的 pH 约为 8.3。

由于碳酸钠溶液中总有一定量的 OH^- 存在，因此它和水解性较强的金属离子反应时，相互促进水解，不仅反应较剧烈，产物也较复杂。如果某金属氢氧化物的溶解度小于碳酸盐的溶解度，则该金属离子和碳酸钠反应的产物不是碳酸盐，而是氢氧化物沉淀。纯碱与 Al^{3+}、Cr^{3+}、Fe^{3+} 盐溶液的反应属于此类。如果碳酸盐的溶解度与氢氧化物相近时，则可能得到碱式盐沉淀。纯碱与 Cu^{2+}、Mg^{2+}、Zn^{2+}、Co^{2+}、Ni^{2+} 盐溶液的反应属于此类。

$$2Al^{3+} + 3CO_3^{2-} + 3H_2O \longrightarrow 2Al(OH)_3 \downarrow + 3CO_2 \uparrow$$
$$2Cu^{2+} + 2CO_3^{2-} + H_2O \longrightarrow Cu(OH)_2·CuCO_3 \downarrow + CO_2 \uparrow$$

因此，运用复分解反应规律时，应当考虑由于盐的水解产物的溶解性不同，可能导致产物的变化。

（3）热稳定性　**碳酸盐的热稳定性比酸式碳酸盐强，而且与金属的活泼性有关。**碱金属

的碳酸盐相当稳定，同一主族元素的碳酸盐自上而下稳定性增强。不同阳离子的碳酸盐热稳定性，按照碱金属盐、碱土金属盐、过渡金属盐、铵盐的顺序依次减弱，同一元素高价态碳酸盐的稳定性较差。碳酸盐热分解后，均生成金属氧化物（铵盐除外）和二氧化碳。

酸式碳酸盐，一般受热时转化为正盐，并有二氧化碳和水生成。钙、镁的酸式碳酸盐在水溶液中受热，即可转化为正盐。

$$Mg(HCO_3)_2 \xrightarrow{\triangle} MgCO_3\downarrow + CO_2\uparrow + H_2O$$

碳酸盐和酸式碳酸盐都能和酸进行复分解反应，生成的碳酸随即又分解为二氧化碳和水。

$$HCO_3^- + H^+ \longrightarrow CO_2\uparrow + H_2O$$
$$CO_3^{2-} + 2H^+ \longrightarrow CO_2\uparrow + H_2O$$

二氧化碳能使氢氧化钡溶液或石灰水产生白色混浊。

$$CO_2 + Ba(OH)_2 \longrightarrow BaCO_3\downarrow + H_2O$$
$$CO_2 + Ca(OH)_2 \longrightarrow CaCO_3\downarrow + H_2O$$

此法鉴定 CO_3^{2-} 很灵敏。所以酸分解法是检验碳酸盐的重要方法。

钾、钠、钙、镁的碳酸盐以及碳酸氢钠、碳酸氢铵等，都是重要的碳酸盐。它们在化工、冶金、建材、食品工业和农业上都有广泛的用途。

【阅读材料】
二氧化碳对大气的污染——温室效应

近年来，燃料燃烧使大气中的 CO_2 浓度不断增加，导致全球气候异常。CO_2 能吸收来自太阳和地表面反射的红外线，使热量留在大气层内，起着与温室的玻璃相似的作用（阳光可以辐射到温室里来，而温室里的热量却散发不出去）。这就使接近地表面的大气的温度升高，气候变暖，这种作用称为温室效应[1]。

温室效应使全球平均气温升高，巨大的冰川和地球南北极的冰峰将会融化，海平面升高，沿海低地、海滩、岛屿可能被淹没。较高的温度使气候带移动，影响降雨量和通常的气候条件，造成洪涝、干旱及生态系统的变化。这将对人类的生存与发展产生重大的影响。

因此，温室效应是当今世界环境问题的一个热点。人们呼吁：改变能源结构、开发清洁能源、控制和削减 CO_2 排放量，保护森林资源，防止地球变暖。

二、纯碱的生产

1. 氨碱法

基本原料是食盐和石灰石，并以氨作为循环使用的媒介物[2]。

氨碱法生产纯碱的主要过程简述如下。

（1）煅烧石灰石制取生石灰和二氧化碳

$$CaCO_3 \xrightarrow{高温} CaO + CO_2\uparrow$$

（2）制备石灰乳，与铵盐共热获取氨

$$CaO + H_2O \longrightarrow Ca(OH)_2$$

---

[1] CO_2 是造成温室效应的主要因素。此外，甲烷、氮氧化物、氯氟烷烃等温室气体的作用也不容忽视，应加以综合治理。

[2] 生产中需以焦炭或无烟煤为燃料，生产石灰，由氯化铵和消石灰进行复分解，来提供循环氨。

$$Ca(OH)_2 + 2NH_4Cl \xrightarrow{\triangle} CaCl_2 + 2NH_3 \uparrow + 2H_2O$$

（3）将氨和二氧化碳通入精制的饱和食盐水中，制备碳酸氢钠含氨食盐水的碳酸化，按以下两步反应进行：

$$NH_3 + CO_2 + H_2O \longrightarrow NH_4HCO_3$$

$$NH_4HCO_3 + NaCl \xrightarrow{冷却} NaHCO_3 \downarrow + NH_4Cl$$

常温下，碳酸氢钠的溶解度比碳酸氢铵小，所以冷却时，$NaHCO_3$ 不断结晶析出。

总的反应方程式为

$$NH_3 + CO_2 + NaCl + H_2O \xrightarrow{冷却} NaHCO_3 \downarrow + NH_4Cl$$

（4）滤出碳酸氢钠，煅烧分解，制得纯碱，副产物 CO_2 循环使用

$$2NaHCO_3 \xrightarrow{160℃} Na_2CO_3 + CO_2 \uparrow + H_2O$$

滤出 $NaHCO_3$ 结晶后的母液里，含有大量 NH_4Cl，返回生产系统，与石灰乳作用回收氨，循环使用。

氨碱法的优点是原料经济、产品质量高、适于连续生产。缺点是食盐利用率较低。大约有 30% 的食盐残留在母液中，回收氨后就混在氯化钙废渣里。这些废渣难以利用，造成环境污染。

2. 联合制碱法

我国化学工程专家侯德榜苦心钻研，将氨碱法加以改革，于 1942 年创立了著名的"侯氏制碱法"，即联合制碱法。

侯氏联合制碱法，是将合成氨和制碱两厂联为一体，把合成氨厂的氨和副产品二氧化碳供给碱厂作原料。该法仍采用氨碱法的制碱原理，但在处理氯化铵母液时不回收氨，而是应用同离子效应的原理加入食盐，使氯化铵结晶析出。这样同时制得纯碱和氯化铵两种产品。

现将侯氏联合制碱法简述如下。

（1）用精制的饱和食盐水[1]吸收由合成氨厂供给的氨和二氧化碳，制备碳酸氢钠。

$$NH_3 + CO_2 + H_2O + NaCl \xrightarrow{冷却} NaHCO_3 \downarrow + NH_4Cl$$

（2）滤取碳酸氢钠结晶，煅烧分解，制取纯碱。

$$2NaHCO_3 \xrightarrow{\triangle} Na_2CO_3 + CO_2 \uparrow + H_2O$$

（3）含氯化铵的母液中通入氨，中和饱和碳酸氢钠溶液。然后，在低温下加入精制食盐，使氯化铵结晶析出。

$$NH_4Cl(溶液) + NaCl(固体) \underset{10\sim15℃}{\rightleftharpoons} NaCl(溶液) + NH_4Cl(固体)$$

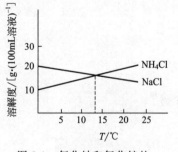

图 8-1 氯化钠和氯化铵的共同溶解度曲线

在氯化钠和氯化铵共存的饱和溶液中，降低温度时，氯化钠的溶解度略有增大，氯化铵的溶解度则随之减小（见图 8-1）。因此，当往含氨的氯化铵溶液中加入精制食盐粉，同时降低溶液的温度时，由于氯化钠的溶解产生的同离子（Cl^-）效应和氯化铵溶解度的降低，氯化铵便从溶液中结晶析出。氯化铵的析出，又促进了氯化钠的溶解。这样，溶液中氯化铵不断减少，而氯化钠的浓度逐渐增大，过滤氯

---

[1] 实际上是过滤 NH_4Cl 晶体后的母液。

化铵晶体后的母液就可以作为饱和盐水循环使用。氯化铵经干燥即为另一种产品。

　　侯氏联合制碱法既不用石灰石，省去了石灰窑和化灰、蒸氨等设备，也不产生无用的氯化钙废渣，极大地提高了食盐利用率（96％以上），降低了成本。在生产纯碱时还得到了氯化铵产品。

　　纯碱是基本化学工业的重要产品。大量用于烧碱、玻璃、肥皂、纸浆、制革、纺织、冶金、石油等工业部门。它也是常用的化学试剂。

【阅读材料】

侯德榜生平简介

　　侯德榜（1890—1974）于1890年8月出生于福建省福州市的一个农民家里，从小受到艰苦朴实的家庭环境的熏陶，青少年时期奋发学习，有强烈的献身科学事业的愿望。他先后在福州英华书院、上海闽皖铁路学堂就读，成绩优异。1910年考取清华大学出国留学预备生。1913年被保送到美国麻省理工学院留学，攻读化学工程；毕业后又到哥伦比亚大学研究院深造，先后获得硕士、博士学位。

　　1921年10月，侯德榜学成回国，出任永利化学公司塘沽碱厂总工程师。面对西方对先进的索尔维制碱法和刚刚崛起的合成氨关键技术的封锁，侯德榜以科学的态度和广大技术人员一起改革了设备和工艺，提高了纯碱的质量。1923年该厂生产的"红三角"牌纯碱荣获巴拿马博览会金质奖章，1926年又在美国费城的博览会上荣获金质奖章。此后，塘沽碱厂克服重重困难，扩建为当时亚洲第一大碱厂。

　　侯德榜是面向生产勇于创新的科学家，他针对索尔维制碱法的缺点，经数百次试验，决心把制碱与合成氨联为一体，创建联合制碱法。在实施这一科学理想时，遭到日本侵华战火的威胁和国民党当局不予投资的阻挠等，幸赖爱国企业家范旭东的鼎力支持，于1942年在四川成都的五通桥建立永利川厂，联合制碱开始试生产。所获纯碱和氯化铵皆为优质产品，食盐利用率达97％以上，没有废渣污染，世界上新的纯碱制法成功了！1943年12月，在中国化学会第十一届年会上，侯德榜博士公布了他的"侯氏制碱法"，在世界引起重大反响，为祖国争得荣誉。他应邀到印度、巴西等国讲学、办厂，受到欢迎。

　　新中国成立后，侯德榜应周总理之邀，历经曲折毅然回到祖国。在党的领导下，他振兴祖国化工事业的夙愿得以实现。他建议并设计、改建了永利沽厂和宁厂，许多天然碱厂、联碱厂、化肥厂也相继投产。1959年9月，侯德榜光荣加入了中国共产党，后任中央化学工业部副部长，为我国的化学工业做出了巨大贡献。

　　侯德榜还是中国化学、化工学会理事长，中国科学院学部委员（即现在的中科院院士）。他是我国现代工业的开拓者之一、著名的科学家、化工专家、制碱工业权威。这位德高望重的科学家虽然离开了我们，但他的名字在化学工业史上将永远闪光。

第六节　硅及其重要化合物

*一、硅单质

　　硅在地壳中分布很广，占地壳总量的27.6％，仅次于氧，居第二位。游离态的硅在自然界中不存在。化合态的硅主要有硅石（SiO_2）和硅酸盐。它们广泛存在于地壳的各种矿物和岩石里。

　　硅单质有结晶形和无定形两种同素异形体。晶体硅是灰色有金属光泽的坚硬固体。它具有和金刚石相似的正四面体型结构，是原子晶体，硬度大，熔、沸点高。

　　硅的导电性能介于金属和绝缘体之间。高纯度晶体硅在极低的温度下几乎不导电，但在外界条件（如升温、光照）的影响下，电阻迅速减小，导电能力增强。所以高纯度硅（杂质低于百万分之一）是良好的半导体，常用于制作硅整流器、晶体管、集成电路等。

晶体硅在常温下不活泼，与水、空气、硫酸、硝酸等均不作用，仅能与氟或氢氟酸作用生成四氟化硅：

$$Si+4HF \longrightarrow SiF_4 \uparrow +2H_2 \uparrow$$

高温下，硅和其他卤素作用生成四卤化硅；在氧中燃烧生成二氧化硅。

无定形硅比晶体硅活泼，还能和强碱反应，生成硅酸盐并放出氢气。

$$Si+2NaOH+H_2O \xrightarrow{\triangle} Na_2SiO_3+2H_2 \uparrow$$

工业上，用二氧化硅（砂）和适量的焦炭在电炉中煅烧，可制得硅单质

$$SiO_2+C \xrightarrow{强热} Si+CO_2 \uparrow$$

所得晶体硅为粗品，需经提纯才能用作半导体材料。

硅除用作半导体材料外，还用于制造含硅合金。硅铁有良好的导磁性，可用于发电机和变压器。含硅15%的硅铁用于耐酸器材。硅的有机化合物耐高温、耐腐蚀、有弹性，是特殊的润滑和密封材料，用于尖端科学和国防工业。

二、二氧化硅

二氧化硅又叫硅石，有晶体和无定形体两种形态。它在地壳中分布很广，构成多种矿物和岩石。比较纯净的二氧化硅晶体叫石英。无色透明的石英是最纯的二氧化硅，叫做水晶。含微量杂质的水晶，常显不同的颜色，如紫水晶、茶晶、墨晶等。不透明的石英晶体有浅灰色以及黄褐色的玛瑙等。

普通的砂粒，是细小的石英颗粒。白砂质地较纯净，黄砂含有铁的化合物等杂质，是常用的建筑材料。

硅藻土，是由硅藻的硅质细胞壁组成的一种生物化学沉积岩，**属于无定形硅石**。呈淡黄或浅灰色，**质软、多孔而轻。因其表面积大、吸附力强，常用作吸附剂和催化剂载体**。也用作轻质、绝缘、隔音的建筑材料。

晶体二氧化硅硬度大、熔点高，它的物理化学性质与二氧化碳有很大的差别，这是因为它们晶体结构不同所致（见表8-3）。

表 8-3 SiO_2 和 CO_2 性质比较

性　　质	SiO_2	CO_2
晶体结构	原子晶体	分子晶体
熔点/℃	1723	-78
沸点/℃	2230	-56
水溶性	不溶于水	可溶于水，生成碳酸
和氢氟酸接触	发生反应生成 $SiF_4 \uparrow$	不反应
化学活泼性	很稳定,高温下和碱性物质生成硅酸盐	常温下和碱性物质反应,生成碳酸盐

二氧化硅的化学性质很稳定，除氢氟酸外不与其他酸反应。但在高温下它能和碱性氧化物或碱类起反应生成盐。通常，可用热的强碱溶液或熔融态的碳酸钠将硅石转化为可溶性硅酸盐。

$$Na_2CO_3+SiO_2 \xrightarrow{熔融} Na_2SiO_3+CO_2 \uparrow$$

硅石在工业上应用很广。水晶可以制造光学仪器、石英钟表等。用较纯的石英制造的石英玻璃，膨胀系数小，耐高温，骤冷也不破裂，是制造光学仪器的优良材料。它能透过紫外线，医疗上用它来制造水银灯。石英还用来炼制硅晶体，制造耐火砖及建筑材料。玛瑙可制乳钵、研棒和天平刀口等。

二氧化硅和焦炭在电炉中共热，可制得碳化硅（SiC）。

$$SiO_2 + 3C \xrightarrow{2000℃} SiC + 2CO \uparrow$$

纯碳化硅是无色晶体，其结构和金刚石相似，只是金刚石中半数的碳原子换成了硅原子。所以，**它也是原子晶体**，熔点 2827℃，硬度与金刚石相近。

碳化硅俗名金刚砂，工业品多为绿色或棕黑色颗粒。常用作研磨材料，如磨轮、磨光纸等，也用作耐火材料。

三、硅酸和硅酸盐

1. 硅酸

二氧化硅可以构成多种硅酸。硅酸是组成复杂的白色固体，其组成随形成条件而异，常以 $x SiO_2 \cdot y H_2O$ 来表示。各种硅酸以偏硅酸（$x = y = 1$）的组成最简单，习惯上，以化学式 H_2SiO_3 来表示反应中产生的硅酸。可溶性硅酸盐与酸反应，能制得硅酸。

【演示实验 8-4】　在盛有 5mL 20% Na_2SiO_3 溶液的试管中，逐滴加入 $6mol \cdot L^{-1}$ HCl 溶液。产生的白色胶状沉淀就是游离硅酸。

$$Na_2SiO_3 + 2HCl \longrightarrow H_2SiO_3 \downarrow + 2NaCl$$
$$SiO_3^{2-} + 2H^+ \longrightarrow H_2SiO_3 \downarrow$$

硅酸是二元弱酸（$K_1 = 2.0 \times 10^{-10}$）。它在水溶液中能逐步聚合，形成硅酸凝胶。硅酸凝胶慢慢脱水，经一系列处理，可制得白色略透明的硅胶。硅胶是多孔性固体，表面积可达 $800 \sim 900 m^2 \cdot g^{-1}$。它有高度的吸附力，吸湿量能达 40%，是一种良好的吸附剂。市售商品常加入氯化钴以指示吸湿的程度，称为变色硅胶（需密闭保存）。因吸附过程是个物理过程，所以用过的硅胶可以再生。硅胶常用作干燥剂和吸附剂，并用作催化剂的载体等。

2. 硅酸盐

金属氧化物或碱类与硅石共熔，可制得各种硅酸盐。除了碱金属的硅酸盐溶于水外，其他硅酸盐均难溶于水。

最重要的硅酸盐是硅酸钠（Na_2SiO_3）。工业上，用石英粉和纯碱共熔，或用新沉淀的硅酸与苛性钠反应来制备。

硅酸钠为白色晶体，易水解，水溶液呈碱性。

$$SiO_3^{2-} + 2H_2O \Longleftrightarrow H_2SiO_3 + 2OH^-$$

硅酸钠的浓溶液俗名"水玻璃"，又称"泡花碱"。它是无色、灰绿色或棕色的黏稠液体，是矿物胶，可作胶黏剂和耐火材料。它既不可燃，又不腐坏，常用作织物和木材的防火、防腐处理，以及建筑地基的加固等。

硅酸盐，特别是铝硅酸盐，在自然界中普遍存在。其中长石、黏土、云母、石棉、滑石等最为常见。由于它们的结构复杂，通常用二氧化硅和金属氧化物的形式来表示硅酸盐的组成。

正长石　$K_2O \cdot Al_2O_3 \cdot 6SiO_2$

高岭土　$Al_2O_3 \cdot 2SiO_2 \cdot 2H_2O$

白云母　$K_2O \cdot 3Al_2O_3 \cdot 6SiO_2 \cdot 2H_2O$

石　棉　$CaO \cdot 3MgO \cdot 4SiO_2$

滑　石　$3MgO \cdot 4SiO_2 \cdot H_2O$

泡沸石　$Na_2O \cdot Al_2O_3 \cdot 2SiO_2 \cdot n H_2O$

长石类铝硅酸盐占地壳总量的一半以上。地壳表面的长石经风化变成石英砂和高岭土（白黏土），其中含较多氧化铁的是普通黄色黏土。天然硅酸盐是制造玻璃、水泥、陶瓷和耐火材料的原料，这些工业统称硅酸盐工业●。

【阅读材料】

分 子 筛

分子筛是具有均一微孔结构而能将大小不同的分子分离的一类高效硅铝酸盐吸附剂。

这类含结晶水的碱金属或碱土金属的硅铝酸盐晶体，其结构中有许多均匀微孔道，内表面很大（500～1000m² · g⁻¹），若加热除去孔道中的水分子，便具有了吸附某些分子的能力。直径比孔道小的物质的分子被吸附，直径比孔道大的物质的分子被阻挡在孔道外面，起到筛选分子的作用，故称为分子筛。

分子筛有天然和人工合成两类。天然分子筛由泡沸石脱去结晶水加工而成。人工合成分子筛则是以水玻璃、偏铝酸钠和烧碱为原料，按一定配比制成晶体，经加工成型、活化制得。其中的 Na^+ 可换成 K^+、Ca^{2+}，故其种类繁多。

根据分子筛中 SiO_2 与 Al_2O_3 物质的量之比（简称硅铝比）不同，分为 A 型、X 型和 Y 型分子筛，它们的硅铝比依次增高，其耐酸性和热稳定性也愈好。根据孔径大小不同，每种类型又分为若干种，如 A 型又分 3A❷、4A、5A；X 型又分 10X、13X 等。分子筛具有效力高、寿命长、使用条件宽松、易于再生和反复使用等优点，所以在科研和工业部门应用很广。

分子筛常用作吸附剂和干燥剂。分子筛的吸附性能除与它本身的孔径大小有关外，还与被吸附物质的分子结构和极性有关。利用分子筛的吸附性可干燥气体、分离气体或液体混合物。例如，用 4A 型分子筛处理 96％的工业酒精时，体积小而有强极性的水分子可进入分子筛的微孔道被吸附，体积大的酒精分子（$5.9×10^{-10}$ m）则被阻挡在分子筛的微孔外，这样就可以把酒精的纯度提高到 99％以上。同理，用 5A 型分子筛能分离空气中的氮气和氧气，也可用于富集空气中的氧，对钢铁冶炼和钢材切割大有助益。混合二甲苯中有三种异构体，它们的沸点相近，用分子筛分离比用一般的物理化学方法快捷且纯度高（可达98％）。分子筛作干燥剂时，对水的吸附能力超过活性氧化铝和硅胶，当温度达 100℃时后者对水难以吸附，而分子筛仍保持较高的吸附量。分子筛也用作离子交换剂、催化剂或催化剂的载体。石油炼制业用10X 型分子筛作裂化催化剂，效果良好。所得到的轻质产品，比一般 Si-Al 催化剂在相同条件下得到的多六倍。

目前，分子筛的使用已成为现代生产的一种新技术。广泛应用于石油、化工、冶金、电子、原子能、农业和环境保护等部门。

【阅读材料】

硅酸盐工业

1. 玻璃

各种玻璃是组成不定的硅酸盐混合物，一般可看作是碱金属氧化物的硅酸盐固熔体。玻璃性脆而透明，是无定形体。

生产普通玻璃的主要原料是纯碱、石灰石和硅石。将精选的原料粉碎，按一定比例混合，放入熔窑里加温至 1500～1600℃，熔炼成一种无色透明的熔体。

$$Na_2CO_3 + CaCO_3 + 6SiO_2 \xrightarrow{\text{高温}} Na_2O \cdot CaO \cdot 6SiO_2 + 2CO_2 \uparrow$$

---

❶ 硅酸盐工业生产车间，应严格控制 SiO_2 粉尘在空气中的含量，采取严格的劳动保护措施，防止作业人员因长期接触 SiO_2 粉尘造成硅沉着病（旧称硅肺、矽肺）。

❷ 3A 型分子筛即它的孔径是 $3×10^{-10}$ m。

熔化的玻璃液，经过成型、退火，加工成各种玻璃制品。用不同的原料，可制得不同性能、适应不同需要的玻璃，见表 8-4。

表 8-4　几种常见的玻璃

名　　称	主　要　原　料	组　　成	用　　途
钠玻璃	SiO_2、$CaCO_3$、Na_2CO_3	$Na_2O \cdot CaO \cdot 6SiO_2$	窗玻璃、玻璃瓶日用品
钾玻璃	SiO_2、$CaCO_3$、K_2CO_3	$K_2O \cdot CaO \cdot 6SiO_2$	化学玻璃，仪器
铅玻璃	SiO_2、K_2CO_3、PbO	$K_2O \cdot PbO \cdot 6SiO_2$	光学仪器及艺术品
石英玻璃	熔化石英	SiO_2	化学及医学上的特殊仪器

在熔制玻璃时，若加入某种金属氧化物或盐类，可制成有色玻璃。例如，加入氧化钴（CoO）可得蓝色玻璃；加入二氧化锰（MnO_2）可得紫色玻璃；加入氧化锡（SnO_2）和氟化钙（CaF_2）可得白色玻璃。普通玻璃因混有铁的化合物而呈浅绿色。将普通玻璃加热至接近软化温度后急速均匀冷却而成钢化玻璃。其机械强度比普通玻璃大 4～6 倍，热稳定性提高，不易破碎，不易伤人，这种安全玻璃应用很广。

2. 水泥

水泥是粉状的硅酸盐胶凝材料。烧制水泥的主要原料是石灰石和黏土。将原料按一定比例磨细、混合，放入回转窑中在 1400～1500℃的高温下煅烧，得到块状熟料，冷却后，加入少量石膏，研成细粉，就是普通的硅酸盐水泥（硅酸钙、铝酸钙等的混合物）。

水泥与水（和砂石）调成泥状后，在水和空气中逐渐凝固变硬。硬化后对砖瓦、砂石和钢筋有很强的黏着力，不怕水浸，非常坚固。所以它是重要的建筑材料。

3. 陶瓷

陶瓷是由黏土、长石和石英等无机物塑型、烧成的一类硅酸盐制品。

瓷器是用纯黏土（即高岭土，又称瓷土）和长石、石英粉按一定比例混合塑型，在 1000℃下煅烧成素瓷，经上釉[1]后，在 1400℃高温下二次煅烧制成的。

生产陶器多用不纯的黏土为原料，制作过程和瓷器相同，但烧制温度较低，且多不上釉。

陶瓷是我国古代劳动人民的伟大发明之一，唐代就已很发达。江西景德镇和湖南醴陵的瓷器闻名于世界。

将类似瓷釉成分的物质（如 Al_2O_3、B_2O_3 等）附着在金属器皿的表面上，这样烧成的制品叫搪瓷。明代景泰年间（1450～1457）发展起来的有各种精美花纹的铜胎搪瓷器皿，制品精良，色泽鲜艳悦目，这就是至今闻名于中外的名贵艺术品——"景泰蓝"。

第七节　锡、铅及其重要化合物

一、锡和铅

自然界中锡的主要矿石是锡石（SnO_2），铅的主要矿石是方铅矿（PbS）。我国的锡、铅矿储量均很丰富，其中以云南的锡矿和湖南的铅矿最著名。

锡和铅的物理性质如表 8-5 所示。

---

[1] 釉是覆盖在陶瓷器表面的玻璃质薄层。长石、石英、氧化锌、硼砂、氧化铅、氧化锡等均为釉的原料。瓷釉不仅使成品美观、艳丽，而且增加强度、绝缘性、不渗透性，使之更为实用。

表 8-5　锡和铅的物理性质

物 理 性 质	锡（Sn）	铅（Pb）	物 理 性 质	锡（Sn）	铅（Pb）
颜色	银白色金属	灰色金属	熔点/℃	232	328
密度/(g·cm^{-3})	7.3	11.3	沸点/℃	2362	1755

锡和铅的化学性质都不甚活泼。锡在空气或水中通常都很稳定，不被氧化。强热下，锡被氧化为氧化锡 SnO_2。铅在常温下逐渐被氧化而失去金属光泽。铅不和水作用，但在空气中，溶有二氧化碳的水能溶解铅表面的氧化膜，生成微溶于水的 $Pb(OH)_2$，并进一步生成碱式碳酸铅 $[Pb(OH)_2 \cdot 2PbCO_3]$。

锡可置换稀酸中的氢，铅与稀酸的反应则很慢。这是由于氯化铅、硫酸铅均难溶于水的缘故。

$$Sn + 2HCl \longrightarrow SnCl_2 + H_2 \uparrow$$

$$Pb + H_2SO_4 \longrightarrow PbSO_4 \downarrow + H_2 \uparrow$$

锡和铅都能溶于稀硝酸，放出一氧化氮，也能缓慢地溶于强碱，生成亚锡酸或亚铅酸的盐，同时放出氢气。所以，锡和铅也是两性元素。

$$3M + 8HNO_3(稀) \longrightarrow 3M(NO_3)_2 + 2NO \uparrow + 4H_2O$$

$$M + 2OH^-(浓) \longrightarrow MO_2^{2-} + H_2 \uparrow \qquad (M = Sn, Pb)$$

此外，浓硝酸能将锡氧化为四价锡，因为二价锡有还原性，而四价锡更为稳定。

$$Sn + 4HNO_3(浓) \longrightarrow H_2SnO_3 \downarrow + 4NO_2 \uparrow + H_2O$$

锡的重要用途是制造马口铁（镀锡铁）和各种含锡合金，如青铜（Cu-Sn）、轴承合金（Sn 和 Pb、Sb、Cu）、铸字合金（Sn、Pb 及 Sb、Bi），低熔点合金（Sn 12.5%、Pb 25%、Cd 12.5%、Bi 50%，熔点 70℃）等。高纯度的锡也用于半导体工业。铅除制合金外，还用于电缆的包皮、铅蓄电池的铅板以及硫酸生产中的耐酸材料等。铅能吸收放射线，可用作原子能工业的防护材料。

二、锡和铅的重要化合物

1. 氧化物和氢氧化物

锡和铅都能生成一氧化物（MO）和二氧化物（MO_2）。它们都不溶于水。一氧化物是以碱性为主的两性氧化物，二氧化物主要显酸性，但 PbO_2 比 SnO_2 的酸性弱。它们的氢氧化物基本上也是两性的。$Sn(OH)_4$ 为两性偏酸，而 $Pb(OH)_2$ 则属于难溶弱碱。

锡和铅的氢氧化物受热脱水，可得到相应的氧化物。SnO_2 是白色固体，常用于制造搪瓷白釉和乳白玻璃。$Pb(OH)_2$ 微热脱水，可得到黄色 PbO，再经灼烧则得到黄红色氧化铅，俗名密陀僧。PbO 是制造各种铅的化合物和铅蓄电池的电极涂料、油漆、铅玻璃的原料。PbO 在空气中热至 500℃ 可制得红色的 Pb_3O_4，俗名铅丹。它在玻璃、制釉和油漆工业中应用较广。

二氧化铅 PbO_2 是棕黑色难溶于水的粉末，受热时分解为一氧化铅和氧气

$$2PbO_2 \xrightarrow{>300℃} 2PbO + O_2 \uparrow$$

PbO_2 是强氧化剂，在酸性条件下它能将二价锰盐氧化成七价锰的化合物[❶]，和各种还原剂作用后，转化为稳定的二价铅盐。例如，

$$PbO_2 + 4HCl(浓) \longrightarrow PbCl_2 + Cl_2 \uparrow + 2H_2O$$

---

❶ 反应式为：$5PbO_2 + 2Mn^{2+} + 4H^+ \xrightarrow{\triangle} 5Pb^{2+} + 2MnO_4^- + 2H_2O$

PbO$_2$ 的氧化性还表现在它和浓硫酸反应时，发生分子内部的氧化还原反应，生成硫酸铅并放出氧气

$$2PbO_2 + 2H_2SO_4(浓) \xrightarrow{\triangle} 2PbSO_4 + O_2\uparrow + 2H_2O$$

二氧化铅用于生产火柴，制作铅蓄电池和化学试剂。

2. 锡和铅的盐类

锡盐有二价盐和四价盐两类。**亚锡盐有还原性，易被氧化为锡盐。**

氯化亚锡 SnCl$_2\cdot$2H$_2$O 是白色易溶于水的晶体。在水溶液中由于强烈水解生成难溶的碱式氯化亚锡沉淀

$$SnCl_2 + H_2O \Longrightarrow Sn(OH)Cl\downarrow + HCl$$

因此，配制 SnCl$_2$ 溶液时，应将其先溶于适量的浓盐酸中抑制其水解，然后，再加水稀释至所需的浓度。

该溶液配制后应及时使用。若需保存，应加入一些锡粒，以防被空气氧化为 +4 价锡盐。有关化学反应为

$$2SnCl_2 + O_2 + 4HCl \longrightarrow 2SnCl_4 + 2H_2O$$
$$Sn + SnCl_4 \longrightarrow 2SnCl_2$$

氯化亚锡还原性较强，是常用的还原剂。它可以被 KMnO$_4$、Hg^{2+} 盐、Fe^{3+} 盐等氧化剂所氧化。

【演示实验8-5】 在盛有 3mL 1‰ KMnO$_4$ 溶液和 3mL 3mol$\cdot$L^{-1} HCl 溶液的试管中，滴加 0.2mol$\cdot$L^{-1} SnCl$_2$ 溶液，振荡，观察溶液颜色逐渐退去。

在另一支盛有 4mL 0.1mol$\cdot$L^{-1} HgCl$_2$ 溶液的试管中，逐滴加入 0.2mol$\cdot$L^{-1} SnCl$_2$ 溶液，振荡。开始有白色沉淀产生，当 SnCl$_2$ 溶液过量时，白色沉淀渐变为灰黑色。

高锰酸钾在酸性溶液中，被氯化亚锡还原为二价锰盐，溶液颜色退去。化学方程式为
$$2KMnO_4 + 5SnCl_2 + 16HCl \longrightarrow 2KCl + 2MnCl_2 + 5SnCl_4 + 8H_2O$$
$$2MnO_4^- + 5Sn^{2+} + 16H^+ \longrightarrow 2Mn^{2+} + 5Sn^{4+} + 8H_2O$$

氯化汞溶液开始被适量的 Sn^{2+} 盐还原为氯化亚汞 Hg$_2$Cl$_2$ 白色沉淀，然后被过量的 Sn^{2+} 盐进一步还原为汞单质，所以试管中沉淀显灰黑色。
$$2HgCl_2 + SnCl_2(适量) \longrightarrow Hg_2Cl_2\downarrow + SnCl_4$$
$$Hg_2Cl_2 + SnCl_2(过量) \longrightarrow 2Hg\downarrow + SnCl_4$$

总反应方程式为
$$HgCl_2 + SnCl_2(过量) \longrightarrow Hg\downarrow + SnCl_4$$

分析化学中，常用氯化亚锡来检验 Hg^{2+} 和 Hg$_2^{2+}$。同理，用 HgCl$_2$ 溶液也可鉴定 Sn^{2+} 的存在。

常见的铅盐是二价的。可溶的硝酸铅和醋酸铅，可通过铅溶于相应的酸来制备，它们是制取其他铅化合物的原料。

许多铅盐都是难溶的有色物质。例如，PbCl$_2$、PbSO$_4$、Pb(OH)$_2\cdot$2PbCO$_3$ 是白色的；PbS 是黑色的；PbI$_2$、PbCrO$_4$ 是黄色的。分析化学中，常利用生成黄色 PbCrO$_4$ 沉淀来鉴定 Pb^{2+} 的存在[1]：

---

[1] PbCrO$_4$ 黄色沉淀能溶于硝酸或强碱，不溶于醋酸、氨水。

$$Pb^{2+} + CrO_4^{2-} \longrightarrow PbCrO_4 \downarrow$$

铅盐均有毒，易溶铅盐毒性更大。

【阅读材料】

铅对人体的危害及铅的污染防治

铅的累积摄入，会导致人的神经系统紊乱，严重损害消化系统。机动车尾气中的铅，对孕妇和儿童的影响尤为严重。血铅含量过高，会影响儿童的发育和智力，还可引发成人血压增高和心血管疾病。因此，要严格控制铅对大气和水体的污染。

含铅废水主要来自石油炼制业和生产汽油添加剂、蓄电池、油漆颜料、玻璃、火柴以及电镀、铸造等工业部门。沉淀法除铅应用普遍。沉淀剂有石灰、苛性碱、纯碱及磷酸盐等，它们与铅在一定条件下生成氢氧化铅、碳酸铅或磷酸铅沉淀。也有用明矾、硫酸亚铁和硫酸铁混凝法以及离子交换法除铅的，均能达到国家规定的排放要求。为了减轻铅对环境空气的污染，我国已全部使用无铅汽油。

【阅读材料】

新型无机材料简介

随着近代科技进步和国民经济的发展，近二三十年来新型无机材料工业迅速发展，标志着人类社会进入了一个新的时代。

新型无机材料种类繁多，主要有氧化物和非氧化物两大系列。常见的有：碱土金属、硼族元素及过渡元素的氧化物，如 BeO、Al_2O_3、ZrO_2、ThO_2、$BaO \cdot TiO_2$ 等；过渡金属的碳化物；金属氮化物、硼化物、硅化物以及碳、硅、硼、氮的互化物，还有某些金属的磷化物、砷化物、硫化物等。

新型无机材料中的化学键以离子键和共价键为主，由于制备工艺的不同使其显微结构❶比较特殊，而具有种种优良的性能。目前这类无机新型材料除有类似传统陶瓷工艺的烧结体外，还有单晶、薄膜、纤维等多种产品。

依据新型无机材料的物理、化学特性，它们可用作结构材料和功能材料。

结构材料：新型无机材料由于多具有强度高、硬度大、耐高温（熔点达 2000℃以上）、耐腐蚀和质量轻的特性，因此它们是良好的结构材料。例如，高密度碳化硅（SiC）耐高温、抗氧化、不变形，可用作高温燃气轮机的涡轮叶片、高温热交换器、火箭喷嘴及轻质防弹用品。高密度氮化硼（BN）陶瓷具有石墨型晶体结构，不但耐高温、导热性好、耐腐蚀，而且高绝缘、无毒、易进行机械加工，是良好的耐高温润滑剂和理想的高温导热绝缘材料；在高温、高压下制成的金刚石型立方氮化硼，用来制作切削坚韧钢材的刀具，其工效比金刚石刀具更好。氮化硅（Si_3N_4）陶瓷是一种烧结时不收缩的无机材料，耐热震性、抗氧化性强，常用于制备形状复杂、尺寸要求精确的产品，如燃气轮机的燃烧室及晶体管的模具等。此外，用碳化钛、碳化钨等以钴粉作胶黏剂烧结的硬质合金刀具常用于高速切削；用氧化铝可制造熔炼铂等纯金属的坩埚、内燃机的火花塞、导弹天线等。

功能材料：许多新型无机材料皆有特异的电、磁、光、热、声等性质和功能，这些宝贵的功能物性使它们在功能材料领域占有重要地位。

红宝石（Al_2O_3：Cr^{3+}）是常用的激光材料；砷化镓、砷化铟等作为半导体材料用于制造晶体管、光电池、整流器；硫化镉（CdS、Cu）可将光能转变为电能，是常用的光电材料。以氧化铁为主要成分的磁性瓷（如 $MnFe_2O_4$）广泛用于电视、广播、通信等领域。锆钛酸铅 $[Pb(Zr, Ti)O_3$ 代号 PZT] 及钛酸钡（$BaTiO_3$）具有使电能与机械能相互转换的功能，它作为压电材料常用作传声器、话筒、电磁点火系统。

---

❶ 显微结构：材料在电子显微镜下所研究的结构，叫显微结构。

用高纯度玻璃纤维制成的光导纤维，是近年来发展起来的以传光和传像为目的的一种光波传导介质，它主要用于光纤通讯。

将许多根经过技术处理的光导纤维绕在一起，就构成光缆。光缆通讯能同时传输大量信息。例如一条光缆通路可同时容纳数亿人通话，也可同时传送多套电视节目。光纤具有信息容量大、质量轻、耐腐蚀、抗干扰、保密性能好等优点，是信息社会一种理想的通讯材料。许多国家将光缆作为通信干线。光纤通信线路正在我国城乡普及。此外，光导纤维还用于医疗、信息处理、传能传像、遥控遥测、照明等方面。例如，可将光导纤维内窥镜导入心脏，测量心脏的血压、体温等。

随着科技创新，新型无机材料的开发和应用前景广阔。

本章复习要点

一、硼族元素

硼族元素属于元素周期表 13（ⅢA）族，包括硼、铝、镓、铟、铊五种元素，其价电子构型为 ns^2np^1。随着核电荷数增加，它们的非金属性减弱，金属性增强。这一变化趋势与碱土金属类似。从硼到铝由非金属突变为金属。硼、铝成键时易显共价性，化合价+3，它们有很强的亲氧性。

二、硼及其重要化合物

*1. 硼单质的同素异形体有晶态硼和无定形硼。晶态硼属于原子晶体，硬度大、熔点高。硼的化学活泼性差，在高温下能与水蒸气、氧化性强酸和强碱作用。

2. 氧化硼（B_2O_3）是硼酐，溶于水生成硼酸（H_3BO_3）。硼酸是一元弱酸。四硼酸钠 $Na_2B_4O_7 \cdot 10H_2O$，俗称硼砂，其溶液显碱性，是重要的化工产品，常用于陶瓷和玻璃工业。

*3. 乙硼烷（B_2H_6）有毒。空气中能自燃，生成硼酐和水，水解时转化为硼酸，放出氢气，同时都放出大量的热。乙硼烷是还原剂。

三、铝及其重要化合物

1. 铝是导电能力强的轻金属。常温下，它在空气、水和冷浓硫酸、浓硝酸中都很稳定，高温时和氧剧烈反应。它和卤素、酸、碱均能作用。铝热法可用来冶炼高熔点金属。铝及其合金应用广泛。

2. 氧化铝和氢氧化铝都是两性化合物。它们既溶于酸，又溶于碱，生成铝盐或铝酸盐。

3. 铝盐。强酸的铝盐如 $Al_2(SO_4)_3$ 等，易水解，溶液呈酸性。弱酸的铝盐在水中强烈水解，难以在溶液中存在。所以这类盐只能用干法来制取。

四、铝及其化合物间的转化

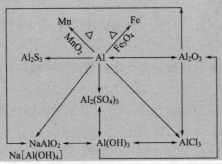

五、碳族元素

碳族元素属于元素周期表 14（ⅣA）族，包括碳、硅、锗、锡、铅五种元素，其价电子构型为 ns^2np^2。随着核电荷数增加，它们的非金属性减弱、金属性增强的递变趋势较硼族元素缓慢。成键时易显共价性，主要价态为 +2 和 +4。

六、碳酸和碳酸盐

1. 碳酸和碳酸盐。CO_2 溶于水形成 H_2CO_3，它是二元弱酸，可生成正盐和酸式盐。它们在一定条件下可以相互转化。碳酸盐的溶解性、水解性和热稳定性不同，与金属活泼性有关。酸分解法是检验碳酸盐常用的方法。

2. 纯碱（Na_2CO_3）和小苏打（$NaHCO_3$）是重要的化工原料。工业上采用氨碱法和侯氏联合制碱法生产纯碱。

七、碳及其化合物间的转化

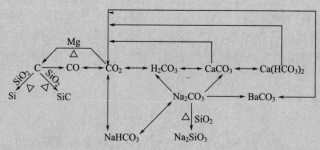

八、硅及其重要化合物

1. 硅单质有晶形硅和无定形硅两种同素异形体。晶体硅属于原子晶体，为半导体材料。

2. 二氧化硅有属于原子晶体的石英和无定形硅石——硅藻土两种形态。二氧化硅化学稳定性强，可与氢氟酸作用，高温下能和碱性物质作用生成硅酸盐，用于建材工业。碳化硅（SiC）是原子晶体。俗称金刚砂，常用作研磨材料。

3. 硅酸和硅酸盐

硅酸（H_2SiO_3）是白色难溶固体，其酸性弱于碳酸。硅酸脱水可制得硅胶，用作干燥剂。

硅酸钠是常见的硅酸盐，可由纯碱与硅石熔融作用制得，其浓溶液俗名水玻璃，用作胶黏剂和耐火材料。

九、锡、铅及其重要化合物

1. 锡和铅

单质的化学性质不甚活泼，具有两性。锡和铅的合金应用广泛。

2. 锡和铅的重要化合物

锡和铅的主要化合价为 +2、+4。二价锡有还原性，四价铅有氧化性，常见的铅盐为二价盐。

（1）锡和铅的氧化物和氢氧化物显两性，但相同价态锡的氢氧化物酸性略强于铅，其碱性则相反。

（2）氯化亚锡（$SnCl_2$）是常用的还原剂，易被氧化为四价锡。二氧化铅（PbO_2）是强氧化剂，在酸性条件下易被还原为二价铅盐。

（3）Sn^{2+} 的鉴定，用 $HgCl_2$ 法；Pb^{2+} 的鉴定，用 K_2CrO_4 法。

第九章 氧化还原反应和电化学基础

【学习目标】

1. 学会用氧化值法配平氧化还原反应方程式。
2. 了解原电池的工作原理。
3. 会用标准电极电位比较氧化剂、还原剂氧化还原能力的相对强弱及判断氧化还原反应的方向。
4. 了解电解、电镀的工作原理。
5. 了解金属的腐蚀。

第一节 氧 化 值

一、氧化还原反应的特征

氧化还原反应是日常生活和化工生产中经常遇到的一类反应。这类反应的基本特征是在反应物之间发生了电子的转移。如铜与氯气的反应，溶液中氯与碘离子的置换反应：

$$Cu+Cl_2 \xrightarrow{\triangle} CuCl_2$$

$$Cl_2+2I^- \longrightarrow 2Cl^- +I_2$$

物质失电子的过程称为氧化；物质得电子的过程称为还原。由于物质得电子的同时必有物质失电子，氧化与还原必定同时发生，所以**物质间电子转移的过程称为氧化还原反应**。

在上述有简单离了生成或参与的反应中，反应物之间电子的转移是很明显的。在仅有共价分子参与的反应中，例如：

$$H_2+Cl_2 \longrightarrow 2HCl$$

HCl 是共价化合物，成键电子为两个原子所共有，并以较大的概率出现在电负性较大的氯原子一方。这样，反应物之间虽然没有电子的得失，却也有一定程度的电子的偏移。这种反应也属于氧化还原反应。

为了能方便、准确地判断氧化还原反应，人为地引入了氧化值的概念。

二、氧化值 ❶

1970 年，国际纯粹与应用化学联合会（IUPAC）给氧化值的定义是：

元素的氧化值是该元素一个原子的荷电数。这种荷电数是人为地将成键电子指定给电负性较大的原子而求得的。例如，在 NaCl 中，氯元素的电负性比钠大，因此 Cl 的氧化值为 -1，Na 的氧化值为 $+1$。又如，在水分子中，氧的电负性比氢大，两对成键电子都归氧所有，因此氧的氧化值为 -2，氢的氧化值为 $+1$。由此看出，**氧化值是元素所带的形式电**

---

❶ 氧化值也可称氧化数。

荷数。

按照氧化值的定义可以得出求算元素氧化值的几条规则。

① 在单质分子中，元素的氧化值为零。如 Cl_2、O_2、N_2 分子中 Cl、O、N 的氧化值为 0。

② 在化合物分子中，所有元素的氧化值之代数和等于零。

③ 在离子型化合物中，单原子离子的氧化值等于离子的电荷数。如 Mg^{2+} 的氧化值是 $+2$，Br^- 的氧化值是 -1。多原子离子中，所有元素的氧化值之代数和等于离子的电荷数。

④ 在共价化合物中，一般情况下，O 的氧化值是 -2，H 的氧化值是 $+1$。也有少数例外，如在 OF_2 分子中，F 的氧化值为 -1，O 的氧化值是 $+2$；在过氧化物分子如 H_2O_2、Na_2O_2 中，O 的氧化值是 -1。又如在离子型金属氢化物如 NaH、CaH_2 中，氢的氧化值是 -1。

应用上述规则可以计算任一化合物中某元素的氧化值。

【例 9-1】 计算 NH_4^+ 中氮的氧化值。

解 设 N 的氧化值为 x，已知 H 的氧化值为 $+1$，NH_4^+ 中各元素的氧化值之代数和是 $+1$，则

$$x + 4 \times (+1) = +1$$
$$x = -3$$

所以，NH_4^+ 中氮的氧化值是 -3。

【例 9-2】 计算重铬酸根离子（$Cr_2O_7^{2-}$）中 Cr 的氧化值。

解 设 Cr 的氧化值为 x，已知 O 的氧化值为 -2，$Cr_2O_7^{2-}$ 中各元素的氧化值之代数和是 -2，则

$$2x + 7 \times (-2) = -2$$
$$x = +6$$

所以，$Cr_2O_7^{2-}$ 中 Cr 的氧化值是 $+6$。

【例 9-3】 计算 Fe_3O_4 中 Fe 的氧化值。

解 设 Fe 的氧化值为 x，已知 O 的氧化值为 -2，Fe_3O_4 分子中各元素的氧化值之代数和为 0，则

$$3x + 4 \times (-2) = 0$$
$$x = +\frac{8}{3}$$

所以，Fe_3O_4 中 Fe 的氧化值为 $+8/3$

这里，Fe 的氧化值出现分数，是因为 Fe_3O_4 的组成实际上是 $\overset{+3}{Fe}\overset{+2}{Fe}[\overset{+3}{Fe}O_4]$，三个 Fe 原子处在两种价态，氧化值是平均计算的结果。

如上所述，在定义氧化值时，人为地把原子间成键电子的偏移看成是电子的得失，而当分子中同一元素的原子处在不同的价态时，该元素的氧化值则可能出现分数。因此，氧化值并不能确切地表示分子中原子的真实荷电数。但是**在反应前后，任一分子中元素氧化值的升高（或降低）值与它失去（或得到）的电子数是一致的。**

三、氧化值与化合价

化合价是指某元素一个原子与一定数目的其他元素的原子相结合的个数比。也可以说是某一个原子能结合几个其他元素的原子的能力。因此，化合价是用整数来表示的元素原子的

性质，而这个整数就是化合物中该原子的成键数。

从前述分析、计算可以看出，氧化值有正、负之分，而且还可以是分数。可见，氧化值和化合价是有区别的。

氧化值与原子的共价键数也是有区别的。例如，一氧化碳的分子 $C \equiv O$ 中，氧的氧化值为 -2，碳的氧化值为 $+2$，碳和氧原子之间形成的化学键的数目却为 3。在共价化合物中，元素的氧化值与共价键的键数主要有两点区别：其一，共价键的数目无正、负之分，而氧化值却有正、负之分；其二，同一物质中同种元素的氧化值与共价键的数目不一定相同。如下表所列：

分子式	元素的氧化值	共价键的数目	分子式	元素的氧化值	共价键的数目
H_2	0	1	CO	碳为 $+2$、氧为 -2	3
N_2	0	3	C_2H_4	碳为 -2、氢为 $+1$	碳为 4、氢为 1

综上所述，元素的氧化值与化合价是有区别的，与原子间的共价键数也是有区别的。在无机化学中，化合价通常泛指①正、负化合价，②氧化值，③化学键数等概念。以前，正、负化合价和氧化值的概念在许多情况下是混用的。

第二节　氧化还原反应方程式的配平

氧化还原反应中，反应物和生成物之间是符合质量守恒定律的，为了表现这种定量关系需要配平反应式。配平的方法很多，本节只介绍氧化值法。

在氧化还原反应中，氧化剂氧化值降低的总数与还原剂氧化值升高的总数必须相等。氧化值法就是根据这一原则来配平氧化还原反应方程式的，其主要步骤如下：

(1) 根据实验结果或按反应物的性质和反应条件确定反应的生成物，写出未配平的反应式，并按物质的实际存在形式调整分子式前的系数；

(2) 标出氧化值有变动的元素的氧化值，用生成物中元素的氧化值减去反应物中该元素的氧化值，求出氧化剂中元素氧化值降低的数值和还原剂中元素氧化值升高的数值；

(3) 找出最小公倍数使氧化值升高总数与降低总数相等，此因数即氧化剂与还原剂分子式前面的系数；

(4) 用观察法配平反应前后氧化值未发生变化的元素的原子数。

【例 9-4】 三氧化二铁与一氧化碳在高温下的反应。

解 (1) 确定产物，写出未配平的反应式

$$Fe_2O_3 + CO \xrightarrow{\text{高温}} 2Fe + CO_2 \uparrow$$

在高温下，Fe_2O_3 被还原成 Fe，CO 被氧化成 CO_2，而且一个 Fe_2O_3 分子中有 2 个 Fe 原子，反应后至少生成 2 个 Fe 原子，故配平前须在 Fe 前面加系数 2。

(2) 求元素氧化值的变化值

$$\overset{+3}{Fe_2}O_3 + \overset{+2}{C}O \xrightarrow{\text{高温}} 2\overset{0}{Fe} + \overset{+4}{C}O_2 \uparrow$$

（Fe 氧化值降低 3×2；C 氧化值升高 2）

（3）找出最小公倍数，使氧化值变化值相等

$$\text{Fe 氧化值降低 6}$$
$$Fe_2O_3 + 3CO \xrightarrow{\text{高温}} 2Fe + 3CO_2 \uparrow$$
$$\text{C 氧化值升高 } 2 \times 3$$

（4）核对反应前后氧化值未改变的元素的原子数，则

$$Fe_2O_3 + 3CO \xrightarrow{\text{高温}} 2Fe + 3CO_2 \uparrow$$

【例 9-5】 实验室中用氯酸钾与二氧化锰共热制备氧气。

解 （1）写出未配平的反应式

$$2KClO_3 \xrightarrow[\triangle]{MnO_2} KCl + O_2 \uparrow$$

因为氧气只能以双原子分子的形式存在，故 $KClO_3$ 前面的系数至少是 2。

（2）求元素氧化值的变化值。

$$\text{Cl 氧化值降低 } 6 \times 2$$
$$2K\overset{+5}{Cl}\overset{-2}{O_3} \xrightarrow[\triangle]{MnO_2} 2K\overset{-1}{Cl} + \overset{0}{O_2} \uparrow$$
$$\text{O 氧化值升高 } 2 \times 2$$

（3）使氧化值变化值相等

$$\text{Cl 氧化值降低 } 6 \times 2$$
$$2KClO_3 \xrightarrow[\triangle]{MnO_2} 2KCl + 3O_2 \uparrow$$
$$\text{O 氧化值升高 } 2 \times 2 \times 3$$

（4）核对反应前后氧化值未改变的元素的原子数，则

$$2KClO_3 \xrightarrow[\triangle]{MnO_2} 2KCl + 3O_2 \uparrow$$

【例 9-6】 实验室中用二氧化锰与浓盐酸共热制备氯气。

解 （1）写出未配平的反应式

$$MnO_2 + 2HCl(\text{浓}) \xrightarrow{\triangle} MnCl_2 + Cl_2 \uparrow + H_2O$$

（2）求元素氧化值的变化值

$$\text{Mn 氧化值降低 2}$$
$$\overset{+4}{Mn}O_2 + 2H\overset{-1}{Cl}(\text{浓}) \xrightarrow{\triangle} \overset{+2}{Mn}Cl_2 + \overset{0}{Cl_2} \uparrow + H_2O$$
$$\text{Cl 氧化值升高 } 1 \times 2$$

（3）使氧化值变化值相等

（4）核对反应前后元素氧化值未改变的原子数则

$$MnO_2 + 4HCl(\text{浓}) \xrightarrow{\triangle} MnCl_2 + Cl_2 \uparrow + 2H_2O$$

【例 9-7】 氯气通入热浓氢氧化钠溶液。

解

$$\text{Cl 氧化值降低 } 1 \times 5$$
$$\overset{0}{Cl_2} + NaOH(\text{浓}) \xrightarrow{\triangle} Na\overset{-1}{Cl} + Na\overset{+5}{Cl}O_3 + H_2O$$
$$\text{Cl 氧化值升高 5}$$

反应物中，元素氧化值发生变化的只有 Cl，因此，反应中 Cl_2 分子中的 1 个 Cl 原子作还原剂，被氧化成 1 个 $NaClO_3$ 分子；5 个 Cl 原子作氧化剂，被还原成 5 个 NaCl 分子。即共需 6 个 Cl 原子，也就是 3 个 Cl_2 分子参加氧化还原反应。则

$$3Cl_2 + NaOH \xrightarrow{\triangle} 5NaCl + NaClO_3 + H_2O$$

核对反应前后元素氧化值未改变的原子数，则

$$3Cl_2 + 6NaOH \xrightarrow{\triangle} 5NaCl + NaClO_3 + 3H_2O$$

【例 9-8】 工业上煅烧黄铁矿制备二氧化硫。

解　按步骤 (1)、(2)、(3) 得到

$$
\overset{+2\;-1}{2FeS_2} + \overset{0}{O_2} \xrightarrow{\triangle} \overset{+3\;-2}{Fe_2O_3} + \overset{+4\;-2}{4SO_2} \uparrow
$$

（上方：O 的氧化值降低 $2 \times 2 \times 11$）

（下方：Fe 氧化值升高 1×2 + S 氧化值升高 5×4）$\times 2$

则

$$4FeS_2 + 11O_2 \xrightarrow{\triangle} 2Fe_2O_3 + 8SO_2 \uparrow$$

应该指出，像这种多种元素参与的氧化还原反应方程式的配平，应以所有氧化剂或还原剂分子中各种元素氧化值的降低或升高总数必然相等为基准。

第三节　电极电位

【演示实验 9-1】　在试管 (1)、(2) 中各加入 5mL 四氯化碳（CCl_4）和少许固体 $FeSO_4$，然后分别加入 2mL 溴水和 2mL 碘水，振摇两支试管，观察现象。

(1) 号试管内 CCl_4 层的颜色逐渐变浅，直至无色，证明 Br_2 与 $FeSO_4$ 发生了反应。

(2) 号试管内 CCl_4 层呈紫色，说明 I_2 与 $FeSO_4$ 没有发生反应。

实验表明 Br_2 的氧化能力比 I_2 强。

不同物质在水溶液中的氧化、还原能力不同，为了能定量地度量在水溶液中各种氧化剂、还原剂的相对强弱，判断在实验条件下氧化还原反应自发进行的可能性以及进行的程度，有必要了解电极电位的基本概念。为了清楚地说明电极电位，需先介绍原电池的工作原理。

一、原电池

通常，在氧化还原反应中，氧化剂和还原剂总是直接接触，发生电子的转移。

【演示实验 9-2】　将锌片放入盛有 100mL $1mol \cdot L^{-1}$ 的 $CuSO_4$ 溶液的烧杯里，观察现象。

可以看到，锌片上不断有红棕色的金属铜析出，溶液的蓝色逐渐减退，现象表明，Zn 和 $CuSO_4$ 发生了置换反应：

$$Zn + Cu^{2+} \xrightarrow{\quad 2e \quad} Zn^{2+} + Cu$$

反应中，电子由锌片直接转移给了溶液中的 Cu^{2+}，电子的流动是无序的，电子转移不易觉察。化学能以热的形式散发到环境中。若能设计一种装置，使电子的转移变为定向移动而形成电流，则不仅可以证明氧化还原反应中有电子的转移，而且可以确认反应中的氧化剂

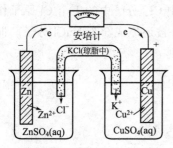

图 9-1　铜-锌原电池示意图

和还原剂。

原电池就是符合这种要求的装置。

【演示实验 9-3】　铜-锌原电池。如图 9-1。

在盛有 $1mol \cdot L^{-1}$ $ZnSO_4$ 溶液的烧杯中，插入锌片，在盛有 $1mol \cdot L^{-1}$ $CuSO_4$ 溶液的烧杯中，插入铜片。用盐桥❶将两个烧杯中的溶液沟通，将铜、锌片用导线与检流计相连形成外电路，就会发现有电流通过。

实验表明，在锌片和铜片之间发生了电子的转移，电子由锌片转移到铜片。

Zn 失去两个电子成为 Zn^{2+}，进入溶液，锌片上发生了氧化反应，

$$Zn - 2e \longrightarrow Zn^{2+}$$

聚集在锌片上的电子通过导线流向铜片，于是产生了电流。$CuSO_4$ 溶液中的 Cu^{2+} 从铜片上得到电子，析出金属 Cu，铜片上发生了还原反应，

$$Cu^{2+} + 2e \longrightarrow Cu$$

随着锌的溶解，$ZnSO_4$ 溶液中 Zn^{2+} 增多，正电荷过剩，阻碍了 Zn 的进一步溶解，同时，随着铜的析出，$CuSO_4$ 溶液中 SO_4^{2-} 相对增多，负电荷过剩，阻碍了电子流向正极。结果整个电池反应难以进行，电流趋于消失。盐桥的作用就是连接两溶液沟通内电路，平衡正负电荷，使两溶液维持电中性❷，从而保证电池反应持续进行。

这种借助氧化还原反应产生电流的装置叫原电池。原电池把化学能变成了电能。它进一步证实了氧化还原反应的实质是反应物之间电子的转移。

原电池由两个半电池组成，如图 9-1 中的铜-锌原电池就是由锌半电池（Zn 和 $ZnSO_4$ 溶液）和铜半电池（Cu 和 $CuSO_4$ 溶液）组成的。它是在 1836 年由英国科学家丹尼尔（J. F. Daniell，1790—1845）制成的，也叫丹尼尔电池。

在原电池中，输出电子的电极称为负极，发生氧化反应，如铜-锌原电池中的锌电极❸。

负极　　　　　　　　　$Zn - 2e \longrightarrow Zn^{2+}$　　　　　　　　　　（氧化）

输入电子的电极称为正极，发生还原反应，如铜-锌原电池中的铜电极。

正极　　　　　　　　　$Cu^{2+} + 2e \longrightarrow Cu$　　　　　　　　　　（还原）

在电极上发生的氧化或还原反应称为该电极的电极反应。电极反应也叫半电池反应。两个半电池反应合并构成原电池的总反应，也称电池反应。如铜锌原电池的电池反应

$$Zn + Cu^{2+} \longrightarrow Zn^{2+} + Cu$$

原电池的装置可以用符号表示。如铜-锌原电池可表示为：

$$(-)Zn \,|\, Zn^{2+}(1mol \cdot L^{-1}) \,\|\, Cu^{2+}(1mol \cdot L^{-1}) \,|\, Cu(+)$$

其中，"｜"表示锌片（或铜片）与电解质溶液之间的界面，"‖"表示盐桥，习惯上把负极写在左边，正极写在右边。

从理论上讲，任何一个能自发进行的氧化还原反应都能组成一个原电池。例如，在盛有

---

❶ 盐桥：充满 KCl 或 KNO_3 饱和了的琼脂胶冻的玻璃 U 形管，在外电场的作用下，离子可在其中迁移。

❷ 盐桥中 K^+ 移入负电荷过剩的 $CuSO_4$ 溶液；Cl^-（或 NO_3^-）移入正电荷过剩的 $ZnSO_4$ 溶液。

❸ 习惯上，经常把"金属/溶液"体系的金属部分称为电极，这是不确切的。本书所称电极应包括金属和与其相连的电解质溶液。

Fe^{3+} 和 Fe^{2+} 溶液的烧杯与另一个盛有 Sn^{2+} 和 Sn^{4+} 溶液的烧杯中，分别插入铂片（Pt）作电极材料❶，组成两个半电池，用盐桥、导线连接，就构成一个原电池，如图 9-2，相应的电极反应和电池反应为：

负极 $\qquad\qquad\qquad Sn^{2+} - 2e \longrightarrow Sn^{4+}$ （氧化）

正极 $\qquad\qquad\qquad Fe^{3+} + e \longrightarrow Fe^{2+}$ （还原）

电池反应 $\qquad\qquad Sn^{2+} + 2Fe^{3+} \longrightarrow Sn^{4+} + 2Fe^{2+}$

该原电池可用符号表示为：

$$(-)Pt\,|\,Sn^{2+}\,、Sn^{4+}\,\|\,Fe^{2+}\,、Fe^{3+}\,|\,Pt(+)$$

事实上，将两种不同的金属插入任何一种电解质溶液中，都能组成一个原电池。1800 年意大利物理学家伏特（C. A. Volta，1745—1827）将锌片和铜片插入稀硫酸溶液中，制成了世界上第一个原电池，称为伏特电池。如图 9-3。电子由锌片流向铜片，在负极发生锌的氧化反应，在正极发生 H^+ 的还原反应

负极 $\qquad\qquad\qquad Zn - 2e \longrightarrow Zn^{2+}$

正极 $\qquad\qquad\qquad 2H^+ + 2e \longrightarrow H_2$

电池反应 $\qquad\qquad Zn + 2H^+ \longrightarrow Zn^{2+} + H_2 \uparrow$

原电池中的两个半电池，都是分别由同一种元素的氧化型和还原型物质组成。如铜-锌原电池的锌半电池中，低价态的 Zn 叫还原型物质，高价态的 Zn^{2+} 叫氧化型物质。氧化型物质和相应的还原型物质构成氧化还原电对，简称电对，可表示为"氧化型/还原型"，如 Cu^{2+}/Cu，Zn^{2+}/Zn 等。

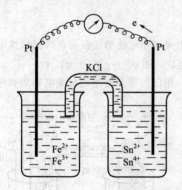

图 9-2 由 Sn^{2+}、Sn^{4+} 溶液和 Fe^{2+}、Fe^{3+} 溶液组成的原电池

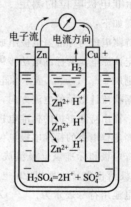

图 9-3 伏特电池示意图

习惯上讲，电池是由两个电极组成的，所以，每一个半电池可以叫做一个电极。如锌电极就是指锌半电池，即电对 Zn^{2+}/Zn 组成的电极。

二、电极电位

接通原电池的外电路，两极间即有电流通过，它表明两个电极之间存在电位差，即一个电极的电位高些，另一个电极的电位低些。如同水的流动是由于存在水位差，水由高处流向低处一样。如果能在相同条件下，测定出各种电极的电位值，就能反映出相应电对得失电子的能力，从而可以判断水溶液中各种氧化剂或还原剂氧化-还原能力的相对强弱。但目前还

---

❶ 铂不参加电极反应，仅起导电作用，习惯上称这类电极为惰性电极。

无法测定电极电位的绝对值，只能确定其相对值。通常所说的某电极的电极电位是相对电极电位值。为了测量各种电极电位的相对值，必须选用一个通用的标准电极。就像测量山的高度时，将海的平均水平面定为零一样。通常将标准氢电极作为标准电极，规定其电极电位为零。记作：$\varphi_{H^+/H_2}^{\ominus} = 0.0000V$。

电极电位的高低，主要决定于物质的本性，但也随温度、浓度、气体的压力而改变。为了便于比较，规定：温度为25℃、纯气态物质的压力为100kPa、液态和固态物质是纯净物、与电极有关的离子浓度为$1mol \cdot L^{-1}$，作为电极的标准状态。在标准状态下，将标准氢电极和欲测电极组成原电池，测量该电池的电动势，即可得到欲测电极的电极电位的相对值，这个相对值叫该电极的标准电极电位，用$\varphi^{\ominus}$表示。

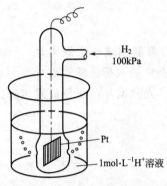

图9-4　标准氢电极装置

* 1. 标准氢电极

标准氢电极的装置如图9-4。将一片由铂丝连接、镀有蓬松铂黑的铂片，浸入氢离子浓度为$1mol \cdot L^{-1}$的硫酸溶液中，在25℃时，从玻璃管上部的支管不断地通入压力为100KPa的高纯氢气流，使铂黑上吸附的氢气达到饱和。被铂吸附了的H_2与溶液中的H^+建立了如下动态平衡：

$$2H^+ + 2e \rightleftharpoons H_2$$

由100KPa氢气饱和了的铂黑与氢离子浓度为$1mol \cdot L^{-1}$的酸溶液构成的电极就叫做标准氢电极。规定25℃时，标准氢电极的电极电位为零记做：$\varphi_{H^+/H_2}^{\ominus} = 0.0000V$

* 2. 标准电极电位的测定

测定步骤如下：

（1）将待测电极与标准氢电极组成原电池。

（2）测定该原电池的标准电动势❶（用$\varphi^{\ominus}$表示）。它等于组成该原电池的正极与负极间标准电极电位之差。如分别用$\varphi_{(+)}^{\ominus}$、$\varphi_{(-)}^{\ominus}$表示原电池正、负极的标准电极电位，则$\varphi^{\ominus} = \varphi_{(+)}^{\ominus} - \varphi_{(-)}^{\ominus}$。

（3）根据检流计指示的电流方向，确定原电池的正、负极。用已测得原电池的标准电动势和标准氢电极的电位值，算出待测电极的标准电极电位。

例如，测定锌电极的标准电极电位，$\varphi_{Zn^{2+}/Zn}^{\ominus}$。

将标准锌电极和标准氢电极组成原电池，如图9-5。实验确定：Zn电极给出电子，所以Zn电极是负极、氢电极为正极。这个原电池用符号表示为：$(-)Zn|Zn^{2+}(1mol \cdot L^{-1}) \| H^+(1mol \cdot L^{-1})|H_2(100kPa)|Pt(+)$ 测得此原电池的电动势为0.763V，则

$$\varphi^{\ominus} = \varphi_{(+)}^{\ominus} - \varphi_{(-)}^{\ominus} = \varphi_{H^+/H_2}^{\ominus} - \varphi_{Zn^{2+}/Zn}^{\ominus}$$

$$0.763 = 0 - \varphi_{Zn^{2+}/Zn}^{\ominus}$$

所以　　　　$\varphi_{Zn^{2+}/Zn}^{\ominus} = -0.763$（V）

又如，测定铜电极的标准电极电位，$\varphi_{Cu^{2+}/Cu}^{\ominus}$。

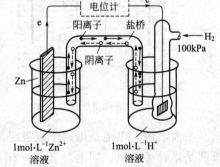

图9-5　测量锌电极标准电极电位的装置

将标准铜电极和标准氢电极组成原电池，Cu电极接受电子，所以它是正极，氢电极为负极。这个原电池用符号表示为：

$$(-)Pt|H_2(100kPa)|H^+(1mol \cdot L^{-1}) \| Cu^{2+}(1mol \cdot L^{-1})|Cu(+)$$

测得此原电池的电动势为0.337V，则

---

❶ 电动势是在外电路未接通时，电池两极之间的电位差。可用电位计测定，它总是正值。

$$\varphi^{\ominus} = \varphi^{\ominus}_{(+)} - \varphi^{\ominus}_{(-)} = \varphi^{\ominus}_{Cu^{2+}/Cu} - \varphi^{\ominus}_{H^+/H_2}$$

$$0.337 = \varphi^{\ominus}_{Cu^{2+}/Cu} - 0$$

所以

$$\varphi^{\ominus}_{Cu^{2+}/Cu} = 0.337V$$

从理论上讲，用上述方法可以测定各种氧化还原电对的标准电极电位。

3. 标准电极电位表

标准电极电位表是将各种氧化还原电对的标准电极电位按照由小到大（代数值）的顺序排列而成的表（见附录Ⅳ）。

使用标准电极电势表时应注意以下几个问题。

① 表中对应于每一电对的电极反应都以还原反应的形式统一书写。

$$氧化型 + ne \Longrightarrow 还原型$$

② 每个电对 $\varphi^{\ominus}$ 值的正、负号不随电极反应进行的方向而改变。因为 $\varphi^{\ominus}$ 值是电对在标准状态下的平衡电位。如锌电极，电极反应：

$$Zn - 2e \Longrightarrow Zn^{2+} \ 或 \ Zn^{2+} + 2e \Longrightarrow Zn$$

它的 $\varphi^{\ominus}$ 值总是 $-0.7628V$。

③ 若将电极反应乘以某系数，其 $\varphi^{\ominus}$ 值不变。如：$Cl_2 + 2e \Longrightarrow 2Cl^-$ 或 $\frac{1}{2}Cl_2 + e \Longrightarrow$ Cl^-，其 $\varphi^{\ominus}$ 值均为 $1.36V$。因为 $\varphi^{\ominus}$ 值反映的是电对在标准状态下得失电子的倾向，与物质的质量无关。

④ 电极电位值往往与溶液的酸碱性有关，因此标准电极电位表又分为酸表、碱表，或在表中直接注明介质的酸碱性。$\varphi^{\ominus}_A$ 表示酸性介质中的电极电位值，$\varphi^{\ominus}_B$ 表示碱性介质中的电极电位值。在电极反应中，H^+ 无论在反应物还是在产物中，皆查酸表；OH^- 无论在反应物还是在产物中，皆查碱表。

在电极反应中没有 H^+ 或 OH^- 时，可以从电对的存在条件来考虑。如 $Fe^{3+} + e \Longrightarrow$ Fe^{2+}，Fe^{3+}、Fe^{2+} 只能存在于酸性溶液，其电极电位列于酸表中。同样 $Cl_2 + 2e \Longrightarrow 2Cl^-$ 的电极电位也列于酸表中。

⑤ 使用电极电位时，一定要注明相应的电对。如 $Fe^{2+} + 2e \longrightarrow Fe$ 和 $Fe^{3+} + e \Longrightarrow$ Fe^{2+} 两个电极反应的标准电极电位值应分别表示为：

$$\varphi^{\ominus}_{Fe^{2+}/Fe} = -0.44V; \quad \varphi^{\ominus}_{Fe^{3+}/Fe^{2+}} = 0.77V$$

二者相差很大，如不注明电对则容易混淆。

4. 电极电位值的含义

电极电位值的大小，可以反映出不同电对中氧化型物质和还原型物质得失电子倾向的大小，即氧化还原能力的强弱。

在由锌电极和标准氢电极组成的原电池中，锌电极电位低，给出电子；氢电极电位高，接受电子。这说明 Zn 的还原能力比 H_2 强，而 H^+ 的氧化能力比 Zn^{2+} 强。

同样，在由标准氢电极和铜电极组成的原电池中，氢电极的电位低，给出离子；铜电极电位高，接受电子。这说明 H_2 的还原能力比铜强，而 Cu^{2+} 的氧化能力比 H^+ 强。

Zn^{2+}/Zn	H^+/H_2	Cu^{2+}/Cu
$-0.763V$	$0.00V$	$0.337V$

→ 氧化态氧化能力增强

← 还原态还原能力增强

由此可见，电对的 $\varphi^{\ominus}$ 值越大，其氧化型物质获得电子的倾向越大，氧化能力越强，是越强的氧化剂。反之，电对的 $\varphi^{\ominus}$ 值越小，其还原型物质给出电子的倾向越大，还原能力越强，是越强的还原剂。如表 9-1 中，左下方的 F_2 是最强的氧化剂，右上方的 K 是最强的还原剂。

表 9-1　一些氧化还原电对的标准电极电位（25℃）

电　极　反　应	$\varphi^{\ominus}/V$
	−2.925
氧化态　　　还原态	−0.763
$K^+ + e \Longleftrightarrow K$	−0.44
$Zn^{2+} + 2e \Longleftrightarrow Zn$	−0.23
$Fe^{2+} + 2e \Longleftrightarrow Fe$	0.00
$Ni^{2+} + 2e \Longleftrightarrow Ni$	0.337
$2H^+ + 2e \Longleftrightarrow H_2$	0.535
$Cu^{2+} + 2e \Longleftrightarrow Cu$	0.77
$I_2 + 2e \Longleftrightarrow 2I^-$	1.065
$Fe^{3+} + e \Longleftrightarrow Fe^{2+}$	1.36
$Br_2(l) + 2e \Longleftrightarrow 2Br^-$	2.87
$Cl_2 + 2e \Longleftrightarrow 2Cl^-$	
$F_2 + 2e \Longleftrightarrow 2F^-$	

（表左侧：氧化态的氧化能力增强↓；表右侧：还原态的还原能力增强↑）

三、影响电极电位的因素

影响电极电位的主要因素有温度、浓度、压力及介质的酸碱度。本书仅从平衡移动的角度定性地分析浓度和介质的酸碱度对电极电位的影响。

例如，电极反应 $Pb^{2+} + 2e \Longleftrightarrow Pb$，当 Pb^{2+} 浓度减小时，平衡左移，说明 Pb 失电子被氧化为 Pb^{2+} 的趋势增强，而 Pb^{2+} 得电子的趋势即还原为 Pb 的趋势减弱，Pb^{2+}/Pb 的电极电位值就会减小。由此可看出，**电对中氧化态物质的浓度减小时，其电极电位值减小**，反之，电极电位值增大。

又如，电极反应 $Cl_2 + 2e \Longleftrightarrow 2Cl^-$，当 Cl^- 浓度增大时，平衡左移，Cl^- 被氧化的趋势即其还原能力增强，Cl_2/Cl^- 的电极电位值就会减小。由此可看出，**电对中还原态物质的浓度增大时，其电极电位值减小**，反之，电极电位值增大。

再如，电极反应 $MnO_2 + 4H^+ + 4e \Longleftrightarrow Mn^{2+} + 2H_2O$，当 H^+ 浓度增大时，平衡右移，MnO_2 还原为 Mn^{2+} 的趋势增大，即 MnO_2 的氧化能力增强，MnO_2/Mn^{2+} 的电极电位值就会增大。这说明了介质的酸度对电极电位有影响。

第四节　电极电位的应用

一、比较氧化剂、还原剂氧化还原能力的相对强弱

【例 9-9】　在 Cu^{2+}/Cu 和 I_2/I^- 两电对中，哪种物质是较强的氧化剂，哪种物质是较强的还原剂？

解　从表 9-1 中查出：

$\varphi^{\ominus}_{Cu^{2+}/Cu} = 0.337V$，$\varphi^{\ominus}_{I_2/I^-} = 0.535V$

$\varphi^{\ominus}$ 值大的电对中的氧化型物质 I_2 是较强的氧化剂。

$\varphi^{\ominus}$ 值小的电对中的还原型物质 Cu 是较强的还原剂。

【例 9-10】　比较 I_2、Fe^{2+}、Ag^+、ClO^- 的氧化能力。

解　比较 I_2、Fe^{2+}、Ag^+、ClO^- 的氧化能力，就是比较它们获得电子分别被还原为 I^-、Fe、Ag、Cl^- 的能力。由附录Ⅳ中查出相应电极反应的 $\varphi^\ominus$ 值：

$$I_2 + 2e \rightleftharpoons 2I^- \qquad \varphi_A^\ominus = 0.535V$$

$$Fe^{2+} + 2e \rightleftharpoons Fe \qquad \varphi_A^\ominus = -0.44V$$

$$Ag^+ + e \rightleftharpoons Ag \qquad \varphi_A^\ominus = 0.799V$$

$$ClO^- + H_2O + 2e \rightleftharpoons Cl^- + 2OH^- \qquad \varphi_B^\ominus = 0.89V$$

可见，I_2、Fe^{2+}、Ag^+、ClO^- 的氧化能力是依 $Fe^{2+} \rightarrow I_2 \rightarrow Ag^+ \rightarrow ClO^-$ 的顺序依次增强。

二、判断氧化还原反应进行的方向

氧化还原反应进行的方向与多种因素有关，如反应物的性质、浓度、介质的酸度和温度等。当外界条件一定时，如标准状态下，反应的方向只取决于氧化剂和还原剂的本性。

在铜锌原电池中，电极电位低的锌电极作负极，电极电位高的铜电极作正极，电池的标准电动势

$$\varphi^\ominus = \varphi_{(+)}^\ominus - \varphi_{(-)}^\ominus = 0.337 - (-0.763) = 1.10V$$

即 $\varphi^\ominus > 0$

所以，电子能自动地从锌电极流向铜电极，电池反应 $Cu^{2+} + Zn \longrightarrow Cu + Zn^{2+}$ 自发地正向进行。可见，当两个电极反应（或两个氧化还原电对）组成的原电池的标准电动势大于零时，则电极反应能向着负极的还原型被氧化，正极的氧化型被还原的方向自发进行。具体判断步骤如下：

（1）按给定的反应方向，找出元素氧化值的变化，确定氧化剂和还原剂；

（2）分别查出氧化剂电对和还原剂电对的标准电极电位；

（3）以反应物中还原剂电对作负极，氧化剂电对作正极，组成原电池，并计算其标准电动势。

若 $\varphi^\ominus > 0$，则反应自发正向（向右）进行；

若 $\varphi^\ominus < 0$，则反应自发逆向（向左）进行。

【例 9-11】　判断反应 $2Fe^{3+} + Cu \rightleftharpoons 2Fe^{2+} + Cu^{2+}$ 在标准状态下自发进行的方向。

解　按照给定的反应方向，从氧化数的变化看，Fe^{3+} 是氧化剂，Cu 是还原剂，由 Fe^{3+}/Fe^{2+} 和 Cu^{2+}/Cu 组成原电池，Fe^{3+}/Fe^{2+} 作正极、Cu^{2+}/Cu 作负极，电极反应为

负极：$Cu - 2e \rightleftharpoons Cu^{2+}$ 　　$\varphi_{Cu^{2+}/Cu}^\ominus = 0.337V$

正极：$Fe^{3+} + e \rightleftharpoons Fe^{2+}$ 　　$\varphi_{Fe^{3+}/Fe^{2+}}^\ominus = 0.77V$

电池电动势 $\varphi^\ominus = \varphi_{(+)}^\ominus - \varphi_{(-)}^\ominus = 0.77V - 0.337V = 0.433V$

$\varphi^\ominus > 0$ 所以，反应自发向右进行。

这就是 $FeCl_3$ 溶液可以腐蚀金属铜的原因。

【例 9-12】　判断反应 $Fe^{2+} + Cu \rightleftharpoons Fe + Cu^{2+}$ 在标准状态下自发进行的方向。

解　按照给定的反应方向，从氧化数的变化看，Fe^{2+} 是氧化剂，Cu 是还原剂，电极反应为：

正极：$Fe^{2+} + 2e \rightleftharpoons Fe$ 　　$\varphi_{Fe^{2+}/Fe}^\ominus = -0.44V$

负极：$Cu - 2e \rightleftharpoons Cu^{2+}$ 　　$\varphi_{Cu^{2+}/Cu}^\ominus = 0.337V$

$\varphi^\ominus = \varphi_{(+)}^\ominus - \varphi_{(-)}^\ominus = -0.44V - 0.337V = -0.777V$

$\varphi^\ominus < 0$ 所以，反应逆向进行。

与［例 9-11］的反应比较，Fe^{3+} 能将 Cu 氧化为 Cu^{2+}，而 Fe^{2+} 则不能。

【例 9-13】 用标准电极电位说明 Fe 与酸发生置换反应时，只能生成 Fe^{2+}，而不能生成 Fe^{3+}。

解 Fe 与酸的置换反应：$Fe+2H^+ \rightleftharpoons Fe^{2+}+H_2\uparrow$

$\varphi^{\ominus}_{Fe^{2+}/Fe}=-0.44V$；$\varphi^{\ominus}_{H^+/H_2}=0.00V$

$\varphi^{\ominus}=\varphi^{\ominus}_{(+)}-\varphi^{\ominus}_{(-)}=0.00V-(-0.44)V=0.44V$

$\varphi^{\ominus}>0$，所以反应正向自发进行。

若 H^+ 进一步将 Fe^{2+} 氧化，即

$2Fe^{2+}+2H^+ \rightleftharpoons 2Fe^{3+}+H_2\uparrow$

$\varphi^{\ominus}_{Fe^{3+}/Fe^{2+}}=0.77V$，$\varphi^{\ominus}_{H^+/H_2}=0.00V$

$\varphi^{\ominus}=\varphi^{\ominus}_{(+)}-\varphi^{\ominus}_{(-)}=0.00V-0.77V=-0.77V$

$\varphi^{\ominus}<0$，反应逆向自发进行。也就是说 H^+ 不能进一步将 Fe^{2+} 氧化为 Fe^{3+}。

原电池的电动势是电流的推动力，其值愈大，这种推动力愈大，氧化还原反应自发正向进行的趋势就愈大。反之，其值愈小，反应自发正向进行的趋势就愈小，逆向进行的趋势增大。显然，**当 $\varphi^{\ominus}=0$ 时，氧化还原反应达到了动态平衡。**

一般情况下，当 $\varphi^{\ominus}>0.2V$ 时，反应正向进行比较完全；$\varphi^{\ominus}<-0.2V$ 时，反应逆向进行比较完全；可以认为是不可逆反应。即使改变反应条件也不致引起反应逆转。

当 $-0.2V<\varphi^{\ominus}<0.2V$ 时，反应的可逆性比较大，可以通过控制反应条件使反应方向发生改变。

【例 9-14】 从浓度对电极电位的影响，说明实验室中，在加热的条件下用 MnO_2 和浓盐酸制取 Cl_2 的反应为什么能够进行？

解 浓盐酸与 MnO_2 的反应

$MnO_2+4HCl(浓)\xrightarrow{\triangle}MnCl_2+Cl_2\uparrow+2H_2O$

正极：$MnO_2+4H^++2e\rightleftharpoons Mn^{2+}+2H_2O$　　$\varphi^{\ominus}_{MnO_2/Mn^{2+}}=1.23V$

负极：$2Cl^--2e\rightleftharpoons Cl_2$　　$\varphi^{\ominus}_{Cl_2/Cl^-}=1.36V$

$\varphi^{\ominus}=\varphi^{\ominus}_{(+)}-\varphi^{\ominus}_{(-)}=1.23-1.36=-0.13(V)<0$

这说明在标准条件下，反应不能自发正向进行，但是其 $\varphi^{\ominus}>-0.2V$，当改变离子浓度时，反应有可能正向进行。用 12mol/L 的浓盐酸与 MnO_2 反应时，由于 $[H^+]$ 的增大，使 $\varphi_{MnO_2/Mn^{2+}}$ 的值增大；由于 $[Cl^-]$ 的增大，使 φ_{Cl_2/Cl^-} 的值减小了；且升高温度，反应可以正向进行。

可见，某些在标准态下不能自发进行的反应，通过改变反应条件如浓度、温度等可使其自发进行。因此，在判断氧化还原反应进行的方向时，除了考虑氧化剂、还原剂的本性以外，还要考虑浓度、温度、介质的酸度等因素的影响。至于非标准状态下的氧化还原反应方向的判断，本书不作讨论。

第五节　电化学基础

一、化学电源
化学电源是一种把化学能直接转变为电能的装置，简称电池。理论上，任何一个能

自发进行的氧化还原反应都能组成电池，产生电能。但是，并不是所有能自发进行的氧化还原反应都能构成有实用价值的化学电源。化学电源应具备供电方便、电压稳定、设备简单、使用寿命长、应用广泛等特点。符合这些要求的化学电源种类很多，本书只介绍日常生活中常用的干电池，实验室及机动车上常用的铅蓄电池，手表、微型计算机上使用的微型电池。

1. 干电池

干电池是根据原电池的工作原理制成的。它的外壳是一个锌筒，作负极，插在电池中央的石墨炭棒作正极。两极之间充满以氯化铵、氯化锌、淀粉、二氧化锰、石墨粉等调制成的糊状物，作电解质（干电池便因此而得名）。

当接通干电池的正、负极时，发生如下的电极反应：

正极 $\qquad\qquad\qquad 2NH_4^+ + 2e \Longrightarrow 2NH_3 + H_2$

负极 $\qquad\qquad\qquad Zn - 2e \Longrightarrow Zn^{2+}$

正极上生成的 H_2，聚集在炭棒的周围。它会阻止 NH_4^+ 得电子反应的继续进行，使电流强度减弱甚至中断。电池中加入 MnO_2 就是为了将 H_2 氧化成水，而消除这种作用。

$$2MnO_2 + H_2 \longrightarrow Mn_2O_3 + H_2O$$

正极上生成的 NH_3 与负极上生成的 Zn^{2+} 作用从而维持电池的工作

$$Zn^{2+} + 2NH_3 \longrightarrow [Zn(NH_3)_2]^{2+}$$

电池总反应为：

$$Zn + 2MnO_2 + 2NH_4^+ \longrightarrow [Zn(NH_3)_2]^{2+} + Mn_2O_3 + H_2O$$

干电池的电压可达 1.5V。使用一段时间后，电压降至 0.75V 左右时，就不能继续使用了。像锌-锰干电池，其中的反应物放电完毕后，不能再继续使用，称之为不可逆电池或一次性电池。

2. 铅蓄电池

凡是能用充电的方法使反应物复原，重新放电，并能反复使用的电池，称为蓄电池或二次性电池。铅蓄电池是其中最常用的一种。它可以把电能转化为化学能储存起来，使用时，再把化学能变为电能。

铅蓄电池的两个电极都是由栅状铅板制成的。负极填有海绵状的 Pb，正极填有疏松型的 PbO_2。其电解质溶液是密度为 $1.2g \cdot cm^{-3}$ 的 30% H_2SO_4 溶液。

根据 $\varphi_{PbO_2/Pb^{2+}}^{\ominus} = 1.69V$，$\varphi_{Pb^{2+}/Pb}^{\ominus} = -0.3553V$；这两个电对可以组成一个原电池，前者作正极，后者作负极。$\varphi^{\ominus} = \varphi_{(+)}^{\ominus} - \varphi_{(-)}^{\ominus} = 2.05V$，其氧化还原反应可以自发进行。相应的电极反应为：

正极 $\qquad\qquad PbO_2 + 2e + 4H^+ + SO_4^{2-} \longrightarrow PbSO_4 + 2H_2O$

负极 $\qquad\qquad Pb + SO_4^{2-} - 2e \longrightarrow PbSO_4$

两电极反应相加，可得电池反应：

$$PbO_2 + Pb + 4H^+ + 2SO_4^{2-} \longrightarrow 2PbSO_4 + 2H_2O$$

通过上述反应，**电池将化学能转化为电能，产生的电流供外电路使用**。这一过程称为铅蓄电池的"放电"。

随着放电反应的进行，Pb、PbO_2 和 H_2SO_4 都不断消耗，当电池电压降到 1.9V 或 H_2SO_4 溶液的密度降到 $1.05g \cdot cm^{-3}$ 时，电池不宜继续使用。根据 $PbSO_4$ 既可作氧化剂又可作还原剂的原理，给放电后的电池通入直流电，迫使两极的 $PbSO_4$ 发生歧化反应，转化为 PbO_2 和 Pb。这种**由电能转化为化学能的过程，称为铅蓄电池的"充电"**。充电时，将电池的正、负极分别与直流电源的正、负极相连，则发生如下电极反应：

负极　　　　　　　　　　$PbSO_4 + 2e \longrightarrow Pb + SO_4^{2-}$

正极　　　　　　$PbSO_4 - 2e + 2H_2O \longrightarrow PbO_2 + 4H^+ + SO_4^{2-}$

充电后，电池的正、负极又分别得到了 PbO_2 和 Pb。同时，H_2SO_4 溶液的密度可增加到 $1.3g \cdot cm^{-3}$ 电池电动势可达 2.2V。这样，电能转变为化学能而被储存起来。

通过对上述充、放电过程的讨论可知，铅蓄电池的充、放电是一可逆过程（见图 9-6）。

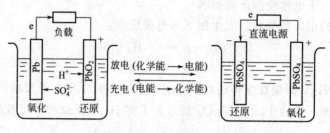

$$Pb + PbO_2 + 4H^+ + 2SO_4^{2-} \underset{充电}{\overset{放电}{\rightleftharpoons}} 2PbSO_4 + 2H_2O$$

图 9-6　铅蓄电池原理示意图

3. 微型电池

微型电池的体积很小，形状像纽扣，故又称为纽扣电池。其负极是一片被压缩了的粉末状汞锌合金，正极是氧化汞和石墨混合物的模压块，电解质溶液是碱性的 KOH 和 ZnO，外面用钢片密封。

使用时，Zn 和 HgO 发生氧化还原反应，电极反应和电池反应分别为：

负极　　　$Zn + 4OH^- - 2e \rightleftharpoons ZnO_2^{2-} + 2H_2O$　　$\varphi^{\ominus}_{ZnO_2^{2-}/Zn} = -1.215V$

正极　　　$HgO + 2e + H_2O \rightleftharpoons Hg + 2OH^-$　　　　$\varphi^{\ominus}_{HgO/Hg} = 0.0977V$

电池总反应式为：

$$Zn + HgO + 2OH^- \rightleftharpoons Hg + ZnO_2^{2-} + H_2O$$

4. 燃料电池

燃料电池是把燃料输入电池进行氧化还原反应并直接发电的一种化学电源。燃料电池由于不经过热能和机械能的相互转换，能量的利用率较高，可以达到 80% 以上。因此燃料电池的研究受到人们的极大重视。现在氢氧燃料电池已经研制成功，并用于宇航等特殊场合。

氢-氧燃料电池的结构如图 9-7 所示，电解质溶液为 KOH，燃料为 H_2，氧化剂为 O_2，电极材料由多孔炭制成。负极材料中往往含有细粉状的铂或钯，正极材料中往往含有钴、银或金的氧化物。当氧气和氢气不断地从正、负极通入燃料电池时，便可不断地产生电流。电池符号为：$(-)C, H_2 | KOH | O_2, C(+)$，电极反应为：

正极　　　　　　　　　　$O_2 + 2H_2O + 4e \longrightarrow 4OH^-$

负极　　　　　　　　　　$2H_2 + 4OH^- - 4e \longrightarrow 4H_2O$

总反应　　　　　　　　　$2H_2 + O_2 \longrightarrow 2H_2O$

氢氧燃料电池的产物为 H_2O，对环境无污染。

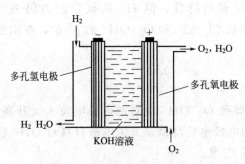

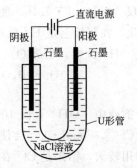

图 9-7 氢-氧燃料电池结构示意图　　　　图 9-8 电解食盐水溶液的装置

二、电解

1. 电解

电解是在外电场作用下发生氧化还原反应的过程，它把电能转化为化学能。进行电解的装置叫电解池或电解槽。

图 9-8 是以干电池为直流电源，电解 NaCl 水溶液的实验装置。

与电源正极相连的电极是阴离子移向的极，叫电解池的阳极，阳极发生氧化反应。

与电源负极相连的电极是阳离子移向的极，叫电解池的阴极，阴极发生还原反应。

习惯上，原电池的电极常称为正极、负极；电解池的电极常称为阴极、阳极。

【**演示实验 9-4**】　往图 9-8 电解池阴极附近的溶液里滴入一滴酚酞试液，往阳极附近的溶液里滴入 2～3 滴淀粉碘化钾试液。片刻，阴极附近的溶液变红了，阳极附近的溶液变蓝了。

通电前，NaCl 水溶液中有 Na^+ 和 Cl^-，及由水电离产生的 H^+ 和 OH^-。

$$NaCl \longrightarrow Na^+ + Cl^-$$
$$H_2O \Longrightarrow H^+ + OH^-$$

通电后，Na^+、H^+ 移向阴极，Cl^-、OH^- 移向阳极。

在阳极　　　　　　$2Cl^- - 2e \longrightarrow Cl_2 \uparrow$　　　氧化反应

在阴极　　　　　　$2H^+ + 2e \longrightarrow H_2 \uparrow$　　　还原反应

电解的总反应方程式为

$$2NaCl + 2H_2O \xrightarrow{\text{电解}} 2NaOH + H_2 \uparrow + Cl_2 \uparrow$$

电解时，离子得到或失去电子的过程叫离子的放电。

由于 H^+ 在阴极放电，阴极附近的溶液中，OH^- 相对过剩，使酚酞变红；阳极上产生的 Cl_2 将溶液中的 I^- 氧化为 I_2，I_2 使淀粉变蓝。

在电解盐的水溶液时，阴极上可能发生放电作用的是 H^+ 或金属阳离子；阳极上可能发生放电作用的是 OH^- 或酸根阴离子。究竟哪一种离子先放电，与下列因素有关。

(1) 有关离子的电极电势。

(2) 溶液中离子的浓度。

(3) 电极材料。有些非惰性电极，如锌、镍、铜等金属作阳极时，也会参加电解反应。电解产物是气体时，电极材料的影响尤其显著。

在电解食盐水溶液时，由于 Na^+/Na 的 $\varphi^\ominus$ 值（$-2.71V$）比 $\varphi^\ominus_{H^+/H_2}$ 小得多，尽管溶液

中 $[H^+]$ 仅 $10^{-7} mol \cdot L^{-1}$，使 H^+/H_2 的电位有所降低，但 H^+ 的氧化能力仍强于 ΔCa^+。因此，在阴极上是 H^+ 放电，生成 H_2。比较 Cl_2/Cl^- 和 O_2/OH^- 的 $\varphi^{\ominus}$ 值，在阳极上似乎应是 OH^- 放电，生成 O_2。

$$O_2 + 2H_2O + 4e \Longleftrightarrow 4OH^- \qquad \varphi^{\ominus} = 0.41V$$
$$Cl_2 + 2e \Longleftrightarrow 2Cl^- \qquad \varphi^{\ominus} = 1.36V$$

但是，由于溶液中 $[OH^-]$ 仅 $10^{-7} mol \cdot L^{-1}$，导致 O_2/OH^- 电对的电极电位大大升高，而溶液中 $[Cl^-] \gg 1 mol \cdot L$，会使 Cl_2/Cl^- 电对的电极电位降低，又因电极材料对 OH^- 放电的阻碍作用较大，结果是 Cl^- 在阳极放电，生成 $Cl_2$❶。

一般情况下，若考虑到离子浓度、温度、电极材料等因素的影响，**在阴极上得到电子的物质是电极电位实际值较大的氧化态物质，在阳极上失去电子的则是电极电位实际值较小的还原态物质。**

例如，用石墨作电极，电解 Na_2SO_4 水溶液。通电前，溶液中有 Na^+、SO_4^{2-}、OH^-、H^+，通电后：

阳极　　　　　　　　　　$4OH^- - 4e \longrightarrow 2H_2O + O_2 \uparrow$

阴极　　　　　　　　　　$2H^+ + 2e \longrightarrow H_2 \uparrow$

电解反应方程式为　　　　$2H_2O \xrightarrow{电} 2H_2 \uparrow + O_2 \uparrow$

同样，在电解其他含氧酸盐的水溶液时，在阳极上也总是得到 O_2。

通常情况下，阴离子在阳极上的放电顺序为：**简单离子**（F^- 除外）**→氢氧根离子→含氧酸根离子**。电解其他活泼金属（电极电位表中，Al 以前的金属）的盐溶液时，阴极上总是得到 H_2。

再如，用金属铜作电极材料，电解 $CuSO_4$ 水溶液时，由于金属铜是非惰性电极，而且 $\varphi^{\ominus}_{Cu^{2+}/Cu}$ 比 $\varphi^{\ominus}_{O_2/OH^-}$ 小，阳极铜发生氧化反应，$\varphi^{\ominus}_{Cu^{2+}/Cu} > \varphi^{\ominus}_{H^+/H_2}$，阴极 Cu^{2+} 发生还原反应，即

阳极　　　　　　　　　　$Cu - 2e \longrightarrow Cu^{2+}$

阴极　　　　　　　　　　$Cu^{2+} + 2e \longrightarrow Cu$

由此看出，**电解不活泼金属以及锌、铁、镍等金属的盐溶液时，在阴极上一般得到相应的金属，用金属**❷**作阳极时，一般是阳极材料发生氧化反应。**

2. 电解的应用

电解在工业上有极其重要的意义，它主要应用于以下几个方面。

（1）电化学工业　以电解的方法制取化工产品的工业，称为电化学工业。如电解食盐水溶液制氯气和烧碱，电解水制 H_2 和 O_2 以及用电解的方法制取其他无机盐和有机化合物等。

（2）电冶金工业　电解位于金属活动顺序表中 Al 以前（含 Al）的金属盐溶液时，阴极上总是产生 H_2，而得不到相应的金属。因此，制取此类活泼金属的单质，只能采用电解它们的熔态化合物的方法。如电解熔态 NaCl 时，阴极上可析出金属钠。

阴极　　　　　　　　　　$Na^+ + e \longrightarrow Na$

---

❶ 必须指出，在电解 NaCl 水溶液时，为了防止阳极生成的 Cl_2 和阴极附近的 OH^- 歧化为 ClO^-（甚至 ClO_3^-）和 Cl^-，同时也防止 H_2 和 Cl_2 混合，电解槽中须有特制的隔膜将阳极与阴极隔开（详见本章最后的"阅读材料"）。

❷ 很不活泼的金属（如金、铂）和电解时表面上易形成稳定氧化膜的金属（如铬、铝）例外。

阳极　　　　　　　　　　　　　　$2Cl^- - 2e \longrightarrow Cl_2$

电解反应　　　　　　　　$2NaCl(熔融) \xrightarrow{\text{电}} 2Na + Cl_2 \uparrow$

工业上，还常用电解的方法提纯粗铜。电解槽的阳极是粗铜板，阴极是纯铜制成的薄板，$CuSO_4$ 溶液作电解液。电解时，阳极的铜不断进入溶液，溶液中的 Cu^{2+} 不断在阴极析出，掺杂在粗铜中的 Zn、Pb、Sn、Fe 等杂质也与 Cu 一起进入溶液，生成相应的二价离子，但它们在阴极不能析出金属单质。粗铜中的金、银、铂等金属不能溶解，而沉积在阳极附近，成为"阳极泥"。从阳极泥中可提炼金、银、铂等贵金属。用这种方法可将粗铜提纯为含 Cu 达 99.98％ 的精铜。

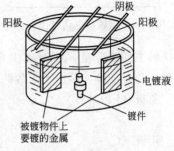

（3）电镀　应用电解原理，在金属制品表面镀上一层光滑、均匀、致密的另一种金属的过程叫电镀。电镀时，镀件为阴极，镀层金属为阳极，镀层金属的盐溶液为电镀液。图 9-9 为电镀简易示意图。如镀镍时，金属镍作阳极，$NiSO_4$ 溶液为电镀液，镀件为阴极。阳极上的镍不断溶解进入电解液，并不断地移向阴极，在阴极被还原为 Ni，镀在镀件表面上。

图 9-9　电镀示意图

电镀液的浓度、pH、温度以及电流强度等条件，都影响电镀的质量。因此，电镀时，必须严格控制条件，以达到镀层均匀、光滑、牢固的目的。

三、金属的腐蚀与防腐

1. 金属的腐蚀

当金属与其周围的物质接触时，常因发生化学作用或电化学作用而使金属表面逐渐遭到破坏，这种现象叫做金属的腐蚀。 根据金属与周围物质的作用不同，金属的腐蚀可分为化学腐蚀和电化学腐蚀。

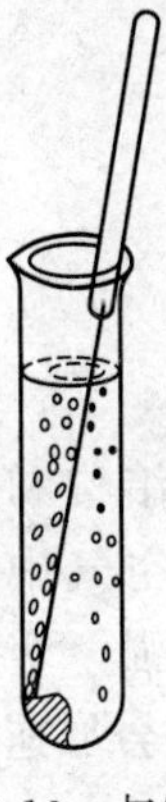

（1）化学腐蚀　**由单纯的化学作用引起的腐蚀称为化学腐蚀。** 金属与某些非金属或非金属氧化物直接接触，在金属表面形成一层相应的化合物的薄膜。膜的性质对金属的进一步腐蚀有很大影响，如铝表面的氧化铝膜，致密坚实，保护了内层的铝不再进一步被腐蚀，而铁表面的氧化铁膜，疏松且易脱落，就没有保护作用。

（2）电化学腐蚀　**金属与周围的物质发生电化学反应**（原电池作用）**而产生的腐蚀，叫电化学腐蚀。**

图 9-10　与铜丝接触时，化学纯的锌在酸中的溶解

【演示实验 9-5】　如图 9-10，在盛有稀硫酸的试管中，放入一小块化学纯的金属锌，几乎看不到有 H_2 放出。①若用一根铜丝接触锌的表面，则铜丝上立刻有大量的气泡产生。②不用铜丝，而往试管中滴入几滴 $CuSO_4$ 溶液，也会发生同样的现象。

纯金属很难被腐蚀。 所以，纯锌与稀硫酸几乎不发生反应[1]。当铜丝接触锌的表面时，相当于形成了原电池，因而大大加速了锌的溶解和氢气的产生。同样，从滴入的 $CuSO_4$ 溶液中被锌置换出来的铜，覆盖在锌的表面上，也相当于形成了微型电池。

---

[1] 因为产生的带正电荷的金属离子排斥 H^+ 靠近，而且微细的氢气泡也起了阻止电子转移的作用。当然，活泼的金属不在此例。

锌溶解给出电子，由铜传递给 H^+，于是在铜的表面剧烈地放出氢气。

　　普通的锌常含有杂质（如碳），在与酸作用时，Zn（负极），C（正极）形成微型原电池，促进了锌与酸的反应。可见，金属中的杂质是引起金属腐蚀的一个重要原因。

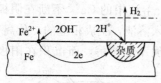

图 9-11　钢铁的电化腐蚀示意图

　　钢铁在空气中的腐蚀与上述情况类似。钢铁制品在潮湿的空气里，表面上会形成一层极薄的水膜，其中或多或少地会溶有一些 CO_2（或其他酸性气体），并存在如下电离平衡：

$$CO_2 + H_2O \rightleftharpoons H_2CO_3 \rightleftharpoons H^+ + HCO_3^-$$
$$H_2O \rightleftharpoons H^+ + OH^-$$

钢铁的主要成分是 Fe，还有少量的 C。这样，它们好像被浸在一种电解质溶液中，以 Fe 为负极，C 为正极，形成了无数的微型原电池。如图 9-11。

　　负极（Fe）　　　　　　　　　$Fe - 2e \rightleftharpoons Fe^{2+}$

　　　　　　　　　　　　　　　　$Fe^{2+} + 2OH^- \longrightarrow Fe(OH)_2$

　　正极（C）　　　　　　　　　$2H^+ + 2e \rightleftharpoons H_2$

　　电池反应　　　　　　　　　　$Fe + 2H_2O \longrightarrow Fe(OH)_2 + H_2 \uparrow$

　　生成的 $Fe(OH)_2$ 在空气中进一步被氧化为 $Fe(OH)_3$；$Fe(OH)_3$ 又变成了易脱落的铁锈 $Fe_2O_3 \cdot xH_2O$。

$$4Fe(OH)_2 + O_2 + 2H_2O \longrightarrow 4Fe(OH)_3 \longrightarrow 2Fe_2O_3 \cdot 6H_2O$$

作为负极的 Fe 被腐蚀了，H^+ 获得了 Fe 给出的电子，生成 H_2，这种腐蚀叫**析氢腐蚀**。**析氢腐蚀是在酸性较强的环境中发生的现象。**

　　一般情况下，金属表面的水膜中，H^+ 浓度很小，水膜呈中性，所以溶解在水膜中的 O_2 较 H^+ 更易获得电子，而生成 OH^-。此时，

　　负极　　　　　　　　　　　　$Fe - 2e \rightleftharpoons Fe^{2+}$

　　正极　　　　　　　　　　　　$O_2 + 2H_2O + 4e \rightleftharpoons 4OH^-$

　　电池反应　　　　　　　　　　$2Fe + O_2 + 2H_2O \longrightarrow 2Fe(OH)_2$

$Fe(OH)_2$ 在空气中进一步被氧化为 $Fe(OH)_3$。这种腐蚀叫**吸氧腐蚀。**

铁的腐蚀主要是吸氧腐蚀。

　　金属的腐蚀是一个复杂的氧化还原过程。腐蚀的程度取决于金属本身的结构和性质以及周围介质的成分。介质的性质对金属的腐蚀有很大影响。金属在潮湿的空气中比在干燥空气中更易腐蚀；埋在地下的铁管比在地面上的易腐蚀；介质的酸性越强，金属腐蚀得越快；当介质中含有较多的电解质（如海水中的 Cl^-）或含氧较多时，都会加速金属的腐蚀。

　　金属被腐蚀后，其外形、色泽以及机械性能都将发生变化，致使机械设备、仪器仪表的灵敏度和精密度大大降低，甚至不能使用。由于金属的腐蚀而造成的损失是很大的，因此，金属防腐是一个很重要的课题。

　　2. 金属的防腐

　　金属的腐蚀是由于金属与其周围的介质间发生了作用。因此，防止金属的腐蚀要从金属和介质两方面来考虑。

　　(1) 保护层　在金属表面涂上一层保护层，将金属和周围介质隔绝起来。如在金属表面涂一层油漆、沥青、塑料、橡胶、搪瓷等非电解质材料，或不易被腐蚀的金属、合金作为保

护层，如镀锌铁皮（白铁皮）和镀锡铁皮（马口铁）表面的锌和锡。

镀锡铁皮只有在镀层完好的情况下，才能起到保护层的作用。如果保护层局部遭到破坏，内层的铁就会暴露出来，当接触到潮湿的空气时，就会形成以 Fe 为负极、Sn 为正极的微型原电池（如图 9-12）。这样，镀锡的铁皮在镀层损坏的地方比没有镀锡的铁更易遭受腐蚀。

镀锌的铁皮与上述情况有所不同，**即使在镀锌铁皮被损坏的地方形成了微型原电池，**由于 Zn 为负极、Fe 为正极（如图 9-13），**铁仍然被锌保护着，**直至整个锌保护层被完全腐蚀为止。而且锌的碱式碳酸盐较致密又比较抗腐蚀，所以水管、屋顶板等多用镀锌铁。

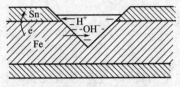　　　　　　　　　　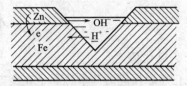

图 9-12　镀锡铁电化腐蚀示意图　　　　　　图 9-13　镀锌铁电化腐蚀示意图

由此可看出，若用金属保护层防腐，在金属表面镀一层较活泼的金属比镀较不活泼的金属为好。但是，锡无毒，因此常用马口铁来制作罐头盒而延续至今。

另外，镀镍、镀铬的制品抗腐蚀性能好，外表美观，镀层硬度高，常用于汽车、医疗器械、精密仪器等行业。

（2）电化学保护　根据电化学原理，在被保护的金属设备表面，连接一些比其活泼的金属。例如，在轮船的尾部及船壳的水线以下，焊装一定数量的锌块，以防止船壳体的腐蚀。

（3）制成耐腐蚀的合金　在钢铁中，加入其他金属（如铬、钼、钛等）制成合金，以增强金属的抗腐蚀能力。例如，含铬 18％ 的不锈钢，能耐硝酸的腐蚀。

【阅读材料】

离子交换膜电解食盐制氯碱简介

电解食盐水溶液制取氯气和烧碱的电解槽主要由阴极、阳极两部分组成。为了防止 Cl_2 和 H_2 混合；避免阳极生成的氯和阴极生成的 OH^- 歧化为 ClO^-（甚至 ClO_3^-）和 Cl^-，两极之间需用隔膜隔开。通常，隔膜是用石棉或树脂为主料制成的沉积隔膜或纸状隔膜。它能使盐水均匀地透过，并防止阴极液与阳极液混合。这类隔膜称为滤过式隔膜。用滤过式隔膜电解得到的碱液中含有大量未电解的食盐，而 NaOH 仅为 $10\%\sim11\%$。因此，需将其蒸发浓缩使盐析出，若将 NaOH 浓缩至 30%（或 42%），残留 NaCl 的质量分数尚 $\leqslant5\%$（或 $\leqslant2\%$）。滤过式隔膜电解所得烧碱含盐量高，产品质量差。为了降低烧碱中盐的含量，人们找到了一种新的隔膜材料——阳离子交换膜。

离子交换膜有两种类型：一种以磺酸基为基体；一种以羧酸基为基体。例如，现在已用于工业生产的一种离子交换膜是用全氟磺酸树脂制成的。离子交换膜是一种具有优异选择性能的透析膜。它的液体透过性相当小。它允许阳离子如 Na^+、K^+、H_3O^+（水合氢离子）自由通过进入阴极室，而排斥阴离子（如 OH^-）

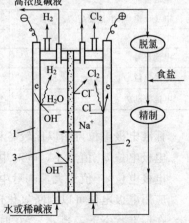

图 9-14　离子交换膜电解示意图
1—阴极；2—阳极；3—阳离子交换膜

进入阳极室。所以阴极液中只含有极微量的食盐，NaOH 含量可达 30％。

离子交换膜电解如图 9-14 所示。电解时，接近饱和的精制食盐水加入到阳极室，Cl^- 在阳极被氧化生成氯气。Na^+ 和水（1mol Na^+、3～4mol H_2O）通过离子交换膜进入阴极室。未电解的稀盐水从阳极室流出，经过脱除氯气、补充食盐、精制（除去杂质），再返回电解槽。H^+ 在阴极被还原为 H_2 气，OH^- 则与来自阳极室的 Na^+ 组成 NaOH，从阴极室流出。

离子交换膜电解的优点是电解所得碱液浓度高，省去了蒸发浓缩过程。碱液中杂质极少，产品质量高；离子交换膜选择性、导电性强，耐氯碱的腐蚀，使用寿命长（可用两年）。缺点是电能消耗量大，离子交换膜本身价格昂贵，产品成本高。

本章复习要点

一、氧化值

氧化还原反应的基本特征是在反应物之间发生了电子的转移，它反映在元素氧化值的变化上。所谓氧化值是指元素一个原子的荷电数。这种荷电数是人为地将成键电子指定给电负性较大的原子而求得。

氧化值与化合价、共价键数均不是等同的概念。氧化值有正、负之分，也可能是分数，而化合价和共价键数则不然。应该注意的是，在某些共价化合物中，元素的氧化值与其共价数很可能是不同的。

二、氧化还原反应方程式的配平

用氧化值法配平氧化还原反应式的依据是：在同一氧化还原反应中，氧化剂中元素氧化值降低的数值必然等于还原剂中元素氧化值升高的数值，而且根据质量守恒定律，配平后的反应方程式中，反应前后各元素原子的总数应相等。

三、原电池和电极电位

利用氧化还原反应产生电流的装置叫原电池。原电池把化学能转变成了电能。

以铜锌原电池为例，将有关原电池的构成和表示方法汇列于下表中：

	Zn 电极（负极）	Cu 电极（正极）
电子流向	输出电子	输入电子
电流流向	电流流入	电流流出
电极反应（半电池反应）	$Zn-2e \longrightarrow Zn^{2+}$（氧化）	$Cu^{2+}+2e \longrightarrow Cu$（还原）
电池反应	$Zn+Cu^{2+} \longrightarrow Zn^{2+}+Cu$（氧化还原）	
电池符号	$(-)Zn \mid Zn^{2+}(1mol \cdot L^{-1}) \parallel Cu^{2+}(1mol \cdot L^{-1}) \mid Cu(+)$	
电极电位 $\varphi_{氧化型/还原型}$	$\varphi_{Zn^{2+}/Zn}$	$\varphi_{Cu^{2+}/Cu}$
电池电动势 $\varphi^{\ominus}$	$\varphi^{\ominus}=\varphi^{\ominus}_{Cu^{2+}/Cu}-\varphi^{\ominus}_{Zn^{2+}/Zn}$	

标准电极电位可用以比较各种物质在溶液中的氧化还原能力。

电极电位 $\varphi^{\ominus}$ 值愈小，电对中还原态物质的还原能力愈强；反之，还原能力愈弱。

电极电位 $\varphi^{\ominus}$ 值愈大，电对中氧化态物质的氧化能力愈强；反之，氧化能力愈弱。

应用电极电位可以判断氧化还原反应自发进行的方向。

在标准状态下，当 $\varphi^{\ominus}>0$ 时，反应自发正向（向右）进行；当 $\varphi^{\ominus}<0$ 时，反应逆向（向左）进行。

在非标准状态下，当 $0<\varphi^{\ominus}<0.2V$ 时，不能直接用 $\varphi^{\ominus}$ 判断反应进行的方向。

四、电化学基础

和氧化还原反应相关的化学统称为电化学。它包括化学电源、电解、金属腐蚀与防腐等。

1. 化学电源

把化学能直接转化为电能的装置叫化学电源，简称电池。电池有不可逆电池和可逆电池。

不可逆电池：只能把化学能转变为电能一次性使用的电池。

可逆电池：能将化学能、电能相互转化反复使用的电池。

2. 电解及其应用

在外电场的作用下，发生氧化还原反应的过程叫电解。电解把电能转化为化学能。进行电解的装置叫电解池或电解槽。

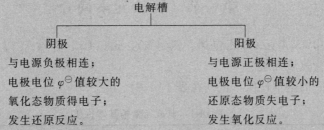

用惰性材料做电极时，在阳极上离子的放电顺序是：简单阴离子（F^- 除外）→OH^-→含氧酸根离子

在阴极上：电解活泼金属（电极电势表中 Al 以前）的盐溶液时，H^+ 放电，生成 H_2。电解不活泼金属及 Zn、Fe、Ni 等金属的盐溶液时，相应的金属离子放电，析出金属。

一般金属做阳极时，应首先考虑阳极的溶解。

电镀是电解的具体应用。将镀件做阴极，欲镀金属做阳极，其盐溶液做电镀液。电镀时，阳极金属不断溶解，进入溶液，并不断地在镀件表面上析出。

3. 金属的腐蚀与防腐

金属的腐蚀分为化学腐蚀和电化学腐蚀。化学腐蚀是纯粹的氧化还原反应造成的，电化学腐蚀是金属与周围的物质形成微型电池造成的。

金属的防腐有保护层、电化学保护、组成合金等方法。

第 十 章 氮族元素

【学习目标】

1. 了解氮族元素性质递变规律与其原子结构的关系。
2. 了解氮、磷单质及氮氧化物的性质和应用。
3. 熟悉氨和铵盐、硝酸及其盐、磷酸及其盐的主要性质和应用。
4. 熟悉实验室制备氨的方法和铵离子的检验。
5. 了解合成氨和硝酸的工业制法，会写有关的反应方程式。

第一节 氮族元素简介

元素周期表中 15（ⅤA）族包括：氮（N）、磷（P）、砷（As）、锑（Sb）和铋（Bi）五种元素，统称为氮族元素。

有关氮族元素的基本性质，汇列在表 10-1 中。

表 10-1 氮族元素的基本性质

性　　质	氮(N)	磷(P)	砷(As)	锑(Sb)	铋(Bi)
原子序数	7	15	33	51	83
相对原子质量	14.00	30.97	74.92	121.8	209.0
价电子层构型	$2s^2 2p^3$	$3s^2 3p^3$	$4s^2 4p^3$	$5s^2 5p^3$	$6s^2 6p^3$
主要氧化数	$-3,+1,+2$ $+3,+4,+5$	$-3,+3,+5$	$-3,+3,+5$	$+3,+5$	$+3,+5$
原子半径/pm	70	110	121	141	146
第一电离能/(kJ·mol^{-1})	1402	1012	946.7	803.3	703.3
电负性	3.0	2.1	2.0	1.9	1.9

从表 10-1 可看出，氮族元素随着原子序数的增大，原子半径、电离能和电负性的变化趋势与卤素、碳族元素类似。氮和磷是典型的非金属，砷虽为非金属却已表现出某些金属性，常用作半导体材料，锑与铋为低熔点重金属。因此，氮族元素性质递变体现出从典型的非金属到金属的完整过渡。

氮族元素价电子层构型为 $ns^2 np^3$。氮、磷电负性较大，可以和活泼金属形成氧化值为 -3 的离子化合物。如氮化镁（Mg_3N_2）、磷化钙（Ca_3P_2）等。它们易水解放出氨或磷化氢（PH_3），所以只能在干燥状态下存在。氮族元素较易形成氧化值为 -3 的共价化合物，最常见的是气态氢化物。它们的热稳定性从 $NH_3 \longrightarrow PH_3 \longrightarrow AsH_3 \longrightarrow SbH_3 \longrightarrow BiH_3$ 逐渐减弱，而还原性依次增强。这一递变规律和卤化氢相似。但是，除氨外本族气态氢化物的毒性都很大。

本族元素的非金属性比对应的卤素弱，比对应的碳族元素强些。当它们和电负性大的元素化合时，$ns^2 np^3$ 价电子全部参与成键，形成氧化值为 $+5$ 的化合物；若仅用 np^3 价电子成键则形成氧化值为 $+3$ 的化合物。由于从氮到铋 ns^2 价电子稳定性增强，所以仅用 np^3 价电子成键的趋势增强，氧化值为 $+5$ 的化合物稳定性渐弱，氧化值为 $+3$ 的化合物稳定性渐强。例如，硝酸盐是稳定的，而铋酸盐则容易被还原为氧化值为 $+3$ 的铋盐。

氮族元素的氧化物及其水化物有氧化值为 $+3$ 和 $+5$ 两个系列。随着原子序数的增大，这些化合物的酸性减弱、碱性增强。同一元素，氧化值＋5 的化合物比氧化值＋3 的化合物酸性强。如，硝酸是典型强酸，砷酸（H_3AsO_4）则为中强酸；亚砷酸（H_3AsO_3）为两性偏酸，氢氧化铋［$Bi(OH)_3$］是难溶弱碱。

本章主要讨论氮、磷及其重要化合物。

*第二节　氮　　气

氮占地壳总量的 0.03%。绝大部分氮以单质存在于空气中，约占空气体积的 78%，总量约达 $4×10^{15}$ t。氮的无机化合物在自然界中主要以硝酸盐形式存在。氮也是构成动植物体中蛋白质的重要元素。

氮气常温下是无色、无嗅、无味的气体。标准状况下氮气的密度是 $1.25g \cdot L^{-1}$。熔点 $-210℃$、沸点 $-196℃$。它在水中的溶解度比氧还小，常温时，1 体积水仅能溶解 0.02 体积的氮气。

氮分子是两个氮原子以共价三键形成的，两个氮原子间的结合力比 H_2、O_2、X_2 等双原子分子的结合力强得多。因此，氮分子在通常状况下很稳定，既不可燃，也很难参加化学反应。

氮在高温下反应能力增强，能和活泼金属 Li、Mg、Ca、Ba 等化合，生成金属氮化物。它们多属于离子型化合物，易发生水解，生成氢氧化物和氨。

在高温、高压和催化剂作用下，氮和氢能直接合成氨。

在放电条件下，氮能和氧直接合成一氧化氮

$$N_2 + O_2 \overset{放电}{\Longleftrightarrow} 2NO - 180kJ$$

电力发达的国家，可用这种方法从空气中制取 NO❶。在雷雨天，大气中也含有 NO。

氮虽然是生物体必需的元素，但必须将大气中的氮转化为氮的化合物，才能被生物体吸收（某些细菌除外）。将空气中的氮转化为氮化合物的过程，称为氮的固定。

固定氮的关键是削弱氮分子中的化学键，使分子活化，为生成氨创造条件。这是个艰难的课题。当今工业，沿用高温、高压、催化法合成氨已达 80 年，能源、材料诸方面的消耗都很大。而自然界中某些微生物，如豆科植物的根瘤菌或固氮微生物却能在常温常压下固定空气中的氮，将它转化为氨。据估算，每年生物固氮量达世界工业固氮量的 40 倍，可见生物固氮能力的强大。研究表明，固氮微生物的细胞中有一种固氮酶，是生物固氮的催化剂，它在常温常压下能使固氮微生物实现氮的固定。探讨固氮酶的结构及其固氮功能，使人们获得有益的启示，促进了模拟生物固氮和化学固氮科研工作的进展。人们企盼着在常温常压卜人工合成氨这个固氮难题早日取得突破性成果，从而带来合成氨工业的重大变革。

工业上主要用液态空气分馏的方法制取氮气，即利用氮的沸点比氧低的性质，将液态空气逐步分离。这样制得的氮气常含有少量氧气。若需纯净的氮，可通过赤热的铜将氧除去。

将氨通过赤热的氧化铜，也能制取较纯的氮气。

通常，在高压下将氮气液化，装入钢瓶中备用。

大量的氮气用来生产氨、硝酸和氮肥。氮的稳定性强，工业上处理易燃或易氧化物质时，常用作隔绝空气的保护性气体。氮气或氮和氩的混合气还用来填充白炽灯泡，防止钨丝被氧化，使其经久耐用。此外，氮气可用于保存粮食、水果等农副产品。液态氮作为冷冻剂在工业和医疗方面也有一定的用途。

第三节　氨和铵盐

一、氨

1. 氨的性质

---

❶ 合成反应在 1500℃下始见效果（生成 0.1%NO）。工业上将氮、氧混合气通过电弧放电，在 4000℃时进行合成反应（生成 NO 约 10%），并迅速冷却至 1200℃以下，以提高 NO 的产率。

氨是无色有强烈刺激性气味的气体，比空气轻，对空气的相对密度是 0.59。**NH_3 为极性分子，分子间存在氢键，所以易液化**。常压下，冷却到 $-34℃$ 或在常温下，压力增至 800kPa 时，氨即液化。液态氨汽化时要吸收很多热量，如液氨在 40kPa 下蒸发，可产生 $-50℃$ 的低温。所以氨是常用的制冷剂。

氨极易溶于水。在常温常压下，1 体积的水约可溶解 700 体积的氨。氨的水溶液叫氨水。氨水的密度小于 1，氨含量越高密度越小。一般商品浓氨水的密度是 $0.90g \cdot cm^{-3}$，约含 $NH_3 28\%$（相当于 $15mol \cdot L^{-1}$）。

氨溶于水主要形成氢键加合物——水合氨（$NH_3 \cdot H_2O$）[●]，少量的一水合氨分子又电离为 NH_4^+ 和 OH^-，因此它是弱碱。

$$NH_3 + H_2O \Longrightarrow NH_3 \cdot H_2O \Longrightarrow NH_4^+ + OH^-$$

一水合氨不稳定，易分解逸出氨（上述平衡向左移动），**受热时分解更加迅速**。

氨的化学性质相当活泼，它能和许多物质发生加合反应或氧化反应。

氨分子中，氮原子上有一孤电子对，通过孤电子对能发生加合反应。

【演示实验 10-1】 将一根蘸有浓氨水的玻璃棒，靠近一根蘸有浓盐酸的玻璃棒时，即有大量的白烟产生（图 10-1）。

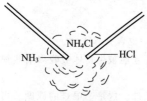

这是氨水挥发出来的 NH_3，和浓盐酸挥发出来的 HCl 生成的微小的氯化铵 NH_4Cl 晶体。

$$NH_3 + HCl \longrightarrow NH_4Cl$$

氨也能和其他酸化合，生成铵盐

图 10-1 氨和氯化氢反应

$$H:\overset{\displaystyle H}{\underset{\displaystyle H}{N}}:\ +\ H^+ \longrightarrow \left[H:\overset{\displaystyle H}{\underset{\displaystyle H}{N}}:H\right]^+$$

此外，氨能和 Cu^{2+}、Zn^{2+}、Ag^+ 等一些盐类通过配位键形成氨合物（详见第十二章）。

氨中的氮处于最低氧化值，所以具有还原性。在一定条件下可被氧化为氮气或一氧化氮。

常温下，氨能被一些强氧化剂氧化为氮气。例如，

$$2NH_3 + 3Cl_2 \longrightarrow N_2 + 6HCl$$

氨通过赤热的金属氧化物时，被氧化为氮，使金属单质游离出来。

$$2NH_3 + 3CuO \overset{\triangle}{\longrightarrow} 3Cu + N_2\uparrow + 3H_2O$$

氨在空气中不能燃烧，但在纯氧中可以燃烧，生成氮气和水。

$$4NH_3 + 3O_2 \overset{燃烧}{\longrightarrow} 2N_2 + 6H_2O$$

在催化剂（如铂、氧化铁等）作用下，氨能被空气氧化为一氧化氮

$$4NH_3 + 5O_2 \overset{Pt}{\underset{\triangle}{\longrightarrow}} 4NO + 6H_2O$$

上述氨的催化氧化反应，是工业上制造硝酸的主要反应。

2. 氨的制法

工业上，在高温、高压有催化剂的条件下，将氮气和氢气合成氨。通常，温度为

[●] 氨水在低温下能析出一水合氨，以及氨水为弱碱（$K_b = 1.8 \times 10^{-5}$）都表明，在氨水中不存在离子型的氢氧化铵（NH_4OH）。

500℃，压力为 $300\times10^{2}\,kPa$，催化剂是以铁为主体并含有少量氧化钾、氧化铝的多成分催化剂，又称铁触媒。

$$N_2+3H_2 \underset{Fe}{\overset{高温、高压}{\rightleftharpoons}} 2NH_3+92.4kJ$$

合成氨是放热、可逆反应，目前 N_2 的转化率约 30%。生成的氨经降温液化，从混合气中分离出来。未反应的 N_2、H_2 气体，返回生产系统循环使用。

实验室里，常通过加热铵盐和碱的混合物来制取氨。

【演示实验 10-2】 将适量氯化铵晶体和消石灰混合，放入干燥试管中，按图 10-2 装好仪器后，加热，用向下排气法收集氨，并用润湿的红色石蕊试纸检验氨是否已充满。

化学方程式如下：

$$2NH_4Cl+Ca(OH)_2 \xrightarrow{\triangle} CaCl_2+2NH_3\uparrow+2H_2O$$

3. 氨的用途

氨是一种重要的化工产品。它是氮肥工业的基础，也是制造硝酸、铵盐、尿素❶等化工产品的基本原料。氨还是有机合成如合成纤维、塑料、染料等工业常用原料。此外，氨是常用的制冷剂。

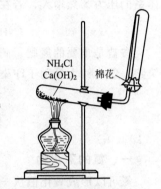

图 10-2　氨的制取

二、铵盐

氨气或氨水和酸作用，可以制得相应的铵盐。

铵盐是铵离子和酸根离子组成的化合物。铵盐是离子晶体，易溶于水。铵盐和碱金属的盐，尤其是钾盐很相似，这和 K^+、NH_4^+ 的离子半径相近有关。**强酸的铵盐溶液因水解而显酸性。**

$$NH_4^+ +H_2O \rightleftharpoons NH_3\cdot H_2O+H^+$$

弱酸的铵盐水解程度大，当受热时，甚至趋于完全水解。例如，

$$2NH_4^+ +S^{2-}+2H_2O \rightleftharpoons 2NH_3\cdot H_2O+H_2S\uparrow$$
$$\downarrow{\triangle} \quad 2NH_3\uparrow+2H_2O$$

因此，这类铵盐应当密封保存，避免受潮分解。

铵盐的重要化学特性是和碱作用逸出氨气。常用这一性质鉴定铵（NH_4^+）离子的存在。

$$NH_4^+ +OH^- \xrightarrow{\triangle} NH_3\uparrow+H_2O$$

铵盐的另一个重要化学特性是受热易分解。铵盐热分解的产物，决定于形成铵盐的酸的性质。

由易挥发的非氧化性酸形成的铵盐，受热分解时，氨和酸一起挥发出来。例如，

$$NH_4HCO_3 \xrightarrow{\triangle} NH_3\uparrow+CO_2\uparrow+H_2O$$

【演示实验 10-3】 将试管中适量的 NH_4Cl 晶体加热，观察发生的现象。

氯化铵受热分解为氨和氯化氢，遇冷后它们又结合为氯化铵（图 10-3）。

---

❶ 尿素 $[(NH_2)_2CO]$，白色颗粒状晶体。工业上是用氨和二氧化碳合成的。

$$CO_2+2NH_3 \xrightarrow{高温、高压} (NH_2)_2CO+H_2O$$

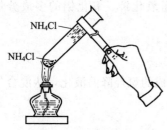

图 10-3　氯化铵受热分解

由不挥发的酸形成的铵盐，受热后，只逸出氨气。例如，

$$(NH_4)_3PO_4 \xrightarrow{\triangle} 3NH_3\uparrow + H_3PO_4$$

由易挥发的氧化性酸形成的铵盐，受热后，放出的氨迅速被氧化为氮气，或氧化二氮。例如，

$$NH_4NO_2 \xrightarrow{\triangle} N_2\uparrow + 2H_2O$$

$$NH_4NO_3 \xrightarrow{\triangle} N_2O\uparrow + 2H_2O$$

当温度达 300℃时，N_2O 进一步分解为 N_2 和 O_2 并放出许多热量。所以硝酸铵剧热时，体系的压力骤然增大，若在密闭条件下，可引起爆炸。

$$2NH_4NO_3 \xrightarrow{>300℃} 2N_2\uparrow + O_2\uparrow + 4H_2O\uparrow + 239kJ$$

铵盐是重要的氮肥。硝酸铵中加入可燃性物质如铝粉、炭粉等可用作炸药，用于开矿和筑路。氯化铵大量用于印染业、电池业，也用作焊接金属时除锈的焊药。

第四节　氮的含氧化合物

一、氮的氧化物

氮可以形成氧化值从 +1 到 +5 的各种氧化物。现将这些氧化物的性质汇列于表10-2中。

表 10-2　氮的氧化物的性质

名　　称	分子式	性　　状	熔点/℃	沸点/℃
一氧化二氮	N_2O	无色气体,稳定	−91	−89
一氧化氮	NO	无色气体,易氧化为 NO_2	−164	−152
三氧化二氮	N_2O_3	蓝色气体,易分解为 NO_2 和 NO	−101	4
二氧化氮	NO_2	红棕色气体,氧化性强	−11	21
四氧化二氮	N_2O_4	无色气体,易分解为 NO_2	易分解	升华
五氧化二氮	N_2O_5	无色固体,不稳定,分解为 NO_2 和 O_2	30(分解)	47(分解)

一氧化氮 NO 是无色难溶于水的气体。工业上用氨催化氧化法、实验室则用铜和稀硝酸反应来制取一氧化氮。反应方程式为

$$3Cu + 8HNO_3(稀) \longrightarrow 3Cu(NO_3)_2 + 2NO\uparrow + 4H_2O$$

$$3Cu + 8H^+ + 2NO_3^- \longrightarrow 3Cu^{2+} + 2NO\uparrow + 4H_2O$$

一氧化氮最重要的特性是极易与氧化合。常温下，NO 接触空气后，立即转变为 NO_2。

二氧化氮 NO_2 是红棕色、有特殊臭味的气体，**有毒，腐蚀性也很强。**

工业上，NO_2 是通过空气氧化 NO 来制取的。实验室里，常用浓硝酸和铜片作用来制备。

$$Cu + 4HNO_3(浓) \longrightarrow Cu(NO_3)_2 + 2NO_2\uparrow + 2H_2O$$

二氧化氮是强氧化剂，可将 SO_2 氧化为 SO_3。碳、硫、磷等物质均能在其中燃烧。

二氧化氮易溶于水，和水反应生成硝酸和一氧化氮。

$$3NO_2 + H_2O \longrightarrow 2HNO_3 + NO$$

将物质的量相等的 NO 和 NO_2 通入冰水中，可生成亚硝酸（HNO_2）。

亚硝酸是中强酸（$K_a = 5.1 \times 10^{-4}$），它仅存于稀溶液中。由于它很不稳定，浓溶液或

微热时，迅速脱水为亚硝酐 N_2O_3，并进一步分解为 NO 和 NO_2。

$$2HNO_2 \Longrightarrow H_2O + N_2O_3 \Longrightarrow H_2O + NO + NO_2$$

同时，亚硝酸也发生歧化反应，转化为硝酸和一氧化氮。

亚硝酸虽然不稳定，但它的盐却相当稳定。特别是碱金属、碱土金属的亚硝酸盐多为离子化合物，热稳定性很强。

除淡黄色的 $AgNO_2$ 外，亚硝酸盐一般易溶于水，且有毒[1]。KNO_2、$NaNO_2$ 在染料、有机合成及钢铁工业和建筑业中应用广泛。

 【阅读材料】

氮氧化物对大气的污染及防治

氮氧化物（NO_x）主要是 NO 和 NO_2，正在构成对大气的严重污染。它们来自化工厂废气、燃料燃烧和汽车排放的尾气等，在空气中形成黄色烟雾。它们不仅属于温室气体，也是形成酸雨的物质之一。尤其是在光的照射下它和氧气、碳氢化合物混合能进行光化学反应，生成臭氧、醛和过氧酰硝酸酯等一系列物质，不仅对农作物、金属建材有危害，污染物的致癌性更是人们健康的大敌。

烟道气中的氮氧化物，可用洗涤吸收法使废气通过氢氧化钠等碱性溶液，生成亚硝酸盐和硝酸盐，或采用催化还原法将其转化为氮气。人们正从改变燃料结构和燃烧条件来抑制汽车尾气中氮氧化物的生成。把变性乙醇和汽油组分油以适当比例调配而成的乙醇汽油，是一种新型清洁车用燃料。目前黑龙江、吉林、辽宁以及山东、河南等九省已经使用乙醇汽油。

二、硝酸

1. 硝酸的制法

工业上，主要采用氨氧化法生产硝酸。

首先，将氨和空气的混合物［约含 NH_3 11％（体积分数）］通过装有铂-铑合金制成的网，在高温下绝大部分氨被氧化为一氧化氮。

$$4NH_3 + 5O_2 \xrightarrow[800℃]{Pt-Rh} 4NO + 6H_2O$$

一氧化氮冷却至 20～25℃，再用空气将它氧化为二氧化氮

$$2NO + O_2 \longrightarrow 2NO_2$$

二氧化氮用水（或稀硝酸）吸收，即得硝酸。

$$3NO_2 + H_2O \longrightarrow 2HNO_3 + NO$$

在吸收反应中，仅 2/3 的 NO_2 变为 HNO_3，其余 1/3 的 NO_2 转化为 NO。这部分 NO 再氧化为 NO_2，然后用水或稀硝酸吸收。如此反复，经过多次的氧化和吸收，NO_2 可以比较完全地转化为硝酸[2]。总反应方程式为

$$4NO_2 + O_2 + 2H_2O \longrightarrow 4HNO_3$$

上述方法制得的硝酸浓度约为 50％～55％，若将其与脱水剂浓硫酸混合，进行蒸馏，可制得浓硝酸。

---

❶ KNO_2、$NaNO_2$ 外观似食盐，若误食，会引起呕吐，甚至昏迷，须即送医院用 1％亚甲（基）蓝注射液静脉注射（或 5％葡萄糖液合用）以解毒。

❷ 当遇到氨氧化法制造 HNO_3 的计算题时，考虑到 NO_2 的循环使用，可利用关系式：NH_3—NO—NO_2—HNO_3 并结合转化率来计算。

为了防止污染环境,生产硝酸的尾气中残留的 NO、NO_2 常用碱液吸收,生成亚硝酸盐。

$$NO + NO_2 + 2NaOH \longrightarrow 2NaNO_2 + H_2O$$

2. 硝酸的性质和用途

纯硝酸是无色、易挥发、有刺激性气味的液体。密度为 $1.5g \cdot cm^{-3}$,沸点 83℃,凝固点 -42℃。它能以任意比例与水互溶。商品硝酸约含 HNO_3 68%,密度为 $1.42g \cdot cm^{-3}$(约相当于 $15mol \cdot L^{-1}$)。浓度高于 86% 的硝酸,因其易挥发,在空气中形成酸雾,称为发烟硝酸。在纯硝酸中溶有过量的 NO_2,便形成红色发烟硝酸,它有极强的氧化性,可作火箭燃烧的氧化剂。

硝酸是一种强酸,它除了具有酸的通性外,还有它本身的特性。

(1) 硝酸的不稳定性　**硝酸不稳定,易分解**。常温下,浓硝酸见光逐渐分解为水、二氧化氮和氧气。受热时分解得更快。

$$4HNO_3 \xrightarrow[\text{或光照}]{\triangle} 4NO_2\uparrow + O_2\uparrow + 2H_2O$$

硝酸愈浓、温度愈高、愈易分解。分解出的 NO_2 溶于 HNO_3 中,使酸呈黄棕色[●]。为防止硝酸的分解,常将它储于棕色瓶中,低温暗处保存。

(2) 硝酸的氧化性　**硝酸是强氧化剂**。一般说来,无论浓、稀硝酸均具有氧化性,它几乎能和所有的金属(除 Au、Pt 等少数金属外)或非金属发生氧化-还原反应。

某些金属如 Al、Cr、Fe 等能溶于稀 HNO_3,但在冷的浓 HNO_3 中,由于金属表面被氧化,形成致密的氧化膜,而处于"钝化状态"。因此,可用铝制设备储运浓硝酸。

硝酸和金属反应时,能被还原为一系列较低氧化值的含氮物质。

$$\overset{+5}{HNO_3} \longrightarrow \overset{+4}{NO_2} \longrightarrow \overset{+3}{HNO_2} \longrightarrow \overset{+2}{NO} \longrightarrow \overset{+1}{N_2O} \longrightarrow \overset{0}{N_2} \longrightarrow \overset{-3}{NH_3}$$

通常,还原产物往往是几种较低氧化值的混合物。至于哪一种多些,主要取决于硝酸的浓度和金属的活泼性。浓硝酸($>12mol \cdot L^{-1}$)主要被还原为 NO_2;稀硝酸($6\sim 8mol \cdot L^{-1}$)主要被还原为 NO;当较活泼金属和稀硝酸($\sim 2mol \cdot L^{-1}$)反应时,可得到 N_2O;很稀的硝酸($1mol \cdot L^{-1}$)[❷] 可被较活泼的金属还原为 NH_3,NH_3 又和过量的酸生成硝酸铵。

$$Cu + 4HNO_3(浓) \longrightarrow Cu(NO_3)_2 + 2NO_2\uparrow + 2H_2O$$

$$3Pb + 8HNO_3(稀) \xrightarrow{\triangle} 3Pb(NO_3)_2 + 2NO\uparrow + 4H_2O$$

$$Fe + 4HNO_3(稀) \longrightarrow Fe(NO_3)_3 + NO\uparrow + 2H_2O$$

$$4Zn + 10HNO_3(稀) \longrightarrow 4Zn(NO_3)_2 + N_2O\uparrow + 5H_2O$$

$$4Zn + 10HNO_3(很稀) \longrightarrow 4Zn(NO_3)_2 + NH_4NO_3 + 3H_2O$$

应当明确,**硝酸氧化性的强弱取决于硝酸的浓度,酸愈浓,氧化能力就愈强**。

稀硝酸仅能将金属硫化物中的硫氧化为单质;浓硝酸则能进一步将其氧化成氧化值为 +6 的硫化合物。稀硝酸氧化 HI 较困难,而浓硝酸不仅能氧化 HI,甚至还能氧化 HCl。

浓硝酸和浓盐酸的混合物(体积比 1:3)称为王水,其氧化能力强于浓硝酸,能溶解

[●] 通入纯的 CO_2,可将 HNO_3 中的 NO_2 驱除,得到无色硝酸。

[❷] 浓度低于 $1mol \cdot L^{-1}$ 时,HNO_3 的氧化性大大降低。极稀的 HNO_3(如 $0.1mol \cdot L^{-1}$ HNO_3)和活泼金属镁作用,有 H_2 放出。

金和铂。

一般认为，王水中含有氧化能力很强的氯化亚硝酰[1]（NOCl）和原子氯，它们在溶解不活泼贵金属的过程中起重要作用。同时高浓度的氯离子与金属离子的结合，也有利于反应向金属溶解的方向进行[2]。

$$HNO_3 + 3HCl \longrightarrow NOCl + Cl_2 + 2H_2O$$

$$Au + HNO_3 + 3HCl \longrightarrow AuCl_3 + NO\uparrow + 2H_2O$$

$$3Pt + 4HNO_3 + 12HCl \longrightarrow 3PtCl_4 + 4NO\uparrow + 8H_2O$$

硝酸能把许多非金属单质如碳、硫、磷、碘等氧化成相应的含氧酸，本身则被还原为 NO_2 或 NO。

$$C + 4HNO_3(浓) \xrightarrow{\triangle} CO_2\uparrow + 4NO_2\uparrow + 2H_2O$$

$$3P + 5HNO_3(稀) + 2H_2O \xrightarrow{\triangle} 3H_3PO_4 + 5NO\uparrow$$

硝酸能氧化许多含碳的有机物。如，松节油（$C_{10}H_{16}$）遇浓 HNO_3 则燃烧；木材、纸张、织物等纤维制品遇到它就被氧化而破坏；许多有色物质接触它，即被氧化而退色。硝酸溅到皮肤上会造成灼伤，所以使用硝酸时要格外小心。

此外，硝酸的硝化性，将在有机化学中讨论。

硝酸是基本化学工业的重要产品。它与工业、农业和国防事业都有密切的关系。硝酸主要用于生产各种硝酸盐、合成染料、塑料和医药，制造硝酸铵等重要的化肥和三硝基甲苯（TNT）、硝化甘油、三硝基苯酚（苦味酸）等烈性炸药。它也是一种重要的化学试剂。

三、硝酸盐

硝酸盐通常由金属或金属氧化物和硝酸作用来制备。

多数硝酸盐是无色晶体，极易溶于水，其水溶液不显氧化性。

硝酸盐热稳定性差。受热时易分解，并放出氧气。所以，高温时固态硝酸盐是强氧化剂。

【演示实验10-4】 在试管中加热适量的 KNO_3 晶体，待熔化后放入一小块木炭。片刻，见木炭在试管内燃烧，发出耀眼的光焰（图10-4）。

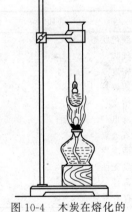

$$2KNO_3 \xrightarrow{\triangle} 2KNO_2 + O_2\uparrow$$

$$C + 2KNO_3 \xrightarrow{\triangle} 2KNO_2 + CO_2\uparrow$$

若用硫黄代替木炭，则它在熔化的硝酸钾中燃烧得更旺。

硝酸钾是土硝的主要成分，常用来制造黑火药。

硝酸盐受热分解的产物，和成盐金属的活泼性有关。

图 10-4 木炭在熔化的 KNO_3 中燃烧

在金属活动顺序表中，镁以前的活泼金属的硝酸盐，受热分解放出氧气，并生成亚硝酸盐。例如，

$$2NaNO_3 \xrightarrow{\triangle} 2NaNO_2 + O_2\uparrow$$

活泼性介于镁和铜之间的金属形成的硝酸盐，受热分解放出氧气，生成的亚硝酸盐不稳

---

[1] NOCl 叫氯化亚硝酰。简单含氧酸中氢氧基被取代后余下的基团叫酰。

[2] 金、铂溶于王水后，以 $[AuCl_4]^-$、$[PtCl_6]^{2-}$ 配离子形式存在。

定，又分解为二氧化氮和金属氧化物。例如，

$$2Cu(NO_3)_2 \xrightarrow{\triangle} 2CuO + 4NO_2\uparrow + O_2\uparrow$$

活泼性在铜以后的金属形成的硝酸盐，热分解时，放出氧、二氧化氮并得到金属单质。例如，

$$2AgNO_3 \xrightarrow{\triangle} 2Ag + 2NO_2\uparrow + O_2\uparrow$$

也有例外，如 Li^+、Fe^{2+}、Sn^{2+} 的硝酸盐受热分解时，产物为 NO_2、O_2 和相应的金属氧化物 Li_2O、Fe_2O_3、SnO_2。

各种硝酸盐广泛用于制造炸药、弹药、烟火和化肥，也用于电镀、选矿、玻璃、染料、制药等工业。它们也是常用的化学试剂。

第五节　磷及其重要化合物

磷是自然界中比较丰富而集中的元素。游离态的磷在自然界中不存在。最主要的磷矿是磷灰石和纤核磷灰石，其主要成分是磷酸钙 $[Ca_3(PO_4)_2]$，此外还含有 CaF_2 和 $CaCl_2$。磷也是生物体中不可缺少的元素。它存在于细胞、蛋白质、骨骼和牙齿中。

一、磷单质

磷有多种同素异形体。常见的是白磷（也称黄磷）和红磷（也称赤磷）。它们的物理性质和化学活泼性比较如下。

从表 10-3 看出，白磷比红磷活泼得多。白磷是剧毒的易燃品，红磷是无毒而稳定的物质。

表 10-3　白磷和红磷性质的比较

性　质	白　磷	红　磷
颜色状态	白色蜡状固体	暗红色粉末
气味	有蒜臭味	无臭
密度/$(g \cdot cm^{-3})$	1.8	2.3
溶解性	不溶于水，可溶于 CS_2 中	不溶于水和 CS_2 中
熔点/℃	44	—
沸点/℃	281	416（升华）
着火点/℃	40	240
活泼性	在空气中常温下迅速被氧化而自燃	在空气中难被氧化
发光性	在暗处发光	不发光
毒性	剧毒！0.1g 致死	无毒
保存方式	应隔绝空气，浸于水中	置空气中，瓶装保存
相互转变	白磷 $\underset{\text{热至416℃以上，迅速冷却其蒸气}}{\overset{\text{加热到>260℃}}{\rightleftharpoons}}$ 红磷 + 16.8kJ	
充分氧化的产物	均生成五氧化二磷（P_2O_5）	

【演示实验 10-5】　在盛有 4mL CS_2 的试管中，加入一小块白磷，振荡。待白磷溶解后，用滤纸条蘸取该溶液，在空气中摇动，观察滤纸上白磷的自燃。

磷在空气中燃烧时，产生浓烈的白色烟雾。这是生成的五氧化二磷颗粒吸收空气中水分后形成的。

$$4P + 5O_2 \xrightarrow{\text{燃烧}} 2P_2O_5$$

白磷分子中 P—P 共价键的牢固程度比氮气分子的共价三键弱得多。因此，磷单质在常温下化学活泼性比氮气强。白磷在潮湿的空气中，缓慢氧化，部分反应产生的能量以光的形式放出，所以在暗处可见白磷发光，称为"磷光"。白磷在空气中氧化，表面上聚积的热量使温度达 40℃时，即可自燃。因此，白磷是易燃危险品，必须密闭保存（少量白磷可浸于水中），使用时注意安全，谨防着火和灼伤！

单质磷除能和氧，还能和卤素、硫等非金属作用生成氧化值为 +3 或 +5 的化合物。例如，三氯化磷和五氯化磷是有机合成工业的重要原料。

磷能和一些金属作用，生成金属磷化物。例如：

$$2P+3Zn \xrightarrow{\triangle} Zn_3P_2$$

$$2P+3Ca \xrightarrow{\triangle} Ca_3P_2$$

磷化锌是一种灭鼠药。磷化钙易水解，产生磷化氢。

$$Ca_3P_2+6H_2O == 3Ca(OH)_2+2PH_3\uparrow$$

磷化氢（PH_3）是一种无色、有蒜臭味的剧毒气体。它不如 NH_3 稳定，有很强的还原性，在空气中容易燃烧[1]，生成磷酸。

$$PH_3+2O_2 \xrightarrow{\triangle} H_3PO_4$$

白磷在工业上用来生产高纯度的磷酸；在军工方面，用来制造燃烧弹和烟幕弹、信号弹等。红磷用于制造农药、火柴、烟火、医药和其他磷化物。

二、磷酸和磷酸盐

1. 磷的氧化物

磷的氧化物主要有三氧化二磷（P_2O_3）和五氧化二磷（P_2O_5）[2]。

三氧化二磷是磷不完全氧化的产物，白色晶体，熔点 24℃，蒜臭味，有毒！它和水缓慢作用生成亚磷酸，因此它是亚磷酸酐。

$$P_2O_3+3H_2O \longrightarrow 2H_3PO_3$$

磷充分燃烧或亚磷酸酐氧化均可得到五氧化二磷。它是白色雪花状晶体，347℃升华。有强烈的吸水性，是高效干燥剂和脱水剂。

五氧化二磷常温下和水作用时，生成偏磷酸（HPO_3）。偏磷酸是可溶于水的玻璃状物质（剧毒！），能使蛋白质凝固。若将其溶液煮沸，则得到无毒的正磷酸（H_3PO_4）。磷酐和热水充分作用，也能得到正磷酸。

$$P_2O_5+H_2O \xrightarrow{\text{冷水}} 2HPO_3$$

$$P_2O_5+3H_2O \xrightarrow{\triangle} 2H_3PO_4$$

2. 磷酸及其盐

正磷酸（H_3PO_4）简称磷酸，是无色透明晶体。熔点 42℃，极易溶于水。商品磷酸为无色黏稠状的浓溶液，约含 H_3PO_4 85%，密度为 $1.7g \cdot cm^{-3}$。

磷酸晶体热至 200～300℃时，逐渐脱水缩合为焦磷酸（$H_4P_2O_7$）、偏磷酸（HPO_3）。所以磷酸无挥发性，也无沸点，热稳定性强于硝酸。

纯磷酸可由白磷充分氧化后，用热水吸收制得，也可用硝酸氧化磷单质来制备。工业磷

---

[1] 通常，磷化氢中混有更易燃的 P_2H_4，常温下在空气中可自燃。

[2] P_2O_3 和 P_2O_5 是最简式，它们实际分子式是 P_4O_6 和 P_4O_{10}。

酸是用硫酸分解磷灰石制取的。

$$Ca_3(PO_4)_2 + 3H_2SO_4 \longrightarrow 3CaSO_4 \downarrow + 2H_3PO_4$$

磷酸用于制造磷酸盐和磷肥，以及有机合成和医药工业。还用作硬水软化剂、金属抗蚀剂。它也是常用的化学试剂。

磷酸是三元中强酸（$K_1 = 7.5 \times 10^{-3}$）。它能形成三种类型的盐，两种酸式盐和一种正盐。例如，

磷酸二氢盐	NaH_2PO_4	$Ca(H_2PO_4)_2$
磷酸氢盐	Na_2HPO_4	$CaHPO_4$
磷酸盐	Na_3PO_4	$Ca_3(PO_4)_2$

所有的磷酸二氢盐都易溶于水，而磷酸氢盐和正磷酸盐中，除碱金属和铵盐外，几乎都难溶于水。酸式磷酸盐遇碱可转化为正盐，许多正磷酸盐虽难溶于水，但能溶于酸。这是由于转化为水溶性的磷酸二氢盐的缘故。

碱金属的磷酸盐在溶液中水解，其正盐、酸式盐溶液的酸碱性不同。

例如　(1) $PO_4^{3-} + H_2O \Longrightarrow HPO_4^{2-} + OH^-$　溶液显碱性

(2) $HPO_4^{2-} + H_2O \Longrightarrow H_2PO_4^- + OH^-$　　pH9～10

(3) $\begin{cases} H_2PO_4^- \Longrightarrow H^+ + HPO_4^{2-} \quad 溶液显酸性 \\ H_2PO_4^- + H_2O \Longrightarrow H_3PO_4 + OH^- \quad pH4～5 \end{cases}$

正磷酸盐在溶液中因 PO_4^{2-} 的水解而呈碱性；但酸式磷酸盐 HPO_4^{2-} 和 $H_2PO_4^-$ 在溶液中同时进行水解和电离两个不同的过程，前者因水解趋势占主导地位，溶液仍显微碱性，而后者电离趋势较水解趋势显著，溶液呈微酸性。

磷酸盐溶液中加入硝酸银试液，有黄色磷酸银沉淀（该沉淀溶于 HNO_3）析出。据此，可用于在中性或微碱性溶液中检验 PO_4^{3-} 的存在。有关化学方程式为

$$Na_3PO_4 + 3AgNO_3 \longrightarrow 3NaNO_3 + Ag_3PO_4 \downarrow$$

$$PO_4^{3-} + 3Ag^+ \longrightarrow Ag_3PO_4 \downarrow$$

$$Ag_3PO_4 + 3HNO_3 \longrightarrow 3AgNO_3 + H_3PO_4$$

$$Ag_3PO_4 + 3H^+ \longrightarrow 3Ag^+ + H_3PO_4$$

磷酸盐除用于工业外，在农业上磷酸的酸式钙盐和铵盐是重要的磷肥。

过磷酸钙是常用的磷肥。它由磷灰石和适量的硫酸作用而得。

$$Ca_3(PO_4)_2 + 2H_2SO_4 + 4H_2O \xrightarrow{\triangle} Ca(H_2PO_4)_2 + 2CaSO_4 \cdot 2H_2O$$

这种磷肥是磷酸二氢钙和石膏的混合物，其制法简单，其中的磷易被植物吸收，所以大量被使用。但是它含有大量的石膏，肥效较低（含 P_2O_5 18％左右）。

比较纯净的磷酸二氢钙叫重过磷酸钙。它由工业磷酸和磷酸钙作用生成的。

$$Ca_3(PO_4)_2 + 4H_3PO_4 \xrightarrow{\triangle} 3Ca(H_2PO_4)_2$$

这种磷肥含磷为过磷酸钙的两倍以上（含 P_2O_5 40％～50％），是一种高效磷肥。

此外，还有钙镁磷肥（约含 P_2O_5 20％）；磷酸铵肥（主要含酸式磷酸铵，俗称安福粉，含 P_2O_5 30％、N18％）；氮磷混肥（由磷酸氢钙、硝酸钙、硝酸铵组成，含 P_2O_5 10％、N16％）等。

应当注意，可溶性磷肥如过磷酸钙等不能和消石灰、草木灰这类碱性物质一起施用。否则，会生成不溶性磷酸盐而降低了肥效。

$$Ca(H_2PO_4)_2 + 2Ca(OH)_2 \longrightarrow Ca_3(PO_4)_2 \downarrow + 4H_2O$$

本章复习要点

一、氮族元素

氮族元素属于元素周期表 15（ⅤA）族，包括：氮、磷、砷、锑、铋五种元素。其价电子构型为 ns^2np^3。随着核电荷数的增加，它们的非金属性依次减弱、金属性增强。本族元素以非金属性为主，较碳族元素非金属性强，比同周期的卤素弱。

*二、氮气

N_2 是以共价三键结合的双原子分子，常温下很稳定，常用作保护性气体。高温下，它能和氢、氧及活泼金属起反应，分别生成氨、一氧化氮和金属氮化物。

三、氨和铵盐

1. NH_3 是极性分子，极易溶于水，易液化，常用作制冷剂。氨水中存在下列动态平衡：

$$NH_3 + H_2O \Longleftrightarrow NH_3 \cdot H_2O \Longleftrightarrow NH_4^+ + OH^-$$

2. 氨和酸反应生成铵盐。铵盐是离子化合物，易溶于水。氨有还原性，能被氧化为氮气或一氧化氮。

3. 铵盐受热易分解，分解产物与组成铵盐的负离子有关。铵盐和碱反应放出氨气，该反应可检验 NH_4^+ 的存在。

四、氮的氧化物

氮有多种氧化物，最重要的是 NO 和 NO_2。NO 接触空气后即转化为 NO_2，NO_2 用水吸收可得硝酸。

五、硝酸和硝酸盐

1. 工业上，用氨（催化）氧化法生产硝酸。

2. 硝酸是低沸点易挥发的强酸。它除了具有酸的通性外，还有不稳定性和氧化性。硝酸见光或受热易分解，放出 NO_2 和 O_2。

硝酸是强氧化剂，它能和许多金属、非金属发生反应，酸愈浓氧化性愈强，反应后本身被还原为 NO_2、NO 及其他氧化值低的含氮物质。浓硝酸和浓盐酸的混合物（体积比 $1:3$）称为王水，能溶解金和铂。

3. 硝酸盐均为离子晶体，易溶于水。硝酸盐受热易分解放出氧气，分解产物与金属离子有关，高温下是强氧化剂。

六、氮及其化合物间的转化

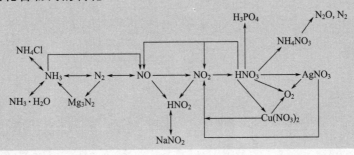

七、磷及其化合物

1. 磷有同素异形体，常见的是白磷和红磷。白磷很活泼，在空气中能自燃，有毒。红磷在空气中很稳定，活泼性较白磷差，无毒。磷单质较氮气活泼，能和氧、卤素等直接化合。

2. 磷的氧化物主要有 P_2O_3 和 P_2O_5。P_2O_3 和水作用可得亚磷酸 H_3PO_3。亚磷酸易被氧化为磷酸。P_2O_5 是高效干燥剂和脱水剂，它和水作用可得偏磷酸 HPO_3（剧毒），或正磷酸 H_3PO_4（无毒）。

3. 磷酸 H_3PO_4 是三元中强酸。它的氧化性较硝酸差，稳定性比硝酸强。它不易分解，受热时脱水缩合，不挥发。磷酸可形成正盐、两种酸式盐及焦磷酸盐。它们在水中的溶解性、水解性及溶液的酸碱性均不同。

磷酸盐是重要的试剂和化肥。磷酸盐可用磷酸银法（黄色沉淀，可溶于 HNO_3）来检验。

八、磷及其化合物间的转化

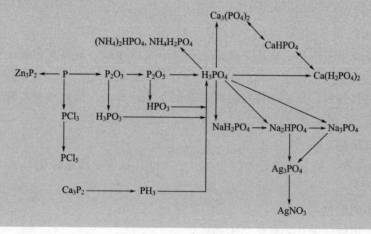

第十一章 氧和硫

【学习目标】

1. 了解氧族元素性质递变规律与其原子结构的关系。
2. 熟悉臭氧和过氧化氢的性质和应用。
3. 了解硫单质、硫化氢的性质和金属硫化物的溶解性。
4. 掌握二氧化硫、三氧化硫、浓硫酸的性质和应用。
5. 熟悉硫酸盐的溶解性、硫代硫酸盐的性质和硫酸根的检验。
6. 了解硫酸的工业制法及有关的反应方程式。

第一节 氧族元素简介

元素周期表中 16（ⅥA）族包括：氧（O）、硫（S）、硒（Se）、碲（Te）和钋（Po）五种元素，统称为氧族元素。

有关氧族元素的基本性质，汇列在表 11-1 中。

表 11-1 氧族元素的基本性质

性　　质	氧(O)	硫(S)	硒(Se)	碲(Te)	钋(Po)
原子序数	8	16	34	52	84
相对原子质量	16.00	32.07	78.96	127.6	[209]
价电子层构型	$2s^22p^4$	$3s^23p^4$	$4s^24p^4$	$5s^25p^4$	$6s^26p^4$
主要氧化值	-2	$-2、+4、+6$	$-2、+4、+6$	$-2、+4、+6$	$+4、+6$
原子半径/pm	66	104	117	137	146
M^{2-}离子半径/pm	140	184	198	221	
第一电离能/$(kJ \cdot mol^{-1})$	1314	999.6	940.6	869	818
电负性	3.5	2.5	2.4	2.1	2.0

从表 11-1 可看出，氧族元素随着原子序数的增大，原子半径、离子半径、电离能和电负性的变化趋势和氮族、卤素相似。随着原子序数的增大，电离能降低、电负性减小、原子半径增大，本族元素从典型的非金属过渡到金属。硫和氧是典型的非金属；硒和碲与砷类似，虽为非金属却具有某些金属性质，常用作半导体材料；钋为放射性金属。从元素电负性可见，氧族元素的非金属性较氮族元素强，而较卤素弱。

氧族元素中，最重要的是氧和硫。许多金属在自然界中以氧化物或硫化物的形式存在，常称此两种元素为成矿元素。硒、碲是稀有元素，它们常存在于重金属的硫化物矿中。

氧族元素原子最外层有 6 个（ns^2np^4）价电子，和其他元素化合时常形成氧化值为 -2 的化合物。氧能和大多数金属形成离子化合物；而硫只能和一些电负性小的元素，例如碱金属等形成离子化合物；硒、碲的离子化合物更少。

氧族元素与非金属化合时均形成共价化合物，其热稳定性和氧族元素的活泼性有关。氧与氢化合较易进行，生成物也最稳定。硫、硒、碲与氢反应温度要更高，且反应可逆。生成的气态氢化物均有特殊气味，且有毒。它们的热稳定性依 H_2O、H_2S、H_2Se、H_2Te 顺序减弱，还原性依次增强。这和卤化氢的热稳定性、还原性的递变规律是一致的。

　　硫和硒、碲与电负性较大的元素成键时，常形成氧化值为 +4 和 +6 的化合物。它们的二氧化物（MO_2）和三氧化物（MO_3）对应的水化物都是含氧酸。**同一元素，氧化值高的含氧酸（如 H_2SO_4）比氧化值低的含氧酸（如 H_2SO_3）的酸性强些。同一氧化值的不同元素的含氧酸，元素的非金属性愈弱，则含氧酸的酸性也愈弱。**

　　和其他各族元素类似，第一种元素的性质总有些特殊。硫和硒、碲的性质较为接近，而和氧相差较大。本章主要讨论应用广泛的氧、硫及其重要化合物。

第二节　氧和臭氧、过氧化氢

一、氧和臭氧

　　氧占地壳总量的 48.6%，是自然界中含量最多、分布最广的元素。化合态的氧以水、氧化物和含氧酸盐形式存在；游离态的氧占空气总体积的 21%，它和生物的呼吸、物质的燃烧等过程都有密切的关系。

　　氧是化学性质活泼的气体，它能和绝大多数金属及非金属化合，形成各种氧化物。但由于氧分子的共价键较牢固，所以常温时反应速率较慢，加热或高温下能和许多金属或非金属剧烈反应，并放出大量的热。**常温下，氧在溶液中也显示氧化性，酸性溶液中较强、碱性溶液中较弱。**

　　空气中发生放电，如雷击、闪电或电焊时会产生一种特殊的臭味，这是生成了由三个氧原子组成的单质分子——臭氧（O_3）。氧和臭氧是同素异形体。它们的化学性质基本相同，但是物理性质以及化学活泼性却有差别，见表 11-2。

表 11-2　氧和臭氧性质的比较

性　　质	氧气（O_2）	臭氧（O_3）
气味	无味	腥臭味
颜色	气体无色、液体蓝色	气体淡蓝、液体深蓝色
熔点/℃	−219	−193
沸点/℃	−183	−112
0℃时在水中的溶解度/($mL \cdot L^{-1}$)	49	494
稳定性	较强	高温分解为 O_2
氧化性	强	很强
$\varphi_A^{\ominus}$/V	$O_2+4H^++4e \Longrightarrow 2H_2O$　$\varphi^{\ominus}=1.23$	$O_3+2H^++2e \Longrightarrow O_2+H_2O$　$\varphi^{\ominus}=2.07$

　　臭氧在地面附近的大气层中含量极少，而在距地面约 25km 的高空处，则有一层由于太阳紫外线强辐射形成的臭氧层。反应方程式为

$$3O_2 \xrightleftharpoons[\text{（或电火花）}]{\text{紫外光}} 2O_3 - 284kJ$$

　　它吸收了太阳的一部分辐射能，使地球上的生命体避免了紫外线强辐射的伤害，是一个重要的保护层。近年来由于工业的迅速发展，大气中的 CCl_4、CH_3Br（甲基溴）、氮氧化物、氟里昂等日益增多，使臭氧层遭到破坏。如任其发展，则紫外线过多地照射到地面，对动植物生长及人类生存会造成严重威胁。因此，保护臭氧层是全球环保工作的一个热点。

　　O_3 分子的共价键牢固程度比 O_2 分子低得多，所以化学活泼性很强。臭氧的氧化能力

比氧强，许多常温下几乎和氧不发生反应的物质遇到臭氧均能迅速发生反应。例如，银在臭氧中可被氧化为过氧化银（Ag_2O_2）；硫化铅在臭氧中可被氧化为硫酸铅；碘化钾在溶液中可被它氧化为碘单质：

$$2KI+O_3+H_2O \longrightarrow 2KOH+I_2+O_2$$

上述反应常用于臭氧的检验。

空气中含微量的臭氧（低于 1×10^{-6}）对人健康有益。因为臭氧能消毒杀菌，又能刺激中枢神经并加速血液循环。利用臭氧的强氧化作用，可代替通常的催化氧化和高温氧化，并能代替氰化钠将金矿石溶解在盐酸中，从而简化了生产工艺，提高了经济效益。臭氧还用作消毒剂、漂白剂、脱臭剂、净化剂等，在工业和环境保护方面的应用日益广泛。

二、过氧化氢

过氧化氢（H_2O_2）**俗称双氧水**。纯过氧化氢是无色黏稠状液体。凝固点 $-0.9℃$，沸点 $151.4℃$，$4℃$ 时液体的密度是 $1.438g \cdot cm^{-3}$。**过氧化氢是极性分子，它可以和水以任意比例混溶**。常用双氧水为含 H_2O_2 质量分数为 $30\%\sim35\%$ 的试剂和 3% 的稀溶液。

H_2O_2 的化学性质**主要表现为三个方面**。

（1）**热稳定性较差**　纯 H_2O_2 热至 $153℃$ 以上，发生爆炸性分解；常温时，溶液状态的 H_2O_2 则缓慢分解，是一个歧化反应。

$$2H_2O_2 \longrightarrow 2H_2O+O_2$$

过氧化氢在碱性环境中的分解速率，比在酸性溶液中快得多，许多重金属离子（如 Fe^{3+}、Cr^{3+}、Mn^{2+} 及 MnO_2 等）对分解起催化作用。强光的照射也会加速它分解。因此，过氧化氢宜保存在棕色瓶中，置于低温暗处。加入某种稳定剂可抑制杂质的催化分解作用。

（2）**弱酸性**　**H_2O_2 是一种弱酸**。

$$H_2O_2 \Longrightarrow H^+ + HO_2^- \quad K_1=1.6\times10^{-12}$$

它能和碱起反应，生成金属过氧化物

$$H_2O_2+Ba(OH)_2 \longrightarrow BaO_2 \downarrow +2H_2O$$

因此，过氧化物如 Na_2O_2、BaO_2 等，可看作是过氧化氢的盐。过氧化物分子中均存在 —O—O— 过氧键，故有不稳定、易分解的特性。

（3）**氧化性和还原性**　H—O—O—H 中氧的氧化值为 -1，处于中间氧化值，它在反应中有向 -2 和 0 两种氧化值转化的趋势，因此 H_2O_2 既有氧化性又有还原性。从电极电位也可看出这一性质。

$$O_2+2H^++2e \Longrightarrow H_2O_2 \quad \varphi_A^\ominus=0.68V$$

$$H_2O_2+2H^++2e \Longrightarrow 2H_2O \quad \varphi_A^\ominus=1.77V$$

过氧化氢在一般情况下，**在酸性环境中显强氧化性**。

【演示实验11-1】　在盛有 $4mL$ $0.1mol \cdot L^{-1}$ KI 溶液的试管中，加 $1mL$ $3mol \cdot L^{-1}$ H_2SO_4，再加入 $2mL3\%$ H_2O_2 和 2 滴淀粉试液，观察溶液颜色的变化。

过氧化氢将 KI 氧化，析出的 I_2 使淀粉试液变蓝。反应方程式为

$$2KI+H_2O_2+H_2SO_4（稀）\longrightarrow I_2+K_2SO_4+2H_2O$$

过氧化氢能将黑色的硫化铅氧化为白色的硫酸铅。

$$PbS+4H_2O_2 \longrightarrow PbSO_4+4H_2O$$

当过氧化氢遇到更强的氧化剂时，又显示还原性。如，它能使 $KMnO_4$ 酸性溶液退色，

并放出氧气。

【演示实验 11-2】　　在盛有 4mL 1‰ $KMnO_4$ 溶液的试管中，加 1mL 3mol·L^{-1} H_2SO_4，再加入 2mL 3‰ H_2O_2，振荡试管，溶液红紫色退去，并有气泡产生。

有关反应方程式为

$$2KMnO_4 + 5H_2O_2 + 3H_2SO_4(稀) \longrightarrow 2MnSO_4 + K_2SO_4 + 5O_2 \uparrow + 8H_2O$$

该反应可用来测定过氧化氢的含量。

工业上利用过氧化氢的氧化性，漂白毛、丝、羽毛等含动物蛋白的织物。由于其还原产物是水，不致给产品带入其他杂质。纯 H_2O_2 可用作火箭燃料的氧化剂。3‰ H_2O_2 为药用消毒剂。基于它有还原性，也用作除氯剂。作为化工原料它还用于无机、有机过氧化物如过硼酸钠、过醋酸的生产。此外，双氧水也是重要的化学试剂。

第三节　硫单质、硫化氢和氢硫酸盐

一、硫单质

硫在自然界分布很广，占地壳总质量的 0.048%。游离态的硫，存在于火山喷口附近或地壳的岩层里。化合态的硫，主要有金属硫化物和硫酸盐。如硫铁矿（FeS_2 又叫黄铁矿）、有色金属（Cu、Pb、Zn 等）的硫化物矿、石膏（$CaSO_4 \cdot 2H_2O$）和芒硝（$Na_2SO_4 \cdot 10H_2O$）等。温泉的矿泉水中、煤和石油中均含硫，硫也是某些蛋白质的组成元素。高压下，通热水于天然硫矿或加热于黄铁矿均能制得硫单质。

硫单质俗称硫黄，是淡黄色的晶体，质松脆，密度约为水的二倍。**它不溶于水，微溶于酒精，易溶于二硫化碳。**

硫的化学性质较活泼，能和除金、铂以外的各种金属直接化合，生成金属硫化物并放出热量。例如，硫和铝加热时剧烈地反应并发出光亮。

$$2Al + 3S \xrightarrow{\triangle} Al_2S_3 + 590kJ$$

高温下，硫和铁反应只能得到硫化亚铁。这表明，硫的氧化能力比氧以及同周期的氯要差些。

$$Fe + S \xrightarrow{\triangle} FeS$$

硫还能和许多非金属起反应。硫蒸气能和氢气直接化合成硫化氢，但后者在高温下易分解。

硫单质和电负性小的金属或氢化合时，硫是氧化剂，生成的化合物中其氧化值为 -2。

硫与一些电负性大的非金属结合时，常生成氧化值为 +4 或 +6 的化合物。如硫在氧中燃烧生成 SO_2，硫常温下和氟反应生成 SF_6。在这些反应中硫显示还原性。

氧化性的酸也能使硫氧化。浓硝酸可将硫氧化为硫酸；浓硫酸则将硫氧化为二氧化硫。

硫的用途很广。工业上用来制造硫酸及其他含硫化合物；还用于生产硫化橡胶，制造黑火药、火柴、焰火、杀虫剂和医药。

二、硫化氢和氢硫酸盐

1. 硫化氢

火山喷气和某些矿泉水中都含有硫化氢。蛋白质腐烂以及某些含硫物质受热分解时，也逸出硫化氢。

实验室里通常用稀硫酸或稀盐酸和硫化亚铁反应，来制取硫化氢。为了控制气体的发生，常在启普发生器中进行反应（见图 11-1）。

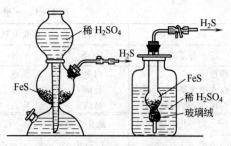

图 11-1　硫化氢的制取装置

$$FeS + H_2SO_4(稀) \longrightarrow FeSO_4 + H_2S\uparrow$$

$$FeS + 2H^+ \longrightarrow Fe^{2+} + H_2S\uparrow$$

硫化氢是无色、有臭鸡蛋气味的气体，比空气略重。它是极性分子，可溶于水。常温常压下 1 体积水能溶解 2.6 个体积的 H_2S。

硫化氢有毒。空气中 H_2S 限量为 $0.01\text{mg} \cdot L^{-1}$，当达到 0.1% 时，人会感到头痛、头晕和恶心，长时间吸入就会昏迷甚至窒息死亡。因此，**在制取和使用 H_2S 时，必须注意通风。**

硫化氢是一种可燃性气体。在空气中燃烧时，产生淡蓝色火焰。空气充足时生成二氧化硫和水；空气不足时，生成硫单质和水。

$$2H_2S + 3O_2(充足) \xrightarrow{\text{点燃}} 2SO_2 + 2H_2O$$

$$2H_2S + O_2(不足) \xrightarrow{\triangle} 2S + 2H_2O$$

硫化氢具有还原性，是较强的还原剂。它能被卤素、浓硫酸、硝酸、铁盐、二氧化硫等各种氧化剂氧化为硫单质或氧化值更高的含硫化合物。利用工厂的含 SO_2 尾气和含 H_2S 废气相互作用，既能回收硫，又避免污染环境。

$$SO_2 + 2H_2S \longrightarrow 3S + 2H_2O$$

硫化氢的水溶液叫氢硫酸。室温下，H_2S 饱和溶液的浓度约为 $0.1\text{mol} \cdot L^{-1}$。**它和硫化氢一样具有较强的还原性，**$H_2S$ 溶液久存后可被空气氧化而析出硫单质。

【演示实验 11-3】　在盛有 4mL H_2S 水的试管中，滴加 I_2 水，振荡，观察 I_2 被 H_2S 还原和 S 单质的析出。

$$S + 2H^+ + 2e \Longleftrightarrow H_2S \quad \varphi_A^{\ominus} = 0.14V$$

$$\varphi_{I_2/I^-}^{\ominus} = 0.54V$$

故　　　　　　　　　　　$$H_2S + I_2 \longrightarrow S\downarrow + 2HI$$

从有关电极电位可见，氢硫酸不仅能被卤素氧化为硫，较活泼的卤素和其他强氧化剂还能将它氧化为硫酸。

$$H_2SO_4 + 8H^+ + 8e \Longleftrightarrow H_2S + 4H_2O \quad \varphi_A^{\ominus} = 0.30V$$

$$\varphi_{Cl_2/Cl^-}^{\ominus} = 1.36V$$

$$4Cl_2 + 4H_2O + H_2S \longrightarrow H_2SO_4 + 8HCl$$

氢硫酸是二元弱酸（$K_1 = 1.3 \times 10^{-7}$），可以形成酸式盐和正盐。它还能和许多盐类作用，生成相应的金属硫化物。

2. 氢硫酸盐

氢硫酸的酸式盐一般易溶于水，而正盐即金属硫化物却大多难溶于水，并且有特征的颜色（见表 11-3），这一性质在定性分析中常用于金属离子的鉴定和分离。

表 11-3   一些金属硫化物的颜色及溶解性

硫 化 物	硫化钠	硫化亚铁	硫化锰	硫化锌	硫化镉	硫化铅
分子式	Na_2S	FeS	MnS	ZnS	CdS	PbS
颜色	白色	黑色	肉粉色	白色	黄色	黑色
在水中溶解性	易溶	不溶	不溶	不溶	不溶	不溶
在稀酸①中的溶解性	易溶	易溶	易溶	易溶	不溶	不溶

硫 化 物	硫化亚锡	硫化锑	硫化铜	硫化银	硫化汞
分子式	SnS	Sb_2S_3	CuS	Ag_2S	HgS
颜色	暗棕色	橘红色	黑色	黑色	黑色
在水中溶解性	不溶	不溶	不溶	不溶	不溶
在稀酸①中的溶解性	不溶	不溶	不溶	不溶	不溶

① 稀酸：一般指 $0.3mol \cdot L^{-1}$ HCl 溶液。

根据**硫化物在水或稀酸中的溶解状况**，常把它们分为三类。**一类是可溶于水的**，如铵和碱金属、碱土金属的硫化物，它们在水中发生水解。**另一类是不溶于水，也难溶于稀盐酸的**，如 CdS、Sb_2S_3、CuS、Ag_2S 等。在这类金属盐溶液中，通入 H_2S 即可得到相应的金属硫化物沉淀。**还有一类**，如 MnS、FeS、ZnS 等，它们在水中的溶解度介于上述两类硫化物之间。因此，它们**虽难溶于水，但能溶于稀酸**。这一类硫化物可以通过 Na_2S 或 $(NH_4)_2S$ 等可溶性氢硫酸盐和该类金属盐溶液反应来制备。

【演示实验 11-4】   在盛有 5mL $0.1mol \cdot L^{-1}$ $MnCl_2$ 溶液的试管中，逐滴加入 $1mol \cdot L^{-1}$ Na_2S 溶液，观察 MnS 沉淀的生成。再往试管中滴加 $3mol \cdot L^{-1}$ HCl，振荡，观察沉淀溶解。用醋酸铅试纸检验 H_2S 的逸出。

有关离子方程式为

$$Mn^{2+} + S^{2-} \longrightarrow MnS \downarrow$$
$$MnS + 2H^+ \longrightarrow Mn^{2+} + H_2S \uparrow$$
$$Pb(Ac)_2 + H_2S \longrightarrow 2HAc + PbS \downarrow$$

因此，常用金属硫化物和稀酸反应时，逸出的气体使醋酸铅试纸变黑的方法，检验 S^{2-} 的存在。

金属硫化物广泛用于印染、制革、橡胶、油漆、玻璃等工业，也是常用的化学试剂。

第四节   硫的含氧化合物

一、二氧化硫、亚硫酸及其盐

1. 二氧化硫

硫的氧化物中，最常见的是二氧化硫。

工业上，通常用硫或硫铁矿在空气中燃烧，来制取二氧化硫。

$$4FeS_2 + 11O_2 \xrightarrow{\text{燃烧}} 8SO_2 \uparrow + 2Fe_2O_3$$

实验室里常用亚硫酸盐与硫酸或盐酸复分解，来制取二氧化硫。例如，

$$Na_2SO_3 + H_2SO_4 \longrightarrow Na_2SO_4 + SO_2 \uparrow + H_2O$$
$$SO_3^{2-} + 2H^+ \longrightarrow SO_2 \uparrow + H_2O$$

二氧化硫是无色、有刺激性气味的气体，有毒。沸点 $-10℃$，它易液化，易溶于水。常

温常压下，1 体积的水可溶约 40 体积的 SO_2。**SO_2 的水溶液是亚硫酸。**

【演示实验 11-5】 用亚硫酸钠晶体和稀硫酸作用，制备二氧化硫，用潮湿的 pH 试纸检验二氧化硫水溶液的酸性。

二氧化硫作为酸酐，可发生成酸、成盐等反应。

二氧化硫有还原性。它能使高锰酸钾溶液退色[1]；在催化剂作用下，能被空气氧化为三氧化硫：

$$2SO_2 + O_2 \xrightarrow[450℃]{V_2O_5} 2SO_3 + 196kJ$$

这是接触法生产硫酸的关键反应。

二氧化硫遇到强还原剂时，显示氧化性，本身被还原为硫单质。例如，

$$2CO + SO_2 \xrightarrow[500℃]{铝矾土} S + 2CO_2$$

该反应可用于从冶炼有色金属的废气中回收硫。

二氧化硫能漂白某些有色物质。但其漂白原理与氯不同。它不能氧化和分解某些色素，而是在水存在下和色素结合成为无色的不稳定化合物。这种化合物容易分解，所以漂白后的有色物质日久逐渐恢复原来的颜色。

二氧化硫主要用于制造硫酸和亚硫酸盐。此外，也用于合成洗涤剂、食品防腐剂的生产和纸张、毛丝、草帽的漂白等。

液态 SO_2 用于精制润滑油的有机溶剂，还用作冷冻剂。

【阅读材料】

二氧化硫对大气的污染及防治

SO_2 是大气污染物，逸入大气中，对环境危害极大。大气未受到 SO_2 等气体污染时，降水因溶有大气中的 CO_2 而微显酸性（pH≈5.6）。大气中的 SO_2 和氮氧化物在一定的条件下（如阳光、尘埃、水蒸气），经一系列的化学反应生成硫酸和硝酸，伴随雨雪落于地面，形成酸雨。因此，自然界 pH 小于 5.6 的降水叫酸雨。它危害人类健康、破坏生态平衡，危害森林和农作物，对金属设备、建筑物、名胜古迹腐蚀严重。所以，酸雨也是当今世界环境问题的一个热点。

我国能源构成以煤为主，能量利用率低。每年排入大气的烟尘和 SO_2 等污染物数量可观，如 1995 年排入大气的 SO_2 达 2370 万吨。几十年来，国家在改变能源结构、提高能源利用率方面已取得成效，对煤和石油的脱硫及 SO_2 的回收利用等都有研究成果。

国务院在全国范围内建立了酸雨控制区和 SO_2 控制区，由一百多个城市构成的酸雨监测网和大气监测网对酸雨和大气质量开展例行监测，把酸雨和 SO_2 的综合防治纳入了国民经济和社会发展计划。控制酸雨和 SO_2 的污染，要从源头抓起，如限制高硫分、高灰分煤炭的开采，提高煤炭的洗选能力，加快洁净煤的生产步伐，减少燃煤产生的 SO_2；调整能源结构，优化能源质量，发展燃气、燃油、水电等清洁能源，依靠科技进步，提高能源利用率。控制燃煤大户（如火电厂、钢铁厂等）的 SO_2 排放量，进行必要的尾端处理。SO_2 含量较高的工业废气可制造硫酸；低浓度的 SO_2 可用碱液、氨水、石灰乳等处理，得到有用的亚硫酸钠、亚硫酸氢铵、石膏等物质。

---

[1] 反应如下：$5SO_2 + 2KMnO_4 + 2H_2O \longrightarrow K_2SO_4 + 2MnSO_4 + 2H_2SO_4$

【阅读材料】

空气污染指数（API）与空气质量

世界上许多发达国家用空气污染指数（简称 API）评估空气质量状况。环保部门在城市中设立若干个监测点，测定大气中的主要污染物，如二氧化硫（SO_2）、二氧化氮（NO_x）、可吸入颗粒物（PM_{10}）等。将测得的污染物浓度值折算成空气污染指数（API）值，定期向社会发布空气质量日报。目前已有北京、上海、大连、南京等一百多个城市发布空气质量日报和预报。其主要内容为"首要污染物"、"空气污染指数"、"空气质量级别"等。

按照国家环保局规定，我国空气质量等级如下：

空气污染指数	空气质量级别
API 值 0～50	一级　空气质量为优
API 值 51～100	二级　空气质量为良
API 值 101～150	三（1）级　空气质量属于轻微污染
API 值 151～200	三（2）级　空气质量属于轻度污染
API 值 201～250	四（1）级　空气质量属于中度污染
API 值 251～300	四（2）级　空气质量属于中度重污染
API 值 301～500	五级　空气质量属于重度污染

当空气质量为四级（中度污染）时，对敏感体质人群有明显影响，一般人群也有可能出现眼睛不适，气喘、咳嗽痰多等症状。当空气质量为五级（重度污染）时，健康人群也会出现明显症状，运动耐受力降低，可能会提前出现某些疾病，应避免户外运动。

2. 亚硫酸

亚硫酸（H_2SO_3）**属于中强酸**（$K_1 = 1.26 \times 10^{-2}$）。它在水溶液中存在着下列平衡：
$$SO_2 + H_2O \rightleftharpoons H_2SO_3 \rightleftharpoons H^+ + HSO_3^- \rightleftharpoons 2H^+ + SO_3^{2-}$$

亚硫酸具有酸类的通性。它不稳定，易分解为 SO_2 和 H_2O，游离的亚硫酸尚未制得。亚硫酸比亚硫酐更易被氧化，它在空气中逐渐被氧化成硫酸。因此，亚硫酸不宜长期保存。

亚硫酸与亚硫酐一样，其中硫的氧化值为 +4，属于中间氧化值，具有氧化性和还原性。但还原能力更强，常用作还原剂。

3. 亚硫酸盐

亚硫酸是二元酸可生成酸式盐和正盐。

在纯碱溶液中通入 SO_2 至饱和，可得到亚硫酸氢钠
$$Na_2CO_3 + 2SO_2 + H_2O \longrightarrow 2NaHSO_3 + CO_2 \uparrow$$

若上述溶液中，加入适量纯碱，加热，使 CO_2 逸出，可转化为亚硫酸钠。
$$2NaHSO_3 + Na_2CO_3 \xrightarrow{\triangle} 2Na_2SO_3 + CO_2 \uparrow + H_2O$$

由于盐的水解，Na_2SO_3 溶液显碱性，而 $NaHSO_3$ 溶液因 HSO_3^- 的电离趋势强于它的水解趋势而显酸性。

由电极电位
$$SO_4^{2-} + H_2O + 2e \rightleftharpoons SO_3^{2-} + 2OH^- \qquad \varphi_3^{\ominus} = -0.93V$$

可见，**亚硫酸盐在碱性溶液中比在酸性溶液中更不稳定，极易被氧化。**例如，它在空气中或遇其他氧化剂时，迅速被氧化为硫酸盐。

【演示实验 11-6】　在盛有 4mL I_2 水的试管中，加入 2 滴淀粉试液，再逐滴加入 $0.5mol \cdot L^{-1}$ Na_2SO_3 溶液，振荡。观察溶液蓝色退去，证明亚硫酸钠被氧化为硫酸钠。

$$I_2 + SO_3^{2-} + 2OH^- \longrightarrow 2I^- + SO_4^{2-} + H_2O$$

因此，溶液中不存在其他还原性离子时，采用 I_2-淀粉蓝色溶液可检验 SO_3^{2-} 的存在。

综上所述，**氧化值为 +4 的硫的还原性，依 SO_2—H_2SO_3—Na_2SO_3 的顺序增强。**

亚硫酸盐是常用的化学试剂。大量的亚硫酸氢钙 $[Ca(HSO_3)_2]$ 用于造纸工业，它能溶解木材中的木质素把纤维素分离出来制造纸浆。亚硫酸钠和亚硫酸氢钠大量用于染料工业。它们也用作漂白织物时的去氯剂；医药工业用它们作抗氧剂，以保护药物的有效成分不被氧化。

二、三氧化硫和硫酸

1. 三氧化硫

三氧化硫是无色易挥发的晶体，密度为 $2.29g \cdot cm^{-3}$。熔点 16.8℃，20℃液体的密度是 $1.92g \cdot cm^{-3}$，沸点 44.8℃。

三氧化硫受热分解为氧和二氧化硫。它是强氧化剂。高温下使磷单质燃烧，能氧化锌、铁等金属，也能将溴化氢、碘化钾中的 Br^-、I^- 氧化为单质。

三氧化硫是强吸水剂，与水化合生成硫酸，并放出大量的热。硫酐易和碱性氧化物、碱类起反应，生成硫酸盐。

2. 硫酸

（1）硫酸的制法　现代工业上生产硫酸主要采用接触法（我国已全部采用接触法）。其特点是在钒催化剂❶的作用下，将 SO_2 氧化为 SO_3，再将 SO_3 制成 H_2SO_4。生产步骤如下。

① 二氧化硫的制取和净化。在特制的炉子里，鼓入空气燃烧硫黄或硫铁矿，得到的 SO_2 气体除含有 O_2、N_2 外，尚有水蒸气和砷、硒的化合物以及矿尘等杂质。这些杂质会使催化剂中毒，所以必须经过除尘、洗涤、干燥等步骤，将气体净化。

② 二氧化硫的氧化。净化后含 9%～10% SO_2 的气体，加热至 450℃左右，送入装有钒触媒（V_2O_5）的转化器中，在适宜的温度下，90%以上的 SO_2 转化为 SO_3 后，送入吸收装置吸收 SO_3，降低 SO_3 的浓度，以提高 SO_2 的转化率。未被吸收的气体返回转化器，未转化的 SO_2 进行二次转化，再送至吸收装置吸收 SO_3。这样通过"两次转化、两次吸收"可使 99.5%以上的 SO_2 转化为 SO_3。

③ 三氧化硫的吸收和硫酸的生成。氧化后的气体中主要含 SO_3、O_2、N_2 和少量未反应的 SO_2。SO_3 与水作用生成硫酸，并放出热量。

$$SO_3 + H_2O \longrightarrow H_2SO_4 + 88kJ$$

反应中放出的热量使水蒸发，和硫酐结合成酸雾。在实际生产中，为了防止生成酸雾，影响吸收效率，不用水直接吸收。一般采用 98.3% 的浓 H_2SO_4 循环吸收 SO_3，再用较稀（93%左右）的硫酸和少量清水将吸收了 SO_3 的浓硫酸稀释为商品硫酸。

④ 尾气的回收。浓硫酸吸收了 SO_3 以后，剩余的气体叫尾气。尾气中还含有少量的 SO_2，通常用氨水加以吸收，以免污染大气，同时可回收 SO_2，提高经济效益。

（2）硫酸的性质　纯硫酸是无色难挥发的油状液体。98%的浓硫酸密度是 1.84g ·

---

❶ 钒催化剂以 V_2O_5（含量 6%～12%）为活性组分，K_2O 为助催化剂，硅藻土为载体。为加强催化剂的耐热性和抗毒能力，也常添加钙、铝、铁、锡、锑等氧化物。

cm^{-3}，沸点 338℃，商品浓硫酸一般含 96%～98% H$_2$SO$_4$，约为 18mol·L^{-1}。

溶有过量 SO$_3$ 的硫酸，若暴露在空气中，因挥发出 SO$_3$ 形成酸雾而"发烟"，故称其为**发烟硫酸**[❶]，其组成可表示为 H$_2$SO$_4$·xSO$_3$。当 $x=1$ 时，即为焦硫酸 H$_2$S$_2$O$_7$。它是无色晶体，比浓硫酸具有更强的氧化性。

硫酸能以任意比例与水混溶，生成一系列稳定的水合物（如 H$_2$SO$_4$·H$_2$O、H$_2$SO$_4$·2H$_2$O、H$_2$SO$_4$·4H$_2$O 等），同时放出大量的热。由于浓硫酸对水有强烈的亲合作用，若把水倒入浓硫酸中，产生的热量会使硫酸溶液局部过热，导致浮在硫酸表面的水剧烈沸腾，产生的蒸气带着硫酸飞溅出来造成灼伤。因此，**配制硫酸溶液时，切勿把水倒入浓硫酸中！应该在搅拌下将浓硫酸缓缓地倒入水中**，并且在敞口容器中进行。

浓硫酸有强烈的吸水性和脱水性。它能吸收气体中的游离水，可用来干燥不与它起反应的气体。它还能夺取许多有机物如糖、淀粉、纤维素分子中与水分子组成相当的氢和氧，使之炭化。例如，

$$C_{12}H_{22}O_{11} \xrightarrow{\text{浓硫酸}} 11H_2O + 12C$$

所以，浓硫酸能严重地破坏动植物组织，有强烈的腐蚀性，使用时要注意安全。

浓硫酸有强氧化性。浓硫酸主要以 H$_2$SO$_4$ 分子存在，起氧化作用的是成酸元素中氧化值为 +6 的硫。浓硫酸几乎能和所有的金属（金、铂除外）起反应。反应后，分子中氧化值为 +6 的硫被还原成氧化值为 +4、0、甚至 -2 的含硫物质，不生成氢气。例如，

$$2Fe + 6H_2SO_4(浓) \xrightarrow{\triangle} Fe_2(SO_4)_3 + 3SO_2\uparrow + 6H_2O$$

$$Zn + 2H_2SO_4(浓) \xrightarrow{\triangle} ZnSO_4 + SO_2\uparrow + 2H_2O$$

$$3Zn + 4H_2SO_4(浓) \xrightarrow{\triangle} 3ZnSO_4 + S\downarrow + 4H_2O$$

$$4Zn + 5H_2SO_4(浓) \xrightarrow{\triangle} 4ZnSO_4 + H_2S\uparrow + 4H_2O$$

浓硫酸在加热下与较活泼的金属反应时，本身被还原为 SO$_2$、S 甚至 H$_2$S。当热的浓硫酸和铜、银等不活泼金属反应时，则被还原为 SO$_2$。

【演示实验 11-7】 在盛有约 5mL 浓 H$_2$SO$_4$ 的试管中，放入少量铜片，加热。观察试管中的变化，并用润湿的品红试纸检验试管口所放出的气体。稍冷后，把试管内的溶液倒入盛有适量水的小烧杯中，观察溶液稀释后的颜色。

浓硫酸将 Cu 氧化，本身被还原。生成的 SO$_2$ 使润湿的品红试纸退色。化学方程式为

$$Cu + 2H_2SO_4(浓) \xrightarrow{\triangle} CuSO_4 + SO_2\uparrow + 2H_2O$$

反应生成的 CuSO$_4$ 在水溶液中呈蓝色。但有时由于副产物 Cu$_2$S 和 CuS 黑色沉淀物的掩盖而影响观察，须加硝酸使之溶解。

铝、铁、铬等金属在冷的浓硫酸中钝化，因此常把浓硫酸装在铁罐中储存和运输。

浓硫酸在加热时还能氧化一些非金属。例如，热的浓硫酸能将碳氧化为二氧化碳，本身被还原为亚硫酐。

$$2H_2SO_4(浓) + C \xrightarrow{\triangle} CO_2\uparrow + 2SO_2\uparrow + 2H_2O$$

[❶] 通常以游离 SO$_3$ 的质量分数表示发烟硫酸的浓度。如 20%（游离）SO$_3$，表明这种发烟硫酸中含质量分数为 20% 的 SO$_3$。

稀硫酸是强酸具有酸的通性。它可以和碱性物质发生中和作用，也可以将金属活动顺序表中位于氢以前的金属如 Mg、Zn、Fe 等氧化，而放出氢气。

$$Fe + 2H^+ \longrightarrow Fe^{2+} + H_2 \uparrow$$

和浓 H_2SO_4 的氧化作用不同，稀 H_2SO_4 中的 SO_4^{2-} 不同于 H_2SO_4 分子，它很稳定，一般没有氧化性，起氧化作用的是酸中的氢离子[1]。

（3）硫酸的用途

硫酸是重要的化工产品，又是重要的基本化工原料。它广泛用于生产过磷酸钙、硫酸铵等化肥和各种硫酸盐，以及氢氟酸和磷酸。金属加工和金属表面电镀前的清洗，以及冶炼纯铜也要消耗硫酸。大量的硫酸还用于精炼石油[2]、制造染料、炸药、农药、和医药等方面。工业上和实验室中常用浓硫酸作干燥剂，用来干燥 Cl_2、H_2、CO_2、SO_2 等气体。此外，硫酸也是重要的化学试剂。

三、硫酸盐和硫代硫酸盐

1. 硫酸盐

硫酸是二元酸，它可以形成酸式盐和正盐。

最活泼的碱金属能形成稳定的固态酸式盐。它们可由碱金属的正硫酸盐和硫酸作用制得。例如，

$$Na_2SO_4 + H_2SO_4 \longrightarrow 2NaHSO_4$$

$KHSO_4$、$NaHSO_4$ 为常用化学试剂。它们易溶于水，水溶液呈酸性。

硫酸盐的热稳定性与成盐的金属阳离子有关。活泼金属的硫酸盐，例如，Na_2SO_4、K_2SO_4、$BaSO_4$ 等，在高温下仍是稳定的；较不活泼的金属的硫酸盐，例如，$Al_2(SO_4)_3$、$Fe_2(SO_4)_3$、$FeSO_4$、$CuSO_4$ 等，在高温下则分解成金属氧化物和硫酐。某些金属氧化物在高温下不稳定，则进一步分解成金属单质。

$$Fe_2(SO_4)_3 \xrightarrow{\triangle} Fe_2O_3 + 3SO_3 \uparrow$$

$$Ag_2SO_4 \xrightarrow{\triangle} Ag_2O + SO_3 \uparrow$$

$$2Ag_2O \xrightarrow{\triangle} 4Ag + O_2 \uparrow$$

硫酸盐大都易溶于水。Ag_2SO_4 微溶于水，Ca^{2+}、Sr^{2+}、Ba^{2+} 及 Pb^{2+} 的硫酸盐均难溶于水，也不溶于盐酸或稀硝酸，其中 $BaSO_4$ 溶解度最小。它们都是白色晶体。$BaSO_4$ 的不溶性可用于溶液中 SO_4^{2-} 的鉴定和分离。

【演示实验 11-8】　在分别盛有 5mL $0.1mol \cdot L^{-1}$ 的 H_2SO_4、$0.1mol \cdot L^{-1}$ Na_2SO_4、$0.1mol \cdot L^{-1}$ Na_2CO_3 溶液的试管中，均滴入 1mL $0.1mol \cdot L^{-1}$ 的 $BaCl_2$ 溶液，观察白色沉淀的生成。然后向各试管滴加 $1mol \cdot L^{-1}$ HCl 或 HNO_3 溶液，振荡试管，观察沉淀的溶解情况。

硫酸或硫酸钠溶液中加入氯化钡溶液，产生白色硫酸钡沉淀

$$Ba^{2+} + SO_4^{2-} \longrightarrow BaSO_4 \downarrow$$

---

[1] H_2SO_4 是强酸，第一步完全电离，$K_2 = 1.2 \times 10^{-2}HSO_4^-$ 相当于中强酸。因此，$0.1mol \cdot L^{-1}H_2SO_4$ 溶液中，$[H^+] < 0.2mol \cdot L^{-1}$。实验表明：$1mol \cdot L^{-1}H_2SO_4$ 和活泼金属作用放出 H_2，而中等浓度的硫酸也有氧化性，和金属反应能放出少量 SO_2。

[2] 硫酸能和油类中某些有机物杂质起反应，生成不溶于油类或能溶于硫酸的物质，因此它可用于精炼石油和植物油等。

在碳酸钠溶液中加入氯化钡溶液，也产生碳酸钡白色沉淀

$$Ba^{2+} + CO_3^{2-} \longrightarrow BaCO_3 \downarrow$$

实验表明，$BaCO_3$ 溶于 HCl 或 HNO_3，而 $BaSO_4$ 则不溶。

$$BaCO_3 + 2H^+ \longrightarrow Ba^{2+} + CO_2 \uparrow + H_2O$$

因此，在被测的溶液中加入 Ba^{2+} 盐溶液后，有白色沉淀生成而且又不溶于稀酸时，证明溶液中有 SO_4^{2-} 存在。

2. 硫代硫酸盐

将硫粉溶于沸腾的亚硫酸钠碱性溶液中，可制得硫代硫酸钠（$Na_2S_2O_3$）。

$$Na_2SO_3 + S \xrightarrow{\triangle} Na_2S_2O_3$$

硫代硫酸钠五水合物（$Na_2S_2O_3 \cdot 5H_2O$）俗称海波或大苏打。它是无色透明晶体，易溶于水。

硫代硫酸钠是硫代硫酸（$H_2S_2O_3$）的钠盐。硫代硫酸根（$S_2O_3^{2-}$）可看作是硫酸根（SO_4^{2-}）中的一个氧原子被一个硫原子所取代的产物，其中两个硫原子的平均氧化值为 +2。

硫代硫酸钠在中性、碱性溶液中表现稳定，在酸性溶液中易发生分解，有硫单质析出。

【演示实验 11-9】　在盛有 5mL 0.1mol·L^{-1} $Na_2S_2O_3$ 溶液的试管中，注入 2mL 1mol·L^{-1} H_2SO_4 溶液，振荡，观察溶液颜色的变化。

硫代硫酸钠和酸起反应，转化为不稳定的硫代硫酸，后者歧化分解，析出的硫使溶液呈乳白色浑浊。

$$Na_2S_2O_3 + H_2SO_4 \longrightarrow H_2S_2O_3 + Na_2SO_4$$
$$ \longrightarrow S \downarrow + SO_2 \uparrow + H_2O$$

$$S_2O_3^{2-} + 2H^+ \longrightarrow S \downarrow + SO_2 \uparrow + H_2O$$

硫代硫酸钠具有还原性。它与氯、溴等强氧化剂作用时，可被氧化为硫酸钠，

$$Na_2S_2O_3 + 4Cl_2 + 5H_2O \longrightarrow Na_2SO_4 + H_2SO_4 + 8HCl$$

因此，纺织、造纸等工业利用硫代硫酸钠作除氯剂。

当硫代硫酸钠和较弱的氧化剂——碘水作用时，将碘还原为碘化钠，本身被氧化为连四硫酸钠（$Na_2S_4O_6$）。这一反应常用于定量分析中。

【演示实验 11-10】　在盛有 5mL 碘水的试管中，加入 2～3 滴淀粉试液，然后逐滴加入 1mol·L^{-1} 的 $Na_2S_2O_3$ 溶液，振荡试管，溶液蓝色逐渐消失。

$$I_2(s) + 2e \Longrightarrow 2I^- \qquad \varphi^\ominus = 0.535V$$
$$S_4O_6^{2-} + 2e \Longrightarrow 2S_2O_3^{2-} \qquad \varphi^\ominus = 0.08V$$
$$2Na_2S_2O_3 + I_2 \longrightarrow 2NaI + Na_2S_4O_6$$
$$2S_2O_3^{2-} + I_2 \longrightarrow 2I^- + S_4O_6^{2-}$$

连四硫酸钠（$Na_2S_4O_6$）是连四硫酸（$H_2S_4O_6$）的盐。

凡是含氧酸中成酸元素以两个以上的原子直接相连的，就叫做连某酸。连四硫酸钠是硫代硫酸钠被碘氧化的特殊产物。从电极反应看出，它是由两个硫代硫酸根 $S_2O_3^{2-}$，失去 2 个电子形成的。连四硫酸钠中硫的平均氧化值为 +2.5。

硫代硫酸钠的另一个重要特性是能溶解重金属盐类。 AgCl、AgBr 等难溶盐在海波溶液中可转变为易溶于水的配位化合物。因此，海波用作照相的定影剂。此外，它也用作药物的

解毒剂，可解除重金属、砷化物和氰化物中毒。它也是常用的化学试剂。

本章复习要点

一、氧族元素

氧族元素属于元素周期表 16（ⅥA）族，包括：氧、硫、硒、碲和钋五种元素，其价电子构型为 ns^2np^4。它们在化学反应中容易得到电子而显非金属性，且从氧到钋非金属性依次减弱、金属性逐渐增强。氧族元素的非金属性较卤素弱，较氮族元素强些。氧族元素中最重要的是氧和硫，它们是成矿元素。

二、氧和臭氧、过氧化氢

在加热条件下，绝大多数元素均能和氧化合。在氧化物中氧的氧化值为 -2，而在过氧化物中氧的氧化值为 -1。

臭氧的氧化能力比氧强，但热稳定性差。

过氧化氢俗称"双氧水"。它有弱酸性；热稳定性差，易分解为水和氧；具有氧化性和还原性。过氧化氢和过氧化物均含有过氧链—O—O—。当过氧链断开时，每个氧原子各获得一个电子形成 O^{2-}，而显示氧化性。

三、硫

硫的价电子构型为 $3s^23p^4$，主要氧化值为 -2、+4、+6。

硫的化学活泼性较氧差。它能和大多数金属起反应，生成金属硫化物；和氢反应生成硫化氢而显示氧化性。它又能被氧等氧化剂氧化为二氧化硫而显示还原性。

四、硫化氢和氢硫酸盐

硫化氢是无色、有臭鸡蛋味的有毒气体，其水溶液称氢硫酸、有较强的还原性。氢硫酸盐在水和稀酸中溶解情况不同。许多难溶的金属硫化物具有特征的颜色，可用于金属离子的鉴定和分离。

五、二氧化硫、亚硫酸及其盐

二氧化硫是有刺激性气味，有毒的气体。它易溶于水，生成亚硫酸。亚硫酸常温下易分解为水和亚硫酐，它只存在于溶液中。亚硫酐常用作漂白剂、消毒剂。

亚硫酸为二元中强酸，可形成酸式盐和正盐。二氧化硫、亚硫酸及其盐中硫的氧化值是 +4，为中间价态，具有氧化性和还原性。亚硫酸盐常用作还原剂，反应后氧化为硫酸盐。

六、三氧化硫、硫酸及其盐

三氧化硫为硫酐，可由二氧化硫催化氧化制取。它与水剧烈反应生成硫酸，并放出很多热量。

工业上，用接触法生产硫酸。

浓硫酸具有强烈的吸水性、脱水性和氧化性。硫酸是强酸，是基本化工产品。

硫酸盐一般较稳定，大多易溶于水。仅 $BaSO_4$、$PbSO_4$、$CaSO_4$ 等少数盐较难溶。较不活泼的金属硫酸盐高温下可分解为金属氧化物和硫酐，甚至进一步分解为金属单质。

七、硫代硫酸盐

硫代硫酸钠五水合物俗称海波、大苏打，易溶于水。它遇酸分解，析出硫；是常用的还原剂和脱氯剂，遇弱氧化剂时生成 $S_4O_6^{2-}$ 盐，遇强氧化剂时生成 SO_4^{2-} 盐。它也能溶解卤化银等重金属盐类。

八、硫及其化合物间的转化

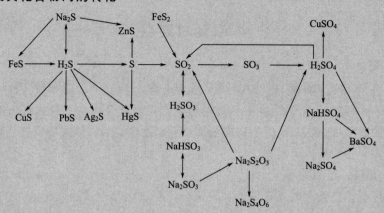

九、几种离子的检验

硫离子常用酸分解法，以醋酸铅试纸来鉴定。亚硫酸根离子可用碘-淀粉溶液检验其存在。硫酸根离子则用氯化钡法来鉴定。

第十二章 配位化合物

【学习目标】

1. 建立配位化合物的基本概念，掌握配合物的组成、命名。
2. 了解配位化合物稳定性的含义及配位化合物在溶液中稳定存在的条件。
3. 了解配位平衡与沉淀反应、其他配位反应、氧化还原反应的关系。
4. 了解配位化合物在分析、化学、电镀、生命过程等方面的应用示例。

配位化合物[1]是一类比较复杂的化合物。它们的存在非常普遍，很多无机化合物都具有配位化合物的结构，还有许多配合物是由金属离子与有机物形成的。随着科学技术和工农业生产的发展，对配位化合物的研究和应用日益深入广泛，目前已成为一门独立的学科——配位化学。

第一节 配位化合物的基本概念

一、配合物的定义

【演示实验 12-1】 在（1）、（2）、（3）号试管中，各加入 5mL 0.1mol·L^{-1} CuSO$_4$ 溶液。向（1）号试管中滴加几滴 0.1mol·L^{-1} BaCl$_2$ 溶液，立即有白色 BaSO$_4$ 生成；向（2）号试管中滴加 1mol·L^{-1} NaOH 溶液，即有天蓝色胶状 Cu(OH)$_2$ 沉淀生成；向（3）号试管中滴加 2mol·L^{-1} NH$_3$·H$_2$O，开始有浅蓝色碱式硫酸铜 [Cu$_2$(OH)$_2$SO$_4$] 沉淀生成，继续加入过量氨水，沉淀溶解，变为深蓝色溶液。将此溶液分为两份，一份加入数滴 0.1mol·L^{-1} BaCl$_2$ 溶液，仍有白色 BaSO$_4$ 沉淀生成；另一份加入少量 1mol·L^{-1} NaOH 溶液，则无 Cu(OH)$_2$ 沉淀生成。

实验证明，在加入过量氨水后，SO$_4^{2-}$ 仍然单独存在于溶液中，而 Cu^{2+} 却减少到不足以与 OH$^-$ 结合为 Cu(OH)$_2$ 沉淀的程度，这是因为 CuSO$_4$ 与过量氨水发生了如下反应：

$$CuSO_4 + 4NH_3 \longrightarrow [Cu(NH_3)_4]SO_4$$

生成了深蓝色的 [Cu(NH$_3$)$_4$]SO$_4$，如将此深蓝色溶液用酒精处理，可以得到深蓝色的晶体，其中含有复杂 [Cu(NH$_3$)$_4$]$^{2+}$ 和 SO$_4^{2-}$。由此进一步说明了 CuSO$_4$ 和过量氨水反应的实质是简单 Cu^{2+}[2] 与 NH$_3$ 分子结合成了复杂 [Cu(NH$_3$)$_4$]$^{2+}$，而 SO$_4^{2-}$ 并无变化。

$$Cu^{2+} + 4NH_3 \rightleftharpoons [Cu(NH_3)_4]^{2+}$$

这种复杂离子叫铜氨配离子，它在溶液和晶体中都能稳定存在。它是由 NH$_3$ 分子内 N

---

[1] 配位化合物即络合物。1979 年中国化学会无机化学专业委员会决定将 Coordination Compound 译为配位化合物，简称配合物。

[2] 在水溶液中，几乎不存在简单金属离子。大多数金属离子都与水分子形成水合离子，如 [Cu(H$_2$O)$_4$]$^{2+}$、[Al(H$_2$O)$_6$]$^{3+}$ 等。

原子上的孤电子对（：NH_3）进入 Cu^{2+} 的空轨道，以四个配位键结合而成的。

$$\left[\begin{array}{c} NH_3 \\ H_3N:\overset{\cdot\cdot}{C}u^{2+}:NH_3 \\ NH_3 \end{array}\right] \quad 或 \quad \left[\begin{array}{c} NH_3 \\ \uparrow \\ H_3N\rightarrow Cu^{2+}\leftarrow NH_3 \\ \downarrow \\ NH_3 \end{array}\right]$$

【演示实验 12-2】 在盛有 2mL $0.1mol \cdot L^{-1}$ $HgCl_2$ 溶液的试管中，逐滴加入 $0.1mol \cdot L^{-1}$ KI 溶液，开始有橘红色碘化汞（HgI_2）沉淀生成，继续加入过量 KI 溶液，橘红色沉淀消失，变为无色溶液。

反应方程式为：

$$HgCl_2 + 2KI \longrightarrow HgI_2 \downarrow + 2KCl$$
$$Hg^{2+} + 2I^- \longrightarrow HgI_2 \downarrow$$
$$HgI_2 + 2KI \longrightarrow K_2[HgI_4]$$
$$HgI_2 + 2I^- \longrightarrow [HgI_4]^{2-}$$

$[HgI_4]^{2-}$ 是无色的，它也是一种配离子，即由 $[:\overset{\cdot\cdot}{\underset{\cdot\cdot}{I}}:]^-$ 上的孤电子对进入 Hg^{2+} 的空轨道，以四个配位键结合形成的。$[HgI_4]^{2-}$ 也能稳定地存在于 $K_2[HgI_4]$ 晶体和水溶液中。

此外，如 $Ni(CO)_4$[1]、$[PtCl_2(NH_3)_2]$ 等也是配合物，它们是由正离子（或原子）与中性分子或负离子形成的不带电荷的复杂分子。

概括起来，**一个正离子（或原子）和一定数目的中性分子或负离子以配位键结合形成的能稳定存在的复杂离子或分子，叫配离子或配分子。配分子或含有配离子的化合物叫配合物。配离子可以是阳离子，也可以是阴离子。**习惯上，把配离子也称配合物。这个关于配合物的概念适用于较典型的配合物[2]。

还有一类较复杂的化合物，如明矾 $[KAl(SO_4)_2 \cdot 12H_2O]$、铬钾矾 $[KCr(SO_4)_2 \cdot 12H_2O]$、铁铵矾 $[NH_4Fe(SO_4)_2 \cdot 12H_2O]$ 等，从组成看，很像配合物，实际是复盐。因为在它们的晶体中不含复杂配离子，它们在溶液中完全电离为简单离子。如：

$$KAl(SO_4)_2 \longrightarrow K^+ + Al^{3+} + 2SO_4^{2-}$$

二、配合物的组成

配离子是配合物的特征组分，它的性质和结构与一般离子不同，因此常将配离子用方括号括起来。方括号内是配合物的内界，不在内界的其他离子是配合物的外界。

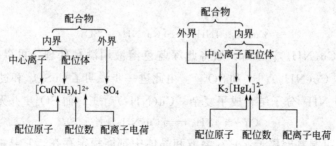

像 $[CoCl_3(NH_3)_3]$、$[PtCl_2(NH_3)_2]$ 等配分子只有内界，没有外界。

---

[1] $Ni(CO)_4$ 叫四羰基合镍，它是由一个 Ni 原子和四个 CO 分子形成的配位分子。

[2] 有些书刊把其中具有配位键的复杂离子（如 NH_4^+、SO_4^{2-} 等）和含有这些离子的化合物也列入配合物的范畴。它们是广义的配合物。

1. 中心离子（或原子）

中心离子是配合物的形成体，它位于配离子（或配分子）的中心，是配合物的核心部分。 它们都是具有空价电子轨道的离子或电中性的原子。常见的形成体大都是过渡元素的离子，如 Fe^{2+}、Fe^{3+}、Cr^{3+}、Co^{2+}、Co^{3+}、Ni^{2+}、Cu^{2+}、Cu^+、Ag^+、Zn^{2+}、Hg^{2+} 等。有少数的形成体不是离子而是电中性的原子，如 $Fe(CO)_5$、$Ni(CO)_4$ 中的 Fe、Ni 等。

2. 配位体

在配离子（或配分子）内与中心离子（或原子）结合的负离子或中性分子叫配位体。 原则上具有孤电子对的极性分子或负离子都可以作配位体。含有配位体的物质叫配位剂。**配位体中具有孤电子对的直接与中心离子结合的原子称为配位原子。** 如 $[Cu(NH_3)_4]^{2+}$ 中 NH_3 是配位体，NH_3 中的 N 原子是配位原子。又如 $[HgI_4]^{2-}$ 中的 I^- 既是配位体，又是配位原子。再如 $[PtCl_2(NH_3)_2]$ 中的 NH_3、Cl^- 同时作 Pt^{2+} 的配位体，配位原子是 NH_3 中的 N 原子和 Cl^- 本身。

经常作为配位原子的主要是一些非金属如 N、O、S、C、卤素等元素的原子。常见的配位体有 $\ddot{N}H_3$、$H_2\ddot{O}$、$\ddot{O}H^-$、$\ddot{C}N^-$、$\ddot{C}O$、$S\ddot{C}N^-$、$\ddot{S}_2O_3^{2-}$、Cl^-、Br^-、I^-、F^- 等（标注两个小黑点的是配位原子）。

3. 配位数

在配离子中与中心离子直接结合的配位原子的数目叫做中心离子的配位数。 如一个配位体中只有一个配位原子，则

配位体数＝配位原子数＝配位数

例如，$[Cu(NH_3)_4]^{2+}$ 中有 4 个 N 直接与 Cu^{2+} 结合，Cu^{2+} 的配位是 4；$[CoCl(NH_3)_5]^{2+}$ 中有 5 个 N 和一个 Cl^- 直接与 Co^{3+} 结合，Co^{3+} 的配位数是 6。每种中心离子都有其常见的配位数，见表 12-1。

表 12-1 某些中心离子的常见配位数

中心离子	Ag^+、Cu^+	Ni^{2+}、Cu^{2+}、Zn^{2+}、Hg^{2+}	Fe^{2+}、Fe^{3+}、Co^{2+}、Co^{3+}、Ni^{2+}、Al^{3+}
常见配位数	2	4	6

中心离子配位数的多少，决定于中心离子和配位体的性质（电荷、半径、核外电子的排布）以及形成配合物时的条件，特别是温度和浓度。

4. 配离子的电荷

带正电荷的配离子叫配阳离子；带负电荷的配离子叫配阴离子。它们的电荷等于中心离子的电荷与配位体的总电荷（若配位体为电中性分子，其电荷为零）**的代数和。** 例如，在 $Na_2[Zn(CN)_4]$ 中配离子的电荷为

$$+2+4\times(-1)=-2 \qquad 配离子为\ [Zn(CN)_4]^{2-}$$

$[Ag(NH_3)_2]Cl$ 中配离子的电荷为

$$+1+2\times0=+1 \qquad 配离子为\ [Ag(NH_3)_2]^+$$

配合物分子是电中性的。若已知配合物的化学式，则可根据配合物外界离子的电荷确定配离子的电荷。如 $[CoCl(NH_3)_5]Cl_2$ 的外界有 2 个 Cl^-，则其配离子的电荷应为 $+2$，即为 $[CoCl(NH_3)_5]^{2+}$。又如在 $K_4[Fe(CN)_6]$ 和 $K_3[Fe(CN)_6]$ 中，都有 6 个 CN^- 做配位体，中心离子是不同氧化值的铁离子。这种情况下，用外层离子的电荷，不仅可以推算配离子的

电荷，而且可以进一步确定中心离子的氧化值。在 $K_4[Fe(CN)_6]$ 中，配离子电荷为 -4，中心离子为 Fe^{2+}；在 $K_3[Fe(CN)_6]$ 中，配离子电荷为 -3，中心离子为 Fe^{3+}。

三、配合物的命名[1]

配合物的命名应包括：

（1）中心离子的名称和氧化值 [可用（Ⅰ）、（Ⅱ）等表示，无变价的中心离子的氧化值可省略] 或配离子的电荷 [用带圆括号的阿拉伯数字如（2−）或（2+）表示，数字后面的正、负号表示配离子电荷的正、负]；

（2）配位体的名称和数目（可用一、二、三、四等表示）；

（3）外界离子的名称和数量。

命名时，配位体名称列在中心离子之前，不同配位体之间以中圆点（·）分开，在最后一个配位体名称之后缀以介词"合"字。

配合物与简单无机化合物类似，也有酸、碱、盐之分，下面分别举例命名。

配位酸，内界为配阴离子，外界为氢离子，叫某酸。如 $H_2[CuCl_4]$ 叫四氯合铜（Ⅱ）酸。

配位碱，内界为配阳离子，外界为氢氧根，叫氢氧化某。如 $[Zn(NH_3)_4](OH)_2$ 叫氢氧化四氨合锌。

配位盐，若内界为配阳离子，外界为复杂酸根离子时，称某酸某。如 $[Cu(NH_3)_4]SO_4$ 称为硫酸四氨合铜（Ⅱ）。外界为简单阴离子时，则称某化某。如 $[Ag(NH_3)_2]Cl$ 称为氯化二氨合银（Ⅰ）。若内界为配阴离子，外界为金属阳离子，称某酸某。如 $K_2[HgI_4]$ 叫四碘合汞（Ⅱ）酸钾。又如 $Na_2[Cu(OH)_4]$ 称为四羟基[2]合铜（Ⅱ）酸钠。

配合物命名的关键在于配离子。有时配合物内界里，既有中性分子也有阴离子，其命名顺序是：阴离子—中性分子，如 $[CoCl(NH_3)_5]Cl_2$ 称为二氯化一氯·五氨合钴（Ⅲ）。又如 $K[Co(NO_2)_4(NH_3)_2]$ 称为四硝基[3]·二氨合钴（Ⅲ）酸钾。

若内界有多种阴离子，其命名顺序是：

简单离子—复杂离子—有机酸根离子；

中性分子的命名顺序[4]是：NH_3—H_2O—有机物分子。如 $[CoCl_2(NH_3)_3(H_2O)]Cl$ 称为氯化二氯·三氨·一水合钴（Ⅲ）。

常见的配合物除按命名原则系统命名外，还有习惯名称。如 $K_4[Fe(CN)_6]$：六氰合铁（Ⅱ）酸钾，习惯名称为亚铁氰化钾，俗名黄血盐；$K_3[Fe(CN)_6]$：六氰合铁（Ⅲ）酸钾，习惯名称为铁氰化钾，俗名赤血盐。

第二节　配合物的稳定性

配合物的稳定性有几方面的含义。本书主要讨论配合物在水溶液中的稳定性。配合物内、外界之间是离子键结合的，在水溶液中全部电离为配离子和外界离子，而配离子（或配

---

[1] 根据科学出版社出版的中国化学会《无机化学命名原则》（1980）编写。

[2] OH^- 做配位体时，称为羟基。

[3] NO_2^- 作为配位体时，如氮原子配位称为硝基（—NO_2）；如氧原子配位则称亚硝酸根（—ONO）。

[4] 同类配位体的名称，按配位原子元素符号的英文字母顺序排列。

分子）是中心离子和配位体以配位键结合起来的，在水溶液中一般仅部分发生离解。**配离子（或配分子）在水溶液中的离解程度，就是配合物在水溶液中的稳定性。**

一、配离子在水溶液中的稳定性

在硫酸四氨合铜（Ⅱ）（$[Cu(NH_3)_4]SO_4$）溶液中，加入少量 NaOH，不能产生 $Cu(OH)_2$ 沉淀（见演示实验 12-1），这并不能说明此溶液中没有 Cu^{2+}。

【演示实验 12-3】　在试管中制取 5mL $[Cu(NH_3)_4]SO_4$ 溶液。然后，往此溶液中滴加 $0.1mol \cdot L^{-1} Na_2S$ 溶液，则见深蓝色溶液逐渐转变为黑色沉淀。

实验证明，在 $[Cu(NH_3)_4]SO_4$ 溶液中，仍然存在着极少量的 Cu^{2+}。当加入 $Na_2S(S^{2-})$ 时，这极少量的 Cu^{2+} 即与 S^{2-} 生成溶解度很小的黑色 CuS 沉淀。这说明，在水溶液中，配离子仍能或多或少地离解为中心离子和配位体，并存在着下列离解平衡：

$$[Cu(NH_3)_4]^{2+} \underset{结合}{\overset{离解}{\rightleftharpoons}} Cu^{2+} + 4NH_3$$

其平衡常数可表示为：

$$K^{\ominus} = \frac{[Cu^{2+}][NH_3]^4}{\{[Cu(NH_3)_4]^{2+}\}}$$

式中方括号表示离子或分子的相对平衡浓度。

平衡常数 $K^{\ominus}$ 叫配离子的离解常数。不同的配离子有不同的离解常数。**具有相同配位体数目的配合物，其离解常数愈大，表明配离子离解的趋势愈大，配合物就愈不稳定。**如 $K^{\ominus}_{[Ag(CN)_2]^-}(1.58 \times 10^{-22}) < K^{\ominus}_{[Ag(NH_3)_2]^+}(5.88 \times 10^{-8})$，即 $[Ag(NH_3)_2]^+$ 不及 $[Ag(CN)_2]^-$ 稳定。所以，通常也称离解常数为不稳定常数——$K^{\ominus}_{不稳}$。

配合物的稳定性也可以用生成配合物的平衡常数（简称配位常数）来说明。如

$$Cu^{2+} + 4NH_3 \rightleftharpoons [Cu(NH_3)_4]^{2+}$$

其配位常数为：

$$K^{\ominus} = \frac{\{[Cu(NH_3)_4]^{2+}\}}{[Cu^{2+}][NH_3]^4}$$

同理，不同的配离子有其特征的配位常数。**具有相同配位体数目的配合物，其配位常数愈大，生成配离子的趋势愈大，配合物愈稳定。**所以，也称配位常数为稳定常数——$K^{\ominus}_{稳}$。

显然

$$K^{\ominus}_{稳} = \frac{1}{K^{\ominus}_{不稳}}$$

应该指出，配位体数目不同的配合物，它们的 $K^{\ominus}_{稳}$（或 $K^{\ominus}_{不稳}$）表达式中浓度的方次不同，不能直接用以比较它们的稳定性。如 $K^{\ominus}_{稳[Ag(NH_3)_2]^+}(1.7 \times 10^7) < K^{\ominus}_{稳[Cu(NH_3)_4]^{2+}}(1.07 \times 10^{12})$，但不能认为 $[Cu(NH_3)_4]^{2+}$ 比 $[Ag(NH_3)_2]^+$ 稳定。

二、配位平衡的移动

配位平衡和其他化学平衡一样，是有条件的、暂时的。当外界条件改变时，配位平衡就会发生移动。

1. 配位平衡和溶液酸碱度的关系

【演示实验 12-4】　在试管中制取 10mL $[FeF_6]^{3-}$ 溶液❶，并将其均分于两支试管中。

---

❶ 往 $0.1mol \cdot L^{-1} FeCl_3$ 溶液中逐滴加入 $1mol \cdot L^{-1} NaF$ 溶液，至溶液变为无色为止。

然后，往一支试管中逐滴加入 $1mol \cdot L^{-1} H_2SO_4$，观察溶液由无色逐渐转变为棕黄色；往另一支试管中滴加 $1mol \cdot L^{-1} NaOH$，观察棕红色沉淀的生成。

在 FeF_6^{3-} 溶液中存在着下列平衡：

$$[FeF_6]^{3-} \rightleftharpoons Fe^{3+} + 6F^-$$

当往溶液中加入足够的酸（$c_{H^+} > 0.5mol \cdot L^{-1}$）时，由于 H^+ 与 $[FeF_6]^{3-}$ 离解出的 F^- 结合为 HF

$$H^+ + F^- \longrightarrow HF$$

促使 $[FeF_6]^{3-}$ 进一步离解而逐渐转化为 Fe^{3+}。可见，从配位体考虑，溶液酸度增大，配合物的稳定性则减弱。但由强酸根作配位体形成的配离子如 $[CuCl_4]^{2-}$、$[CuBr_4]^{2-}$ 等，溶液酸度增大，不影响其稳定性。

作为配合物形成的金属离子，在水中都会有不同程度的水解作用。如[演示实验 12-5]中 Fe^{3+} 水解的离子方程式为：

$$Fe^{3+} + 3H_2O \rightleftharpoons Fe(OH)_3 + 3H^+$$

当往溶液中加碱（OH^-）时，降低了溶液的酸度，破坏了 Fe^{3+} 的水解平衡，使其转化为 $Fe(OH)_3$ 沉淀，$[FeF_6]^{3-}$ 配离子被破坏。一般，从金属离子考虑，溶液的酸度大些，配合物的稳定性则强些。

从以上讨论可以看出，一般，**配离子都有其在溶液中稳定存在的酸碱度（pH）**。

2. 配位平衡与沉淀反应的关系

【演示实验 12-5】 制取 10mL $[Ag(NH_3)_2]^+$ 溶液，并均分于两支试管中。然后，往一支试管中加入 $2mL\ 0.1mol \cdot L^{-1} KI$ 溶液，则有黄色 AgI 沉淀生成；往另一支试管中加入 $2mL\ 0.1mol \cdot L^{-1} NaCl$ 溶液，只产生少量 AgCl 沉淀。

$[Ag(NH_3)_2]^+$ 在溶液中存在着如下离解平衡：

$$[Ag(NH_3)_2]^+ \rightleftharpoons Ag^+ + 2NH_3$$

$[Ag(NH_3)_2]^+$ 离解出的 Ag^+ 与 I^- 生成了难溶的 AgI，破坏了 $[Ag(NH_3)_2]^+$ 的离解平衡，使 $[Ag(NH_3)_2]^+$ 转化为 AgI。

$$[Ag(NH_3)_2]^+ + I^- \longrightarrow AgI\downarrow + 2NH_3$$

$[Ag(NH_3)_2]^+$ 离解出的 Ag^+ 遇 Cl^- 也能产生 AgCl 沉淀。但是由于 AgCl 的溶解度较 AgI 的大得多，转化不完全。

总之，往含有某种配离子的溶液中，加入适当的沉淀剂时，中心离子会或多或少地转化为相应的沉淀。所生成沉淀物的溶解度愈小，配离子转化为沉淀的反应就愈接近完全。剩在溶液中的金属离子浓度就愈小，因此转化是向着溶液中金属离子浓度减小的方向进行的。

【演示实验 12-6】 在两支试管中，各制取同等少量的 AgBr 沉淀。然后，往一支试管中加入 $2mL\ 0.1mol \cdot L^{-1}$ 氨水，AgBr 沉淀无明显变化；往另一支试管中加入 $2mL\ 0.1mol \cdot L^{-1} Na_2S_2O_3$ 溶液，AgBr 沉淀完全溶解。

AgBr 与氨水或 $Na_2S_2O_3$ 反应的离子方程式为：

$$AgBr + 2NH_3 \rightleftharpoons [Ag(NH_3)_2]^+ + Br^-$$

$$K_{稳}^{\ominus} = 1.7 \times 10^7$$

$$AgBr + 2S_2O_3^{2-} \rightleftharpoons [Ag(S_2O_3)_2]^{3-} + Br^-$$

$$K^\ominus_稳 = 2.88 \times 10^{13}$$

AgBr 饱和溶液中 $[Ag^+]$ 很小，很难与 NH_3 结合为不太稳定的 $[Ag(NH_3)_2]^+$，但能与 $S_2O_3^{2-}$ 结合为较稳定的 $[Ag(S_2O_3)_2]^{3-}$，而使 AgBr 溶解。

可见，**在难溶电解质中，加入适当的配位剂，难溶电解质能或多或少地转化为相应的配离子。所生成的配离子愈稳定，难溶电解质转化为配离子的反应就愈接近完全。**这就是利用生成配合物使沉淀溶解的作用原理。

3. 配位平衡与其他配位反应的关系

【演示实验 12-7】　在试管中制备少量 $[Fe(SCN)_6]^{3-}$[1] 溶液。然后，往此溶液中滴加 $1mol \cdot L^{-1} NaF$ 溶液，直至溶液的血红色退去。

在 $[Fe(SCN)_6]^{3-}$ 溶液中存在着如下离解平衡：

$$[Fe(SCN)_6]^{3-} \rightleftharpoons Fe^{3+} + 6SCN^-$$

当加入 $NaF(F^-)$ 时，由于 Fe^{3+} 与 F^- 结合为更稳定的 $[FeF_6]^{3-}$，破坏了 $[Fe(SCN)_6]^{3-}$ 的离解平衡，使 $[Fe(SCN)_6]^{3-}$ 不断转化为 $[FeF_6]^{3-}$。

$$[Fe(SCN)_6]^{3-} + 6F^- \rightleftharpoons [FeF_6]^{3-} + 6SCN^-$$

$$K^\ominus_稳 = 1.48 \times 10^3 \qquad\qquad K^\ominus_稳 = 2.04 \times 10^{13}$$

由于 $[FeF_6]^{3-}$ 比 $[Fe(SCN)_6]^{3-}$ 稳定得多，$[Fe(SCN)_6]^{3-}$ 转化为 $[FeF_6]^{3-}$ 的反应接近完全。即当**两种配离子的稳定性差别很大时，配位反应总是由稳定性较差的配离子转化为稳定性较强的配离子，相反的转化则难以进行。当两种配离子的稳定性差别不大时，转化反应不能完全。**

4. 配位平衡和氧化还原反应的关系

配位反应能改变金属离子的稳定性。如 Pb^{4+} 很不稳定，因此，PbO_2 和浓盐酸反应的产物不是 $PbCl_4$，而是 $PbCl_2$ 和 Cl_2。但是当它形成配离子 $[PbCl_6]^{2-}$ 后，铅就能保持 +4 氧化值。又如 Cu^+ 不稳定，当它形成 $Cu(CN)_2^-$ 配离子后，则变得相当稳定。不仅如此，配位反应还能影响氧化还原反应的方向。

【演示实验 12-8】　(1) 在盛有 $2mL\ 0.1mol \cdot L^{-1} FeCl_3$ 溶液和 3mL 四氯化碳 CCl_4 的试管中，逐滴加入 KI 溶液，同时振摇试管，则见 CCl_4 层由无色变为紫色，证明有 I_2 析出。

反应的离子方程式为：

$$2Fe^{3+} + 2I^- \longrightarrow 2Fe^{2+} + I_2$$

(2) 如果在滴加 KI 溶液之前，先加入过量的 $1mol \cdot L^{-1} NaF$ 溶液，则不会有 I_2 生成。因为 Fe^{3+} 与 F^- 生成了 $[FeF_6]^{3-}$ 配离子，大大减小了 Fe^{3+} 的浓度，使 Fe^{3+}/Fe^{2+} 的电极电位大大降低，而不能将 I^- 氧化为 I_2。

金属铂不溶于硝酸，即反应

$$3Pt + 4NO_3^- + 16H^+ \rightleftharpoons 3Pt^{4+} + 4NO + 8H_2O$$

难以向右进行。如改用王水，由于形成了 $[PtCl_6]^{2-}$ 配离子，减小了 Pt^{4+} 的浓度，溶解反应便可顺利进行。反应方程式如下：

---

[1]　SCN^- 和 NCS^-（异硫氰酸根）与 Fe^{3+} 配位时，N 原子是配位原子，应写作 $[Fe(NCS)_6]^{3-}$，而与 Ag^+ 配位时，S 是配位原子，故写作 $[Ag(SCN)_2]^-$。

$$3Pt + 4HNO_3 + 18HCl \Longrightarrow 3H_2PtCl_6 + 4NO + 8H_2O$$

可见，配离子的形成能影响氧化还原反应的方向，而且形成的配离子愈稳定，这种影响就愈大。

第三节　配合物的应用

在溶液中形成配合物时，常伴有颜色、溶解度、氧化还原性的改变等特征。由于配位化合物的这些特征，使它们得到了广泛地应用。

一、在分析化学中的应用

在分析化学中，常根据金属离子生成的配合物的颜色或溶解度的变化，来鉴定某种离子的存在。例如，Fe^{3+} 与 SCN^- 生成血红色 $[Fe(SCN)_6]^{3-}$ 配离子的反应，是鉴定溶液中 Fe^{3+} 的特征反应。当溶液中 $[Fe^{3+}]$ 低至约为 $2 \times 10^{-4} \, mol \cdot L^{-1}$ 时，所形成的配离子仍能呈现出可观察到的红色。根据红色的深浅程度还可测定溶液中 Fe^{3+} 的含量。

一些难溶于水的金属氯化物、溴化物、碘化物、氰化物，可以依次溶解在含有过量 Cl^-、Br^-、I^-、CN^- 的溶液中，形成可溶性的配合物。例如，HgI_2 溶于含有过量 I^- 的溶液中，形成 $[HgI_4]^{2-}$。

$$HgI_2(固) + 2I^- \longrightarrow [HgI_4]^{2-}$$

$[HgI_4]^{2-}$ 的碱性溶液可用于检验 NH_4^+ 的存在。离子方程式为

$$2[HgI_4]^{2-} + 3OH^- + NH_3 \Longrightarrow \left[O \begin{matrix} Hg \\ \\ Hg \end{matrix} NH_2 \right] I\downarrow + 7I^- + 2H_2O$$

（红棕色）

配合物除用于定性分析外，还用于金属离子的定量测定。EDTA[1] 就是一种配合能力很强的配位剂。它可以直接或间接测定几十种金属离子的含量。例如，用它滴定水中的 Ca^{2+}、Mg^{2+} 来确定水的硬度。

二、在生命过程中的重要作用

研究发现，生物机体中许多金属离子都是以配合物的形式存在的。它们在生物体内的新陈代谢中起着重要作用。例如，植物体内起光合作用的叶绿素是镁的配合物；人体血液中起输送氧作用的血红蛋白是铁的配合物；起免疫等作用的血清蛋白是铜和锌的配合物；人体生长和代谢必需的维生素 B_{12} 是钴的配合物；人体必需的微量元素都是以配合物形式存在于人体内等。

在医疗上 EDTA 是重金属离子和放射性元素的高效解毒剂。当人体发生铅、汞等重金属离子或放射性元素中毒时，可注射 EDTA 的钙配合物与 Pb^{2+}、Hg^{2+} 等形成另一类更稳定的配合物，随尿排出体外。研究证实，顺 $[PtCl_2(NH_3)_2]$（简称顺铂）对肿瘤有显著的抑制作用，已应用于临床。随着对抗癌配合物的深入研究，已发现多种水溶性（易被人体吸收）、抗癌能力强的广谱抗癌配合物。

三、分离、提纯稀有元素

许多元素的性质十分相似，用一般方法难以分离。然而利用它们形成配合物，扩大它们

---

[1] EDTA 是乙二胺四乙酸二钠（$Na_2H_2Y \cdot 2H_2O$）的简称。

性质（如稳定性、溶解度等）的差异，可将它们分离。例如，锆（Zr）和铪（Hf）都是重要的原子能工业材料。但是它们的性质很相似，在自然界常共生在一起，不易分离。若将 Zr(Ⅳ) 和 Hf(Ⅳ) 与 KF 分别生成配合物 K_2ZrF_6 和 K_2HfF_6，后者的溶解度是前者的两倍，利用它们性质的这一差异可将其分离。

四、在湿法冶金中的应用

所谓湿法冶金，通常是利用配合物的生成，将金属直接从矿石浸取到水溶液中，再将金属从配合物中还原出来。例如，在通常条件下，黄金是不能被空气氧化的。但将 Au 浸于氰化钠 NaCN 溶液中，并通入空气时，即发生下列反应：

$$4Au + 8CN^- + 2H_2O + O_2 \longrightarrow 4[Au(CN)_2]^- + 4OH^-$$

这是由于反应生成了 $[Au(CN)_2]^-$，降低了 Au^+ 浓度，使平衡向右移动的结果。利用此法，可从含金量很低的矿石中将金几乎全部"浸出"。再加锌于浸出液中，即得到单质金。

$$Zn + 2[Au(CN)_2]^- \longrightarrow 2Au + [Zn(CN)_4]^{2-}$$

利用同一原理，用浓盐酸处理电解铜的阳极泥，使其中的 Au、Pt 等贵重金属形成 $HAuCl_4$ 和 H_2PtCl_6 等配合物，可以充分地回收这些贵金属。

五、在电镀中的应用

电镀时，通常不用简单盐溶液而是用相应配合物的盐溶液作电镀液。因为在配合物溶液中，简单金属离子的浓度低，金属在镀件上析出的速率慢，从而可以得到光滑、致密、牢固的镀层。常用的电镀液是金属的氰配合物。CN^- 的配合能力很强，镀层质量好，但氰化物极毒，为防止环境污染，无氰电镀就成为电镀技术中亟待解决的课题了。

六、配位催化

在有机合成反应中，利用形成配合物所起的催化作用称为配位催化。配位催化反应活性高、选择性好、不需高温高压。如乙烯 C_2H_4 在常温常压下，以氯化钯 $PdCl_2$ 作催化剂，通过形成配离子 $[Pd(C_2H_4)Cl_3]^-$，可以氧化为乙醛 CH_3CHO。

分子生物学的研究已证明，生物体内发生的化学反应都是在一定酶的催化作用下进行的而其中金属酶（含金属的配合物）约占 $\frac{1}{3}$，达数百种之多。这些酶都是温和条件下的高效催化剂。

此外，配合物在原子能、半导体、太阳能贮存等高科技领域以及环境保护、水质处理、印染、鞣革、照相等部门都有广泛的应用。

 【阅读材料】

氰化物及含氰废水的处理

一、氰化物

氰化氢 HCN 是无色透明液体，沸点 26℃，易挥发，苦杏仁味，性极毒！在空气中允许最高浓度为 $0.0003\,mg \cdot L^{-1}$。氰化氢能与水互溶，其水溶液是一种极弱的酸，叫氢氰酸（$K_a^\ominus = 6.2 \times 10^{-10}$）。

常用的氰化物有氰化钠 NaCN 和氰化钾 KCN。它们都是白色易溶于水的晶体，在水溶液中易水解，溶液呈碱性，并有强烈的苦杏仁味。

$$CN^- + H_2O \Longrightarrow HCN + OH^-$$

氰离子 CN^- 最重要的化学性质是它极易与过渡金属离子形成稳定的配合物。因此，那些难溶于水的重金属氰化物，就可以溶解在碱金属的氰化物溶液中。如：

$$AgCN + CN^- \longrightarrow [Ag(CN)_2]^-$$

在氧的作用下，铁、铜、镉、银、金等金属可溶解在 NaCN 或 KCN 溶液中，也是利用了 CN^- 的这一特性。

氰化钠、氰化钾是重要的化工原料，用于制备各种无机氰化物、合成塑料、纤维、医药、染料等，还大量用于钢的热处理、电镀、湿法冶金等。

CN^- 与生物机体中的酶和红血球中的重金属结合成配合物，而使其丧失机能，所以氰化物均有剧毒！它不仅对人的致死量极微（约0.5g），而且毒性发作快，3～5min 内即可导致死亡。另外，蒸气、粉尘、伤口侵入，甚至皮肤渗入，都能导致中毒。因此，生产和使用氰化物应有严格的安全措施，使用过的设备工具要用 $KMnO_4$ 溶液清洗，直到红色不退，然后再用大量水冲洗。

二、含氰废水的处理

由于含氰废水毒性极大，国家对工业废水中氰化物的含量控制很严。经过处理的含氰废水，其氰化物含量达到 $0.05mg \cdot L^{-1}$ 以下，才能排放。

利用 CN^- 的还原性和易形成配合物的特性，处理含氰废水的方法主要有以下几种。

氧化法：用漂白粉、氯气、过氧化氢、臭氧等，将 CN^- 转化为无毒物质。如用漂白粉处理，其反应如下：

$$4CN^- + 10OCl^- + 2H_2O \longrightarrow 10Cl^- + 2N_2 + 4HCO_3^-$$

配位法：在含氰废水中加入硫酸亚铁和消石灰在弱碱性条件下，将 CN^- 转化为无毒的 $Fe(CN)_6^{4-}$：

$$2Ca^{2+} + Fe^{2+} + 6CN^- \longrightarrow Ca_2[Fe(CN)_6] \downarrow$$

$$3Fe^{2+} + 6CN^- \longrightarrow Fe_2[Fe(CN)_6] \downarrow$$

本章复习要点

一、配合物的基本概念

配合物是一类组成比较复杂的化合物。它一般由内界（配离子）和外界离子组成，其结构示例如下：

	配位酸	配位碱	配位盐	配位盐
	H_2 [Cu Cl$_4$]	[Zn (NH$_3$)$_4$] (OH)$_2$	[Cu (NH$_3$)$_4$] SO$_4$	K$_2$ [Hg I$_4$]

中心离子 配位体　中心离子 配位体　　　中心离子 配位体　　　　　中心离子 配位体

外界　　内界　　　　　内界　　　外界　　　内界　　　外界　　外界　　　　内界

四氯合铜(Ⅲ)酸　　氢氧化四氨合锌　　硫酸四氨合铜(Ⅱ)　　　四碘合汞(Ⅱ)酸钾

中心离子：配合物的形成体。

配位体：在配合物中与中心离子相结合的负离子或中性分子。

配位原子：配位体中具有孤电子对的直接与中心离子结合的原子。

配位数：在配离子中与中心离子直接结合的配位原子的数目，常见的配位数是 2、4、6。

配离子（或配分子）在晶体中、在溶液中能稳定存在。

二、形成配合物的条件

（1）中心离子必须有空轨道；（2）配位体必须有孤电子对。

三、配合物的稳定性

配离子（或配分子）在水溶液中离解为中心离子和配位体的程度，就是配离子（或配分子）在水溶液中的稳定性。

配离子（或配分子）在水溶液中存在着离解平衡（或配位平衡），其平衡常数叫离解常数——$K_{\text{不稳}}^{\ominus}$（或配位常数——$K_{\text{稳}}^{\ominus}$）。

$$K_{稳}^{\ominus} = \frac{1}{K_{不稳}}$$

配位体数相同的配合物的 $K_{稳}^{\ominus}$ 愈大（$K_{不稳}^{\ominus}$ 愈小），配合物愈稳定。

配合物在溶液中稳定存在的条件主要有：过量的配位剂；适当的酸碱度；不太高的温度。

配合物与沉淀间的相互转化、不同配合物间的相互转化，都是向着溶液中金属离子浓度减小的方向进行。

第十三章 过渡元素

【学习目标】

1. 熟悉过渡元素在周期表中的位置和价电子结构特征。
2. 掌握过渡元素的通性。
3. 掌握铜、银、锌、汞和铬、锰、铁单质及其重要化合物的性质和应用。

第一节 过渡元素概述

周期表中的第四、五、六周期，从 3（ⅢB）族开始经过 8～10（ⅧB）到 11（ⅠB）族、12（ⅡB）族为止，共 10 个纵行 30 多种元素（不包括镧、锕以外的镧系和锕系元素），统称为过渡元素❶，如表 13-1 方框内所示。

表 13-1　过渡元素

1	2	3	4	5	6	7	8	9	10	11	12	13
ⅠA	ⅡA	ⅢB	ⅣB	ⅤB	ⅥB	ⅦB		ⅧB		ⅠB	ⅡB	ⅢA
Li	Be											B
Na	Mg											Al
K	Ca	Sc	Ti	V	Cr	Mn	Fe	Co	Ni	Cu	Zn	Ga
Rb	Sr	Y	Zr	Nb	Mo	Te	Ru	Rb	Pd	Ag	Cd	In
Cs	Ba	La	Hf	Ta	W	Re	Os	Ir	Pt	Au	Hg	Tl
Fr	Ra	Ac										

过渡元素按周期可以分为三个系列，即位于周期表中第四周期的 Sc 到 Zn 称为第一过渡系；第五周期中的 Y 到 Cd 为第二过渡系；第六周期中的 La 到 Hg 为第三过渡系。

这些元素原子结构的共同特点是随着核电荷的增加，价电子依次填充到 $(n-1)d$ 轨道上，最外层一般为 1～2 个 s 电子，所以过渡元素的价电子层结构为 $(n-1)d^{1\sim10}ns^{1\sim2}$。从表 13-2 可以看出：除 Pd、11（ⅠB）及 12（ⅡB）族外，过渡元素原子的最外层和次外层 d 电子都没有充满，这正是与主族元素原子结构的不同之处，因而导致过渡元素具有以下特征。

1. 过渡元素都是金属元素，同周期元素又表现出许多相似性

过渡元素的最外层电子数均不超过两个，所以它们都是金属元素。 次外层 d 轨道的电子数从 1 增加到 10，这些 d 电子与最外层 s 电子相比，对元素性质影响较小，因此过渡元素的金属性变化不明显。此外，过渡元素的原子半径较小、单质的密度较大、硬度大、熔沸点高、导热导电性能好。例如钨（W）的熔点为 3410℃，是所有金属中最难熔的金属。而在这些金属元素之间，容易形成具有各种特殊性能的合金，广泛地应用于工业和国防等方面。

由于同一周期过渡元素的最外层电子数几乎相同，原子半径变化不大，所以它们的化学活泼性也十分相似。例如第一过渡系元素与稀盐酸或稀硫酸作用时，除铜外都能置换出氢。从电离能、电负性数据来看，同一过渡系元素的化学活泼性，从左向右逐渐减弱，但减弱程

---

❶ 哪些元素属于过渡元素，一直有不同看法。本书把周期表ⅢB～ⅡB族元素称为过渡元素。

度不大。

2. 同一元素有多种氧化值

过渡元素除最外层 **s** 电子是价电子外，次外层 **d** 电子也部分或全部参加反应，因此过渡元素有多种氧化值（见表 13-2）。例如，锰的价电子构型为 $3d^5 4s^2$，其常见的氧化值有 $+2$、$+3$、$+4$、$+6$、$+7$ 等。其他绝大部分过渡元素的氧化值也都是可变的 [3（ⅢB）族及 12（ⅡB）族中的 Zn、Cd 除外]。

表 13-2　过渡元素原子的价电子层构型和氧化值

第一过渡系元素	Sc	Ti	V	Cr	Mn	Fe	Co	Ni	Cu	Zn
价电子构型	$3d^1 4s^2$	$3d^2 4s^2$	$3d^3 4s^2$	$3d^5 4s^1$	$3d^5 4s^2$	$3d^6 4s^2$	$3d^7 4s^2$	$3d^8 4s^2$	$3d^{10} 4s^1$	$3d^{10} 4s^2$
氧化值	$+3$①	$+2$ $+3$ $+4$	$+2$ $+3$ $+4$ $+5$	$+2$ $+3$ $+6$	$+2$ $+3$ $+4$ $+6$ $+7$	$+2$ $+3$	$+2$ $+3$	$+2$ $+3$	$+1$ $+2$	$+2$

第二过渡系元素	Y	Zr	Nb	Mo	Tc	Ru	Rh	Pd	Ag	Cd
价电子构型	$4d^1 5s^2$	$4d^2 5s^2$	$4d^4 5s^1$	$4d^5 5s^1$	$4d^5 5s^2$	$4d^7 5s^1$	$4d^8 5s^1$	$4d^{10} 5s^0$	$4d^{10} 5s^1$	$4d^{10} 5s^2$
氧化值	$+3$	$+2$ $+3$ $+4$	$+2$ $+3$ $+4$ $+5$	$+2$ $+3$ $+4$ $+5$ $+6$	$+2$ $+3$ $+4$ $+5$ $+6$ $+7$	$+2+8$ $+3$ $+4$ $+5$ $+6$ $+7$	$+2$ $+3$ $+4$ $+6$	$+2$ $+3$ $+4$	$+1$ $+2$	$+2$

第三过渡系元素	La	Hf	Ta	W	Re	Os	Ir	Pt	Au	Hg
价电子构型	$5d^1 6s^2$	$5d^2 6s^2$	$5d^3 6s^2$	$5d^4 6s^2$	$5d^5 6s^2$	$5d^6 6s^2$	$5d^7 6s^2$	$5d^9 6s^1$	$5d^{10} 6s^1$	$5d^{10} 6s^2$
氧化值①	$+3$	$+3$ $+4$	$+2$ $+3$ $+4$ $+5$	$+2$ $+3$ $+4$ $+5$ $+6$	$+3$ $+4$ $+5$ $+6$ $+7$	$+2+8$ $+3$ $+4$ $+5$ $+6$	$+2$ $+3$ $+4$ $+5$ $+6$	$+2$ $+3$ $+4$ $+5$ $+6$	$+1$ $+3$	$+1$ $+2$

① 表中下画 "—" 的是常见的氧化值。

3. 水合离子和酸根多带有颜色

过渡元素的水合离子和酸根多带有颜色，这与它们具有未成对的 d 电子有关。由表 13-3 可知，不含成单 d 电子的离子是无色的，如 Sc^{3+}、Ti^{4+}、Zn^{2+} 等，而含有成单 d 电子的离子则一般都有颜色，如 Cu^{2+}、Cr^{3+}、Co^{2+}、Ni^{2+} 等。显色的原因是比较复杂的，这里不再讨论。

表 13-3　成单 d 电子数与离子的颜色

离子中成单的 d 电子数	在水溶液中离子的颜色	离子中成单的 d 电子数	在水溶液中离子的颜色
0	Ag^+、Zn^{2+}、Cd^{2+}、Sc^{3+}、Ti^{4+} 等都是无色的	3	Cr^{3+}:蓝绿色；Co^{2+}:桃红色
1	Cu^{2+}:蓝色；Ti^{3+}:紫色	4	Fe^{2+}:淡绿色
2	Ni^{2+}:绿色	5	Mn^{2+}:淡红色；Fe^{3+}:浅紫色①

① Fe^{3+} 在水溶液中，由于水解常呈黄色。

4．容易形成配合物

过渡元素的原子或离子，具有 $(n-1)d$、ns、np、nd 等价电子轨道。对离子来说 ns、np、nd 轨道是空的，$(n-1)d$ 轨道为部分空或全空，对原子来说具有 np、nd 空轨道及尚未充满的 $(n-1)d$ 轨道。**这种电子构型具有接受配位体孤电子对的条件。因此，过渡元素具有很强的形成配合物的倾向**。它们易形成氨配合物、氰配合物、硫氰配合物以及羰基配合物等。这些配合物在分析化学、选矿、催化剂等方面都已得到广泛应用。

总之，过渡元素之所以有上述特征，其根本原因在于它们具有特殊的电子层结构。

第二节　铜族元素

周期表中第 11（ⅠB）族，包括铜、银、金三种元素，也称铜族元素，其价电子结构为 $(n-1)d^{10}ns^1$。铜族元素的基本性质汇列于表 13-4。

表 13-4　铜族元素的基本性质

性　　质	铜（Cu）	银（Ag）	金（Au）
原子序数	29	47	79
相对原子质量	63.54	107.87	196.97
价电子构型	$3d^{10}4s^1$	$4d^{10}5s^1$	$5d^{10}6s^1$
主要氧化值	$+1,+2$	$+1$	$+1,+3$
原子半径/pm	117	134	134
电负性	1.9	1.9	2.4
$\varphi^\ominus$/V	$\varphi^\ominus_{Cu^+/Cu}=0.52$ $\varphi^\ominus_{Cu^{2+}/Cu}=0.337$	$\varphi^\ominus_{Ag^+/Ag}=0.799$	$\varphi^\ominus_{Au^+/Au}=1.68$ $\varphi^\ominus_{Au^{3+}/Au}=1.42$
固体密度/(g·cm^{-3})	8.92	10.5	19.3
熔点/℃	1083	961	1063
沸点/℃	2595	2212	2707

铜族元素原子最外层 s 电子和部分 $(n-1)d$ 电子都是价电子，np、nd 有空的价电子轨道，所以铜族元素是变价元素、容易形成配合物。金属性依 Cu、Ag、Au 顺序减弱。

一、铜及其重要化合物

1．铜的性质和用途

纯铜是紫红色的软金属，有较强的导电性和良好的延展性。

常温下，铜在干燥的空气中很稳定，不与氧化合。在潮湿的空气中久置，铜表面慢慢生成一层绿色的铜锈，其化学成分是碱式碳酸铜 $Cu_2(OH)_2CO_3$。

在高温时，铜能和氧、硫、卤素直接化合。例如，将铜置于空气中红热，其表面就生成黑色的氧化铜（CuO），如果继续加热煅烧，铜将全部变成氧化铜。

$$2Cu+O_2 \xrightarrow{\triangle} 2CuO$$

由于 $\varphi^\ominus_{Cu^{2+}/Cu}$ 值大于 $\varphi^\ominus_{H^+/H_2}$，所以铜不能从水或稀酸中置换出氢。但在空气中，铜可缓慢地溶于稀盐酸或稀硫酸中。

$$2Cu+2H_2SO_4+O_2 \xrightarrow{\triangle} 2CuSO_4+2H_2O$$

铜易被 HNO₃、热浓硫酸等氧化性较强的酸氧化而溶解。

由于铜导电性能好，又不易被腐蚀，所以它是电气工业不可缺少的原材料。铜可以和很多金属形成合金，例如青铜（80％Cu、15％Sn、5％Zn）质坚韧、易铸；黄铜（60％Cu、40％Zn）用作仪器零件；白铜（50％～70％Cu、13％～15％Ni、13％Zn）主要用作铸币或刀具等。

2. 铜的重要化合物

（1）铜的氧化物和氢氧化物　工业上常用煅烧纯氢氧化铜或硝酸铜的方法制造纯净的氧化铜，反应方程式为：

$$Cu(OH)_2 \xrightarrow{\triangle} CuO + H_2O$$

$$2Cu(NO_3)_2 \xrightarrow{\triangle} 2CuO + 4NO_2 \uparrow + O_2 \uparrow$$

氧化铜不溶于水，能溶于酸生成 Cu^{2+} 的铜盐。CuO 对热较稳定，只在加热到 $1000℃$ 时才开始分解，生成红色氧化亚铜（Cu_2O）。

氧化亚铜在自然界中，以赤铜矿形式存在，难溶于水，溶于稀酸。

在 Cu^{2+} 盐溶液中，加入适量的碱液，可立即生成蓝色的氢氧化铜沉淀。

$$Cu^{2+} + 2OH^- \longrightarrow Cu(OH)_2 \downarrow$$

【演示实验 13-1】　取四支试管，分别加入 $3mL$ $0.1mol \cdot L^{-1}$ $CuSO_4$ 溶液，再往各试管中滴入 10％ NaOH 溶液，至生成大量的蓝色 $Cu(OH)_2$ 沉淀，摇匀，分别进行下列四个实验：

① 均匀地加热第一支试管，观察沉淀逐渐由蓝变黑；

② 在第二支试管中，逐滴加入 $2mol \cdot L^{-1}$ 盐酸溶液，至沉淀完全溶解；

③ 在第三支试管中，加入 30％ NaOH 溶液，边加边摇动试管，直至沉淀溶解；

④ 在第四支试管中，加入 $2mol \cdot L^{-1}$ $NH_3 \cdot H_2O$，至沉淀完全溶解并转变为深蓝溶液。

上述实验说明：氢氧化铜不溶于水，受热易分解生成黑色的氧化铜和水。

氢氧化铜具有微弱的两性，而以碱性为主，易溶于酸，也能溶于较浓的碱液。

$$Cu(OH)_2 + 2H^+ \longrightarrow Cu^{2+} + 2H_2O$$

$$Cu(OH)_2 + 2OH^- \longrightarrow [Cu(OH)_4]^{2-}$$

氢氧化铜可溶于氨水（$NH_3 \cdot H_2O$），形成深蓝色的四氨合铜 $[Cu(NH_3)_4]^{2+}$。

$$Cu(OH)_2 + 4NH_3 \cdot H_2O \longrightarrow [Cu(NH_3)_4]^{2+} + 2OH^- + 4H_2O$$

四氨合铜溶液能溶解纤维素，可用于人造丝的生产。

（2）氯化铜　将氧化铜溶于浓盐酸，经浓缩、冷却即可析出蓝色的 $CuCl_2 \cdot 2H_2O$ 晶体。这种晶体受热时分解，成为碱式氯化铜和氯化氢。

经 X 射线研究，**$CuCl_2$ 是共价化合物，它不仅易溶于水，而且也易溶于乙醇和丙酮。**

很浓的 $CuCl_2$ 溶液呈黄绿色；浓溶液呈绿色；稀溶液呈蓝色。黄色是由于 $[CuCl_4]^{2-}$ 的存在；而蓝色是由于 $[Cu(H_2O)_4]^{2+}$ 的存在；两者并存则呈绿色或黄绿色。

灼烧氯化铜时，产生绿色火焰，以此可制作焰火。

氯化铜在有机合成工业中用作催化剂和还原剂，在石油工业中作脱硫剂和脱色剂。

（3）硫酸铜　五水硫酸铜俗称胆矾或蓝矾。它可用热浓硫酸溶解铜屑，或在氧气存在下加热稀硫酸与铜屑反应制得。

它是蓝色晶体，在 5 个结合水中，有 4 个与 Cu^{2+} 配位，另一个则通过氢键与硫酸根结合。所以 $CuSO_4 \cdot 5H_2O$ 也可写作 $[Cu(H_2O)_4]SO_4 \cdot H_2O$。

$CuSO_4 \cdot 5H_2O$ 晶体，在不同温度下可逐步失去结晶水。当受热到 258℃时结晶水全部失去而变为无水 $CuSO_4$ 粉末。加热到 750℃以上时，无水硫酸铜分解为黑色的氧化铜和三氧化硫。

$$CuSO_4 \xrightarrow{750℃} CuO + SO_3 \uparrow$$

无水硫酸铜为白色粉末，易溶于水，吸水性很强，吸水后即显出特征的蓝色。可利用这一性质检验有机溶剂中的微量水分；也可用作干燥剂，从有机物中除去水分。

硫酸铜是制备其他铜化合物的重要原料。它还用作电镀液、媒染剂、蓝色颜料等。硫酸铜溶液具有较强的杀菌能力，可防止蓄水池、游泳池中藻类的生长。硫酸铜和石灰乳的混合液叫波尔多液，用于果树杀虫和防腐。

二、银及其重要化合物

1. 银的性质和用途

银是具有银白色金属光泽的软金属。在所有金属中，银是电、热的最良导体，也具有很好的延展性。

银的化学活泼性较差，在空气中很稳定。遇含 H_2S 的空气时，表面会生成一层黑色硫化银 Ag_2S，使银失去金属光泽。

$$4Ag + 2H_2S + O_2 \longrightarrow 2Ag_2S + 2H_2O$$

银的标准电极电势比氢高，它不能从稀酸中置换出氢，但能溶于热浓硫酸及硝酸中。

在银中加入少量铜制成的合金，可用于电气工业和制作银器、银币等。

2. 银的重要化合物

$Ag(Ⅰ)$ 的化合物较常见，而 $Ag(Ⅱ)$ 的化合物则很少。**银盐中除 $AgNO_3$、AgF 可溶于水，Ag_2SO_4 微溶外，其他银盐大都难溶于水。**

（1）氧化银　氧化银是暗棕色化合物，微溶于水，溶液呈弱碱性。可溶性银盐和碱作用可生成 Ag_2O，反应过程如下：

$$2Ag^+ + 2OH^- \longrightarrow 2AgOH\downarrow \longrightarrow Ag_2O\downarrow + H_2O$$
$$\text{（白色）} \qquad \text{（暗棕色）}$$

Ag_2O 可溶于 HNO_3，也可溶于氨水[①]或氰化钠溶液中。

$$Ag_2O + 2HNO_3 \longrightarrow 2AgNO_3 + H_2O$$
$$Ag_2O + 4NH_3 \cdot H_2O \longrightarrow 2[Ag(NH_3)_2]^+ + 2OH^- + 3H_2O$$

【演示实验 13-2】　取 $0.1mol \cdot L^{-1}$ $AgNO_3$ 溶液 5mL 放于试管中，逐滴加入 10% NaOH 溶液，边摇动。最初生成的白色沉淀是 AgOH，它不稳定，立即分解成暗棕色的 Ag_2O。

（2）硝酸银　硝酸银是重要的可溶性银盐。将纯银溶解于 HNO_3 中，经蒸发、结晶可得到无色的硝酸银晶体。**$AgNO_3$ 受热或日光照射，可逐渐分解，因此，其固体或溶液都应保存于棕色瓶中。**$AgNO_3$ 对有机物有破坏作用，在医药上作消毒剂或腐蚀剂。大量的 $AgNO_3$ 多用于制作照相底片上的卤化银。此外，$AgNO_3$ 也是一种重要的分析试剂。

$\varphi_{Ag^+/Ag}^{\ominus} = 0.799V$，说明 **$AgNO_3$ 溶液有一定氧化能力。**在室温下，许多有机物都能将它还原为黑色的银粉，例如，皮肤或布与它接触后都会变黑。

---

❶ 必须指出：银氨溶液不能久置，否则会生成一种爆炸性很强的物质（Ag_3N）。

在 $AgNO_3$ 的氨溶液中，加入有机还原剂如醛类、糖类或某些酸类，可以把银缓慢地还原出来形成银镜。这个反应常用来检验某些有机物，也用于制镜工业。

【演示实验 13-3】　取一支洁净试管，加入 $2mL$ $0.1mol \cdot L^{-1}$ $AgNO_3$ 溶液，逐滴加入 $6mol \cdot L^{-1}$ $NH_3 \cdot H_2O$，不断摇匀，至生成的沉淀刚好消失为止，再多加 2 滴，然后加入1～2 滴 2% 甲醛（HCHO）溶液。将试管置于水浴中加热数分钟，观察试管内壁有银镜形成。

反应方程式为：

$$2Ag^+ + 2NH_3 \cdot H_2O \longrightarrow Ag_2O \downarrow + 2NH_4^+ + H_2O$$
$$Ag_2O + 4NH_3 + H_2O \longrightarrow 2[Ag(NH_3)_2]^+ + 2OH^-$$
$$2Ag(NH_3)_2^+ + HCHO + 2OH^- \longrightarrow 2Ag \downarrow + HCOONH_4 + 3NH_3 + H_2O$$

（3）卤化银　**卤化银除 AgF 溶于水外，其余均难溶于水，且溶解度依 AgCl、AgBr、AgI 顺序减小。** 它们分别能溶于含过量 Cl^-、Br^-、I^- 的溶液中形成 $[AgX_2]^-$ 配离子。

AgCl、AgBr、AgI 都有感光性， 照相底片上的感光胶层中含有 AgBr。在光的作用下，AgBr 分解成极小的"银核"（银原子）。

$$2AgBr \xrightarrow{\text{光}} 2Ag + Br_2$$

含有"银核"的 AgBr 经"显影"处理，即成黑色的金属银，然后将底片浸入 $Na_2S_2O_3$ 溶液中，使未感光的 AgBr 形成 $[Ag(S_2O_3)_2]^{3-}$ 而溶解，剩下的金属银不再变化，这一过程叫做"定影"。

$$AgBr + 2S_2O_3^{2-} \longrightarrow [Ag(S_2O_3)_2]^{3-} + Br^-$$

经过定影就得到形象清晰的底片。将底片放在洗相纸上再经过曝光、显影、定影，就得到照片。大量卤化银用作照相软片和洗相纸的原料。

（4）银的配合物　**Ag^+ 有 5s、5p 空轨道，常形成配位数为 2 的配离子，** 如与 NH_3、$S_2O_3^{2-}$、CN^- 等形成稳定程度不同的配离子。

银配离子广泛地用于电镀、照相、热水瓶胆等生产方面。分析上利用 Ag^+ 与 HCl 反应生成 AgCl 白色沉淀，加过量氨水使沉淀生成 $[Ag(NH_3)_2]^+$ 而溶解，再加 HNO_3 酸化，白色 AgCl 沉淀重新析出的方法来鉴定 Ag^+。

第三节　锌族元素

周期表中第 12（ⅡB）族，包括锌、镉、汞三种元素，其价电子结构为 $(n-1)d^{10}ns^2$，锌族元素的基本性质汇列于表 13-5。

表 13-5　锌族元素的基本性质

性　质	锌（Zn）	镉（Cd）	汞（Hg）
原子序数	30	48	80
相对原子质量	65.38	112.41	200.59
价电子构型	$3d^{10}4s^2$	$4d^{10}5s^2$	$5d^{10}6s^2$
主要氧化值	+2	+2	+1,+2
原子半径/pm	125	148	144
电负性	1.6	1.7	1.9
$\varphi^{\ominus}/V$	$\varphi^{\ominus}_{Zn^{2+}/Zn} = -0.763$	$\varphi^{\ominus}_{Cd^{2+}/Cd} = -0.403$	$\varphi^{\ominus}_{Hg^{2+}/Hg} = 0.854$
			$\varphi^{\ominus}_{Hg_2^{2+}/Hg} = 0.739$

性　　质	锌（Zn）	镉（Cd）	汞（Hg）
固体密度/(g·cm^{-3})	7.14	8.64	13.546
熔点/℃	419.5	320.9	-38.9
沸点/℃	907	767.3	356.9

一、锌及其重要化合物

1. 锌的性质和用途

锌是银白色而略带蓝色的金属。在常温下虽然有一定的韧性，但硬度较大。在潮湿的空气中，锌与水蒸气、二氧化碳化合表面生成一层紧密的碱式碳酸锌 [$ZnCO_3 \cdot 3Zn(OH)_2$] 保护膜。因此锌在空气中比较稳定，常温下也不与水反应，所以常在钢或铁表面镀锌，以增强其抗腐蚀能力。锌白铁即是将干净的铁片浸在熔化的锌里而制得的。

锌是两性元素，既能溶于稀酸又能溶于碱。

$$Zn + 2HCl \longrightarrow ZnCl_2 + H_2 \uparrow$$

$$Zn + 2NaOH + 2H_2O \longrightarrow Na_2[Zn(OH)_4] + H_2 \uparrow$$

锌是较强的还原剂，与氧化性酸反应可将对应的元素还原至最低价态。例如锌可将很稀的硝酸还原成 NH_3，NH_3 又与过量的 HNO_3 生成 NH_4NO_3。

锌的用途广泛，许多合金中含有锌，如黄铜含锌 40%。大量的锌用于制造白铁皮、干电池、银锌高能电池等。此外锌元素还是人体不可缺少的智能元素。

2. 锌的重要化合物

锌的卤化物（氟化物除外）、硝酸盐、硫酸盐和醋酸盐均易溶于水。氧化锌、氢氧化锌、硫化锌、碳酸锌等难溶于水。

(1) 氧化锌　锌在空气中加热到 500℃ 即燃烧生成**白色的氧化锌**。它是**两性氧化物**，**能溶于酸又能溶于碱。**

$$ZnO + H_2SO_4 \longrightarrow ZnSO_4 + H_2O$$

$$ZnO + 2NaOH \longrightarrow Na_2ZnO_2 + H_2O$$

氧化锌可用作白色颜料，俗称锌白。氧化锌无毒，有收敛性和防腐性，医药上用它制作橡皮膏。

(2) 氢氧化锌　在锌盐溶液中，加入适量的碱可析出**氢氧化锌**沉淀。它是**两性氢氧化物**，在它的饱和溶液中存在如下平衡：

$$Zn^{2+} + 2OH^- \Longrightarrow Zn(OH)_2 \overset{+2H_2O}{\Longrightarrow} 2H^+ + [Zn(OH)_4]^{2-}$$

加酸平衡向左移动，加碱平衡向右移动。**它既溶于酸，又溶于碱。**

氢氧化锌可溶于氨水形成配合物。

$$Zn(OH)_2 + 4NH_3 \cdot H_2O \longrightarrow [Zn(NH_3)_4]^{2+} + 2OH^- + 4H_2O$$

【演示实验 13-4】　① 取两支试管，均加入 1mL 0.1mol·L^{-1} $ZnSO_4$ 溶液，并逐滴加入 2mol·L^{-1} NaOH 溶液（不要过量），观察 $Zn(OH)_2$ 沉淀的颜色、状态。然后在一支试管中滴加 2mol·L^{-1} HCl 溶液，在另一支试管中继续滴加 2mol·L^{-1} NaOH 溶液至沉淀溶解。

② 在试管中加入 1mL 0.1mol·L^{-1} $ZnSO_4$ 溶液，逐滴加入 2mol·L^{-1} $NH_3 \cdot H_2O$，观察沉淀的产生。继续滴加 2mol·L^{-1} $NH_3 \cdot H_2O$ 至沉淀溶解。

利用这一性质可将 Zn^{2+} 与 Al^{3+} 分离。氢氧化锌受热到 125℃ 时脱水生成 ZnO，所以氢氧化锌是制造纯 ZnO 的原料。

（3）氯化锌 卤化锌中以氯化锌最为重要，水合氯化锌（$ZnCl_2 \cdot H_2O$）在加热时易水解形成碱式盐。

$$ZnCl_2 \cdot H_2O \xrightarrow{\triangle} Zn(OH)Cl + HCl\uparrow$$

因此必须在氯化氢气流中蒸发氯化锌溶液，才能得到无水氯化锌。无水氯化锌是白色易潮解的固体，吸水性很强。在有机化学中常用它作脱水剂和催化剂。

氯化锌在水中溶解度很大，10℃时每 100g 水可溶解 320g 无水盐。浓溶液因形成配合酸 $H[ZnCl_2(OH)]$，它能溶解金属氧化物[❶]，焊接时不损害金属表面，而且水分蒸发后，熔化的盐覆盖在金属表面，使之不再氧化，能保证焊接金属的直接接触，因而氯化锌用做焊接金属的除锈剂，俗名叫"熟镪水"。

（4）硫酸锌 将锌或氧化锌溶于稀硫酸，经过浓缩、冷却可析出 $ZnSO_4 \cdot 7H_2O$ 晶体，俗称皓矾，其中六个水分子与 Zn^{2+} 形成$[Zn(H_2O)_6]^{2+}$。它与 $CuSO_4 \cdot 5H_2O$ 相似，受热后逐步脱水，到 240℃变为无水 $ZnSO_4$，进一步加热灼烧则分解为氧化锌。硫酸锌溶液与硫化钡溶液混合，生成白色硫化锌和硫酸钡沉淀。经过滤、干燥得到白色粉末叫锌钡白，俗称立德粉。它是一种优良的白色颜料。硫酸锌还用作酸性镀锌的电解质。

（5）硫化锌 在锌盐溶液中加入 $(NH_4)_2S$，可析出白色 ZnS 沉淀。**ZnS 不溶于碱，可溶于酸，故应在碱性或弱酸溶液中制取。**

ZnS 在 H_2S 气流中灼烧，可得晶体 ZnS。在 ZnS 晶体中加入微量 Cu、Mn、Ag 作活化剂，经光照射后，可发出不同颜色的荧光，这种材料叫荧光粉，用于制造荧光屏、夜光表。

二、汞及其重要化合物

1. 汞的性质和用途

汞是常温下唯一的液态金属，银白色，俗称水银。汞和它的蒸气都是剧毒物质，存放时为防止因汞挥发造成污染，应在其液面覆盖一层水进行水封。

汞常温下很稳定，不被空气氧化，热至 300℃时才能与空气中的氧作用，生成红色的氧化汞。

常温下汞与硫混合进行研磨生成 HgS。因此可利用撒硫黄粉的办法处理散落在地上的汞，以消除汞蒸气的污染。

加热时汞可直接与卤素化合，生成 +2 价的卤化物。**汞的标准电位 $\varphi^{\ominus}_{Hg^{2+}/Hg} = 0.85V$，它不溶于盐酸或稀硫酸，但能溶于热的浓硫酸和硝酸。**

汞能溶解多种金属，如金、银、锡、钠、钾等形成汞的合金，叫汞齐，例如钠汞齐、锡汞齐等。所以洒落在地上的汞滴也可用锡箔"沾"起来。锡汞齐可用作制镜原料，钠汞齐可用作强还原剂。

汞受热时膨胀均匀，不湿润玻璃，密度大，可用来制作温度计、气压计。汞还是制造引爆药雷汞的重要原料。

2. 汞的重要化合物

汞有 Hg(I)、Hg(II)的化合物。由于汞原子最外层的两个 6s 电子很稳定，所以 Hg(I)很强烈地趋向于形成二聚体。其结构为 $^+[Hg\vdots Hg]^+$，一般简写为 Hg_2^{2+}，它的化合物有 $Hg_2(NO_3)_2$、Hg_2Cl_2 等。Hg(II)的化合物除硫酸盐、硝酸盐在固态时是离子型外，其余

---

❶ 氯化锌作除锈剂的反应为：$ZnCl_2 + H_2O \longrightarrow H[ZnCl_2(OH)]$

$\qquad\qquad FeO + 2H[ZnCl_2(OH)] \longrightarrow Fe[ZnCl_2(OH)]_2 + H_2O$

大多数化合物如硫化物、卤化物等都是共价化合物。

（1）汞的氧化物　在可溶性的汞盐溶液中，加碱得到的是汞的氧化物沉淀，而不是氢氧化物。因为汞的氢氧化物极不稳定，在它生成的瞬间即分解为氧化物和水。

【演示实验 13-5】　取两支试管分别加入 5mL 0.1mol·L^{-1} $Hg(NO_3)_2$ 溶液和0.1mol·L^{-1} $Hg_2(NO_3)_2$ 溶液，然后逐滴加入 10% NaOH 溶液，观察实验现象。

Hg^{2+} 遇碱生成黄色 HgO 沉淀；Hg_2^{2+} 遇碱发生歧化反应生成黑褐色沉淀，该沉淀是黄色的 HgO 和黑色 Hg 的混合物。

反应方程式为：

$$Hg(NO_3)_2 + 2NaOH \longrightarrow \underset{(黄色)}{HgO\downarrow} + 2NaNO_3 + H_2O$$

$$Hg_2(NO_3)_2 + 2NaOH \longrightarrow HgO\downarrow + \underset{(黑色)}{Hg\downarrow} + 2NaNO_3 + H_2O$$

氧化汞由于晶型不同，有红、黄两种颜色。若将黄色氧化汞加热可转变为红色氧化汞。当温度升高到 500℃ 时，氧化汞即分解为汞和氧气。氧化汞是制备汞盐的原料。

（2）汞的氯化物

汞的氯化物有氯化汞（$HgCl_2$）和氯化亚汞（Hg_2Cl_2）。**$HgCl_2$ 熔点低，易升华，称为升汞。升汞剧毒，微溶于水，电离度很小，易水解。**

氯化亚汞味甜，又称甘汞，无毒、微溶于水。Hg_2Cl_2 不稳定，见光易分解。

$$Hg_2Cl_2 \xrightarrow{光} Hg + HgCl_2$$

所以 Hg_2Cl_2 应避光并放在阴凉干燥处保存。Hg_2Cl_2 可用 Hg 和 $HgCl_2$ 在一起研磨制得。

$$HgCl_2 + Hg \longrightarrow Hg_2Cl_2$$

$HgCl_2$ 和 Hg_2Cl_2 都能与稀氨水作用。

【演示实验 13-6】　取两支试管，分别加入 0.1mol·L^{-1} $HgCl_2$ 溶液和饱和 Hg_2Cl_2 溶液各 2~3mL，然后逐滴加入 2mol·L^{-1} 氨水，观察现象。

$HgCl_2$ 与 $NH_3·H_2O$ 反应生成白色的氯化氨基汞沉淀。

$$HgCl_2 + 2NH_3·H_2O \longrightarrow \underset{(白色)}{Hg(NH_2)Cl\downarrow} + NH_4Cl + 2H_2O$$

Hg_2Cl_2 与 $NH_3·H_2O$ 作用则发生歧化反应，生成氯化氨基汞和金属汞。金属汞为分散的黑色细珠，故沉淀呈灰白色。

$$Hg_2Cl_2 + 2NH_3·H_2O \longrightarrow \underset{(白色)}{Hg(NH_2)Cl\downarrow} + \underset{(黑色)}{Hg\downarrow} + NH_4Cl + 2H_2O$$

$HgCl_2$ 在酸性溶液中有氧化性，适量的 $SnCl_2$ 可将它还原为白色 Hg_2Cl_2；如果 $SnCl_2$ 过量，生成的 Hg_2Cl_2 可进一步被还原为金属汞，使沉淀变黑。在分析化学中利用此反应鉴定 Hg^{2+} 或 Sn^{2+}。

$HgCl_2$ 稀溶液有杀菌作用，外科用作消毒剂，中医称之为白降丹，用以治疗疔毒。Hg_2Cl_2 用于制造甘汞电极，在医药上用作泻剂。

（3）汞的硝酸盐

汞的硝酸盐有 $Hg(NO_3)_2$ 和 $Hg_2(NO_3)_2$，两者都溶于水，但易水解形成$Hg(OH)NO_3$ 和 $Hg_2(OH)NO_3$。在配制溶液时，应先将它们溶解在稀硝酸中以抑制其水解。

$Hg(NO_3)_2$ 与金属汞一起振荡，可制得 $Hg_2(NO_3)_2$。

$$Hg(NO_3)_2 + Hg \longrightarrow Hg_2(NO_3)_2$$

$Hg_2(NO_3)_2$ 溶液与空气接触易被氧化为 $Hg(NO_3)_2$。可在 $Hg_2(NO_3)_2$ 溶液中加入少量金属汞，使所生成的 Hg^{2+} 被 Hg 还原为 Hg_2^{2+}。

$Hg(NO_3)_2$ 和 $Hg_2(NO_3)_2$ 受热易分解：

$$2Hg(NO_3)_2 \xrightarrow{\triangle} 2HgO + 4NO_2\uparrow + O_2\uparrow$$

$$Hg_2(NO_3)_2 \xrightarrow{\triangle} 2HgO + 2NO_2\uparrow$$

硝酸汞和硝酸亚汞都是重要易溶于水的汞盐，是分析上常备的化学试剂。

【阅读材料】

钛的性质和用途

钛的外观似钢，纯钛具有良好的可塑性，机械强度和钢相近，但密度比钢小。由于钛表面形成一层致密的氧化物薄膜，使化学性质变得不活泼，在室温下不与水、稀硫酸或稀硝酸起反应，因而金属钛具有良好的抗腐蚀性能。但钛能被氢氟酸、磷酸、熔融碱侵蚀，也能溶于热浓盐酸生成氧化数为 +3 的钛盐。

$$2Ti + 6HCl \longrightarrow 2TiCl_3 + 3H_2$$

金属钛易溶于氢氟酸和盐酸（或硫酸）的混合溶液，这是由于除浓酸与金属作用外，还能形成配合物 TiF_6^{2-}，促使钛溶解。

$$Ti + 6HF \longrightarrow TiF_6^{2-} + 2H^+ + 2H_2\uparrow$$

钛具有密度小、强度高、耐高温、抗腐蚀、特别是能抗海水腐蚀等优点。所以钛在现代科学技术上有着广泛的用途，可用来制造超音速喷气飞机、宇宙飞船、人造卫星及军舰等。它还可代替不锈钢，用于石油、化工、海水利用等方面。它在医疗上有着独特的用途，可代替损坏的骨骼，故常称为"亲生物金属"。

钛占地壳总量的 0.45%，但较分散，其主要的矿物有红金石（TiO_2）和钛铁矿（$FeTiO_3$）。

目前主要用活泼金属置换的方法，制取金属钛。例如，用金属钠或镁还原钛的卤化物可制得钛。

$$TiCl_4 + 2Mg \xrightarrow{700\sim800℃} 2MgCl_2 + Ti$$

第四节　铬及其重要化合物

周期表中第 6（ⅥB）族包括铬、钼、钨三种元素。铬和钼的价电子分别为 $3d^54s^1$、$4d^55s^1$，钨为 $5d^46s^2$。这些价电子都可以成键，因此它们的最高氧化值都是 +6。一般 $Cr(\text{Ⅲ})$ 的化合物比较稳定，Mo 和 W 的氧化值为 Ⅵ 的化合物最稳定。铬族元素的一些基本性质汇列于表 13-6 中。

表 13-6　铬族元素的基本性质

性　质	铬（Cr）	钼（Mo）	钨（W）
原子序数	24	42	74
相对原子质量	50.942	95.94	183.84
价电子层构型	$3d^54s^1$	$4d^55s^1$	$5d^46s^2$
主要氧化值	+2、+3、+6	+2、+3、+4、+5、+6	+2、+3、+4、+5、+6
原子半径(金属半径)/pm	118	130	130
电离能/(kJ·mol⁻¹)	657	689	775
电负性	1.6	1.8	1.7
$\varphi^\ominus/V(M^{3+}+3e \Longrightarrow M)$	−0.74	−0.20	−0.11
固体密度/(g·cm⁻³)	7.18~7.20	10.22	19.3
熔点/℃	1900	2620	3390
沸点/℃	2600	4600	5700

一、铬的性质和用途

单质铬是具有银白色光泽的金属。由于**铬晶体具有较强的金属键，故其熔点和沸点都很高**。

铬表面易形成氧化膜而呈钝态，所以金属活泼性较差，对空气和水都比较稳定。它能缓缓地溶于稀盐酸、稀硫酸，但不溶于稀硝酸。在热盐酸中，能很快地溶解并放出氢气，溶液呈蓝色（Cr^{2+}），随即又被空气氧化成绿色（Cr^{3+}）。

$$Cr + 2HCl \longrightarrow CrCl_2 + H_2 \uparrow$$
$$\text{（蓝色）}$$

$$4CrCl_2 + O_2 + 4HCl \longrightarrow 4CrCl_3 + 2H_2O$$
$$\text{（绿色）}$$

铬在浓硫酸中也能迅速溶解。

铬是具有白色光泽的金属，抗腐蚀性强，故常镀在其他金属表面上，如自行车、汽车、精密仪器的部件等。大量的铬用于制造合金，如铬钢（含 Cr 0.5%～1%、Si 0.75%、Mn 0.5%～1.25%）具有较大的硬度和较强的韧性，是机器制造业的重要原料。**含铬 12% 的钢称为"不锈钢"，有极强的耐腐蚀性**，应用范围很广。铬和镍的合金用来制造电热丝和电热设备。

铬的熔点很高，一般用铝热法冶炼金属铬。

二、铬的重要化合物

铬原子的价电子是 $3d^5 4s^1$，并有 +2、+3、+4、+5、+6 多种氧化值，其中氧化值为 +6 和 +3 的化合物最重要，其他氧化值的化合物都不稳定。

1. 铬（Ⅲ）的化合物

（1）三氧化二铬和氢氧化铬　**三氧化二铬（Cr_2O_3）是绿色的晶体，微溶于水，熔点很高（2435℃），是两性氧化物，既能溶于酸又能溶于碱**。

$$Cr_2O_3 + 3H_2SO_4 \longrightarrow Cr_2(SO_4)_3 + 3H_2O$$
$$Cr_2O_3 + 2NaOH \longrightarrow 2NaCrO_2 + H_2O$$

Cr_2O_3 常用作油漆、玻璃、陶瓷的绿色颜料（铬绿）。它也是冶炼铬的原料和某些有机合成的催化剂。

Cr_2O_3 的水化物是 $Cr(OH)_3$，在铬盐溶液中加入适量的 NaOH 或氨水，均可得到 $Cr(OH)_3$ 的蓝灰色胶状沉淀。

$$Cr^{3+} + 3OH^- \longrightarrow Cr(OH)_3 \downarrow$$
$$Cr^{3+} + 3NH_3 \cdot H_2O \longrightarrow Cr(OH)_3 \downarrow + 3NH_4^+$$

【演示实验 13-7】　在盛有 1mL 0.1mol·L^{-1} 铬钾矾溶液的试管中，逐滴加入 2mol·L^{-1} $NH_3 \cdot H_2O$ 至生成大量蓝灰色沉淀，将沉淀分为两份，分别加入 2mol·L^{-1} 盐酸和 10% NaOH 溶液，至沉淀完全溶解。

$Cr(OH)_3$ 在溶液中存在如下平衡：

$$Cr^{3+} + 3OH^- \Longrightarrow Cr(OH)_3 \Longrightarrow HCrO_2 + H_2O \Longrightarrow H^+ + CrO_2^- + H_2O$$

加酸，平衡向生成 Cr^{3+} 的方向移动；加碱平衡向生成 CrO_2^- 的方向移动。

$$2Cr(OH)_3 + 6HCl \longrightarrow 2CrCl_3 + 6H_2O$$
$$Cr(OH)_3 + NaOH \longrightarrow NaCrO_2 + 2H_2O$$

或
$$Cr(OH)_3 + NaOH \longrightarrow Na[Cr(OH)_4]$$

Cr(OH)₃ 与 Al(OH)₃ 相似，也具有两性，但 Cr³⁺ 能与过量氨水作用形成配合物，而 Al³⁺ 则不能。

由于 Cr(OH)₃ 的酸性和碱性都较弱，因此铬(Ⅲ)盐在水中易水解。

(2) 铬(Ⅲ)盐　比较重要的铬(Ⅲ)盐有铬钾矾[KCr(SO₄)₂·12H₂O]、硫酸铬 [Cr₂(SO₄)₃·18H₂O]和三氯化铬(CrCl₃·6H₂O)。

铬钾矾是蓝紫色晶体，常用于鞣革、纺织工业中。

无水三氯化铬（CrCl₃）呈紫红色，它是以金属铬与氯气作用而制得的。

Cr(Ⅲ)化合物在碱性溶液中，比较容易氧化成为 Cr(Ⅵ) 的化合物，但在酸性介质中则 比较困难，这可由它们的电极电位来说明：

$$CrO_4^{2-} + 2H_2O + 3e \Longrightarrow CrO_2^- + 4OH^- \qquad \varphi^\ominus = -0.12V$$

$$Cr_2O_7^{2-} + 14H^+ + 6e \Longrightarrow 2Cr^{3+} + 7H_2O \qquad \varphi^\ominus = +1.33V$$

【演示实验 13-8】　在盛有 1mL 0.1mol·L⁻¹ 铬钾矾溶液的试管中，逐滴加入 10% NaOH 溶液，至出现 Cr(OH)₃ 沉淀，再继续加入 NaOH 至沉淀消失，变为绿色溶液，然后再加 1mL NaOH 溶液、1mL 3% H₂O₂ 溶液，微热，溶液由绿色变为黄色。

反应方程式为：

$$2Cr(OH)_4^- + 2OH^- + 3H_2O_2 \xrightarrow{\triangle} 2CrO_4^{2-} + 8H_2O$$
$$\text{(黄色)}$$

实验说明，在碱性溶液中，稀 H₂O₂ 溶液就能将 Cr³⁺ 氧化成 CrO₄²⁻，常利用这一反应来鉴定 Cr³⁺。

2. 铬(Ⅵ)的化合物

铬(Ⅵ)具有较高的正电荷和较小的半径，所以不论在晶体或溶液中，都没有简单的 Cr⁶⁺ 存在，而总是以氧化物 CrO₃ 和含氧酸根 CrO₄²⁻、Cr₂O₇²⁻ 等形式存在。

(1) 三氧化铬、铬酸和重铬酸　三氧化铬（CrO₃）是暗红色针状晶体。重铬酸钾饱和溶液与浓 H₂SO₄ 作用时，可析出 CrO₃。

$$K_2Cr_2O_7 + H_2SO_4(浓) \longrightarrow 2CrO_3 \downarrow + K_2SO_4 + H_2O$$

CrO₃ 是一种强氧化剂， 一些有机物如酒精等与它接触即着火。

CrO₃ 是电镀铬的主要原料，也用于玻璃工业作着色剂。

CrO₃ 极易吸收空气中的水分，并且易溶于水形成铬酸（H₂CrO₄）和重铬酸（H₂Cr₂O₇）。

$$CrO_3 + H_2O \longrightarrow H_2CrO_4$$

$$2CrO_3 + H_2O \longrightarrow H_2Cr_2O_7$$

这两个反应与溶液的 pH 有关，在 pH1～6 之间存在下列平衡关系

$$2CrO_4^{2-} + 2H^+ \underset{OH^-}{\overset{H^+}{\rightleftharpoons}} Cr_2O_7^{2-} + H_2O$$
$$\text{（黄色）} \qquad\qquad \text{（橙红色）}$$

pH>6 时，Cr(Ⅵ)铬主要以 CrO₄²⁻ 形式存在，溶液显黄色；pH1～6 时，CrO₄²⁻ 与 Cr₂O₇²⁻ 同时存在于平衡体系中；pH<1 时，主要以 Cr₂O₇²⁻ 形式存在，溶液显橙红色。

【演示实验 13-9】　试管中加入 1mL 0.1mol·L⁻¹ K₂Cr₂O₇ 溶液和 1mL 水，逐滴加入 2mol·L⁻¹ NaOH 溶液，溶液为黄色；然后滴加 2mol·L⁻¹ H₂SO₄ 酸化，溶液由黄色转变为橙红色。

铬酸和重铬酸都很不稳定，至今还没有制得它的纯品，它们只能存在于水溶液中，但是

它们的盐类是可以稳定存在的。

（2）重铬酸盐　钾、钠的重铬酸盐是铬的重要盐类，它们都是橙红色晶体。$K_2Cr_2O_7$ 俗称红钾矾，$Na_2Cr_2O_7$ 称为红钠矾。$K_2Cr_2O_7$ 在低温下溶解度小，又不含结晶水，用重结晶法容易提纯，所以常用作定量分析中的基准物。在工业上 $K_2Cr_2O_7$ 大量用于鞣革、印染、电镀和医药等方面。

重铬酸盐在酸性介质中，显强氧化性，是分析化学中常用的氧化剂之一。例如，经酸化的 $K_2Cr_2O_7$ 溶液，能氧化 S^{2-}、SO_3^{2-}、I^-、Fe^{2+} 等，本身还原为 Cr^{3+}（绿色）。

【演示实验 13-10】　取两支试管，各加入 $0.1mol \cdot L^{-1}$ $K_2Cr_2O_7$ 溶液 8~10 滴和 2mL $2mol \cdot L^{-1}$ H_2SO_4 溶液，再分别加入少许 Na_2SO_3、$FeSO_4$ 固体，摇匀，溶液由橙红色变为绿色。

离子反应方程式为

$$Cr_2O_7^{2-} + 3SO_3^{2-} + 8H^+ \longrightarrow 2Cr^{3+} + 3SO_4^{2-} + 4H_2O$$
$$Cr_2O_7^{2-} + 6Fe^{2+} + 14H^+ \longrightarrow 2Cr^{3+} + 6Fe^{3+} + 7H_2O$$

（3）铬酸盐

常见的铬酸盐有铬酸钾和铬酸钠，两者都是黄色结晶状固体。**碱金属及铵的铬酸盐易溶于水，碱土金属的铬酸盐的溶解度从 Mg 到 Ba 依次递减。铅、银等重金属的铬酸盐皆难溶于水，并具有不同颜色**，实验室常用以检验 CrO_4^{2-} 离子，也可用作民用颜料。

【演示实验 13-11】　取三支试管，各加入 1mL $0.1mol \cdot L^{-1}$ K_2CrO_4 溶液，然后分别滴入 1mL $0.1mol \cdot L^{-1}$ $Pb(NO_3)_2$、$0.1mol \cdot L^{-1}$ $AgNO_3$、$0.1mol \cdot L^{-1}$ $Ba(NO_3)_2$ 溶液，观察生成沉淀的颜色。

$$Pb^{2+} + CrO_4^{2-} \longrightarrow PbCrO_4 \downarrow （铬黄）$$
$$Ba^{2+} + CrO_4^{2-} \longrightarrow BaCrO_4 \downarrow （柠檬黄）$$
$$2Ag^+ + CrO_4^{2-} \longrightarrow Ag_2CrO_4 \downarrow （砖红）$$

由于 $Cr_2O_7^{2-}$ 与 CrO_4^{2-} 存在平衡关系，若用 $Cr_2O_7^{2-}$ 盐与 Pb^{2+}、Ba^{2+}、Ag^+ 作用，也会形成相应的难溶铬酸盐沉淀。

第五节　锰及其重要化合物

周期表中第 7（ⅦB）族包括锰、锝、铼三种元素，称为锰族，其中锰及其化合物具有较大的实用价值。

锰族元素的价电子构型为 $(n-1)d^5ns^2$，其中锝（Tc）为 $4d^65s^1$。这些元素的价电子可以部分或全部成键，因此它们有多种氧化值，最高氧化值为 +7，此外还有其他氧化态的化合物，如锰的常见氧化值为 +2、+4 和 +7 等。

锰族元素的基本性质见表 13-7。

一、锰的性质和用途

纯锰为银白色金属，化学性质活泼，在空气中氧化或燃烧时均生成 Mn_3O_4，加热时可直接与氟、氯、溴作用。锰可置换水中的氢，也易与稀酸作用放出氢气。

$$Mn + 2H^+ \longrightarrow Mn^{2+} + H_2 \uparrow \quad \varphi_{Mn^{2+}/Mn}^{\ominus} = -1.18V$$

表 13-7 锰族元素的基本性质

性　　质	锰（Mn）	锝（Tc）	铼（Re）
原子序数	25	43	75
相对原子质量	54.94	(98)	186.2
价电子层构型	$3d^5 4s^2$	$4d^6 5s^1$	$5d^5 6s^1$
主要氧化值	+2、+3、+4、+5、+6、+7	+4、+7	+3、+4、+7
原子半径（金属半径）/pm	117	127	128
电离能/(kJ·mol^{-1})	227	708	765
电负性	1.5	1.9	1.9
$\varphi^\ominus$/V			
$M^{2+} + 2e \longrightarrow M$	-1.18		
$MO_4^- + 4H^+ + 3e \longrightarrow MO_2 + 2H_2O$	1.679	(0.7)	0.51
固体密度/(g·cm^{-3})	β 7.29 γ 7.11		
熔点/℃	1250	2140	3170
沸点/℃	2100	4877	5227

纯锰的用途并不多，但它的合金非常重要。当钢中含锰量超过12％～15％时，称为锰钢。锰钢很坚硬，抗冲击、耐磨损，可制钢轨、钢甲和破碎机等。锰可代替镍制成不锈钢（Cr 16％～25％、Mn 8％～10％）。在铝合金中加入锰可以使抗腐蚀性和机械性能都得到改进。

二、锰的重要化合物

1. 锰（Ⅱ）的化合物

常见的锰（Ⅱ）的强酸盐有卤化物、硝酸盐、硫酸盐等，它们都易溶于水。Mn^{2+} 离子在水溶液中常以淡红色的 $[Mn(H_2O)_6]^{2+}$ 水合离子形式存在。从水溶液中结晶出来的锰（Ⅱ）盐是带有结晶水的粉红色晶体。

二氧化锰与浓 H_2SO_4 反应，可得到 $MnSO_4$。

$$2MnO_2 + 2H_2SO_4(浓) \longrightarrow 2MnSO_4 + 2H_2O + O_2\uparrow$$

锰的弱酸盐一般难溶于水，如碳酸锰、硫化锰等。$MnCO_3$ 是白色粉末，可用作白色颜料（锰白）。锰（Ⅱ）盐是许多化学反应的催化剂，也常用作油漆的催干剂。

Mn(Ⅱ) 在中性或酸性介质中比较稳定，而在碱性介质中，空气能将其氧化成为锰（Ⅳ）。

$$MnO_2 + 2H_2O + 2e \Longleftrightarrow Mn(OH)_2 + 2OH^-$$

$$\varphi^\ominus = -0.05V$$

$$O_2 + 2H_2O + 4e \Longleftrightarrow 4OH^-$$

$$\varphi^\ominus = 0.41V$$

【演示实验 13-12】 取 0.1mol·L^{-1} MnSO$_4$ 溶液 2mL，逐滴加入 10％ NaOH 溶液，至生成大量的白色 Mn(OH)$_2$ 沉淀，放置，沉淀逐渐由白色变为棕色。

$$Mn^{2+} + 2OH^- \longrightarrow Mn(OH)_2\downarrow$$
$$(白色)$$

$$2Mn(OH)_2 + O_2 \longrightarrow 2MnO(OH)_2\downarrow$$
$$(棕色)$$

这个反应被用来测定水中的溶解氧量。

在酸性较强的条件下，强氧化剂［如 PbO$_2$、NaBiO$_3$（铋酸钠）等］可将 Mn^{2+} 离子氧化成 MnO$_4^-$。

$$2Mn^{2+} + 5PbO_2 + 4H^+ \longrightarrow 2MnO_4^- + 5Pb^{2+} + 2H_2O$$

$$2Mn^{2+} + 5NaBiO_3 + 14H^+ \longrightarrow 2MnO_4^- + 5Na^+ + 5Bi^{3+} + 7H_2O$$

利用这一反应可以鉴定 Mn^{2+} 离子。

【演示实验 13-13】　试管中加入 2mL 3mol·L^{-1} HNO$_3$ 溶液和 1～2 滴 0.1mol·L^{-1} MnSO$_4$ 溶液，然后加入绿豆粒大小的 NaBiO$_3$（固体），振摇，可见上层溶液变为紫红色。

2. 锰（Ⅳ）的化合物

MnO$_2$ 是 Mn（Ⅳ）的重要化合物。它是一种黑色粉末状物质，不溶于水，是软锰矿的主要成分。

二氧化锰在酸性介质中，具有氧化性，在浓 H$_2$SO$_4$ 中生成氧，和浓盐酸反应生成氯。

二氧化锰在碱性介质中，能被氧化成锰（Ⅵ）的化合物，如 MnO$_2$ 和固体 KOH 混合，于空气中加热熔融或同 KClO$_3$、KNO$_3$ 等氧化剂一起加热熔融，可得到深绿色的锰酸钾（K$_2$MnO$_4$）。

$$2MnO_2 + 4KOH + O_2 \xrightarrow{\triangle} 2K_2MnO_4 + 2H_2O$$

锰酸盐是制取高锰酸盐的中间产物，**在锰酸溶液中加入氧化剂**（如 Cl$_2$）**或用电解氧化，使 MnO$_4^{2-}$ 转变为 MnO$_4^-$**。

$$2MnO_4^{2-} + Cl_2 \longrightarrow 2MnO_4^- + 2Cl^-$$

$$2MnO_4^{2-} + 2H_2O \xrightarrow{电解} 2MnO_4^- + 2OH^- + H_2\uparrow$$

二氧化锰是制取锰化合物的原料。基于它的氧化性，在工业上被广泛用作氧化剂；在干电池中用作去极剂；玻璃工业中用作"漂白剂"。MnO$_2$ 还用作化工、油漆生产中的催化剂。

3. 锰（Ⅶ）的化合物

锰（Ⅶ）最重要的化合物是高锰酸的钾盐和钠盐。钠盐含三分子结晶水（NaMnO$_4$·3H$_2$O），易潮解。钾盐比较稳定，实际中使用较多。

高锰酸钾是深紫色的晶体，易溶于水，常温下每 100g 水约溶解 6g KMnO$_4$，水溶液呈红紫色。固体 KMnO$_4$ 在常温下比较稳定，加热到 200℃时，可分解并放出氧气。

在酸性溶液中不十分稳定，缓慢分解，析出 MnO$_2$

$$4MnO_4^- + 4H^+ \longrightarrow 4MnO_2 + 2H_2O + 3O_2\uparrow$$

在中性和碱性溶液中，分解较缓慢，但光线对其分解有促进作用，因此 KMnO$_4$ 溶液应保存于棕色瓶中。

粉末状 KMnO$_4$ 与 90% H$_2$SO$_4$ 反应，生成绿色油状的高锰酸酐（Mn$_2$O$_7$），在常温下易爆炸，分解成 MnO$_2$、O$_2$ 和 O$_3$，所以在保存固体 KMnO$_4$ 时应避免与浓 H$_2$SO$_4$ 及有机物接触。

高锰酸钾是最重要和常用的氧化剂之一，在反应中随介质不同，还原产物也不同。

【演示实验 13-14】　三支试管中，各滴入 10% KMnO$_4$ 溶液 10 滴，分别依次加入 2mL 2mol·L^{-1} H$_2$SO$_4$ 溶液、2mL 10% NaOH 溶液，2mL 蒸馏水，然后各加入少量固体 Na$_2$SO$_3$，摇匀，观察内容物的变化。

第一支试管：溶液退色；

第二支试管：溶液变为深绿色；

第三支试管：出现棕色沉淀。

反应方程式分别为：

在酸性介质中

$$MnO_4^- \longrightarrow Mn^{2+}$$

（红紫色）　　（淡粉红色,稀溶液近无色）

$$2MnO_4^- + 6H^+ + 5SO_3^{2-} \longrightarrow 2Mn^{2+} + 5SO_4^{2-} + 3H_2O$$

在碱性介质中

$$MnO_4^- \longrightarrow MnO_4^{2-}$$

（红紫色）　　（深绿色,绿色）

$$2MnO_4^- + 2OH^- + SO_3^{2-} \longrightarrow 2MnO_4^{2-} + SO_4^{2-} + H_2O$$

在中性介质中

$$MnO_4^- \longrightarrow MnO_2$$

（红紫色）　（棕色）

$$2MnO_4^- + H_2O + 3SO_3^{2-} \longrightarrow 2MnO_2\downarrow + 3SO_4^{2-} + 2OH^-$$

在弱酸或弱碱的条件下 MnO_4^- 与还原剂作用也生成棕色 MnO_2。

同一元素的较高和较低氧化态的化合物，也发生氧化还原反应，得到其中间氧化值的化合物，如 MnO_4^- 与 Mn^{2+} 在微酸性溶液中生成 MnO_2，

$$2MnO_4^- + 3Mn^{2+} + 2H_2O \longrightarrow 5MnO_2\downarrow + 4H^+$$

这个反应也是 $KMnO_4$ 溶液不稳定的原因。

高锰酸钾俗称灰锰氧，主要用作氧化剂。分析化学中用它测定 Fe^{2+}、H_2O_2、MnO_2、草酸盐、亚硝酸盐、亚硫酸盐等还原物质的含量。

工业上用来漂白纤维和油脂脱色。它的稀溶液（0.1%）可用于水果的消毒。5% 的 $KMnO_4$ 溶液可以治疗烫伤。它还是良好的杀虫剂和调节空气装置用的防臭剂。在化工生产中用于生产苯甲酸、维生素 C 及烟酸等。

第六节　铁及其重要化合物

第 8、9、10（ⅧB）族元素在周期表中是特殊的一族，它包括 4、5、6 三个周期的九种元素，即铁、钴、镍、钌、铑、钯、锇、铱、铂。在这九种元素中，虽然也存在着通常的垂直相似性，但水平相似性更为突出。第一过渡系的铁、钴、镍三种元素性质很相似，称为铁系元素；其余六种元素称为铂系元素。

本节只介绍铁系元素。

一、铁系元素概述

铁系元素 Fe、Co、Ni 的价电子层结构为 $3d^{6\sim8}4s^2$。除了铁、镍能形成 +6 氧化值外，一般都表现为 +2、+3 氧化值。铁的 +3 氧化值较稳定，而钴、镍的 +2 氧化值较为稳定。

由于它们的电子层结构相似，原子半径相近，其物理性质和化学性质相似。由表 13-8 可以看出三种元素的熔点、沸点、电离能都很相近，并随原子序数的增加而有规律地变化。镍的相对原子质量比钴小，是因为镍的同位素中质量数小的原子丰度大。

表 13-8　铁系元素的基本性质

性　　质	铁(Fe)	钴(Co)	镍(Ni)
原子序数	26	27	28
相对原子质量	55.85	58.93	58.69
价电子层构型	$3d^6 4s^2$	$3d^7 4s^2$	$3d^8 4s^2$
主要氧化值	+2、+3、+6	+2、+3	+2、+3
原子半径（金属半径）/pm	117	116	115

性　　　质	铁（Fe）	钴（Co）	镍（Ni）
电离能/(kJ·mol^{-1})	764.0	763.0	741.1
电负性	1.8	1.8	1.8
$\varphi^{\ominus}$/V($M^{2+}+2e \Longleftrightarrow M$)	-0.44	-0.277	-0.246
固体密度/(g·cm^{-3})	7.847	8.9	8.902
熔点/℃	1539	1492	1453
沸点/℃	2500	2900	2820

　　单质铁、钴、镍是有光泽的银白色金属，它们有强磁性。许多铁、钴、镍的合金是很好的磁性材料。

　　铁、钴、镍是中等活泼金属，在常温下它们与干燥的氧、硫、氯及溴等非金属的作用不显著。但在高温下，则容易发生剧烈反应。钴、镍在盐酸和稀硫酸中比铁溶解得缓慢。冷浓 HNO_3 能使铁系元素表面钝化。铁能被浓碱侵蚀，而钴、镍在浓碱中比较稳定，所以可用镍质容器熔融碱，实验室使用的熔碱坩埚和氯碱工业中熔碱铁锅均含有镍。

　　铁、钴、镍的离子具有空轨道，极易形成配离子，其中钴形成配合物的倾向最强。

　　铁及其合金是最基本的金属结构材料。钢铁的年产量是一个国家工业化程度的标志之一。铁系元素都是很重要的合金材料，能形成多种优质的合金，如不锈钢（含 Ni 7％～9％）、钴钢（含 Co 15％）、白钢（含 Ni 20％）、镍铬钢（含 Ni 80％）、镍铁合金、超硬合金等。它们广泛应用在工业、国防，从航空发动机到勘探钻头、模具、高速刀刃到录音机磁头都离不开它们，就连实验用的玻璃仪器内熔封的导线都是含镍 3.6％ 的合金（镍的膨胀系数与玻璃相近）。镍还用来作金属镀层。在有机物氢化反应中作催化剂。钴的放射性同位素 ^{60}Co 还可用于放射医疗上。

二、铁及其重要化合物

1. 铁的性质

　　纯净的铁是光亮的银白色金属，密度为 7.85g·cm^{-3}，熔点 1539℃，沸点 2500℃。铁能被磁体吸引，在磁场的作用下，铁自身也能具有磁性。铁可以与碳及其他一些元素互熔形成合金。纯铁耐蚀能力较强。

　　铁容易吸附氢，是氢化反应中的良好催化剂。

　　铁在潮湿空气中会生锈，在干燥空气中加热到 150℃ 也不与氧作用，灼烧到 500℃ 则形成 Fe_3O_4，在更高温度时，可形成 Fe_2O_3。铁在 570℃ 左右能与水蒸气作用。

$$3Fe+4H_2O \Longleftrightarrow Fe_3O_4+4H_2 \uparrow$$

　　铁是比较活泼的金属，能溶于稀盐酸和稀硫酸中，形成 Fe^{2+} 并放出氢气。冷的浓硝酸和浓硫酸能使其钝化。热的稀硝酸过量时，能使铁形成 $Fe(NO_3)_3$，将 HNO_3 还原成 NO，甚至形成铵离子；若铁过量则生成 $Fe(NO_3)_2$。在加热的条件下铁与氯发生剧烈反应形成 $FeCl_3$。它也能和硫、磷直接化合。在 1200℃ 时，铁与碳形成 Fe_3C，钢铁中的碳常以这种形式存在。

2. 铁的化合物

　　(1) 氧化物和氢氧化物　　铁的氧化物有黑色的氧化亚铁（FeO）、砖红色的氧化铁（Fe_2O_3）和黑色的四氧化三铁（Fe_3O_4）。

FeO 是碱性氧化物，溶于酸形成亚铁盐，亚铁盐与碱作用能析出白色 $Fe(OH)_2$ 沉淀。

【演示实验 13-15】 试管中加入 3mL 新配制的 $0.1mol \cdot L^{-1}$ $FeSO_4$ 溶液，再逐滴加入 10% NaOH 溶液，观察发生的现象。

最初析出的白色絮状沉淀是 $Fe(OH)_2$，但由于 $Fe(OH)_2$ 具有较强的还原性 ($\varphi^{\ominus}_{Fe(OH)_3/Fe(OH)_2} = -0.56V$)，很快被空气氧化为绿色 $[Fe_3(OH)_8]$，最后成为红棕色的 $Fe(OH)_3$。

$$Fe^{2+} + 2OH^- \longrightarrow Fe(OH)_2 \downarrow$$

$$4Fe(OH)_2 + O_2 + 2H_2O \longrightarrow 4Fe(OH)_3 \downarrow$$

铁盐和碱作用可得到红棕色 $Fe(OH)_3$，$Fe(OH)_3$ 受热脱水，生成红棕色的氧化铁粉末。

$$Fe^{3+} + 3OH^- \longrightarrow Fe(OH)_3 \downarrow$$

$$2Fe(OH)_3 \xrightarrow{\triangle} Fe_2O_3 + 3H_2O$$

Fe_2O_3 不溶于水，可作红色颜料、磨光粉、催化剂等。

四氧化三铁是具有磁性的黑色晶体，俗称磁性氧化铁，其晶体中有两种不同氧化态的铁离子，Fe^{2+} 占 1/3，Fe^{3+} 占 2/3，因此可将四氧化三铁看成是 $FeO \cdot Fe_2O_3$ 组成的化合物。磁铁矿也是炼铁的重要原料。

(2) 亚铁盐 将单质铁溶于稀盐酸或稀硫酸中，可分别得到淡绿色的氯化亚铁（晶体为 $FeCl_2 \cdot 4H_2O$）和硫酸亚铁（晶体为 $FeSO_4 \cdot 7H_2O$）。

硫酸亚铁俗称绿矾。它在空气中逐渐风化失去一部分结晶水，并容易被氧化成黄褐色的碱式硫酸铁(Ⅲ)$Fe(OH)SO_4$。它的无水盐是白色粉末。**它能与碱金属或铵的硫酸盐形成复盐，较常见的有硫酸亚铁铵 $[(NH_4)_2SO_4 \cdot FeSO_4 \cdot 6H_2O]$ 又叫摩尔盐，它比绿矾稳定。**

亚铁盐的显著特点是还原性较强，从它的标准电极电位可以看出

$$Fe^{3+} + e \Longrightarrow Fe^{2+} \qquad \varphi^{\ominus}_A = 0.77V$$

$$Fe(OH)_3 + e \Longrightarrow Fe(OH)_2 + OH^- \qquad \varphi^{\ominus}_B = -0.56V$$

即使在酸性介质中，Fe^{2+} 也不稳定，易被空气氧化成 Fe^{3+}。因此保存 Fe^{2+} 溶液时，应加入一定量的酸和少量铁屑，可抑制 Fe^{2+} 被氧化成 Fe^{3+}。

$$\varphi^{\ominus}_{Fe^{3+}/Fe^{2+}} = 0.77V \qquad \varphi^{\ominus}_{Fe^{2+}/Fe} = -0.44V$$

$$Fe + 2Fe^{3+} \longrightarrow 3Fe^{2+}$$

利用 Fe^{2+} 的还原性，在分析化学中，常用摩尔盐作基准物来标定 $K_2Cr_2O_7$ 溶液或 $KMnO_4$ 溶液的浓度。

硫酸亚铁与鞣酸反应，可生成易溶的鞣酸亚铁，在空气中它易被氧化成黑色的鞣酸铁，所以可用它制蓝黑墨水。此外，绿矾可用在染色、木材防腐、农业杀虫剂、食物鲜度保持剂等方面。

(3) 铁盐 从电极电势可知：**Fe^{3+} 具有一定的氧化性，可与较强的还原剂 H_2S、$SnCl_2$、KI、Cu 等作用，被还原为 Fe^{2+}。** 印刷电路烂板过程是非常典型的例子。

$$2Fe^{3+} + Cu \longrightarrow 2Fe^{2+} + Cu^{2+}$$

$$2Fe^{3+} + Sn^{2+} \longrightarrow 2Fe^{2+} + Sn^{4+}$$

$$2Fe^{3+} + H_2S \longrightarrow 2Fe^{2+} + S \downarrow + 2H^+$$

在铁盐中，氯化铁比较重要。棕黑色的无水 $FeCl_3$ 可用铁屑和氯气直接作用而制得。无水 $FeCl_3$ 在空气中易潮解。

铁屑溶于盐酸中，通入氯气，经蒸发、浓缩、冷却可得橘黄色 $FeCl_3 \cdot 6H_2O$ 的晶体。

$FeCl_3$ 主要用于有机染料的生产和腐蚀印刷线路板。$FeCl_3$ 能引起蛋白质迅速凝固，在医疗上可用作止血剂。$FeCl_3$ 易水解生成的沉淀有强吸附性，常用作净水的凝聚剂，用于净化含硫、亚硫酸盐、硫化物的水，还可净化工业气体以除去其中的硫化氢。

 【阅读材料】

过渡金属单质的炼制

过渡金属单质的炼制方法，取决于金属的性质、炼制反应条件的可行性及产率高低等因素。本节简要讨论过渡金属单质炼制的基本知识，并介绍铜、锌、铁的存在以及冶炼方法。

一、过渡金属单质炼制的基本知识

（一）矿石

工业上能用来提炼金属的、含有金属和金属化合物的矿物称为矿石。

常见的矿石属氧化物的有软锰矿（MnO_2）、赤铁矿（Fe_2O_3）、磁铁矿（Fe_3O_4）、金红石（TiO_2）等；碳酸盐有菱铁矿（$FeCO_3$）、菱锌矿（$ZnCO_3$）、石灰石（$CaCO_3$）等；硫化物有黄铁矿（FeS_2）、方铅矿（PbS）等；此外，还有磷酸盐、硫酸盐及复合矿石等。

（二）从矿石炼制金属的过程

绝大多数矿石或多或少地都含有杂质，因此用矿石炼制金属，一般需经过三个过程。

1. 选矿过程

将含有大量杂质的矿石经过处理，提高被提取金属的含量，这一过程称为选矿。根据矿石中有用成分与杂质的密度、黏度、磁性、熔点等性质，可以采用不同的选矿方法。常用的选矿方法有水选法、浮选法、磁选法等。有时为了适应还原冶炼的需要，还必须通过一些化学过程，使矿石的化学成分发生改变。例如，有些硫化物矿石如黄铜矿（CuS）、菱锌矿（$ZnCO_3$），在进行还原冶炼前通过焙烧将它们转变成氧化物。因此，选矿是矿石的富集过程和冶炼的备料过程。

2. 还原过程

由矿石炼制成金属的主要过程是将矿石中的金属离子还原为金属单质。由于金属的化学活泼性不同，金属离子得电子还原成金属单质的能力也不一样，因此所采用的还原方法也各异。工业上提炼金属一般有热还原法、电解法，热分解法等。

（1）**热还原法** 在高温条件下，利用还原剂如碳、一氧化碳、氢、活泼金属等，将矿石中的金属氧化物（或先转变成相应的卤化物）还原成金属单质，这种提炼金属的方法称为热还原法，也称火法。如，

$$SnO_2 + 2C \xrightarrow{\triangle} Sn + 2CO\uparrow$$

$$TiO_2 + 2C + 2Cl_2 \xrightarrow{\triangle} TiCl_4 + 2CO\uparrow$$

$$TiCl_4 + 2Mg \xrightarrow{\triangle} Ti + 2MgCl_2$$

$$Cr_2O_3 + 2Al \xrightarrow{\triangle} 2Cr + Al_2O_3$$

如某金属氧化物可被多种金属还原时，则应考虑以下几点：

① 还原剂还原能力的相对强弱。

② 还原剂能否与产品金属形成合金。

③ 还原剂与产品是否易于分离。

④ 生产成本的高低。

例如，Na 比 Mg、Al 还原性强，但生产中更多使用 Mg、Al 作还原剂，由于 Na 的沸点（890℃）较低，在高温下易挥发，因此用 Na 作还原剂的较少。

由于碳价廉、来源丰富，因此凡是可用碳还原的冶炼过程，一般首先采用碳作还原剂。例如，

$$Cu_2O+C \xrightarrow{\triangle} 2Cu+CO\uparrow$$

如果矿石的主要成分是碳酸盐，也可用碳作还原剂。因为一般重金属的碳酸盐受热能分解为氧化物。如

$$ZnCO_3 \xrightarrow{\triangle} ZnO+CO_2\uparrow$$

$$ZnO+C \xrightarrow{\triangle} Zn+CO\uparrow$$

若矿石是硫化物，则可先在空气中煅烧，使其变为氧化物，然后再用碳还原。如从方铅矿提取铅：

$$2PbS+3O_2 \xrightarrow{\triangle} 2PbO+2SO_2\uparrow$$

$$PbO+C \xrightarrow{\triangle} Pb+CO\uparrow$$

CO 也是还原剂，可还原金属氧化物，例如高炉炼铁中，用 CO 来还原 Fe_3O_4 比碳反应更快、更完全。

$$Fe_3O_4+CO \xrightarrow{\triangle} 3FeO+CO_2\uparrow$$

$$FeO+CO \xrightarrow{\triangle} Fe+CO_2\uparrow$$

还原金属氧化物，也可选用 H_2 作还原剂。如钨的制备，

$$WO_3+3H_2 \xrightarrow{\triangle} W+3H_2O$$

在实际生产中，需要全面考虑各种因素，选择恰当的还原剂。

（2）电解还原法　电解是一种重要的冶炼方法，能制得非常纯净的产品，但电能消耗量大，成本较高。如果产物不与水发生反应，则电解过程可在水溶液中进行。例如，Cu 和 Zn 可通过电解它们的硫酸盐水溶液来制取。

能与水发生反应的金属，常用熔盐电解法制取。一般采用熔盐电解法制备的金属单质是周期表中左边的碱金属、碱土金属、稀土金属等。如

$$2ScCl_3 \xrightarrow[\text{电解}]{\text{熔盐}} 2Sc+3Cl_2\uparrow$$

为了减少熔盐时的能量消耗和熔融盐的腐蚀作用，常加入助熔剂以降低盐的熔点。

（3）热分解法　许多金属可由加热其化合物使其分解的方法而得到。大多数金属氧化物被加热到 1000℃ 也不分解，但在金属活动顺序中位于氢后的金属，其氧化物受热容易分解。如，

$$2Ag_2O \xrightarrow{\triangle} 4Ag+O_2\uparrow$$

$$2HgO \xrightarrow{\triangle} 2Hg+O_2\uparrow$$

钛、锆、铪、钼等高熔点金属的碘化物，在真空下受白炽的钨丝加热时，即发生分解反应，可得到很纯的金属单质，其反应为：

$$TiI_4 \xrightarrow{\triangle} Ti+2I_2$$

$$ZrI_4 \xrightarrow{\triangle} Zr+2I_2$$

3. 精炼过程

从矿石经过还原过程炼制的金属仍含有一定量的杂质，还需精炼以提高其纯度。

水溶液的电解，被广泛地用于金属的精炼，如铬、镍、铜等的精炼。

羰基配合物热分解，也是制备纯金属的一种方法。例如，

$$Ni(CO)_4 \xrightarrow{\triangle} Ni+4CO\uparrow$$

$$Fe(CO)_5 \xrightarrow{\triangle} Fe+5CO\uparrow$$

用这种方法可得到纯度很高的金属镍和铁。上面所述的碘化物热分解法也是很好的精炼金属的方法。

金属单质的制备，还有一些其他方法，如在工业上采用廉价易得还原能力较强的活泼金属（如锌、铁等），通过置换反应制取某些不活泼金属。如锌粉可将金、银从它们的氰配合物溶液中提取出来。

$$2Ag(CN)_2^- + Zn \longrightarrow Zn(CN)_4^{2-} + 2Ag$$

二、常见的几种过渡金属的存在与冶炼

（一）铜族元素的存在和冶炼原理

1. 存在

铜、银、金是被人类最早熟悉并冶炼、应用的金属。它们分别占地壳总量的 $3 \times 10^{-3}\%$、$2 \times 10^{-6}\%$、$5 \times 10^{-5}\%$。因其化学活泼性差，在自然中有少量游离单质存在，如岩脉金、冲积金等。铜和银主要以化合态存在。铜矿有辉铜矿（Cu_2S）、黄铜矿（$CuFeS_2$）、赤铜矿（Cu_2O）、蓝铜矿[$2CuCO_3 \cdot Cu(OH)_2$]和孔雀石[$CuCO_3 \cdot Cu(OH)_2$]。我国云南东川铜矿最有名，江西德兴有一个新发现的特大铜矿。银矿主要以硫化物形式存在，除较少的闪银矿外，硫化银常与方铅矿共生，我国含银的铅、锌矿非常丰富。

2. 冶炼原理

铜主要从黄铜矿中提炼。由于铜矿含铜量很低，冶炼前需进行处理，得到富集的铜矿，经焙烧使部分硫化物变成氧化物，再经鼓风熔炼，得到 98% 左右的粗铜。主要反应如下：

$$2CuFeS_2 + O_2 \longrightarrow Cu_2S + 2FeS + SO_2 \uparrow$$

$$2Cu_2S + 3O_2 \longrightarrow 2Cu_2O + 2SO_2 \uparrow$$

$$2Cu_2O + Cu_2S \longrightarrow 6Cu + SO_2 \uparrow$$

生成的 SO_2 气体，可用来制造硫酸。粗铜再经过电解精炼进一步提纯。

银矿和金矿含量都比较低，多采用氰化法溶解，然后用锌置换，使银和金从溶液中析出。主要反应如下：

$$Ag_2S + 4NaCN \longrightarrow 2Na[Ag(CN)_2] + Na_2S$$

$$4Au + 8NaCN + 2H_2O + O_2 \longrightarrow 4Na[Au(CN)_2] + 4NaOH$$

$$2Na[Ag(CN)_2] + Zn \longrightarrow 2Ag \downarrow + Na_2[Zn(CN)_4]$$

$$2Na[Au(CN)_2] + Zn \longrightarrow 2Au \downarrow + Na_2[Zn(CN)_4]$$

（二）锌族元素的存在和冶炼原理

锌族元素在自然界中多以硫化物形式存在。锌和汞的最主要矿石是闪锌矿（ZnS）、菱锌矿（$ZnCO_3$）和辰砂❶（HgS）。锌矿常与银、镉共生。我国铅锌矿蕴藏极为丰富，湖南常宁水口山和临湘桃林是著名的铅锌矿产地。

闪锌矿经过浮选、焙烧转化为氧化锌，然后与焦炭混合加热，把锌还原出来。主要反应方程式为：

$$2ZnS + 3O_2 \xrightarrow{\triangle} 2ZnO + 2SO_2 \uparrow$$

$$2C + O_2 \xrightarrow{\triangle} 2CO \uparrow$$

$$ZnO + CO \xrightarrow{\triangle} Zn + CO_2 \uparrow$$

镉主要存在于锌矿中，在炼锌的同时被还原出来，经过分馏，镉被分离出来。

辰砂在空气中焙烧，或与石灰共热可转化为单质汞，然后再将汞蒸馏出来。

$$HgS + O_2 \xrightarrow{\triangle} Hg + SO_2 \uparrow$$

$$4HgS + 4CaO \xrightarrow{\triangle} 4Hg + 3CaS + CaSO_4$$

（三）铁的存在和冶炼

1. 铁的存在

铁是自然界中分布最广的金属元素之一，在地壳中含量约为 5%，仅次于铝。由于铁的化学性质比较活

---

❶ 辰砂又名朱砂。

泼，地壳中铁均以化合态存在。铁的主要矿石有赤铁矿 Fe_2O_3、磁铁矿 Fe_3O_4、褐铁矿 $Fe_2O_3 \cdot 2Fe(OH)_3$ 和菱铁矿 $FeCO_3$ 等。铁矿石里除铁的化合物外，还有脉石，其主要成分是 SiO_2、硫、磷等杂质。

2. 铁的冶炼

炼铁的主要反应原理是在高温下利用还原反应将铁从矿石中还原出来。现代炼铁是以焦炭在高炉中燃烧生成的 CO 作还原剂，将氧化铁还原为单质铁，反应方程式为：

$$Fe_2O_3 + 3CO \xrightarrow{\text{高温}} 2Fe + 3CO_2 \uparrow$$

炼铁时，还要加入石灰石（$CaCO_3$）作熔剂，以降低矿石中杂质的熔点，形成炉渣，便于除去，其反应方程式为：

$$CaCO_3 \xrightarrow{\text{高温}} CaO + CO_2 \uparrow$$

$$CaO + SiO_2 \xrightarrow{\text{高温}} CaSiO_3$$

$$3CaO + Al_2O_3 \longrightarrow Ca_3(AlO_3)_2$$

所以，炼铁的主要原料是铁矿石、焦炭、石灰石和空气。

炼铁是在高炉中进行的（见图 13-1）。把铁矿石、焦炭和石灰石按一定比例配成炉料，从炉口分批投入炉内，经预热的空气从炉腹底部的进风口鼓入炉内，与下降的炉料形成逆流。焦炭在进风口附近燃烧生成 CO_2，并放出大量热，使炉腹温度达 1800℃。CO_2 遇赤热的焦炭还原为一氧化碳（CO），逐渐下降的铁矿石遇见 CO 被还原成固体海绵状的铁，这种铁继续下降熔化成铁水，流到炉底。

炉底温度保持 1800℃ 左右，从炉底向上温度逐渐降低，炉顶温度约为 400℃。

在炉中部石灰石分解，生成 CaO，并与铁矿石中的杂质形成炉渣，浮在铁水上面。在炉的下部，有少量铁与碳形成 Fe_3C，并溶于铁水中，炉渣和铁水分别从炉底出渣口和出铁口流出。

反应后剩余的 CO、CO_2 和 N_2 等混合气体叫高炉煤气，从炉顶排出，经过净化后可用作气体燃料。

高炉炼出的铁，一般含铁为 90%～95%、碳 3%～4% 及少量硅、锰、硫、磷等。在缓慢冷却铁水时，Fe_3C 可分解为铁和石墨，这样的铁叫灰口生铁。若将铁水迅速冷却，Fe_3C 来不及分解，这样得到的铁叫白口生铁。灰口生铁比白口生铁柔韧一些，可以铸造零件并进行机械加工；白口生铁非常脆硬，是炼钢的原料。

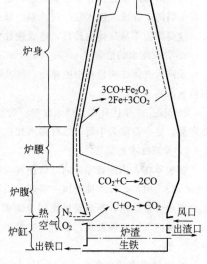

图 13-1 高炉和炉内化学变化示意图

3. 炼钢

含碳在 1.7% 以上的铁称为生铁或铸铁。含碳少于 0.2% 的铁称为熟铁或锻铁。含碳量在 0.2%～1.7% 之间的叫钢。生铁硬而脆，不易进行机械加工。熟铁易加工，但太软。钢具有一定的硬度又有一定的韧性，易加工。钢的用途最广。

用生铁炼钢，是在高温下，用氧化剂把生铁里过多的碳和其他杂质除去。

炼钢时，常用的氧化剂是空气、纯氧或氧化铁。在炼钢炉内，熔化的铁和空气接触，部分铁被氧化成氧化亚铁，同时放出大量热。

$$2Fe + O_2 \longrightarrow 2FeO + Q$$

氧化亚铁扩散到铁水中，使铁水中的 C、Si、Mn 等元素氧化成对应的氧化物。

$$C + FeO \longrightarrow CO \uparrow + Fe - Q$$

$$Si + 2FeO \longrightarrow SiO_2 + 2Fe + Q$$

$$Mn + FeO \longrightarrow MnO + Fe + Q$$

生成的 CO 在炉口燃烧而除去，SiO_2 和 MnO 结合成炉渣排出。

$$MnO + SiO_2 \longrightarrow MnSiO_3$$

生铁中的硫、磷元素是钢中的有害物质，炼钢时必须除去，加入石灰石可使硫、磷形成渣被除去。

$$FeS + CaO \xrightarrow{高温} FeO + CaS$$

$$2P + 5FeO + 3CaO \xrightarrow{高温} 5Fe + Ca_3(PO_4)_2$$

钢水中剩余的 FeO 也必须设法除去，否则会使钢具有热脆性。除去的办法是加入适当的脱氧剂，如硅铁、锰铁或金属铝等还原剂，使其还原成铁。

$$2FeO + Si \xrightarrow{高温} SiO_2 + 2Fe$$

$$FeO + Mn \xrightarrow{高温} MnO + Fe$$

生成的 SiO_2 和 MnO 化合成为 $MnSiO_3$ 炉渣而排出，少量 Si、Mn 留在钢内以调整钢的成分。

炼钢的主要方法有电炉、平炉、转炉三种，目前以纯氧顶吹转炉炼钢发展最快。

 【阅读材料】

重金属的污染与防治

一、含汞、镉、铬废水的危害

污染水体的重金属有汞、镉、铅、铬等，其中以汞的毒性为最大，镉次之，铅、铬也有一定的毒性。当重金属随工业废水进入江、河、湖、海后，在生物体内逐步富集，通过食物、饮水使重金属进入人体内脏。这类毒物不易从体内排出，造成慢性中毒。

1. 含汞废水的危害

汞进入人体，积累在中枢神经、肝及肾内，引起头痛、震颤、食欲不振、睡卧不宁、严重的语言失控、四肢麻木甚至变形等。

20 世纪 50 年代日本九州水俣湾一带居民吃了被二氯化汞（$HgCl_2$）、有机汞化合物污染的鱼鲜、海贝类产品，使一百多人中毒，二百多人死亡，发生了震惊全球的"水俣事件"。

2. 含镉废水的危害

镉积累在人体的肾和肝内，致使肾功能衰退。镉能取代骨骼中部分钙，引起骨质疏松、软化，即所谓"骨痛病"。例如，日本神通川一家炼锌工厂，将大量含镉废水，未经任何净化处理，排入神通川，致使河水中镉的含量剧增，当地居民饮用含镉的水，食用镉污染的稻米和水产品，而患上了"骨痛病"，关节疼痛，大腿痉挛，步履艰难，骨骼变成畸形。从死者遗体解剖发现，骨折部位竟达 73 处，身长缩短了几十厘米。

3. 含铬废水的危害

$Cr(Ⅵ)$ 对人的胃肠等有刺激作用，对鼻黏膜的损伤最大，长期吸入会引起鼻膜炎，甚至鼻中隔穿孔。$Cr(Ⅵ)$ 有明显的致癌作用，$Cr(Ⅲ)$ 毒性次之。

含 $Cr(Ⅵ)$ 化合物的水对农作物、微生物和其他生物都有很大危害。它会降低生物耗氧量，阻碍氮素的硝化进程，使土壤板结，农作物枯死，破坏生物机体的新陈代谢。

二、含汞、镉、铬废水的处理

国家规定含铬（Ⅵ）废水的排放标准不大于 $0.1mg \cdot L^{-1}$、汞不大于 $0.05mg \cdot L^{-1}$、镉不大于 $0.1mg \cdot L^{-1}$。下面介绍处理含铬、镉、汞废水的主要方法。

1. 含 $Cr(Ⅵ)$ 废水的处理

目前处理含铬废水比较好的方法是铁氧体法。其基本原理是利用铬（Ⅵ）化合物的氧化性，$Fe(Ⅱ)$ 的还原性，在含铬的废水中，加入 $FeSO_4$ 溶液，其反应离子方程式为：

$$Cr_2O_7^{2-} + 6Fe^{2+} + 14H^+ \longrightarrow 2Cr^{3+} + 6Fe^{3+} + 7H_2O$$

$$HCrO_4^- + 3Fe^{2+} + 7H^+ \longrightarrow Cr^{3+} + 3Fe^{3+} + 4H_2O$$

待上反应完成后，向溶液中加入 NaOH，使之呈微碱性，此时发生如下反应：

$$Cr^{3+} + 3OH^- \longrightarrow Cr(OH)_3 \downarrow$$

$$Fe^{2+} + 2OH^- \longrightarrow Fe(OH)_2 \downarrow$$

$$Fe^{3+} + 3OH^- \longrightarrow Fe(OH)_3 \downarrow$$

再向溶液中通入空气并加热，使 $Fe(OH)_2$ 氧化成 $Fe(OH)_3$。当 Fe(Ⅱ) 和 Fe(Ⅲ) 的浓度比达 1∶2 时可形成组成类似 $Fe_3O_4 \cdot xH_2O$ 的铁的氧化物，此氧化物称为铁氧体。其中部分 Fe(Ⅲ) 被 Cr(Ⅲ) 代替，此沉淀物具有磁性，可被磁铁吸引，因此这种溶液采用电磁铁即可将沉淀物全部吸出，而不需过滤。实验证明：用这种方法处理含铬废水可达国家规定的排放标准，而含铬的铁氧体又可用于电子工业。

2. 含镉废水的处理

用铁氧体法同样可以将非配合物中的镉（Cd^{2+}）从废水中除去。此外还有以下方法。

（1）沉淀法　在废水中加入石灰、电石渣，使 Cd^{2+} 成为 $Cd(OH)_2$ 沉淀过滤除去：

$$Cd^{2+} + 2OH^- \longrightarrow Cd(OH)_2 \downarrow$$

（2）漂白粉[$Ca(ClO)_2$]氧化法　此法常用来处理氰化镀镉废水中的镉配离子 $[Cd(CN)_4]^{2+}$。Cd^{2+} 与 CN^- 都是有毒物质，用漂白粉可同时除去 Cd^{2+} 与 CN^-，其反应方程式为

$$Ca(ClO)_2 + 2H_2O \longrightarrow Ca(OH)_2 + 2HClO$$

$$2NaCN + Ca(OH)_2 + 2HClO \longrightarrow 2NaCNO + CaCl_2 + 2H_2O$$

$$2NaCNO + 2HClO \longrightarrow 2CO_2 \uparrow + N_2 \uparrow + H_2 \uparrow + 2NaCl$$

$$Cd^{2+} + 2OH^- \longrightarrow Cd(OH)_2 \downarrow$$

Cd^{2+} 成为难溶于水的氢氧化物沉淀，CN^- 被氧化成 N_2 和 CO_2，从废水中除去。

3. 含汞废水的处理

含汞废水的处理方法较多，如化学沉淀法、吸附法、还原法和离子交换法等。在这里仅介绍简便易行的铁粉还原法，即用铁粉将 Hg^{2+} 还原为金属汞

$$Hg^{2+} + Fe \longrightarrow Hg \downarrow + Fe^{2+}$$

将铁粉加到含汞的废水中，加热至 57℃，保持一小时，过滤分离汞。如水中残余 Hg^{2+} 尚未达到国家排放标准时，可重复处理废水至达国家规定标准为止。

本章复习要点

一、过渡元素的共性

过渡元素原子价电子构型	$(n-1)d^{1\sim10}ns^{1\sim2}$
过渡元素共同特征	1. 都是金属元素 2. 同一种元素有多种氧化值 3. 水合离子和酸根离子大多有颜色 4. 容易形成配合物

二、铜族元素

1. 铜族元素包括 Cu、Ag、Au 三种元素，位于周期表 11（ⅠB）族。价电子层结构为 $(n-1)d^{10} \cdot ns^1$。

2. 锌族元素包括 Zn、Cd、Hg 三种元素，位于周期表 12（ⅡB）族。价电子层结构为 $(n-1)d^{10} \cdot ns^2$。

三、铜、银、锌、汞单质的特性

项　目	铜（Cu）	银（Ag）	锌（Zn）	汞（Hg）
颜　色	紫红色	银白色	银白色略带蓝色	银白色
常温下状态	固态	固态	固态	液态
主要用途	电气工业、合金	货币 电气工业	合金、干电池	照明、仪表、雷汞
化学特性	1. 不活泼金属 2. 与含氧的稀酸反应 $2Cu+2H_2SO_4+O_2 \longrightarrow$ $2CuSO_4+2H_2O$ 3. 可溶于氧化性酸	1. 不活泼金属 2. 在含 H_2S 的空气中变黑 $4Ag+2H_2S+O_2 \longrightarrow$ $2Ag_2S+2H_2O$ 3. 溶于 HNO_3	1. 较活泼金属 2. 表面易生成保护膜 3. 两性元素 $Zn+2H^+ \longrightarrow Zn^{2+}+H_2\uparrow$ $Zn+2OH^-+2H_2O \longrightarrow$ $[Zn(OH)_4]^{2-}+H_2\uparrow$	1. 不活泼金属 2. 溶于 HNO_3 和浓 H_2SO_4 3. 汞能溶解许多金属形成汞齐

四、Cu^{2+}、Ag^+、Zn^{2+}、Hg^{2+} 的共性

项　目		Cu^{2+}	Ag^+	Zn^{2+}	Hg^{2+}
颜　色		蓝色	无色	无色	无色
与 OH^- 反应	适量	$Cu^{2+}+2OH^- \longrightarrow$ $Cu(OH)_2\downarrow$	$2Ag+2OH^- \longrightarrow$ $Ag_2O\downarrow+H_2O$	$Zn^{2+}+2OH^- \longrightarrow$ $Zn(OH)_2\downarrow$	$Hg^{2+}+2OH^- \longrightarrow$ $HgO\downarrow+H_2O$
	过量	$Cu^{2+}+4OH^- \longrightarrow$ $[Cu(OH)_4]^{2-}$		$Zn^{2+}+4OH^- \longrightarrow$ $[Zn(OH)_4]^{2-}$	
与 $NH_3\cdot H_2O$ 反应	适量	$Cu^{2+}+2NH_3\cdot H_2O$ $\longrightarrow Cu(OH)_2\downarrow+2NH_4^+$	$2Ag^++2NH_3\cdot H_2O \longrightarrow$ $Ag_2O\downarrow+2NH_4^++H_2O$	$Zn^{2+}+2NH_3\cdot H_2O \longrightarrow$ $Zn(OH)_2\downarrow+2NH_4^+$	$HgCl_2+2NH_3\cdot H_2O$ $\longrightarrow Hg(NH_2)Cl+$ NH_4Cl+2H_2O
	过量	$Cu(OH)_2+4NH_3\cdot H_2O$ $\longrightarrow [Cu(NH_3)_4]^{2+}+$ $2OH^-+4H_2O$	$Ag_2O+4NH_3\cdot H_2O \longrightarrow$ $2[Ag(NH_3)_2]^++$ $2OH^-+3H_2O$	$Zn(OH)_2+4NH_3\cdot H_2O$ $\longrightarrow [Zn(NH_3)_4]^{2+}+$ $2OH^-+4H_2O$	

卤化银不溶于水，有感光性，例如 $AgBr$

$$2AgBr \xrightarrow{光} 2Ag+Br_2$$

$AgBr$ 可溶于 $Na_2S_2O_3$ 中，

$$AgBr+2S_2O_3^{2-} \longrightarrow [Ag(S_2O_3)_2]^{3-}$$

五、金属单质和合金

Ti、Cr、Mn、Fe 等金属各有其特点，有金属光泽、质轻而坚固、耐腐蚀、抗冲击。但由于它们熔点高、硬度大，一般单质应用不多，主要使用它们的合金。下面列表说明其部分合金的性能及应用。

名称	特　性	主　要　用　途
钛钢	密度小、强度高、耐高温、抗腐蚀	宇宙飞船，人造卫星，军舰，代替骨骼，称"生物金属"
铬钢	硬度大、有韧性、抗腐蚀	不锈钢、军工枪械、机器制造业的材料
锰钢	坚硬、抗冲击、耐磨损	钢轨、钢甲、破碎机、电视塔骨架

六、铬、锰、铁常见离子或化合物的氧化还原反应

离子		氧化还原反应	
		遇氧化剂	遇还原剂
Cr^{3+}	酸性		
	碱性	$Cr^{3+} + 3OH^- \longrightarrow Cr(OH)_3$ $Cr(OH)_3 + OH^- \longrightarrow Cr(OH)_4^-$ $2Cr(OH)_4^- + 2OH^- + 3H_2O_2 \longrightarrow 2CrO_4^{2-} + 8H_2O$	
$Cr_2O_7^{2-}$	酸性		$Cr_2O_7^{2-} + 6Fe^{2+} + 14H^+ \longrightarrow$ $2Cr^{3+} + 6Fe^{3+} + 7H_2O$
	碱性		
Mn^{2+}	酸性	$2Mn^{2+} + 5PbO_2 + 4H^+ \longrightarrow$ $2MnO_4^- + 5Pb^{2+} + 2H_2O$ （紫红色）	
	碱性	$Mn^{2+} + 2OH^- \longrightarrow Mn(OH)_2 \downarrow$ （白色） $2Mn(OH)_2 + O_2 \longrightarrow 2MnO(OH)_2 \downarrow$ （棕色）	
MnO_2	酸性		$MnO_2 + 4HCl(浓) \longrightarrow MnCl_2 + Cl_2 \uparrow + 2H_2O$
	碱性	$2MnO_2 + 4KOH + O_2 \xrightarrow{\triangle} 2K_2MnO_4 + 2H_2O$	
MnO_4^{2-}	酸性	$2MnO_4^{2-} + Cl_2 \longrightarrow 2MnO_4^- + 2Cl^-$	
	碱性		
MnO_4^-	酸性		$2MnO_4^- + 6H^+ + 5SO_3^{2-} \longrightarrow 2Mn^{2+} + 5SO_4^{2-} + 3H_2O$
	中性		$2MnO_4^- + H_2O + 3SO_3^{2-} \longrightarrow 2MnO_2 \downarrow + 3SO_4^{2-} + 2OH^-$
	碱性		$2MnO_4^- + 2OH^- + SO_3^{2-} \longrightarrow 2MnO_4^{2-} + SO_4^{2-} + H_2O$
Fe^{2+}	酸性	$5Fe^{2+} + MnO_4^- + 8H^+ \longrightarrow 5Fe^{3+} + Mn^{2+} + 4H_2O$	
	碱性	$Fe^{2+} + 2OH^- \longrightarrow Fe(OH)_2 \downarrow$ （白色） $4Fe(OH)_2 + O_2 + 2H_2O \longrightarrow 4Fe(OH)_3 \downarrow$ （棕色）	
Fe^{3+}			$2Fe^{3+} + Cu \longrightarrow 2Fe^{2+} + Cu^{2+}$

七、铬酸盐和重铬酸盐

CrO_4^{2-} 和 $Cr_2O_7^{2-}$ 的转化

$$2\,CrO_4^{2-} + 2H^+ \underset{OH^-}{\overset{H^+}{\rightleftharpoons}} Cr_2O_7^{2-} + H_2O$$
$$\text{（黄色）}\qquad\qquad\qquad\text{（橙色）}$$

重铬酸盐在酸性溶液中具有强氧化性。很多铬酸盐难溶于水、具有不同颜色，用作颜料及分析化学中检出离子的试剂。

附　　录

Ⅰ　碱、酸和盐的溶解性表（20℃）

阴离子 阳离子	OH⁻	NO₃⁻	Cl⁻	SO₄²⁻	S²⁻	SO₃²⁻	CO₃²⁻	SiO₃²⁻	PO₄³⁻
H^+		溶、挥	溶、挥	溶	溶、挥	溶、挥	溶、挥	微	溶
NH_4^+	溶、挥	溶	溶	溶	溶	溶	溶	溶	溶
K^+	溶	溶	溶	溶	溶	溶	溶	溶	溶
Na^+	溶	溶	溶	溶	溶	溶	溶	溶	溶
Ba^{2+}	溶	溶	溶	不	—	不	不	不	不
Ca^{2+}	微	溶	溶	微	—	不	不	不	不
Mg^{2+}	不	溶	溶	溶	—	微	微	不	不
Al^{3+}	不	溶	溶	溶	—	—	—	不	不
Mn^{2+}	不	溶	溶	溶	不	不	不	不	不
Zn^{2+}	不	溶	溶	溶	不	不	不	不	不
Cr^{3+}	不	溶	溶	溶	—	—	—	不	不
Fe^{2+}	不	溶	溶	溶	不	不	不	不	不
Fe^{3+}	不	溶	溶	溶	—	—	—	不	不
Sn^{2+}	不	溶	溶	溶	不	—	—	—	不
Pb^{2+}	不	溶	微	不	不	不	不	不	不
Bi^{3+}	不	溶	—	溶	不	不	不	不	不
Cu^{2+}	不	溶	溶	溶	不	不	不	不	不
Hg^+	—	溶	不	微	不	不	不	不	不
Hg^{2+}	—	溶	溶	溶	不	不	不	不	不
Ag^+	—	溶	不	微	不	不	不	不	不

说明："溶"表示那种物质可溶于水，"不"表示不溶于水，"微"表示微溶于水，"挥"表示挥发性，"—"表示那种物质不存在或遇到水就分解了。

Ⅱ　强酸、强碱、氨溶液的质量分数与密度（g·cm⁻³）、物质的量浓度（mol·L⁻¹）关系

质量分数 /%	H₂SO₄		HNO₃		HCl		KOH		NaOH		氨溶液	
	密度	c	密度	c	密度	c	密度	c	密度	c	密度	c
2	1.013		1.011		1.009		1.016		1.023		0.992	
4	1.027		1.022		1.019		1.033		1.046		0.983	
6	1.040		1.033		1.029		1.048		1.069		0.973	
8	1.055		1.044		1.039		1.065		1.092		0.967	
10	1.069	1.1	1.056	1.7	1.049	2.9	1.082	1.9	1.115	2.8	0.960	2.8

续表

质量分数	H_2SO_4		HNO_3		HCl		KOH		NaOH		氨溶液	
/%	密度	c	密度	c	密度	c	密度	c	密度	c	密度	c
12	1.083		1.068		1.059		1.100		1.137		0.953	
14	1.098		1.080		1.069		1.118		1.159		0.946	
16	1.112		1.093		1.079		1.137		1.181		0.939	
18	1.127		1.106		1.089		1.156		1.213		0.932	
20	1.143	2.4	1.119	3.6	1.100	6	1.176	4.2	1.225	3.1	0.926	10.9
22	1.158		1.132		1.110		1.196		1.247		0.919	
24	1.178		1.145		1.121		1.217		1.268		0.913	12.9
26	1.190		1.158		1.132		1.240		1.289		0.908	13.9
28	1.205		1.171		1.142		1.263		1.310		0.903	
30	1.224	3.8	1.184	5.6	1.152	9.5	1.268	6.8	1.332	10	0.898	15.8
32	1.238		1.198		1.163		1.310		1.352		0.893	
34	1.255		1.211		1.173		1.334		1.374		0.889	
36	1.273		1.225		1.183	11.7	1.358		1.395		0.884	18.7
38	1.290		1.238		1.194	12.4	1.384		1.416			
40	1.307	5.4	1.251	7.9			1.411	10.1	1.437	14.4		
42	1.324		1.264				1.437		1.458			
44	1.342		1.277				1.460		1.478			
46	1.361		1.290				1.485		1.499			
48	1.380		1.303				1.511		1.519			
50	1.399	7.2	1.316	10.4			1.538	13.7	1.540	19.3		
52	1.419		1.328				1.564		1.560			
54	1.439		1.340				1.590		1.580			
56	1.460		1.351				1.616	16.1	1.601			
58	1.482		1.362						1.622			
60	1.503	9.2	1.373	13.3					1.643	24.6		
62	1.525		1.384									
64	1.547		1.394									
66	1.571		1.403	14.6								
68	1.594		1.412	15.2								
70	1.617	11.6	1.421	15.8								
72	1.640		1.429									
74	1.664		1.437									
76	1.687		1.445									
78	1.710		1.453									
80	1.732	14.1	1.460	18.5								
82	1.755		1.467									
84	1.776		1.474									
86	1.793		1.480									
88	1.808		1.486									
90	1.819	16.7	1.491	23.1								
92	1.830		1.496									
94	1.837		1.500									
96	1.840	18	1.504									
98	1.841	18.4	1.510									
100	1.838	17.9	1.522	24								

Ⅲ　国际单位制 (SI) 及单位换算

SI 基本单位

物 理 量	单　位	
	名　　称	符　　号
长度	米	m
质量	千克(公斤)①	kg
时间	秒	s
电流	安[培]	A
热力学温度	开[尔文]	K
物质的量	摩[尔]	mol
光强度	坎[德拉]	cd

① 按《中华人民共和国法定计量单位》规定：[　]内的字，是在不引起混淆的情况下，可以省略的字；(　)内的字为前者同义词，下同。

常用的 SI 导出单位

物 理 量	单　位		
	名　　称	符号	定 义 式
力	牛[顿]	N	$kg \cdot m \cdot s^{-2} = J \cdot m^{-1}$
压力(压强)	帕[斯卡]	Pa	$kg \cdot m^{-1} \cdot s^{-2} = N \cdot m^{-2}$
能量	焦[耳]	J	$kg \cdot m^2 \cdot s^{-2} = N \cdot m$
功率	瓦[特]	W	$kg \cdot m^2 \cdot s^{-3} = J \cdot s^{-1}$
电量	库[仑]	C	$A \cdot s$
电势、电压、电动势	伏[特]	V	$kg \cdot m^2 \cdot s^{-3} \cdot A^{-1} = W \cdot A^{-1}$
频率	赫[兹]	Hz	s^{-1}

SI 倍数和分数单位的词头

因数	词头名称	符号	因数	词头名称	符号
10^{-1}	分	d	10	十	da
10^{-2}	厘	c	10^2	百	h
10^{-3}	毫	m	10^3	千	k
10^{-6}	微	μ	10^6	兆	M
10^{-9}	纳[诺]	n	10^9	吉[咖]	G
10^{-12}	皮[可]	p	10^{12}	太[拉]	T
10^{-15}	飞[母托]	f	10^{15}	拍[它]	P
10^{-18}	阿[托]	a	10^{18}	艾[可萨]	E

Ⅳ　标准电极电位（25℃）

电　极　反　应		$\varphi^{\ominus}/V$
氧　化　态	还　原　态	
$Li^+ + e$	$\Longrightarrow Li$	-3.045
$K^+ + e$	$\Longrightarrow K$	-2.925
$Rb^+ + e$	$\Longrightarrow Rb$	-2.925
$Cs^+ + e$	$\Longrightarrow Cs$	-2.923
$Ra^{2+} + 2e$	$\Longrightarrow Ra$	-2.92
$Ba^{2+} + 2e$	$\Longrightarrow Ba$	-2.90
$Sr^{2+} + 2e$	$\Longrightarrow Sr$	-2.89
$Ca^{2+} + 2e$	$\Longrightarrow Ca$	-2.87
$Na^+ + e$	$\Longrightarrow Na$	-2.714
$La^{3+} + 3e$	$\Longrightarrow La$	-2.52
$Mg^{2+} + 2e$	$\Longrightarrow Mg$	-2.37
$Sc^{3+} + 3e$	$\Longrightarrow Sc$	-2.08
$[AlF_6]^{3-} + 3e$	$\Longrightarrow Al + 6F^-$	-2.07
$Be^{2+} + 2e$	$\Longrightarrow Be$	-1.85
$Al^{3+} + 3e$	$\Longrightarrow Al$	-1.66
$Ti^{2+} + 2e$	$\Longrightarrow Ti$	-1.63
$Zr^{4+} + 4e$	$\Longrightarrow Zr$	-1.53
$[TiF_6]^{2-} + 4e$	$\Longrightarrow Ti + 6F^-$	-1.24
$[SiF_6]^{2-} + 4e$	$\Longrightarrow Si + 6F^-$	-1.2
$Mn^{2+} + 2e$	$\Longrightarrow Mn$	-1.18
$^* SO_4^{2-} + H_2O + 2e$	$\Longrightarrow SO_3^{2-} + 2OH^-$	-0.93
$TiO^{2+} + 2H^+ + 4e$	$\Longrightarrow Ti + H_2O$	-0.89
$^* Fe(OH)_2 + 2e$	$\Longrightarrow Fe + 2OH^-$	-0.877
$H_3BO_3 + 3H^+ + 3e$	$\Longrightarrow B + 3H_2O$	-0.87
$SiO_2(s) + 4H^+ + 4e$	$\Longrightarrow Si + 2H_2O$	$-0,86$
$Zn^{2+} + 2e$	$\Longrightarrow Zn$	-0.763
$^* FeCO_3 + 2e$	$\Longrightarrow Fe + CO_3^{2-}$	-0.756
$Cr^{3+} + 3e$	$\Longrightarrow Cr$	-0.74
$As + 3H^+ + 3e$	$\Longrightarrow AsH_3$	-0.60
$^* 2SO_3^{2-} + 3H_2O + 4e$	$\Longrightarrow S_2O_3^{2-} + 6OH^-$	-0.58
$^* Fe(OH)_3 + e$	$\Longrightarrow Fe(OH)_2 + OH^-$	-0.56
$Ga^{3+} + 3e$	$\Longrightarrow Ga$	-0.56
$Sb + 3H^+ + 3e$	$\Longrightarrow SbH_3(g)$	-0.51
$H_3PO_2 + H^+ + e$	$\Longrightarrow P + 2H_2O$	-0.51
$H_3PO_3 + 2H^+ + 2e$	$\Longrightarrow H_3PO_2 + H_2O$	-0.50
$2CO_2 + 2H^+ + 2e$	$\Longrightarrow H_2C_2O_4$	-0.49
$^* S + 2e$	$\Longrightarrow S^{2-}$	-0.48
$Fe^{2+} + 2e$	$\Longrightarrow Fe$	-0.44
$Cr^{3+} + e$	$\Longrightarrow Cr^{2+}$	-0.41
$Cd^{2+} + 2e$	$\Longrightarrow Cd$	-0.403
$Se + 2H^+ + 2e$	$\Longrightarrow H_2Se$	-0.40
$Ti^{3+} + e$	$\Longrightarrow Ti^{2+}$	-0.37
$PbI_2 + 2e$	$\Longrightarrow Pb + 2I^-$	-0.365

续表

电 极 反 应		$\varphi^{\ominus}/V$
氧 化 态	还 原 态	
* Cu_2O+H_2O+2e	$\Longrightarrow 2Cu+2OH^-$	-0.361
$PbSO_4+2e$	$\Longrightarrow Pb+SO_4^{2-}$	-0.3553
$In^{3+}+3e$	$\Longrightarrow In$	-0.342
Tl^++e	$\Longrightarrow Tl$	-0.336
* $Ag(CN)_2^-+e$	$\Longrightarrow Ag+2CN^-$	-0.31
$PtS+2H^++2e$	$\Longrightarrow Pt+H_2S$	-0.30
$PbBr_2+2e$	$\Longrightarrow Pb+2Br^-$	-0.280
$Co^{2+}+2e$	$\Longrightarrow Co$	-0.277
$H_3PO_4+2H^++2e$	$\Longrightarrow H_3PO_3+H_2O$	-0.276
$PbCl_2+2e$	$\Longrightarrow Pb+2Cl^-$	-0.268
$V^{3+}+e$	$\Longrightarrow V^{2+}$	-0.255
$VO_2^++4H^++5e$	$\Longrightarrow V+2H_2O$	-0.253
$[SnF_6]^{2-}+4e$	$\Longrightarrow Sn+6F^-$	-0.25
$Ni^{2+}+2e$	$\Longrightarrow Ni$	-0.246
N_2+5H^++4e	$\Longrightarrow N_2H_5^+$	-0.23
$Mo^{3+}+3e$	$\Longrightarrow Mo$	-0.20
$CuI+e$	$\Longrightarrow Cu+I^-$	-0.185
$AgI+e$	$\Longrightarrow Ag+I^-$	-0.152
$Sn^{2+}+2e$	$\Longrightarrow Sn$	-0.136
$Pb^{2+}+2e$	$\Longrightarrow Pb$	-0.126
* $Cu(NH_3)_2^++e$	$\Longrightarrow Cu+2NH_3$	-0.12
* $CrO_4^{2-}+2H_2O+3e$	$\Longrightarrow CrO_2^-+4OH^-$	-0.12
$WO_3(晶)+6H^++6e$	$\Longrightarrow W+3H_2O$	-0.09
* $2Cu(OH)_2+2e$	$\Longrightarrow Cu_2O+2OH^-+H_2O$	-0.08
* MnO_2+2H_2O+2e	$\Longrightarrow Mn(OH)_2+2OH^-$	-0.05
$[HgI_4]^{2-}+2e$	$\Longrightarrow Hg+4I^-$	-0.04
* $AgCN+e$	$\Longrightarrow Ag+CN^-$	-0.017
$2H^++2e$	$\Longrightarrow H_2$	0.00
$[Ag(S_2O_3)_2]^{3-}+e$	$\Longrightarrow Ag+2S_2O_3^{2-}$	0.01
* $NO_3^-+H_2O+2e$	$\Longrightarrow NO_2^-+2OH^-$	0.01
$AgBr(s)+e$	$\Longrightarrow Ag+Br^-$	0.071
$S_4O_6^{2-}+2e$	$\Longrightarrow 2S_2O_3^{2-}$	0.08
* $[Co(NH_3)_6]^{3+}+e$	$\Longrightarrow [Co(NH_3)_6]^{2+}$	0.1
$TiO^{2+}+2H^++e$	$\Longrightarrow Ti^{3+}+H_2O$	0.10
$S+2H^++2e$	$\Longrightarrow H_2S(g)$	0.141
$Sn^{4+}+2e$	$\Longrightarrow Sn^{2+}$	0.154
$Cu^{2+}+e$	$\Longrightarrow Cu^+$	0.159
$SO_4^{2-}+4H^++2e$	$\Longrightarrow H_2SO_3+H_2O$	0.17
$[HgBr_4]^{2-}+2e$	$\Longrightarrow Hg+4Br^-$	0.21
$AgCl(s)+e$	$\Longrightarrow Ag+Cl^-$	0.2223
$HAsO_2+3H^++3e$	$\Longrightarrow As+2H_2O$	0.248
$Hg_2Cl_2(s)+2e$	$\Longrightarrow 2Hg+2Cl^-$	0.268
* PbO_2+H_2O+2e	$\Longrightarrow PbO+2OH^-$	0.28
BiO^++2H^++3e	$\Longrightarrow Bi+H_2O$	0.32

续表

电　极　反　应		$\varphi^{\ominus}/V$
氧　化　态	还　原　态	
$Cu^{2+}+2e$	$\Longrightarrow Cu$	0.337
$^*Ag_2O+H_2O+2e$	$\Longrightarrow 2Ag+2OH^-$	0.342
$[Fe(CN)_6]^{3-}+e$	$\Longrightarrow [Fe(CN)_6]^{4-}$	0.36
$^*ClO_4^-+H_2O+2e$	$\Longrightarrow ClO_3^-+2OH^-$	0.36
$^*[Ag(NH_3)_2]^++e$	$\Longrightarrow Ag+2NH_3$	0.373
$2H_2SO_3+2H^++4e$	$\Longrightarrow S_2O_3^{2-}+3H_2O$	0.40
$^*O_2+2H_2O+4e$	$\Longrightarrow 4OH^-$	0.410
Ag_2CrO_4+2e	$\Longrightarrow 2Ag+CrO_4^{2-}$	0.447
$H_2SO_3+4H^++4e$	$\Longrightarrow S+3H_2O$	0.45
Cu^++e	$\Longrightarrow Cu$	0.52
$TeO_2(s)+4H^++4e$	$\Longrightarrow Te+2H_2O$	0.529
$I_2(s)+2e$	$\Longrightarrow 2I^-$	0.5345
MnO_4^-+e	$\Longrightarrow MnO_4^{2-}$	0.564
$H_3AsO_4+2H^++2e$	$\Longrightarrow H_3AsO_3+H_2O$	0.581
$MnO_4^-+2H_2O+3e$	$\Longrightarrow MnO_2+4OH^-$	0.588
$^*MnO_4^{2-}+2H_2O+2e$	$\Longrightarrow MnO_2+4OH^-$	0.60
$^*BrO_3^-+3H_2O+6e$	$\Longrightarrow Br^-+6OH^-$	0.61
$2HgCl_2+2e$	$\Longrightarrow Hg_2Cl_2(s)+2Cl^-$	0.63
$^*ClO_2^-+H_2O+2e$	$\Longrightarrow ClO^-+2OH^-$	0.66
$O_2(g)+2H^++2e$	$\Longrightarrow H_2O_2$	0.682
$[PtCl_4]^{2-}+2e$	$\Longrightarrow Pt+4Cl^-$	0.73
$Fe^{3+}+e$	$\Longrightarrow Fe^{2+}$	0.771
$Hg_2^{2+}+2e$	$\Longrightarrow 2Hg$	0.793
Ag^++e	$\Longrightarrow Ag$	0.799
$NO_3^-+2H^++e$	$\Longrightarrow NO_2+H_2O$	0.80
$^*HO_2^-+H_2O+2e$	$\Longrightarrow 3OH^-$	0.88
$^*ClO^-+H_2O+2e$	$\Longrightarrow Cl^-+2OH^-$	0.89
$2Hg^{2+}+2e$	$\Longrightarrow Hg_2^{2+}$	0.920
$NO_3^-+3H^++2e$	$\Longrightarrow HNO_2+H_2O$	0.94
$NO_3^-+4H^++3e$	$\Longrightarrow NO+2H_2O$	0.96
HNO_2+H^++e	$\Longrightarrow NO+H_2O$	1.00
NO_2+2H^++2e	$\Longrightarrow NO+H_2O$	1.03
$Br_2(l)+2e$	$\Longrightarrow 2Br^-$	1.065
NO_2+H^++e	$\Longrightarrow HNO_2$	1.07
$Cu^{2+}+2CN^-+e$	$\Longrightarrow Cu(CN)_2^-$	1.12
$^*ClO_2+e$	$\Longrightarrow ClO_2^-$	1.16
$ClO_4^-+2H^++2e$	$\Longrightarrow ClO_3^-+H_2O$	1.19
$2IO_3^-+12H^++10e$	$\Longrightarrow I_2+6H_2O$	1.20
$ClO_3^-+3H^++2e$	$\Longrightarrow HClO_2+H_2O$	1.21
O_2+4H^++4e	$\Longrightarrow 2H_2O$	1.229
MnO_2+4H^++2e	$\Longrightarrow Mn^{2+}+2H_2O$	1.23
$^*O_3+H_2O+2e$	$\Longrightarrow O_2+2OH^-$	1.24
ClO_2+H^++e	$\Longrightarrow HClO_2$	1.275
$2HNO_2+4H^++4e$	$\Longrightarrow N_2O+3H_2O$	1.29

续表

电 极 反 应		$\varphi^{\ominus}/V$
氧 化 态	还 原 态	
$Cr_2O_7^{2-}+14H^++6e$	$\Longrightarrow 2Cr^{3+}+7H_2O$	1.33
Cl_2+2e	$\Longrightarrow 2Cl^-$	1.36
$2HIO+2H^++2e$	$\Longrightarrow I_2+2H_2O$	1.45
PbO_2+4H^++2e	$\Longrightarrow Pb^{2+}+2H_2O$	1.455
$Au^{3+}+3e$	$\Longrightarrow Au$	1.50
$Mn^{3+}+e$	$\Longrightarrow Mn^{2+}$	1.51
$MnO_4^-+8H^++5e$	$\Longrightarrow Mn^{2+}+4H_2O$	1.51
$2BrO_3^-+12H^++10e$	$\Longrightarrow Br_2+6H_2O$	1.52
$2HBrO+2H^++2e$	$\Longrightarrow Br_2+2H_2O$	1.59
$H_5IO_6+H^++2e$	$\Longrightarrow IO_3^-+3H_2O$	1.60
$2HClO+2H^++2e$	$\Longrightarrow Cl_2+2H_2O$	1.63
$HClO_2+2H^++2e$	$\Longrightarrow HClO+H_2O$	1.64
Au^++e	$\Longrightarrow Au$	1.68
NiO_2+4H^++2e	$\Longrightarrow Ni^{2+}+2H_2O$	1.68
$MnO_4^-+4H^++3e$	$\Longrightarrow MnO_2(s)+2H_2O$	1.695
$H_2O_2+2H^++2e$	$\Longrightarrow 2H_2O$	1.77
$Co^{3+}+e$	$\Longrightarrow Co^{2+}$	1.84
$Ag^{2+}+e$	$\Longrightarrow Ag^+$	1.98
$S_2O_8^{2-}+2e$	$\Longrightarrow 2SO_4^{2-}$	2.01
O_3+2H^++2e	$\Longrightarrow O_2+H_2O$	2.07
F_2+2e	$\Longrightarrow 2F^-$	2.87
F_2+2H^++2e	$\Longrightarrow 2HF$	3.06

注：1. 该表采用的是还原电位，它表示元素或离子得到电子而还原的趋势。此外，也有采用氧化电位的，它表示元素或离子失去电子而氧化的趋势。标准还原电位与标准氧化电位数值相等，而符号相反。如锌电极的标准还原电位为 $-0.763V$，而标准氧化电位为 $+0.763V$。目前，国际上两种电位都在使用。在查书及使用时应予以注意。

2. 表中凡前面有"*"符号的电极反应是在碱性溶液中进行，其余都在酸性溶液中进行。

V　配合物的稳定常数[①]

配 合 物	$T/℃$	$K_稳$	配 合 物	$T/℃$	$K_稳$
$[Co(NH_3)_6]^{2+}$	30	2.45×10^4	$[Au(CN)_2]^-$	25	2.00×10^{38}
$[Co(NH_3)_6]^{3+}$	30	2.29×10^{34}	$[Zn(CN)_4]^{2-}$	21	7.94×10^{16}
$[Ni(NH_3)_6]^{2+}$	30	1.02×10^8	$[Cd(CN)_4]^{2-}$	25	6.03×10^{18}
$[Cu(NH_3)_2]^+$	18	7.24×10^{10}	$[Hg(CN)_4]^{2-}$	25	9.33×10^{38}
$[Cu(NH_3)_4]^{2+}$	30	1.07×10^{12}	$[Ti(CN)_4]^-$	25	1.00×10^{35}
$[Ag(NH_3)_2]^+$	25	1.70×10^7	$[Cr(NCS)_6]^{3-}$	50	6.31×10^3
$[Zn(NH_3)_4]^{2+}$	30	5.01×10^8	$[Fe(NCS)_6]^{3-}$	18	1.48×10^3
$[Cd(NH_3)_6]^{2+}$	30	1.38×10^5	$[Fe(NCS)]^{2+}$	25	1.07×10^3
$[Hg(NH_3)_4]^{2+}$	22	2.00×10^{19}	$[Co(NCS)_4]^{2-}$	20	1.82×10^2
$[Fe(CN)_6]^{4-}$	25	1.00×10^{24}	$[Ni(NCS)_3]^-$	20	6.46×10^2
$[Fe(CN)_6]^{3-}$	25	1.00×10^{31}	$[Cu(SCN)_2]^-$	18	1.29×10^{12}
$[Co(CN)_6]^{4-}$	—	1.23×10^{19}	$[Cu(NCS)_4]^{2-}$	18	3.31×10^6
$[Co(CN)_6]^{3-}$	2	1.00×10^{64}	$[Ag(SCN)_2]^-$	25	2.40×10^8
$[Ni(CN)_4]^{2-}$	25	1.00×10^{22}	$[Zn(NCS)_4]^{2-}$	30	2.0×10^1
$[Cu(CN)_2]^-$	25	1.00×10^{24}	$[Cd(SCN)_4]^{2-}$	25	9.55×10^1
$[Ag(CN)_2]^-$	25	6.31×10^{21}	$[Hg(SCN)_4]^{2-}$	—	1.32×10^{21}

续表

配　合　物	$T/℃$	$K_稳$	配　合　物	$T/℃$	$K_稳$
$[Pb(NCS)_4]^{2-}$	25	7.08	$[Cu(P_2O_7)_2]^{6-}$	25	$7.76×10^{10}$
$[Bi(NCS)_6]^{3-}$	25	$1.70×10^4$	$[Zn(P_2O_7)_2]^{6-}$	18	$1.74×10^7$
$[ScF_4]^-$	25	$6.46×10^{20}$	$[Cd(P_2O_7)_2]^{6-}$	—	$1.51×10^4$
$[ZrF_6]^{2-}$	25	$9.77×10^{35}$	$[Cu(OH)_4]^{2-}$	—	$1.32×10^{16}$
$[TiOF]^-$	—	$2.75×10^6$	$[Zn(OH)_4]^{2-}$	25	$2.75×10^{15}$
$[VOF]^-$	25	$1.41×10^3$	$[Al(OH)_4]^-$	25	$6.03×10^2$
$[CrF_3]$	25	$1.51×10^{10}$	$[Ag(En)_2]^+$	25	$2.51×10^7$
$[FeF_3]$	25	$7.24×10^{11}$	$[Cd(En)_2]^{2+}$	25	$1.05×10^{10}$
$[FeF_6]^{3-}$	25	$2.04×10^{14}$	$[Co(En)_3]^{2+}$	25	$6.61×10^{13}$
$[AlF_6]^{3-}$	25	$6.92×10^{19}$	$[Cu(En)_2]^{2+}$	30	$3.98×10^{19}$
$[CrCl]^{2+}$	25	3.98	$[Cu(En)_2]^+$	25	$6.31×10^{10}$
$[ZrCl]^{3+}$	25	2.00	$[Fe(En)_3]^{2+}$	30	$3.31×10^9$
$[FeCl]^+$	20	2.29	$[Hg(En)_2]^{2+}$	25	$1.51×10^{23}$
$[FeCl]^{2+}$	25	$3.02×10^1$	$[Mn(En)_3]^{2+}$	30	$4.57×10^5$
$[PdCl_4]^{2-}$	25	$5.01×10^{15}$	$[Ni(En)_2]^{2+}$	30	$4.07×10^{18}$
$[CuCl_2]^-$	25	$5.37×10^4$	$[Zn(En)_2]^{2+}$	30	$2.34×10^{10}$
$[CuCl]^+$	25	2.51	$[NaY]^{3-}$	20	$4.57×10^1$
$[AgCl_2]^-$	25	$1.10×10^5$	$[LiY]^{3-}$	20	$6.17×10^2$
$[ZnCl_4]^{2-}$	室温	0.1	$[AgY]^{3-}$	20	$2.09×10^7$
$[CdCl_4]^{2-}$	25	$4.47×10^1$	$[MgY]^{2-}$	20	$4.90×10^8$
$[HgCl_4]^{2-}$	25	$1.17×10^{15}$	$[CaY]^{2-}$	20	$1.26×10^{11}$
$[SnCl_4]^{2-}$	25	$3.02×10^1$	$[SrY]^{2-}$	20	$4.27×10^8$
$[PbCl_4]^{2-}$	25	$2.40×10^1$	$[BaY]^{2-}$	20	$5.75×10^7$
$[BiCl_6]^{3-}$	20	$3.63×10^7$	$[MnY]^{2-}$	20	$1.10×10^{14}$
$[FeBr]^{2+}$	25	3.98	$[FeY]^{2-}$	20	$2.14×10^{14}$
$[CuBr_2]^-$	25	$8.32×10^5$	$[FeY]^-$	20	$1.24×10^{25}$
$[CuBr]^+$	25	0.93	$[CoY]^{2-}$	20	$2.04×10^{16}$
$[ZnBr]^+$	25	0.25	$[CoY]^-$	—	36
$[AgBr_2]^-$	25	$2.19×10^7$	$[NiY]^{2-}$	20	$4.17×10^{18}$
$[CdBr_4]^{2-}$	25	$3.16×10^3$	$[PdY]^{2-}$	25	$3.16×10^{18}$
$[HgBr_4]^{2-}$	25	10^{21}	$[CuY]^{2-}$	20	$6.31×10^{18}$
$[AgI_2]^-$	18	$5.50×10^{11}$	$[ZnY]^{2-}$	20	$3.16×10^{16}$
$[CuI_2]^-$	25	$7.08×10^8$	$[CdY]^{2-}$	20	$2.88×10^{16}$
$[CdI_4]^{2-}$	25	$1.26×10^6$	$[HgY]^{2-}$	20	$6.31×10^{21}$
$[HgI_4]^{2-}$	25	$6.76×10^{29}$	$[PbY]^{2-}$	20	$1.10×10^{18}$
$[Ag(S_2O_3)_2]^{3-}$	25	$2.88×10^{13}$	$[SnY]^{2-}$	20	$1.29×10^{22}$
$[Cu(S_2O_3)_2]^{3-}$	25	$1.86×10^{11}$	$[VO_2Y]^{2-}$	20	$5.89×10^{18}$
$[Cd(S_2O_3)_3]^{4-}$	25	$5.89×10^6$	$[VO_2Y]^{3-}$	—	18
$[Cd(S_2O_3)_2]^{2-}$	25	$5.50×10^4$	$[ScY]^-$	20	$1.26×10^{23}$
$[Hg(S_2O_3)_4]^{6-}$	25	$1.74×10^{33}$	$[BiY]^-$	20	$8.71×10^{27}$
$[Hg(S_2O_3)_2]^{2-}$	25	$2.75×10^{29}$	$[AlY]^-$	20	$1.35×10^{16}$
$[Ag(CSN_2H_4)_2]^+$	室温	$2.51×10$	$[GaY]^-$	20	$1.86×10^{20}$
$[Cu(CSN_2H_4)_2]^+$	25	$2.45×10^{15}$	$[TiOY]^{2-}$	—	$2.00×10^{17}$
$[Cd(CSN_2H_4)_2]^{2+}$	25	$3.55×10^3$	$[ZrOY]^{2-}$	20	$3.16×10^{29}$
$[Hg(CSN_2H_4)_2]^{2+}$	25	$2.00×10^{26}$	$[LaY]^-$	20	$3.16×10^{15}$
$[Fe(P_2O_7)]^{6-}$	—	$3.55×10^5$	$[TlY]^-$	20	$3.16×10^{22}$
$[Ni(P_2O_7)_2]^{6-}$	25	$1.55×10^7$			

① 表中数据是根据大连工学院无机化学教研室编写的《无机化学》附录 4 中的数据换算而来的。

参 考 文 献

［1］ 华彤文等．普通化学原理．第 2 版．北京：北京大学出版社．1993.

［2］ 罗淑仪，臧希文，范景晖．地化无机化学．北京：北京大学出版社．1990.

［3］ 杨德壬．无机化学：上、下册．北京：高等教育出版社．1989.

［4］ 浙江大学普通化学教研组．普通化学．第 4 版．北京：高等教育出版社．1995.

［5］ 古国榜、谷云骊．无机化学．北京：化学工业出版社．1997.

［6］ 曹素忱．无机化学．北京：高等教育出版社．1993.

［7］ 王夔．无机化学．第 2 版．北京：人民卫生出版社．1995.

［8］ 天津化工研究院等．无机盐工业手册：上册，下册．北京：化学工业出版社．1981.

［9］ 黄佩丽，田荷珍．基础元素化学．北京：北京师范大学出版社．1994.

［10］ 《化学发展简史》编写组．化学发展简史．北京：科学出版社．1980.

［11］ 人民教育出版社化学室．高级中学课本化学：1，2，3 册．第 2 版．北京：人民教育出版社．1998.

［12］ 人民教育出版社化学室．高级中学化学教学参考书．第 2 版．北京：人民教育出版社．1998.

［13］ 北京市义务教育初中化学教材编写组．九年义务教育三年制初级中学教科书化学：全一册．北京：北京出版社．1995.

［14］ 人民教育出版社化学室．全日制普通高级中学教科书（必修）化学：第 1 册．北京：人民教育出版社．2003.

［15］ 林俊杰，王静．无机化学（五年制）．北京：化学工业出版社．2002.

［16］ 朱永泰，张振宇．化学（基础版）．北京：化学工业出版社．2002.

［17］ 河北师范大学等．无机化学．北京：高等教育出版社．2005.

［18］ 北京师范大学，华中师范大学，南京师范大学．无机化学．第 4 版．北京：高等教育出版社．2002.

元素周期表

IUPAC 2013

氧化态(单质的氧化态为0, 未列入; 常见的为红色)

以 ¹²C=12 为基准的原子量 (注◆的是半衰期最长同位素的原子量)

图例说明:

95	Am	原子序数
+2 +3 +4 +5 +6	镅 5f⁷7s²	元素符号(红色的为放射性元素)
	-243.06138(2)◆	元素名称(注▲的为人造元素)—价层电子构型—以¹²C=12为基准最长寿命同位素的原子量

图例: s区元素　p区元素　d区元素　ds区元素　f区元素　稀有气体

电子层: K L M N O P Q

周期\族	IA	IIA	IIIB	IVB	VB	VIB	VIIB	VIII(Ⅷ)			IB	IIB	IIIA	IVA	VA	VIA	VIIA	VIIIA(0)
1	1 H 氢 1s¹ 1.008																	2 He 氦 1s² 4.002602(2)
2	3 Li 锂 2s¹ 6.94	4 Be 铍 2s² 9.0121831(5)											5 B 硼 2s²2p¹ 10.81	6 C 碳 2s²2p² 12.011	7 N 氮 2s²2p³ 14.007	8 O 氧 2s²2p⁴ 15.999	9 F 氟 2s²2p⁵ 18.998403163(6)	10 Ne 氖 2s²2p⁶ 20.1797(6)
3	11 Na 钠 3s¹ 22.98976928(2)	12 Mg 镁 3s² 24.305											13 Al 铝 3s²3p¹ 26.9815385(7)	14 Si 硅 3s²3p² 28.085	15 P 磷 3s²3p³ 30.973761998(5)	16 S 硫 3s²3p⁴ 32.06	17 Cl 氯 3s²3p⁵ 35.45	18 Ar 氩 3s²3p⁶ 39.948(1)
4	19 K 钾 4s¹ 39.0983(1)	20 Ca 钙 4s² 40.078(4)	21 Sc 钪 3d¹4s² 44.955908(5)	22 Ti 钛 3d²4s² 47.867(1)	23 V 钒 3d³4s² 50.9415(1)	24 Cr 铬 3d⁵4s¹ 51.9961(6)	25 Mn 锰 3d⁵4s² 54.938044(3)	26 Fe 铁 3d⁶4s² 55.845(2)	27 Co 钴 3d⁷4s² 58.933194(4)	28 Ni 镍 3d⁸4s² 58.6934(4)	29 Cu 铜 3d¹⁰4s¹ 63.546(3)	30 Zn 锌 3d¹⁰4s² 65.38(2)	31 Ga 镓 4s²4p¹ 69.723(1)	32 Ge 锗 4s²4p² 72.630(8)	33 As 砷 4s²4p³ 74.921595(6)	34 Se 硒 4s²4p⁴ 78.971(8)	35 Br 溴 4s²4p⁵ 79.904	36 Kr 氪 4s²4p⁶ 83.798(2)
5	37 Rb 铷 5s¹ 85.4678(3)	38 Sr 锶 5s² 87.62(1)	39 Y 钇 4d¹5s² 88.90584(2)	40 Zr 锆 4d²5s² 91.224(2)	41 Nb 铌 4d⁴5s¹ 92.90637(2)	42 Mo 钼 4d⁵5s¹ 95.95(1)	43 Tc 锝▲ 4d⁵5s² 97.90721(2)◆	44 Ru 钌 4d⁷5s¹ 101.07(2)	45 Rh 铑 4d⁸5s¹ 102.90550(2)	46 Pd 钯 4d¹⁰ 106.42(1)	47 Ag 银 4d¹⁰5s¹ 107.8682(2)	48 Cd 镉 4d¹⁰5s² 112.414(4)	49 In 铟 5s²5p¹ 114.818(1)	50 Sn 锡 5s²5p² 118.710(7)	51 Sb 锑 5s²5p³ 121.760(1)	52 Te 碲 5s²5p⁴ 127.60(3)	53 I 碘 5s²5p⁵ 126.90447(3)	54 Xe 氙 5s²5p⁶ 131.293(6)
6	55 Cs 铯 6s¹ 132.90545196(6)	56 Ba 钡 6s² 137.327(7)	57~71 La~Lu 镧系	72 Hf 铪 5d²6s² 178.49(2)	73 Ta 钽 5d³6s² 180.94788(2)	74 W 钨 5d⁴6s² 183.84(1)	75 Re 铼 5d⁵6s² 186.207(1)	76 Os 锇 5d⁶6s² 190.23(3)	77 Ir 铱 5d⁷6s² 192.217(3)	78 Pt 铂 5d⁹6s¹ 195.084(9)	79 Au 金 5d¹⁰6s¹ 196.966569(5)	80 Hg 汞 5d¹⁰6s² 200.592(3)	81 Tl 铊 6s²6p¹ 204.38	82 Pb 铅 6s²6p² 207.2(1)	83 Bi 铋 6s²6p³ 208.98040(1)	84 Po 钋▲ 6s²6p⁴ 208.98243(2)◆	85 At 砹▲ 6s²6p⁵ 209.98715(5)◆	86 Rn 氡 6s²6p⁶ 222.01758(2)◆
7	87 Fr 钫▲ 7s¹ 223.01974(2)◆	88 Ra 镭 7s² 226.02541(2)◆	89~103 Ac~Lr 锕系	104 Rf 𬬻▲ 6d²7s² 267.122(4)◆	105 Db 𬭊▲ 6d³7s² 270.131(4)◆	106 Sg 𬭳▲ 6d⁴7s² 269.129(3)◆	107 Bh 𬭛▲ 6d⁵7s² 270.133(2)◆	108 Hs 𬭶▲ 6d⁶7s² 270.134(2)◆	109 Mt 鿏▲ 6d⁷7s² 278.156(5)◆	110 Ds 𫟼▲ 195.084(9)◆	111 Rg 𬬭▲ 281.166(6)◆	112 Cn 鿔▲ 285.177(4)◆	113 Nh 鿭▲ 286.182(5)◆	114 Fl 𫓧▲ 289.190(4)◆	115 Mc 镆▲ 289.194(6)◆	116 Lv 𫟷▲ 293.204(4)◆	117 Ts 鿬▲ 293.208(6)◆	118 Og 鿭▲ 294.214(5)◆

镧系 ★

| 57 La 镧 5d¹6s² 138.90547(7) | 58 Ce 铈 4f¹5d¹6s² 140.116(1) | 59 Pr 镨 4f³6s² 140.90766(2) | 60 Nd 钕 4f⁴6s² 144.242(3) | 61 Pm 钷▲ 4f⁵6s² 144.91276(2)◆ | 62 Sm 钐 4f⁶6s² 150.36(2) | 63 Eu 铕 4f⁷6s² 151.964(1) | 64 Gd 钆 4f⁷5d¹6s² 157.25(3) | 65 Tb 铽 4f⁹6s² 158.92535(2) | 66 Dy 镝 4f¹⁰6s² 162.500(1) | 67 Ho 钬 4f¹¹6s² 164.93033(2) | 68 Er 铒 4f¹²6s² 167.259(3) | 69 Tm 铥 4f¹³6s² 168.93422(2) | 70 Yb 镱 4f¹⁴6s² 173.045(10) | 71 Lu 镥 4f¹⁴5d¹6s² 174.9668(1) |

锕系 ★

| 89 Ac 锕 6d¹7s² 227.02775(2)◆ | 90 Th 钍 6d²7s² 232.0377(4) | 91 Pa 镤 5f²6d¹7s² 231.03588(2) | 92 U 铀 5f³6d¹7s² 238.02891(3) | 93 Np 镎▲ 5f⁴6d¹7s² 237.04817(2)◆ | 94 Pu 钚▲ 5f⁶7s² 244.06421(4)◆ | 95 Am 镅▲ 5f⁷7s² 243.06138(2)◆ | 96 Cm 锔▲ 5f⁷6d¹7s² 247.07035(3)◆ | 97 Bk 锫▲ 5f⁹7s² 247.07031(4)◆ | 98 Cf 锎▲ 5f¹⁰7s² 251.07959(3)◆ | 99 Es 锿▲ 5f¹¹7s² 252.0830(3)◆ | 100 Fm 镄▲ 5f¹²7s² 257.09511(5)◆ | 101 Md 钔▲ 5f¹³7s² 258.09843(3)◆ | 102 No 锘▲ 5f¹⁴7s² 259.1010(7)◆ | 103 Lr 铹▲ 5f¹⁴6d¹7s² 262.110(2)◆ |

中等职业学校规划教材

《无机化学》练习册
第四版

董敬芳　主编

班级_____

姓名_____

说　明

　　该练习册是与《无机化学》（第四版，董敬芳主编）配套使用的学生作业练习。各章的题目均按教材的章节顺序编排。题目类型包括填空题、选择题、判断题、计算题、综合练习题。填空题多为巩固基本概念、熟悉基本知识而设置的，以利于学生养成认真读书的良好习惯。化学计算是巩固、加深理解和灵活运用所学基本理论、基本知识的过程，也是一种基本技能的训练。因此，几乎每章都收集有计算题，计算题后均注有答案，供参考。第一章计算题量较大，各校可根据情况酌量选作。计算题所需 $K_i^\ominus$、$K_{sp}^\ominus$、$E^\ominus$、$K_{稳}^\ominus$ 等数据可在教材的附录中查找，以训练学生查阅手册的能力。另外，有些选择题不止一种正确答案。带"*"号的题目，均列为选作题。

编　者

2007 年 3 月

目　录

第一章 化学基本量和化学计算

第一节 物质的量及其单位

一、填空题

1. 摩尔是表示_____的单位，每摩尔的任何物质中都含有_____个微粒。

2. 硫酸的相对分子质量是____，摩尔质量是_____；铁的相对原子质量是____，摩尔质量是_____。

3. 尿素 $[CO(NH_2)_2]$ 的相对分子质量是____，它的摩尔质量是_____；0.5mol $CO(NH_2)_2$ 的质量是____g，它含有_____个分子。

4. 0.5mol $(NH_4)_2SO_4$ 的质量是____g，它含有____mol NH_4^+ 和____mol SO_4^{2-}。

5. 1.5mol H_2SO_4 含有____mol H^+、____mol 氧原子，氧原子为_____ N_A。

6. 20gNaOH 是____mol，含有_____ Na^+ 和_____ OH^-。

7. 5kgHNO$_3$ 是_____mol，它能中和_____g NaOH。

8. 0.5mol 铝的质量为____g，能与_____mol 盐酸完全反应，产生____mol 氢气。

9. 3.01×10^{23} 个 CO_2 分子的质量是____g，其中含有____g 碳原子和____mol 氧原子。

二、选择题（将正确答案的序号填在题后的括号内）

1. 关于摩尔的理解，正确的是（　　　）。

(1) 摩尔是表示质量的单位　　　(2) 摩尔是物质的量的单位

2. 0.3mol Na_2SO_4 和 0.2mol Na_3PO_4 中，离子数目相等的是（　　　）。

(1) Na^+　　　(2) SO_4^{2-}　　　(3) PO_4^{3-}

3. 下列物质中，物质的量最多的是（　　　）。

(1) 3.01×10^{23} 个铜原子　　　(2) 3g 氢气　　　(3) 98g H_2SO_4　　　(4) 1mol 氧气

4. 下列物质中，分子数最多的是（　　　）。

(1) 22g CO_2　　　(2) 2mol NH_3 气　　　(3) 64g SO_2

5. 4t NaOH，其物质的量是（　　　）。

(1) 4×10^5 mol　　　(2) 1×10^5 mol　　　(3) 1×10^6 mol

6. 已知 20℃，铅的密度为 11.3g·cm^{-3}，则 1mol 铅的体积为（　　　）。

(1) 18.34cm^3　　　(2) 18.34cm　　　(3) 30cm^3

7. 32g 氧气中所含分子数与下列哪种物质的分子数相同（　　　）。

(1) 2g 氢气　　　(2) 11g CO_2　　　(3) 32g SO_2

8. 5mol $NaClO_3$ 的质量是（　　　）。

(1) 0.53kg　　　(2) 5kg　　　(3) 530kg

9. 11.9g MnO_4^- 的物质的量是（　　　）。

(1) 0.1mol　　　(2) 1mol　　　(3) 0.2mol

*10. 称取 $CaSO_4 \cdot xH_2O$ 1.721g，加热脱去其全部结晶水，剩下硫酸钙的质量是 1.36g，这种水合物含结晶水的分子数目（x）是（　　　）。

(1) 3　　(2) 2　　(3) 1　　(4) 5

第二节　气体摩尔体积

一、填空题

1. 在标准状况下，1mol 任何气体的体积约为___L。

2. 同温同压下，同体积的任何气体，其物质的量___同，含有的分子数也___同。

3. 在标准状况下，11.2L 氧气的质量是___g，其分子数为___个。

4. 与 0.2mol HCl 分子数目相同的氮气的质量是___g，在标准状况下，这些氮气的体积为___L，分子数为___个。

5. 在标准状况下，16g 氧气所占的体积，比 1.5g 氢气所占的体积___。

6. 在标准状况下，与 4.4g 二氧化碳体积相等的二氧化硫的物质的量是___mol，质量是___g。

7. 在标准状况下，235.2cm³ 某气体的质量是 0.462g，该气体的相对分子质量为___。

8. 现有 4g 氮气，4mol 二氧化碳和标准状况下 4L 氧气，试比较：

(1) 标准状况下，气体体积最大的是___；

(2) 气体分子数目最多的是___；

(3) 气体质量最大的是___；

(4) 标准状况下，气体的密度最大的是___。

二、选择题（将正确答案的序号填在题后的括号内）

1. 下列叙述正确的是（　　　）。

(1) 同温同压下两种气体，分子数多的所占的体积大

(2) 凡是在标准状况下，体积为 22.4L 的任何物质都是 1mol

(3) 1mol 任何气体的体积都是 22.4L

2. 标准状况下，下列各种气体，体积最大的是（　　　）。

(1) 2g 氢气　　(2) 16g 氧气　　(3) 48g 二氧化硫　　(4) 11g 二氧化碳

3. 在标准状况下，与 2g 氮气所占的体积相同的是（　　　）。

(1) 2g 氢气　　(2) 0.25mol 氮气　　(3) 3.01×10^{23} 个 CO 分子　　(4) 5.6L 氯气

4. 在下列各组物质中，分子数相同的是（　　　）。

(1) 2L 二氧化碳和 2L 一氧化碳

(2) 9g 水和标准状况下 11.2L 二氧化碳

(3) 标准状况下 1mol 氧气和 22.4L 水

(4) 0.2mol 氢气和 22.4L 氯化氢气体

5. 同温同压下，分子数相同的任何两种气体的（　　　）。

(1) 体积相同　　(2) 原子数目相同　　(3) 体积都是 22.4L

6. 5.5g 氨，在标准状况下体积是（　　　）。

(1) 7.2L　　(2) 0.32mol　　(3) 10L

7. 在标准状况下，0.2L 的容器里所含某气体的质量是 0.25g，经过计算该气体的相对

分子质量是（ ）。

(1) 28g·mol^{-1} (2) 28 (3) 40

8. 在相同条件下，A 容器中的氢气和 B 容器中的氨气所含的原子数目相同，则 A、B 两容器的体积比是（ ）。

(1) 2：1 (2) 1：2 (3) 2：3 (4) 1：3

第三节 根据化学方程式的计算

一、选择题（将正确答案的序号填在题后的括号内）

1. 下列化学反应方程式中正确的是（ ）。

(1) $KClO_3 \xrightarrow[\triangle]{MnO_2} KCl + O_2 \uparrow$ (2) $KClO_3 \xrightarrow[\triangle]{MnO_2} KClO + O_2 \uparrow$

(3) $2KClO_3 \xrightarrow[\triangle]{MnO_2} 2KCl + 3O_2 \uparrow$ (4) $Cu + 2HCl \longrightarrow CuCl_2 + H_2 \uparrow$

2. 热化学方程式中，各物质分子式前的计量系数表示的是（ ）。

(1) 分子数 (2) 质量 (3) 物质的量 (4) 体积

3. 热化学方程式要注明物质的（ ）。

(1) 聚集状态 (2) 质量 (3) 分子数

4. 1g 氢气在氧气中燃烧生成水蒸气时，同时放出 120.9kJ 热量，下列方程式中正确的是（ ）。

(1) $2H_2(g) + O_2(g) \longrightarrow 2H_2O(l) + 120.9kJ$ (2) $2H_2(g) + O_2(g) \longrightarrow 2H_2O(g) - 483.6kJ$

(3) $2H_2(g) + O_2(g) \longrightarrow 2H_2O(g) + 483.6kJ$ (4) $2H_2(g) + O_2(g) \longrightarrow 2H_2O(g) + 120.9kJ$

5. 27g 氯化铜中，含铜的物质的量是（ ）。

(1) 12.7g (2) 0.2mol (3) 0.4mol

6. 与 0.1mol $AgNO_3$ 完全反应的 $MgCl_2$ 的物质的量是（ ）。

(1) 0.2mol (2) 0.05mol (3) 4.75g

7. 6.54g 锌与足量盐酸反应，标准状况下，能得到氢气（ ）。

(1) 2.24L (2) 22.4L (3) 0.3g

8. 6.54g 锌与足量盐酸反应，得到氢气的分子数是（ ）。

(1) 6.02×10^{23} 个 (2) 6.02×10^{22} 个 (3) 3.01×10^{22} 个

二、计算题

1. 实验室用 32.7g 锌与足量盐酸反应，可制得氢气、氯化锌各多少克？ （H_2：1g；$ZnCl_2$：68.2g）

2. 50g 碳酸钙和足量盐酸反应，能生成多少摩尔 $CaCl_2$ 和多少升 CO_2（标准状况下）？（$CaCl_2$：0.5mol；CO_2：11.2L）

3. 6.5g锌和20mL37％（密度为 $1.19g \cdot cm^{-3}$）的浓盐酸反应，在标准状况下，可生成多少升氢气？如果只收集到2.20L，问产率是多少？反应结束后，哪种原料有剩余？剩余多少？（H_2：2.24L；产率：98.21％；盐酸剩余：3.43mL）

4. 将干燥的氯酸钾和二氧化锰的混合物14g，装入烧瓶中，加热至不再产生氧气为止。冷却后，称得烧瓶里尚余9.2g固体物质。问制得多少升氧气（标准状况下）？混合物里原有多少克氯酸钾？（O_2：3.36L；$KClO_3$：12.26g）

5. 某车间欲分解 $ZnCO_3$，制取 4.07kg 氧化锌粉，问应煅烧多少千克纯度为 95％的碳酸锌？若实际消耗 95％的碳酸锌 6.89kg，计算原料的利用率？（提示：$ZnCO_3 \xrightarrow{\triangle} ZnO + CO_2 \uparrow$。）**(6.6kg；95.79%)**

6. 2.2kg 氢气和 71kg 氯气反应，能合成多少千克氯化氢气体？在标准状况下，它的体积是多少立方米？**(73kg；44.8m³)**

7. 把质量为 10.5g 的铁棒，置入硫酸铜溶液中，过一会儿取出洗净、干燥、称重，棒的质量为 10.8g，问析出多少克铜？**(2.48g)**

8. 在标准状况下，CO_2 和 CO 混合气体的体积是 6.72L，质量是 10g。计算混合气体中 CO_2 和 CO 的质量各是多少克？ **(CO_2: 4.4g; CO: 5.6g)**

9. 某氯碱车间年产烧碱 2×10^4 t，问每年需用含 NaCl 95% 的粗食盐多少吨？同时还可以得到多少立方米的氢气和氯气（标准状况下）？ （提示：$2NaCl + 2H_2O \xrightarrow{\text{电解}} 2NaOH + H_2\uparrow + Cl_2\uparrow$） **($3.08 \times 10^4$ t; 5.6×10^6 m³)**

10. 工业上以粗食盐（NaCl）为原料生产纯碱（Na_2CO_3）的主要反应如下：

$$NH_3 + CO_2 + H_2O \longrightarrow NH_4HCO_3$$
$$NH_4HCO_3 + NaCl \longrightarrow NaHCO_3\downarrow + NH_4Cl$$
$$2NaHCO_3 \longrightarrow Na_2CO_3 + CO_2\uparrow + H_2O$$

现有纯度为 85%，利用率为 70% 粗食盐 5t，计算能制得纯度为 95% 的纯碱多少吨？ **(2.84t)**

第四节　溶液的浓度

一、选择题（将正确答案的序号填在题后的括号内）

1. 下列关于 0.1mol·L^{-1} CuSO$_4$ 溶液的叙述，正确的是（　　　）。

(1) 1L 溶液中含 25g CuSO$_4$

(2) 100mL 溶液中含 CuSO$_4$ 0.01mol

(3) 从 1L 溶液中，取出 500mL 后，剩余溶液的浓度为 0.05mol·L^{-1}

2. 配制物质的量浓度的溶液时，应该使用（　　　）。

(1) 容量瓶　　　(2) 量筒　　　(3) 量杯

3. 配制 2L 1.5mol·L^{-1}的硫酸钠溶液，需硫酸钠（Na$_2$SO$_4$）为（　　　）。

(1) 426g　　(2) 400g　　(3) 213g

4. 已知 1L 氯化镁溶液中，含有 0.02mol 氯离子，此氯化镁溶液的物质的量浓度是（　　　）。

(1) 0.01mol·L^{-1}　　(2) 0.02mol·L^{-1}　　(3) 0.04mol·L^{-1}

5. 下列溶液中，Na$^+$ 离子的物质的量浓度最大的是（　　　）。

(1) 1mol·L^{-1}　　NaCl

(2) 0.5mol·L^{-1}　　Na$_3$PO$_4$

(3) 0.5mol·L^{-1}　　Na$_2$SO$_4$

6. 配制 200mL 1mol·L^{-1}的盐酸溶液，需用 12mol·L^{-1}的盐酸（　　　）。

(1) 16.67mL　　(2) 18mL　　(3) 8mL

7. 30mL 0.5mol·L^{-1}的 NaOH 溶液与 20mL 0.7mol·L^{-1}的 NaOH 溶液混合后，该溶液的物质的量浓度是（　　　）。

(1) 0.55mol·L^{-1}　　(2) 0.58mol·L^{-1}　　(3) 0.65mol·L^{-1}

8. 把 25mL 2mol·L^{-1}硝酸稀释成 0.1mol·L^{-1}时，需要水（　　　）。

(1) 475mL　　(2) 500mL　　(3) 600mL

二、计算题

1. 500mL H$_2$SO$_4$ 溶液中，含有 H$_2$SO$_4$ 49g，计算其物质的量浓度？**(1mol·L^{-1})**

2. 欲配制 0.5mol·L^{-1} NaOH 溶液 500mL，需固体 NaOH 多少克？**(10g)**

3. 欲将 200mL 2mol·L^{-1} Na_2CO_3 溶液，配成 0.5mol·L^{-1} 溶液，应稀释至多少毫升？**(800mL)**

4. 500mL NaOH 溶液中，含有 40g NaOH，计算其物质的量浓度？**(2mol·L^{-1})**

5. 中和 H_2SO_4 溶液 5mL，用去 0.5mol·L^{-1} NaOH 溶液 25mL，计算此 H_2SO_4 溶液的物质的量浓度？**(1.25mol·L^{-1})**

6. 将12.5g胆矾（$CuSO_4·5H_2O$）用少量水溶解，然后移入 500mL 容量瓶中，稀释至刻度，摇匀，计算此溶液的物质的量浓度？**(0.1mol·L^{-1})**

7. 欲配制 6mol·L^{-1} HNO_3 溶液 250mL，问需用密度为 1.42g·cm^{-3}，含量为 63％ 的 HNO_3 多少毫升？**(105.6mL)**

8. 市售浓 H_2SO_4，密度为 $1.84g \cdot cm^{-3}$，含量为 98%，计算其物质的量浓度？ **(18.4mol·L⁻¹)**

9. 把 1mL 浓 H_2SO_4 稀释成 1000mL，取稀释后的溶液 200mL，用 $0.2mol \cdot L^{-1}$ 的 NaOH 溶液滴定至终点，用去 NaOH 溶液22.4mL，试计算稀释前浓硫酸的物质的量浓度？ **(11.2mol·L⁻¹)**

10. 将 0.1L 60%的磷酸（密度为 $1.426g \cdot cm^{-3}$）溶液，稀释成 0.5L，计算稀释后磷酸溶液物质的量浓度？ **(1.74mol·L⁻¹)**

综 合 练 习

一、选择题（将正确答案的序号填在题后的括号内）

1. 12g 镁中含有镁原子数是（ ）。

(1) 0.5 个 (2) 12 个 (3) 3.01×10^{23} 个 (4) 6.02×10^{23} 个

2. 0.1mol 氯酸钾与（ ）g 氯化钾所含氯原子个数相同。

(1) 74.5 (2) 7.45 (3) 22.35

3. 1L 含有 0.1mol 氯化钠和 0.1mol 氯化镁的溶液中，其中氯离子共有（ ）。

(1) 1.8×10^{23} 个　　(2) 1.2×10^{23} 个　　(3) 6.02×10^{23} 个

4. 同质量的锌和铝中，分别加入足量稀硫酸使金属完全溶解，此时两者发生的气体，在标准状况下的体积比是（　　）。

(1) 1∶3.6　(2) 1∶3.0　(3) 2∶3.6　(4) 2∶3　(5) 3∶3.6

5. 相同物质的量浓度的氢氧化钡溶液和盐酸溶液，等体积混合后，加入石蕊试液，石蕊呈现（　　）。

(1) 蓝色　　(2) 红色　　(3) 紫色　　(4) 无色

6. 相同物质的量的下列物质，分别与足量盐酸反应，放出二氧化碳最多的是（　　）。

(1) Na_2CO_3　　(2) $NaHCO_3$　　(3) $CaCO_3$　　(4) $Ca(HCO_3)_2$

7. 用物质的量浓度相同的盐酸、硫酸、磷酸分别中和相同体积的 $1mol \cdot L^{-1}$ 的氢氧化钠溶液并形成正盐，消耗这三种酸的体积比是（　　）。

(1) 1∶2∶3　(2) 1∶3∶2　(3) 3∶2∶1

8. 某温度下，氯化钠的溶解度是 $35.7g \cdot (100gH_2O)^{-1}$，饱和溶液的密度是 1.208 $g \cdot cm^{-3}$，此溶液的物质的量浓度是（　　）。

(1) $5.43mol \cdot L^{-1}$　　(2) $3mol \cdot L^{-1}$　　(3) $0.543mol \cdot L^{-1}$

二、计算题

1. 配制 20％的硫酸 400g，需 98％、密度 $1.84g \cdot cm^{-3}$ 的浓硫酸多少毫升？水多少毫升？（**浓 H_2SO_4：44.4mL；H_2O：318.3mL**）

2. 500mL $18.4mol \cdot L^{-1}$、密度为 $1.84g \cdot cm^{-3}$ 的硫酸和 500mL 水混合，混合后硫酸溶液的密度为 $1.54g \cdot cm^{-3}$，计算此硫酸溶液物质的量浓度和质量分数。（**$9.98mol \cdot L^{-1}$；63.5％**）

3. $2mol \cdot L^{-1}$ Na_2CO_3 溶液 $500mL$ 与 $150g$ 37% 的盐酸反应，问在标准状况下能生成多少升 CO_2？**(17.02L)**

4. 将 $40mL$ $2mol \cdot L^{-1}$ 的氢氧化钠溶液与 $5g$ 98% 的硫酸溶液混合，问反应后溶液呈碱性、酸性或中性？**(与 NaOH 反应需 H_2SO_4 0.04mol)**

5. 为测定苛性钠纯度，取样品 $0.40g$ 制成 $1L$ 水溶液，取这种溶液 $50mL$，用 $0.01mol \cdot L^{-1}$ 盐酸滴定至终点，消耗 $48mL$，计算苛性钠的纯度？**(96%)**

6. 在标准状况下 $286.72L$ 氨气溶于水后，制得 $1L$ 密度为 $0.91g \cdot cm^{-3}$ 的氨水，计算氨水的质量分数和物质的量浓度？**(23.91%；$12.8mol \cdot L^{-1}$)**

7. 计算配制 500mL 0.244mol·L^{-1}盐酸溶液，需用密度为1.19g·cm^{-3}含量为 37.5％ 的浓盐酸多少毫升？**(10mL)**

第二章 碱金属和碱土金属

第一节 氧化还原反应的基本概念

一、填空题

1. 填充下表：

化学反应式	是否氧化还原反应	氧化剂	还原剂
$4NH_3 + 5O_2 \xrightarrow[\triangle]{\text{催化剂}} 4NO\uparrow + 6H_2O$			
$2Na + 2H_2O \longrightarrow 2NaOH + H_2\uparrow$			
$CuO + H_2SO_4(稀) \longrightarrow CuSO_4 + H_2O$			
$2KI + Cl_2 \longrightarrow 2KCl + I_2$			
$3NO_2 + H_2O \longrightarrow 2HNO_3 + NO\uparrow$			
$CaO + SiO_2 \xrightarrow{\triangle} CaSiO_3$			

2. 下列物质：Cl_2、Cl^-、浓 H_2SO_4、H^+、H_2O_2、Al、Fe^{2+} 可做氧化剂的物质有 ____
_____，可做还原剂的物质有 _____，既可做氧化剂、也可做还原剂的
物质有 _____。

3. 写出下列反应的化学方程式，是氧化还原反应的标出电子转移的方向和数目，指出
氧化剂和还原剂。

(1) 煅烧石灰石的反应：_____
_____。

(2) 氢氧化钠溶液与二氧化碳的反应：_____
_____。

(3) 锌与稀硫酸的反应：_____
_____。

(4) 钠在氯气中燃烧：_____
_____。

二、选择题（将正确答案的序号填在题后的括号内）

1. 下列关于歧化反应的说法正确的是（   ）。

(1) 发生在同一分子内的氧化还原反应叫歧化反应

(2) 发生在同一分子内的不同元素间的氧化还原反应叫歧化反应

(3) 发生在不同分子内的相同元素间的氧化还原反应叫歧化反应

(4) 发生在同一分子内的同种元素间的氧化还原反应叫歧化反应

2. 下列说法不正确的是（　　　）。

（1）氧化剂是容易得电子的物质，还原剂是容易失电子的物质

（2）易得电子的物质，就不能失电子，所以同一物质不能既做氧化剂，又做还原剂

（3）在同一氧化还原反应中，氧化和还原反应同时发生

（4）任何一个氧化还原反应中，电子得、失的总数必然相等

三、判断题（下列说法正确的，在题后括号内画"√"，不正确的画"×"）

1. 在氧化还原反应中，失电子的物质叫还原剂，它的反应产物叫还原产物；得电子的物质叫氧化剂，它的反应产物叫氧化产物。……………………………………（　　）

2. 在氧化还原反应中，失电子的过程叫氧化反应，失电子的物质叫氧化剂；得电子的过程叫还原反应，得电子的物质叫还原剂。……………………………………（　　）

3. 在氧化还原反应中，失电子的物质叫还原剂，它将另一种物质还原，本身被氧化；得电子的物质叫氧化剂，它将另一种物质氧化，本身被还原。……………………（　　）

第二节　碱　金　属

一、填空题

1. 碱金属包括__、__、__、__、__、__六种元素，其中__是放射性元素；__、__、__是稀有元素，只有__、__是常见元素。

2. 金属钠、钾在空气中燃烧时的主要产物分别是_____和_____。相应的化学反应式为_____和_____。

3. 金属钠本身没有腐蚀性，但不能用手直接拿取，因为_____。

4. 制取过氧化钠（Na_2O_2）时，要用____的、不含_____的空气。因为空气中的_____与 Na_2O_2 作用生成 H_2O_2，空气中的_____与 Na_2O_2 作用生成 Na_2CO_3 并放出____。

5. 钠盐和钾盐有一些共同的性质、它们都__溶于水，金属离子__色，热稳定性__。

6. 碱金属的金属活泼性依_____的顺序增强，是因为随着它们的_____依次增大，最外层的电子越易失去的缘故。

7. 由 NaOH 制备下列各物质，写出相应的化学反应式（1）$NaNO_3$；（2）$NaHCO_3$；（3）$NaHSO_4$。

（1）_____。

（2）_____。

（3）_____。

8. 写出由金属钠制取（1）Na_2S；（2）NaH 的反应方程式。

（1）_____。

（2）_____。

二、选择题（将正确答案的序号填在题后的括号内）

1. 下列关于金属钠的叙述，错误的是（　　　）。

（1）钠与水作用放出氢气，同时生成氢氧化钠

（2）少量钠通常贮存在煤油里

（3）和 Au、Ag 等金属一样，钠在自然界中，可以以单质的形式存在

（4）金属钠的熔点低，密度、硬度都较小

2. 下列各组物质中，反应后生成碱和氧气的是（　　）。

（1）钾和水　　（2）氧化钠和水　　（3）氧化锂和水　　（4）过氧化钠和水

3. 要除去纯碱中混有的小苏打，正确的方法是（　　）。

（1）加入稀盐酸　　（2）加热灼烧　　（3）加石灰水　　（4）加食盐水

4. NaH 是很好的还原剂，下列说法正确的是（　　）。

（1）Na，H_2 都是很好的还原剂，所以 NaH 是很好的还原剂

（2）NaH 做还原剂时，是钠离子失电子

（3）NaH 做还原剂时，是氢离子失电子

（4）NaH 做还原剂时，钠、氢同时失电子

三、判断题（下列说法正确的，在题后的括号内画"√"，不正确的画"×"）

1. 用铂丝蘸取某盐的溶液在无色火焰上灼烧，没有看到紫色火焰，说明这种盐一定不是钾盐。⋯⋯⋯⋯⋯⋯⋯⋯⋯⋯⋯⋯⋯⋯⋯⋯⋯⋯⋯⋯⋯⋯⋯⋯（　　）

2. 碱金属氢氧化物的碱性从 LiOH 到 CsOH 依次增强。⋯⋯⋯⋯⋯⋯⋯⋯（　　）

3. 碱金属元素及其化合物的性质相似性是由于它们最外层和次外层电子数均相同。⋯⋯⋯⋯⋯⋯⋯⋯⋯⋯⋯⋯⋯⋯⋯⋯⋯⋯⋯⋯⋯⋯⋯⋯⋯⋯⋯⋯⋯（　　）

四、计算题

1. 将 5g 金属钠与 50mL 水完全反应后，所得氢氧化钠溶液的质量分数是多少？如果溶液的相对密度为 1，它的物质的量浓度是多少？**（15.88%；3.97mol·L^{-1}）**

2. 1g 金属钾和水反应放出 250mL 氢气（标准状况下），试计算金属钾的纯度。**（87%）**

3. Na_2O_2 可作为潜水密封舱中的供氧剂，计算 1kg Na_2O_2 可供给潜水员多少升氧气（标准状况下）？ **(143.6L)**

4. 电解 11.7g 熔融氯化钠，可分别得到多少克钠和氯气？若将所得金属钠和氯气分别制成过氧化钠和氯化氢（$H_2 + Cl_2 \Longrightarrow 2HCl$），又各得多少克？ **(Na：4.6g；$Cl_2$：7.1g；$Na_2O_2$：7.8g；HCl：7.3g)**

第三节　碱　土　金　属

一、填空

1. 碱土金属原子最外层有＿个电子，次外层有＿＿＿＿个电子（Be 除外），它们容易失去＿＿＿＿电子，形成＿＿＿价阳离子。

2. 完成下列各步反应式。

$$MgCO_3 \xrightarrow{(1)} MgO \xrightarrow{(2)} MgCl_2 \xrightarrow{(3)} Mg$$
$$\downarrow (4) \qquad\qquad\qquad \downarrow (5)$$
$$Mg(HCO_3)_2 \qquad\qquad Mg(OH)_2$$

(1) ＿＿＿＿＿＿＿＿＿＿＿＿＿＿＿＿＿＿＿＿＿＿＿＿＿＿＿＿。

(2) ＿＿＿＿＿＿＿＿＿＿＿＿＿＿＿＿＿＿＿＿＿＿＿＿＿＿＿＿。

(3) ＿＿＿＿＿＿＿＿＿＿＿＿＿＿＿＿＿＿＿＿＿＿＿＿＿＿＿＿。

(4) ＿＿＿＿＿＿＿＿＿＿＿＿＿＿＿＿＿＿＿＿＿＿＿＿＿＿＿＿。

(5) ＿＿＿＿＿＿＿＿＿＿＿＿＿＿＿＿＿＿＿＿＿＿＿＿＿＿＿＿。

3. 实验室制备二氧化碳气体，常用＿＿＿与石灰石反应，而不用硫酸，其原因是＿＿＿＿＿

＿＿＿＿＿＿＿＿＿＿＿＿＿＿＿＿＿＿＿＿＿＿＿＿＿＿＿＿＿＿。

4. 完成下列各步反应。

$$CaCl_2 \xrightarrow{(1)} CaCO_3 \xrightarrow{(2)} CaO \xrightarrow{(3)} Ca(OH)_2 \xrightarrow{(4)} Ca(NO_3)_2$$

$$\downarrow(5) \qquad \downarrow(6)$$

$$Ca \qquad Ca(HCO_3)_2$$

(1) ＿＿＿＿＿＿＿＿＿＿＿＿＿＿＿＿＿＿＿＿＿＿＿＿＿＿＿＿＿。

(2) ＿＿＿＿＿＿＿＿＿＿＿＿＿＿＿＿＿＿＿＿＿＿＿＿＿＿＿＿＿。

(3) ＿＿＿＿＿＿＿＿＿＿＿＿＿＿＿＿＿＿＿＿＿＿＿＿＿＿＿＿＿。

(4) ＿＿＿＿＿＿＿＿＿＿＿＿＿＿＿＿＿＿＿＿＿＿＿＿＿＿＿＿＿。

(5) ＿＿＿＿＿＿＿＿＿＿＿＿＿＿＿＿＿＿＿＿＿＿＿＿＿＿＿＿＿。

(6) ＿＿＿＿＿＿＿＿＿＿＿＿＿＿＿＿＿＿＿＿＿＿＿＿＿＿＿＿＿。

5. 碱土金属的氢氧化物的碱性从＿＿＿＿到＿＿＿＿＿逐渐增强。

二、选择题（将正确答案的序号填在题后的括号内）

1. 下列关于镁的说法正确的是（　　　）。

(1) 金属镁是活泼金属，但在空气中却很稳定，不必密封保存

(2) 镁极易与水反应，生成可溶性碱

(3) 由于 CO_2 不能助燃，燃着的镁条放进 CO_2 气体中，火很快熄灭了

(4) 镁与许多非金属如卤素等不反应

2. 无水氯化钙的吸水性强，经常用作干燥剂，但不能用于干燥酒精，是因为（　　　）。

(1) 酒精是有机物　　　(2) 氯化钙能溶于酒精

(3) 氯化钙再生性差　　　(4) 酒精易挥发

三、判断题（下列说法正确的，在题后的括号内画"√"，不正确的画"×"）

1. 氢氧化钙与许多物质一样，在水中的溶解度，随温度升高而增大。……………（　　　）

2. 饱和石灰水的碱性较弱，是因为钙的金属活泼性差。………………………（　　　）

3. 工业上用电解熔融态氯化镁的方法制取金属镁。…………………………（　　　）

四、计算题

1. 制备 6L(标准状况)氢气，需要多少克氢化钙？**(5.6g)**

2. 煅烧 10t 含 90％碳酸钙的石灰石，若碳酸钙全部分解（假定煅烧过程中，除碳酸钙外，石灰石中的其他成分不发生变化）试计算：

(1) 能制得多少立方米的二氧化碳（标准状况）？

(2) 若用这些二氧化碳，通过下述方法制备纯碱，

$$NH_3 + CO_2 + H_2O + NaCl \longrightarrow NaHCO_3 \downarrow + NH_4Cl$$

$$2NaHCO_3 \xrightarrow{\triangle} Na_2CO_3 + CO_2 \uparrow + H_2O$$

并使 CO_2 循环使用，可制得多少吨含碳酸钠 98％的纯碱？

（3）制得上述纯碱需多少吨纯度为 90％的食盐（食盐利用率为 70％）？[（1） 2016m³；（2）9.74t；（3）17t]

第四节　离子反应

一、填空

1. 反应 $AgF + KCl \longrightarrow AgCl \downarrow + KF$ 对应的离子反应式为 _____。

2. 离子互换反应进行的条件是 _____，_____，_____。
总的来说，离子互换反应总是向着 _____ 的方向进行。

3. 选择适当的反应物，各写出两个符合下列离子方程式的分子方程式：

（1）$Fe^{3+} + 3OH^- \longrightarrow Fe(OH)_3 \downarrow$

_____；_____。

（2）$Ag^+ + Br^- \longrightarrow AgBr \downarrow$

_____；_____。

（3）$CO_3^{2-} + 2H^+ \longrightarrow CO_2 \uparrow + H_2O$

_____，_____。

二、选择题（将正确答案的序号填在题后的括号内）

1. 下列反应式中，不能用离子方程式 $Ba^{2+} + SO_4^{2-} \longrightarrow BaSO_4 \downarrow$ 表示的是（   ）。

（1）$Ba(NO_3)_2 + H_2SO_4 \longrightarrow BaSO_4 \downarrow + HNO_3$

（2）$BaCl_2 + Na_2SO_4 \longrightarrow BaSO_4 \downarrow + 2NaCl$

（3）$Ba(OH)_2 + H_2SO_4 \longrightarrow BaSO_4 \downarrow + 2H_2O$

（4）$BaCl_2 + H_2SO_4 \longrightarrow BaSO_4 \downarrow + 2HCl$

2. 下列离子反应式不正确的是（   ）。

（1）$HCl + OH^- \longrightarrow H_2O + Cl^-$

（2）$HCO_3^- + H^+ \longrightarrow CO_2 \uparrow + H_2O$

(3) $CaCO_3 + 2H^+ \longrightarrow Ca^{2+} + CO_2 \uparrow + H_2O$

(4) $Cu^{2+} + S^{2-} \longrightarrow CuS \downarrow$

3. 下列哪组物质能发生反应（　　　）。

(1) 硝酸钾和氯化钙　　　(2) 三氯化铁和氢氧化钠

(3) 氧化钙和盐酸　　　　(4) 氯化铵和氯化钠

写出能发生反应的化学方程式和离子方程式：

_____

_____

_____

_____

4. 下列各组物质不能发生反应的是（　　　）。

(1) 氢氧化钠和氯化镁　　(2) 氢氧化钙和碳酸钠

(3) 氢氧化钾和碳酸氢钾　(4) 碳酸钠和碳酸氢钠

写出能发生反应的化学方程式和离子方程式。

_____

_____

_____

_____

_____

三、判断题（下列说法正确的，在题后的括号内画"√"，不正确的画"×"）

1. 离子方程式能代表同一类型的化学反应。……………………………（　　　）

2. $HAc + NaOH \longrightarrow NaAc + H_2O$ 的离子反应式是 $H^+ + OH^- \longrightarrow H_2O$。…（　　　）

3. $CO_3^{2-} + 2H^+ \longrightarrow CO_2 \uparrow + H_2O$ 代表可溶性碳酸盐与强酸的一类反应。……（　　　）

第五节　硬水及其软化

填空题

1. 含有较多的 __ 和 __ 的水叫硬水。含有钙、镁的酸式碳酸盐的水叫_____，这种水用____的方法就能将钙、镁离子除去。含有钙、镁____或____的水叫永久硬水。

2. 减少硬水中 Ca^{2+}、Mg^{2+} 的含量的过程叫水的_____，软化永久硬水的方法主要有____和_____。

3. 在一杯水中，滴入肥皂酒精水溶液，用力搅拌，如烧杯内_____，说明水是硬水；如烧杯内_____，说明水是软水。

4. 在暂时硬水中加入下列试剂，写出反应现象和有关反应的离子方程式。

(1) 石灰水 _____。

*(2) 氨水 _____。

(3) 氢氧化钠 _____。

(4) 盐酸 _____。

其中能使硬水软化的是_____。

5. 当用石灰、纯碱处理永久硬水时，应先用＿＿＿＿除去＿＿＿＿，然后再加入＿＿＿除去＿＿＿，反之，则不能达到软化水的目的。

6. 用离子交换树脂处理硬水中的氯化镁时的离子交换反应为＿＿＿＿＿＿＿＿和＿＿＿＿＿＿＿＿＿＿＿。当树脂不再有软化能力时，可用5%的＿＿＿处理阳离子交换树脂，再生反应为＿＿＿＿＿＿＿＿＿＿，用5%的＿＿＿＿处理＿＿＿交换树脂，再生反应为＿＿＿＿＿＿＿＿＿。

综 合 练 习

一、填空

1. 钾与水反应非常剧烈，常使＿＿＿燃烧并发生＿＿＿，其反应方程式为＿＿＿＿＿＿＿＿＿。

2. 碱金属、碱土金属在自然界里只能以＿＿＿态形式存在，它们的单质在化学反应中都是＿＿＿＿。

3. 实验室盛氢氧化钠的试剂瓶，用橡胶塞，而不用玻璃塞是因为＿＿＿＿＿＿＿＿＿＿，反应方程式为＿＿＿＿＿＿＿＿＿＿＿。

4. $2AgNO_3 + Na_2S \longrightarrow Ag_2S\downarrow + 2NaNO_3$ 对应的离子反应式为＿＿＿＿＿＿＿＿＿＿＿。

5. 盛石灰水的玻璃瓶易呈污浊状，是因为＿＿＿＿＿＿＿＿＿＿＿＿，常用＿＿＿处理，才能使容器洁净、透明。

二、选择题（将正确答案的序号填在题后的括号内）

1. 碱土金属碳酸盐热稳定性顺序为（　　）。

(1) $BeCO_3 > MgCO_3 > CaCO_3 > BaCO_3$

(2) $MgCO_3 > CaCO_3 > BaCO_3 > BeCO_3$

(3) $BaCO_3 > CaCO_3 > MgCO_3 > BeCO_3$

(4) 它们的热稳定性变化没有规律性

2. 硬水中含有（　　）。

(1) 钠盐、钾盐　　(2) 钙盐、镁盐　　(3) 钡盐、钙盐　　(4) 镁盐、钡盐

3. 下列说法错误的是（　　）。

(1) 加热碳酸氢钠生成碳酸钠、水和二氧化碳

(2) 将过氧化钠投入水中，反应后生成氢氧化钠

(3) 将金属钠投入硫酸铜溶液中，反应后，生成铜和硫酸钠

(4) 将二氧化碳通入碳酸钠溶液中，反应后生成碳酸氢钠

4. 区别氢氧化镁和碳酸镁的试剂是（　　）。

(1) 水　　(2) 稀盐酸　　(3) 稀氢氧化钠　　(4) 稀食盐水

三、判断题（下列说法正确的，在题后的括号内画"√"，不正确的画"×"）

1. 过氧化钠与二氧化碳反应，不是氧化还原反应。……………………（　　）

2. 钙与镁一样，在空气中能形成致密的氧化膜，不用密闭保存。……（　　）

3. 氧化还原反应的本质是氧化剂、还原剂之间发生了电子转移。……（　　）

4. 碱金属与碱土金属电子层结构上的区别是碱土金属最外层多一个电子。……（　　）

5. 一瓶经常使用的氢氧化钠溶液，用硫酸中和时，出现大量气体，该气体是氢氧化钠从空气中吸收的二氧化碳。 ·· ( )

四、计算题

1. 0.56g 商品氢氧化钾溶于水制成 1L 溶液，取出 50mL 恰好与 45mL 0.010mol·L^{-1} 的盐酸完全中和，计算氢氧化钾的纯度。**(90%)**

2. 含碳酸钙 90% 的石灰石 10g 与密度为 1.19g·cm^{-3}、浓度为 36.5% 的盐酸 10mL 作用（假定石灰石中的不纯物不与盐酸反应）。反应结束后，可得到多少升二氧化碳（标准状况）？**(1.33L)**

3. 把 2.74g 碳酸钠和碳酸氢钠的混合物，加热到质量不再变化时，剩余物质的质量为 2.12g，计算混合物中，碳酸钠和碳酸氢钠的质量分数。 **(Na$_2$CO$_3$：38.7%；NaHCO$_3$：61.3%)**

第三章 卤 素

第一节 氯 气

一、填空题

1. 卤素包括__、__、__、__和__五种元素，它们原子的最外层都有__个电子，是典型的_____元素，能直接和金属化合成盐。

2. 常温下，氯气是____色、有_____气味的气体，它的水溶液叫做_____，其中含有_____，所以它有_____作用。

3. 红热的铜丝在氯气中燃烧产生____色的烟，它溶于水后溶液呈____色，其电离方程式为_____。

4. 氯元素的电子层结构为_____，它和金属或氢化合时显__价，生成物溶于水后氯元素以__色__价的阴离子存在，其电子层结构为_____。

5. 实验室制取氯气的化学方程式为：_____，其中氧化剂是_____，还原剂是____，氧化产物是____，还原产物是_____，用____法收集，剩余的氯气用_____吸收。工业上制取氯气的反应式为：_____；氯气常用于_____、_____、_____。

二、选择题（将正确答案的序号填入题后的括号内）

1. 氯气在加热情况下分别与铁、磷充分反应后，产物是（　　）。
   (1) $FeCl_2$、PCl_3　　(2) $FeCl_3$、PCl_3　　(3) $FeCl_3$、PCl_5　　(4) $FeCl_2$、PCl_5

2. 可以使有色布条退色的物质是（　　）。
   (1) 液氯　　(2) 氯水　　(3) 石灰乳与氯水的混合物　　(4) 漂白粉

3. 氯水中有 Cl_2、HCl、$HClO$，其中含量最多的是（　　）。
   (1) HCl　　(2) $HClO$　　(3) Cl_2　　(4) 不能确定

4. 下列化合物中氯元素化合价是－1价或＋1价的是（　　）。
   (1) $KClO_3$　　(2) $CaCl_2$　　(3) $NaClO$　　(4) $Ca(ClO)_2$

5. 氯水的 pH（　　）。
   (1) 小于7　　(2) 等于7　　(3) 大于7

三、计算题

1. 氯气与磷单质反应后，生成 $0.1mol PCl_3$ 和 $0.2mol PCl_5$。试计算至少要消耗氯气多少克？ **(46. 15g Cl_2)**

2. 今有含 MnO_2 78% 的软锰矿 200g 和足量的浓盐酸作用。若软锰矿有 80% 发生了化学反应，需消耗含 HCl 32% 的盐酸多少克？可制得氯气多少克？这些氯气在标准状况下的体积是多少升？**(消耗盐酸 654.5g；制得 Cl_2 101.8g；32.1L)**

第二节 氯化氢和盐酸

一、填空题

1. 常温下，氯化氢是__色、有_____气味的气体。实验室制备 HCl 的化学方程式为：_____。工业上制备 HCl 的化学方程式为：_____，它的水溶液叫做_____。

2. 纯盐酸是____色、有_____气味的液体。试剂浓盐酸含 HCl____%，密度是_____ $g \cdot cm^{-3}$。工业品浓盐酸因含_____杂质而呈____色，一般仅含 HCl_____%左右，密度约____ $g \cdot cm^{-3}$。

3. 盐酸由于溶液中含有_____而显酸性。遇还原剂时，其中的_____可得到电子转化为____，而显____性；若遇氧化剂时，其中的_____可失去电子转化为____，而显____性。

4. 填充并配平下列化学方程式

(1) $MnO_2 + $ _____ $\xrightarrow{\triangle} Cl_2 \uparrow + $ _____ $ + $ _____

(2) $HCl + $ _____ $\longrightarrow FeCl_2 + $ _____

(3) $HCl + $ _____ $\longrightarrow FeCl_3 + $ _____

(4) $HCl + $ _____ $\longrightarrow CO_2 \uparrow + $ _____ $ + $ _____

(5) $AgNO_3 + $ _____ $\longrightarrow AgCl \downarrow + $ _____

二、判断题 （下列说法正确的在题后括号内画"√"，不正确的画"×"）

1. Cl^- 无氧化性，而 Cl 原子有氧化性。…………………………………………（　　）

2. 确定溶液中氯离子存在只需用硝酸银试剂检验。…………………………………（　　）

3. 浓盐酸不仅有酸性和挥发性，还有还原性和氧化性。……………………………（　　）

4. 同温同压下，物质的量相同的铝或锌和盐酸充分反应后产生的氢气质量也相同。
…………………………………………………………………………………………（　　）

三、计算题

1. 今有 100mL 含 HCl 6% 的稀盐酸（密度是 $1.028g \cdot cm^{-3}$），和硝酸银溶液充分作用

后能得到氯化银多少克？**（AgCl 24.4g）**

2. NaCl 11.7g 和 98% H_2SO_4 10g 在微热下进行反应，生成的 HCl 通入 45g 10% NaOH 溶液中。试根据计算判定：反应后的溶液加入石蕊试液时显什么颜色？ **（生成 HCl 3.65g；石蕊试液显蓝色）**

第三节　氯的含氧酸及其盐

一、填空题

1. 氯气溶于水时，发生下列歧化可逆反应：_____，其中，氧化剂和还原剂是____，氧化产物是____，还原产物是____。

2. 次氯酸稳定性____，光照下按下式迅速分解_____，氯水应贮于__色瓶中，置于低温暗处。

3. 漂白粉的制取反应是_____，它是__色粉末状混合物，其中的有效成分是_____，漂白原理是_____，有关化学方程式为_____。

4. 氯酸钾晶体有____性，它和硫、磷、碳等还原性物质混合后，受到摩擦撞击会引起_____。$KClO_3$ 溶液与 KI 溶液混合后无_____，再加入硫酸则溶液显__色，离子反应式为：_____。

二、选择题（将正确答案的序号填在题后的括号内）

1. 用氯酸钾制取氧气时，二氧化锰的作用是（　　）。

（1）氧化剂　　（2）催化剂　　（3）还原剂

2. 二氧化锰或次氯酸钠和浓盐酸作用，均能生成氯气，其中的还原剂是（　　）。

（1）MnO_2　　（2）NaCl　　（3）HCl　　（4）$MnCl_2$

3. 氯酸钾或次氯酸钾均能和浓盐酸起反应，生成的还原产物是（　　）。

（1）Cl_2 或 Cl^-　　（2）Cl^-　　（3）Cl_2　　（4）不能确定

三、计算题

1. 将 4.48L Cl_2（标准状况）通入 NaOH 溶液中，充分反应后生成 NaClO 物质的量是多少？**（NaClO 0.2mol）**

2. 将 2.36g 干燥的 $KClO_3$ 和 MnO_2 的混合物加热至反应完全，得到 470mL（标准状况）O_2。计算原混合物中 $KClO_3$ 的质量分数。**（$KClO_3$ 72.69%）**

第四节 溴、碘及其化合物

一、填空题

1. 常温下，溴为____色____体，易挥发；碘是略带金属光泽的____色__体，可升华。制取高浓度的碘溶液需将碘溶于_____中，碘酒是碘的____溶液。

2. 工业上常用_____来制备溴和碘单质。它们的离子方程式为：_____、_____。

3. HBr 溶液能与碱液中和，说明它有__性。它和二氧化锰作用后转化为溴单质，说明它有_____性。它和锌粒作用生成氢气，说明它有_____性。溴化钾和磷酸起反应能逸出 HBr，说明氢溴酸有_____性。

4. 溴、碘的氢化物还原性比氯化氢__，所以浓硫酸分别和溴化钾、碘化钾反应时，可得到__或__单质。有关化学方程式如下：_____；_____。

5. 过量的 Cl_2 通入 NaBr 和 NaI 混合液中，然后将溶液蒸干、灼烧剩余残渣，最后残留物的化学式为_____，有关离子方程式为：_____；_____。

二、判断题（下列说法正确的在题后括号内画"√"，不正确的画"×"）

1. HCl 和 HBr 有还原性而 HI 无还原性。……………………………（　　）

2. 碘单质和碘离子的特性是遇淀粉溶液变蓝色。………………………（　　）

3. 溴、碘在 CCl_4 中的溶解度比在水中的溶解度大得多。……………（　　）

4. AgCl、AgBr、AgI 均有感光性，且都是难溶于水的白色物质。………（　　）

5. 氯水或次氯酸钠的酸性溶液均可将溴离子或碘离子氧化为单质。⋯⋯⋯⋯⋯（　　）

三、计算题

1. 往 5000kg 含 KI 0.3％（质量分数）的溶液中，通入足量的氯气，试计算最多可得到碘单质的物质的量。**(I_2 45.18mol)**

2. 将密度为 1.19g·cm^{-3}、质量分数 38％ HCl 100mL 与足量的 MnO_2 反应，若上述盐酸的 80％ 参加了反应，试计算：（1）生成 Cl_2 物质的量；（2）将这些 Cl_2 通入足量的碘化钾溶液中能置换出多少克碘？**(生成 Cl_2 0.248mol，置换出 I_2 62.99g)**

第五节　氟及其化合物

一、填空题

1. 氟在常温下是＿＿＿色、有＿＿＿气味的气体，它在卤素中化学活泼性＿＿＿，在低温暗处和氢相遇，就能＿＿＿＿＿＿；氟通入水时，不像氯那样发生歧化，而是＿＿＿＿＿＿，化学方程式为：＿＿＿＿＿＿＿＿＿＿＿＿＿＿＿＿＿。

2. 工业上，制备氟化氢用＿＿＿＿和＿＿＿共热，在＿＿＿容器中进行反应，化学方程式为＿＿＿＿＿＿＿＿＿＿＿＿＿＿＿＿。氟化氢的水溶液叫做＿＿＿＿。

3. 氢氟酸的一个重要特性是＿＿＿＿＿＿＿＿＿可用它＿＿＿＿＿＿＿＿＿＿＿＿＿＿，有关反应式为：＿＿＿＿＿＿＿＿＿＿＿＿＿＿＿＿。

4. 氟化银与其他卤化银有所不同，它虽有感光性，却＿溶于水，它在溶液中与溴化钠反应后，产生＿＿＿＿＿沉淀，离子方程式为：＿＿＿＿＿＿＿＿＿＿＿＿＿。

二、选择题（将正确答案的序号填在题后的括号内）

1. 下列物质能腐蚀玻璃的是（　　）。

（1）氢溴酸　　（2）氢氟酸　　（3）氢碘酸　　（4）苛性钠

2. 下列物质中，不属于强酸的是（　　）。

（1）次氯酸　　（2）盐酸　　（3）氢氟酸　　（4）高氯酸

3. 下列物质和硝酸银溶液反应，生成沉淀不溶于硝酸的是（　　）。

（1）碳酸钠 （2）氟化钠 （3）氢溴酸 （4）盐酸和可溶性金属氯化物

三、计算题

1. 现有 8000kg 含 CaF_2 80%（质量分数）的萤石和足量的浓硫酸作用后，能制得 40%（质量分数）HF 溶液多少千克？同时要消耗 96%（质量分数）H_2SO_4 多少吨？（设：氢氟酸的产率是 85%）**（制得 40% HF 6974kg；消耗 96% H_2SO_4 8.4t）**

2. 今有 50g 含有 NaCl 1.17g 和 NaF 0.84g 的溶液，滴加过量的 $AgNO_3$ 溶液充分搅拌、静置、过滤、干燥后，得到 2.87g 固体。试根据计算确定所得固体的组成，并从以下论点中选出正确结论。（A）Cl^-、F^- 有一部分参加反应；（B）AgCl 难溶于水，Cl^- 全部参加反应；（C）AgF 难溶于水，F^- 全部参加反应；（D）AgF 易溶于水，NaF 和 $AgNO_3$ 在溶液中无沉淀生成。（提示：所得固体应为 AgCl。）

第六节 卤素及其化合物性质的比较

一、填空题

1. 卤素随着核电荷数的增加，原子半径依次____，化学活泼性逐渐____。

2. 卤素单质随着相对分子质量的增大，分子间的吸引力_____，熔点、沸点依次____，颜色逐渐_____。

3. 卤素单质氧化性由强渐弱的顺序为：_____；卤素负离子的还原性由弱渐强的顺序是_____。

4. 卤化氢的热稳定性，按_____依次减弱。它们的还原性，按_____依次增强。

二、选择题（将正确答案的序号填在题后的括号内）

1. 某元素气态氢化物的分子式为 HX，则该元素 X 的最高价含氧酸分子式为（　　）。

(1) HXO_3 (2) H_2XO_4 (3) HXO_4 (4) H_3XO_4

2. 相同质量的锌，分别和足量的氢卤酸反应，生成氢的同时获得氢卤酸盐最多的是（   ）。

(1) ZnF_2 (2) $ZnCl_2$ (3) $ZnBr_2$ (4) ZnI_2

3. 在四支试管中，分别加入下列一组物质后，能使淀粉试液变蓝的一组物质是（   ）。

(1) K^+、Ag^+、I_2、F^- (2) K^+、Na^+、I^-、Br^-

(3) K^+、I^-、Cl^-、Cl_2 (4) H^+、Na^+、I^-、ClO^-

4. 卤素构成一个性质相似，且有一定递变规律的元素族的基本依据是（   ）。

(1) 卤素都是活泼的非金属元素   (2) 卤素是常见的成盐元素，都是氧化剂

(3) 卤素原子最外层都有 7 个电子   (4) 卤化氢、卤化银的性质都有相似之处

三、判断题（下列说法正确的在题后括号内画"√"，不正确的画"×"）

1. 足量的氢卤酸分别和相同质量的镁反应，生成氢气的体积相同。 …………………（   ）

2. F_2、Cl_2、Br_2、I_2 物质的量相同，则在标准状况下所占体积也相同。 ………（   ）

3. 卤化银均难溶于水，且均有感光性。 …………………………………………………（   ）

4. 氢氟酸酸性不强，但能腐蚀玻璃；其他氢卤酸是强酸，可盛于玻璃瓶中。

…………………………………………………………………………………………………（   ）

5. 掺有泥砂的碘单质可用升华法加以提纯。 ……………………………………………（   ）

6. 用苯或四氯化碳等溶剂可将溴单质从溴水中萃取出来。 ……………………………（   ）

四、计算题

1. 将 $BaCl_2 \cdot xH_2O$ 晶体 2.44g 溶于水配成 100mL 溶液，取该溶液 25mL 和 $0.1mol \cdot L^{-1}$ $AgNO_3$ 溶液 50mL 相互作用，恰好使 Cl^- 沉淀完全。试求（1）$BaCl_2 \cdot xH_2O$ 的化学式量；（2）$BaCl_2 \cdot xH_2O$ 中的 x 值。**（$BaCl_2 \cdot xH_2O$ 化学式量为 244，其中 x 为 2。）**

2. 今有 KBr、NaBr 的混合物 5g，和过量 $AgNO_3$ 溶液反应后，得到溴化银 8.4g。求混合物中两种盐各有多少克？**（KBr 3g，NaBr 2g）**

第四章 原子结构与元素周期律

第一节 原子的组成

一、填空题

1. 元素是指_____相同的一类____的总称。

2. 氢有__种同位素，其符号分别为__、__、__，它们的区别是原子内____数不同。

3. $_8^{18}O$ 原子的质子数是__，电子数是__，中子数是__。

4. 由 $_1^2H$ 与 $_8^{16}O$ 形成的水称为__水，其分子式为____，该水的物理性质与普通水__同。

5. 填充下表：

原子或离子	中 子 数	电 子 数	质 子 数
$_{17}^{35}Cl^-$			
$_8^{16}O$			
$_9^{19}F^-$			

二、选择题（将正确答案的序号填在题后的括号内）

1. 原子的质量数 A，原子序数 z，原子内中子数 N 之间的关系为（　　）。

(1) $A=Z+N$ 　　(2) $Z=A+N$ 　　(3) $N=A+Z$ 　　(4) $A+N+Z=0$

2. $_{20}^{40}Ca^{2+}$ 中，质子、中子、电子的数目分别是（　　）。

(1) 20，20，20 　　(2) 18，20，18 　　(3) 20，18，20 　　(4) 20，20，18

3. 由 $_8^{16}O$ 和 $_1^2H$ 两种元素组成的 10g 重水 D_2O 中，中子数、质子数、电子数分别是（　　）。

(1) $10N_A$，$10N_A$，$10N_A$ 　　(2) $5N_A$，$5N_A$，$5N_A$

(3) $20N_A$，$20N_A$，$20N_A$ 　　(4) $2N_A$，$2N_A$，$2N_A$

三、计算题

1. 银有两种天然同位素，其相对质量分别为 107（丰度为 51.35%）和 109（丰度为 48.65%），试求银的相对原子质量。**(107.97)**

2. 自然界中，碳元素主要是由 $_6^{12}C$ 和少量 $_6^{13}C$ 构成的，已知碳的平均相对原子质量为 12.011，求 $_6^{12}C$ 的丰度。**(98.9%)**

第二节　核外电子的运动状态

一、填空题

1. 原子核外电子的运动状态可从 _____ 个方面来描述，即 _____，
_____，_____和_____。

2. 把在一定的电子层中，具有一定_____的电子云所占有的_____称为原子轨道。其中 s 轨道是_____，仅有_____个伸展方向；p 轨道是_____，有__个伸展方向；d 轨道有__个伸展方向；f 轨道有__个伸展方向。

3. $n=1$、3、5 电子层的光谱符号分别是_____。

4. 填充下表：

电子层 n	K	L	M	N
电子亚层				
亚层中轨道数目				

二、选择题（将正确答案的序号填在题后的括号内）

1. 多电子原子中，下列轨道能量由高到低排列顺序正确的是（　　）。

(1) $E_{4s}>E_{4p}$　　(2) $E_{4p}>E_{4d}$　　(3) $E_{4f}<E_{4d}$　　(4) $E_{4f}>E_{4d}>E_{4p}>E_{4s}$

2. 决定多电子原子核外电子运动能量的两个主要因素是（　　）。

(1) 电子层和电子的自旋状态　　(2) 电子云的形状和伸展方向

(3) 电子层和电子亚层　　(4) 电子云的形状和电子的自旋状态

3. 1～4 电子层的轨道数与电子层序数 n 之间的关系是（　　）。

(1) $2n$　　(2) n^2　　(3) n　　(4) $2n^2$

三、判断题（下列说法正确的，在题后的括号内画"√"，不正确的画"×"）

1. s 电子云是球形对称的，所以 s 轨道上电子在核外是沿球壳表面运动的。…（　　）

2. p 电子云是哑铃形，共有三种伸展方向。…………………………………（　　）

3. 4f 符号表示第四电子层中 f 亚层，该亚层共有七个轨道。………………（　　）

第三节　核外电子的排布

一、填空题

1. 核外电子排布遵循的三条规律是_____，_____，_____。

2. 泡利不相容原理是说在同一个原子内_____电子存在。即一个原子轨道中只能容纳____方向____的__个电子。

3. 由核外电子排布规律可知，原子最外层电子数目不会超过____个，次外层的电子数目不会超过__个。

4. 一、二、三、四能级组包括的亚层轨道为：第一能级组____，第二能级组_____，第三能级组_____，第四能级组_____。

5. 现有两种元素，基态原子核最外层电子排布分别为 $3s^2 3p^1$ 和 $3s^2 3p^6$，则它们的原子

序数分别是____和____，这两种元素分别是____和____。

二、选择题（将正确答案的序号填在题后的括号内）

1. 下列元素基态原子的电子排布式正确的是（　　　）。

(1) $_5$B　$1s^2 2s^3$　　　　　　　(2) $_{11}$Na　$1s^2 2s^2 2p^7$

(3) $_{30}$Zn　$1s^2 2s^2 2p^6 3s^2 3p^6 4s^3 3d^9$　　(4) $_{35}$Br　$1s^2 2s^2 2p^6 3s^2 3p^6 3d^{10} 4s^2 4p^5$

2. 某元素原子的核外有三个电子层，最外层有 5 个电子，该元素原子核内的质子数为（　　　）。

(1) 15　　(2) 14　　(3) 16　　(4) 17

三、判断题（下列说法正确的，在题后的括号内画"√"，不正确的画"×"）。

1. d 轨道没有填充电子的最重的稀有气体是氪。 ·······························（　　　）

2. $_{20}$Ca 原子中质子数为 19，中子数为 21。 ·······························（　　　）

3. 正三价阳离子的电子层中，有五个 d 电子，质量数约为硅（Si）原子的二倍的元素是铁。 ···（　　　）

4. 某元素原子的电子排布式为 $1s^2 2s^2 2p^4$ 其原子序数为 8。 ·····················（　　　）

5. p 亚层半满的最轻的原子是氮。 ···（　　　）

6. 3d 亚层全满而 4s 轨道半满的原子是银。 ·······································（　　　）

第四节　元素周期律

一、填空题

1. 随着原子序数的递增，元素原子最外层电子数重复出现从____递增到__，原子半径重复出现由__逐渐____。

2. 元素以及由它所形成的单质和化合物的性质随着原子序数的递增而呈_____变化的规律叫_____。

3. 某元素的原子核外有三个电子层，最外层电子数是核外电子总数的 1/6，该元素的元素符号是_____，原子结构示意图是_____。

4. 从原子序数 3～18 号诸元素中，选出合适的元素，以元素符号填入下面的括号里：

(1) （　　　）、（　　　）、（　　　）和（　　　）的单质，在常温、常压下都是气态双原子分子。它们的核外电子数（　　　）＞（　　　）＞（　　　）＞（　　　）。

(2) （　　　）和（　　　）是活泼金属，它们和水反应放出氢气，水溶液呈强碱性，但电子层数（　　　）比（　　　）多一层。

二、选择题（将正确答案的序号填在题后的括号内）

1. 随着原子序数的递增，对于 11～17 号元素的化合价，下列叙述不正确的是（　　　）。

(1) 正价从＋1 递变到＋7　　(2) 负价从－4 递变到－1

(3) 负价从－7 递变到－1　　(4) 负价变化很规律

2. 某元素的原子序数在 3～18 号之间，单质常温下为固态，最高正价为＋4 价，它的氧化物水合物呈酸性，则该元素可能是（　　　）。

(1) 碳和磷　　(2) 硫和磷　　(3) 硫和硅　　(4) 碳和硅

3. 原子序数为 11 的元素，其对应的氢氧化物呈（　　　）。

（1）酸性　　（2）碱性　　（3）中性　　（4）无法判断

三、判断题（下列说法正确的，在题后的括号内画"√"，不正确的画"×"）

1. 由于元素的原子半径、化合价等性质随着原子序数的递增而呈现周期性变化，从而引起元素原子最外层电子排布呈现周期性变化。……………………………………（　　）

2. 钠、镁、铝、硅、磷、硫等元素，随着原子序数的递增，元素的金属性减弱，非金属性增强，对应的氢氧化物碱性减弱，酸性增强。……………………………………（　　）

第五节　原子的电子层结构与元素周期表

一、填空题

1. 元素周期表中，共有__个周期，每周期中的元素数目等于相应_____中所能容纳的电子数。第七周期应有__种元素，目前仅发现 28 种，称为_____周期。

2. 已知某元素处在周期表中第四周期，ⅠB族，则该元素是__，其基态原子核外电子排布式为_____。

3. 填充下表：

元　素	原子序数	电子排布式	周　期	族	负　价	最 高 正 价
Ca						
	16					
		$1s^2 2s^2 2p^6 3s^2 3p^6 3d^{10} 4s^2$				
			五	ⅦA		

二、选择题（将正确答案的序号填在题后括号里）

1. 某元素的价电子结构为 $4s^2 4p^5$，则该元素位于周期表中（　　）。

（1）四周期，ⅦA　　（2）四周期，ⅦB

（3）四周期，ⅣB　　（4）四周期，ⅣA

2. 某元素位于周期表中ⅠB，则其基态原子的价电子构型为（　　）。

（1）$n d^{10} n s^1$　　（2）$(n-1) d^{10} n s^1$　　（3）$n d^{10} (n-1) s^1$　　（4）$n s^1 n p^6$

三、判断题（下列说法正确的，在题后括号内画"√"，不正确的画"×"）

1. 原子的价电子只能是最外电子层的电子。……………………………………（　　）

2. 原子的价电子构型为 $3d^5 4s^1$ 的元素是铬，位于周期表四周期，ⅥB。………（　　）

第六节　原子的电子层结构与元素性质

一、填空题

1. 铯的原子序数为 55，其原子的电子排布式为_____。它有__个电子层，价电子为__，最高正价是__，氧化物的分子式是____，氢氧化物分子式是__，该氢氧化物呈__性。

2. 元素电负性是指分子中元素原子_____的能力。

3. 电离能是从__态原子中去掉电子，把它变成气态_____，需要克服_____的吸引力而消耗的_____。

4. 元素的金属性是指元素的原子_____而显正价的能力。

二、选择题 （将正确答案的序号填在题后的括号内）

1. 下列物质属于两性氧化物的是（　　）。

(1) CO_2　　　(2) Na_2O_2　　　(3) Al_2O_3　　　(4) CaO

2. 下列物质的水溶液，酸性最强的是（　　）。

(1) H_2SO_4　　　(2) H_3PO_4　　　(3) $HBrO_4$　　　(4) $HClO_4$

3. 下列金属与水反应最剧烈的是（　　）。

(1) 铍　　　(2) 镁　　　(3) 钙　　　(4) 钡

三、判断题 （下列说法正确的，在题后的括号内画"√"，不正确的画"×"）

1. 同一周期，从左到右元素的金属性减弱非金属性增强。…………（　　）

2. 主族元素的原子半径随原子序数的递增呈现周期性变化，同一周期从左到右逐渐减小，同一主族从上到下逐渐增大。…………（　　）

3. 过渡元素绝大部分是金属元素。…………（　　）

四、计算题

1. 有元素 R，其最高价氧化物的分子式是 RO_3，气态氢化物里含氢 2.489%，确定 R 是哪种元素。（R 的相对原子质量为：**78.98**）

2. 15.6g 某金属与水起反应，标准状况下生成 4.48L 氢气，该金属的价电子只有一个，原子内质子数比中子数少一个。试求该金属元素的相对原子质量，并写出该元素的名称及元素符号。**(39)**

综 合 练 习

一、填空题

1. 现有 A、B、C 三种元素，A 核内有 11 个质子，B 位于周期表中三周期 ⅡA 族，C 的原子序数比 B 多 5，则 A、B、C 三种元素的名称及符号分别是 A：＿＿＿ B：＿＿＿ C：＿＿＿。其最高价氧化物对应水化物的分子式分别是 A：＿＿＿，B：＿＿＿，C：＿＿＿，其中碱性最强的是＿＿＿，酸性最强的是＿＿＿，三种元素原子半径由大到小的顺序是＿＿＿＿＿。B 与 C 形成化合物的分子式为＿＿＿。

2. 第四周期 A、B、C、D 四种元素，其价电子数依次为 1，2，2，7，它们的原子序数按 A、B、C、D 顺序增大，已知 A、B 的次外层的电子数为 8，C、D 的次外层电子数为 18。根据以上条件，填充下表：

元 素 符 号	价电子构型	族	金属非金属	最高价氧化物的水合物分子式
A				
B				
C				
D				

二、选择题（将正确答案的序号填在题后的括号内）

1. 下列离子中，哪种离子的核外电子排布与氩原子的相同（　　　）。

(1) O^{2-}　　　(2) Na^+　　　(3) Ca^{2+}　　　(4) Al^{3+}

2. 原子序数为 22 的 Ti^{4+} 离子，质量数是 48，它的核内质子数、中子数及核外电子数分别为（　　　）。

(1) 48，22，18　　(2) 22，24，18　　(3) 22，26，18　　(4) 18，26，22

3. 关于 Cl^-，Cl，$^{37}_{17}Cl$，$^{35}_{17}Cl$ 四种微粒的正确说法是（　　　）。

(1) 它们是同一种氯原子

(2) 它们是化学性质不同的几种氯原子

(3) 它们是氯元素的四种不同的同位素

(4) 它们是氯元素的几种微粒的不同表示方法

4. 下列原子结构示意图中，正确的是（　　　）。

(1) (+3) 3　　(2) (+8) 2 6　　(3) (+12) 2 8 3　　(4) (+19) 2 8 9

5. 决定元素种类的微粒是（　　　）。

(1) 中子数　　(2) 质子数　　(3) 质量数　　(4) 电子数

三、判断题（下列说法正确的，在题后的括号内画"√"，不正确的画"×"）

1. 元素周期律表明，元素的性质随核电荷的递增呈现周期性变化。……………（　　　）

2. 某元素 +3 价的阳离子和氯离子 Cl^- 有相同的电子构型，该元素是铝。……（　　　）

3. 基态原子 4p 轨道半充满电子的元素是磷。…………………………………（　　　）

4. 主族元素的最高正价等于元素所在的族数，负价等于族数－8。 …………（　　）

5. 电子层数为3时，有3s、3p、3d、3f四条轨道。 …………………（　　）

6. s电子绕核旋转，其轨道为一圆圈，而p电子是走∞字形。 …………（　　）

7. 某电子的运动状态是从三个方面来描述的。 …………………………（　　）

8. 电负性相差最大的元素是氟和铯。 ……………………………………（　　）

9. 最活泼的非金属元素是氧。 ……………………………………………（　　）

10. 第四周期ⅥA族元素的价电子构型是$4s^2 4p^4$。 ……………………（　　）

四、计算题

1. 某元素X原子核内的质子数为35，它在自然界中有中子数为44和46两种同位素，X元素的相对原子质量为79.904。

（1）用$_Z^A X$的形式表示两种同位素的组成。

（2）计算中子数为44的同位素的丰度。**(54.8%)**

2. 有主族元素R，它的最高氧化物的分子式是R_2O，每12g的R氢氧化物恰好与400mL 0.75mol的盐酸完全中和，已知R的原子中质子数比中子数少一个。

（1）R的相对原子质量是多少？**(23)**

（2）R是什么元素？

第五章　分子结构

第一节　离子键

一、填空题

1. 用电子式表示 CaF_2、$MgCl_2$ 的形成过程。

CaF_2：_____

$MgCl_2$：_____

2. 用电子排布式表示 Ca、Ca^{2+}、Fe^{2+}、Fe^{3+}、Br^- 的电子层结构。

Ca：_____

Ca^{2+}：_____

Fe^{2+}：_____

Fe^{3+}：_____

Br^-：_____

3. 离子键的特征是没有_____、_____。离子键的_____是静电力。

4. MgO 和 CaO 分子中都含有_____键、它们是_____化合物。

5. 已知 A 元素的原子 K、L 层上的电子数之和比它的 L、M 层上的电子数之和少两个电子，B 元素的原子 M 层上的电子数比 A 原子 M 层的电子数多 3 个电子。

（1）A 元素的原子序数为_____；电子排布式为_____。元素符号为_____。

（2）B 元素的原子序数为_____；电子排布式为_____元素符号为_____。

（3）A 与 B 元素形成化合物的电子式为：_____。

二、选择题（将正确答案的序号填在题后的括号内）

1. 下列关于离子键的说法中，正确的是（　　）。

（1）钠原子和氯原子靠静电引力所形成的化学键是离子键

（2）Na^+ 和 Cl^- 间靠静电引力所形成的化学键是离子键

（3）离子键的特征是没有饱和性和方向性

2. 化学键（　　）。

（1）只存在于分子之间

（2）只存在于离子之间

（3）是相邻的两个或多个原子之间的相互作用力

（4）是分子或晶体中，直接相邻原子之间的、主要的、强烈的相互作用力

3. 下列各组原子序数，所对应的原子，能以离子键结合的是（　　）。

（1）18 与 19　　（2）8 与 16　　（3）11 与 17　　（4）9 与 55

4. Na_2S 的电子式正确的是（　　）。

(1) Na $\underset{\cdot\cdot}{\overset{\times}{S}}\times$ Na   (2) Na $[\underset{\cdot\cdot}{\overset{\times}{S}}\times]$ Na

(3) Na$^+$ $[\times\overset{\times}{S}\times]$ Na$^+$ (4) Na$^+$ $[\times\overset{\times}{S}\times]^{2-}$ Na$^+$

5. 与氩原子具有相同电子层结构的微粒是（　　）。

(1) Na$^+$ (2) $[:\overset{\cdot\cdot}{\overset{\cdot\cdot}{Cl}}:]^-$ (3) Ca^{2+} (4) Ne

第二节　共　价　键

一、填空题

1. 原子间通过_____所形成的化学键叫共价键。

2. 共价键的特征是具有_____和_____。

3. 成键电子对_____的共价键叫做非极性共价键，_____的共价键叫做极性共价键。

4. 具有自旋____的____电子的原子，相互接近时，电子云____，核间电子云____较大，可形成稳定的化学键。

5. 一个原子有几个_____的电子，便可和几个_____的电子配对成键。

6. 原子间形成共价键时，成键电子的电子云重叠____，核间电子云____越大，形成的共价键就越牢固。

二、选择题（将正确答案的序号填在题后的括号内）

1. 下列说法正确的是（　　）。

(1) 离子间通过共用电子对所形成的化学键叫共价键

(2) 成键原子间电子云重叠越多，共价键越牢固

2. 下列物质中，既含离子键又含共价键的是（　　）。

(1) H$_2$O   (2) CH$_4$ (3) CaCl$_2$ (4) NaOH

3. H$_2$ 与 Cl$_2$ 化合时，只生成 HCl 而不是生成 HCl$_2$ 的原因是（　　）。

(1) 共价键具有饱和性

(2) 共价键具有方向性

(3) 氯有两个成单电子

4. 正确的表达 H$_2$S 分子形成的电子式是（　　）。

(1) 2H$\cdot$ + $\times\overset{\times\times}{\underset{\times\times}{S}}\times$ ⟶ H$\overset{\times\times}{\underset{\times\times}{:S:}}$H

(2) H$_2$ + S ⟶ H$\overset{\times\times}{\underset{\times\times}{:S:}}$

(3) 2H$\cdot$ + $\times\overset{\times\times}{S}\times$ ⟶ H$_2$S

5. 下列物质中，是共价型化合物的有（　　）。

(1) MgF$_2$ (2) BaCl$_2$ (3) CO$_2$ (4) NH$_3$

第三节　配位键和金属键

一、填空题

1. 由一个原子单方提供_____由两个原子共用形成的共价键称为____用箭号"⟶"

表示，箭头指向_____的原子。

2. 配位键是共价键的一种，它具有_____的特性，但共用电子对是由一个原子单方提供，所以配位键是____共价键。

3. 形成配位键必须具备两个条件：（1）_____；

（2）_____。

4. 金属晶体中，_____不停地运动，把金属_____联系在一起，这种化学键叫做_____。

5. 金属在外加电场作用下，自由电子在金属晶体内就会发生____运动，因而形成____这就是金属容易导电的原因。

二、选择题（将正确答案的序号填在题后的括号内）

1. 下列物质中，含有配位键和离子键的是（　　）。

（1）NH_4Cl　　（2）NH_4NO_3　　（3）$NaOH$

2. 下列物质中，含有配位键、极性共价键、离子键的是（　　）。

（1）NH_4NO_3　　（2）KOH　　（3）CaF_2

3. 下列物质中，含有金属键的是（　　）。

（1）铁　　（2）水银　　（3）硫　　（4）煤

4. 在氟硼酸 $\left[\begin{array}{c}F\\|\\F-B\rightarrow F\\|\\F\end{array}\right]H$ 的分子中，含有（　　）。

（1）极性共价键和配位键

（2）极性共价键

（3）配位键和非极性键

5. 金属键与共价键的区别在于金属键（　　）。

（1）没有饱和性

（2）没有方向性

（3）没有固定的共用电子对

第四节　分子的极性

一、填空题

1. 分子中正、负电荷中心重合，这种分子叫做_____；如果分子中正、负电荷中心_____，这种分子叫做极性分子。

2. 偶极矩等于__的分子是非极性分子，偶极矩_____的分子是极性分子，偶极矩____，分子的极性____。

3. 下列分子中，哪些是非极性分子？哪些是极性分子？

（1）CO_2 是_____。

（2）H_2S 是_____。

（3）CO 是_____。

（4）NH_3 是_____。

（5）CS_2 分子具有直线型结构是_____。

4. BF_3 是平面三角型，虽然 B—F 键是____共价键，但其结构____，键的____抵消，所以它是_____分子。

5. NF_3 是三角锥型，N—F 键是____共价键，结构_____，_____抵消，所以它是____分子。

二、选择题（将正确答案的序号填在题后的括号内）

1. 双原子分子的极性决定于（　　）。

（1）键的极性　　（2）分子的构型

2. 由极性键组成的多原子分子，分子有无极性要取决于分子的（　　）。

（1）电负性　　（2）空间构型　　（3）质点多少

3. 常见的分子对称性构型为（　　）。

（1）正四面体　　（2）平面三角型　　（3）直线型　　（4）三角锥型

4. H_2O 是极性分子的原因（　　）。

（1）O—H 键为极性共价键

（2）分子不具有对称结构

（3）O—H 键为极性键，又不具有对称结构

5. CO_2 分子是非极性分子的原因是（　　）。

（1）C＝O 为极性键　　（2）分子具有对称结构

（3）C＝O 虽然是极性键，但 CO_2 为直线型对称结构，极性抵消

第五节　分子间力和氢键

一、填空题

1. 溶质、溶剂的结构越____，溶解前后_____的作用力变化越小，这样的溶解过程越容易发生。

2. Cl_2、NH_3 能够液化，说明它们的分子间存在着_____力。

3. 氢键形成的条件：

（1）_____。

（2）_____。

4. 常温下，卤素单质的聚集状态：F_2____态、Cl_2____态、Br_2____态、I_2____态。这是因为卤素单质的_____力依次增大，故熔、沸点依次_____。

二、选择题（将正确答案的序号填在题后的括号内）

1. H_2O 比 H_2S 熔、沸点高，其原因是（　　）。

（1）H_2O 分子存在分子间力

（2）H_2O 分子存在分子间力和氢键

2. 分子间作用力能量大约有（　　）。

（1）十几至几十千焦每摩尔

（2）化学键的几倍至几十倍

3. 液态水，除含有简单的 H_2O 分子外，同时还含有较复杂的缔合分子 $(H_2O)_n$，原因

在于（　　　）。

（1）H_2O 分子是三角型构型

（2）H_2O 分子之间存在氢键

（3）H_2O 是极性分子

<h1 style="text-align:center">第六节　晶体的基本类型</h1>

一、填空题

1. 晶体的特征为：（1）＿＿＿＿＿＿＿＿＿＿＿（2）＿＿＿＿＿＿＿＿＿＿＿

（3）＿＿＿＿＿＿＿＿＿。

2. 填充下表：

物 质 名 称	晶格结点上的微粒	晶格结点上微粒间的作用力	晶 体 类 型	熔点高或低
KCl				
O_2				
CO_2				
金刚石(C)				
Fe				

3. 已知 BF_3 的熔点是 $-46℃$，KBr 的熔点是 $734℃$，估计前者属于＿＿＿晶体，后者属于＿＿＿晶体。

4. 石墨和金刚石是碳的＿＿＿＿＿体，石墨是＿＿＿晶体，金刚石是＿＿＿晶体。

5. SiO_2 是硬而脆的固体，不导电、熔点 $1723℃$、沸点 $2230℃$，不溶于一般溶剂，它属于＿＿＿晶体。

二、选择题（将正确答案的序号填在题后的括号内）

1. 氯的熔、沸点低，原因在于（　　　）。

（1）它是分子晶体

（2）分子间的相互作用是分子间力

2. NaCl 的熔、沸点较高，熔化状态和水溶液能导电，原因在于（　　　）。

（1）NaCl 是离子晶体

（2）NaCl 是分子晶体

3. 石墨能导电，原因在于（　　　）。

（1）石墨是层状结构

（2）石墨层间存在自由电子

（3）石墨是金属晶体

4. 某化合物分子由原子序数为 6 的一个原子和原子序数为 8 的两个原子所组成，它的分子（　　　）。

（1）是极性分子，它的晶体是分子晶体

（2）是非极性分子，它的晶体是分子晶体

（3）是非极性分子，它的晶体是离子晶体

综 合 练 习

一、填空题

1. 填充下表：

类　型	CsCl	Br$_2$	CO$_2$	Na$_2$O	NH$_3$	H$_2$O
化学键的类型						
键的极性						
分子的类型						
晶体的类型						

2. 今有三种物质，AC$_2$、B$_2$C、DC$_2$，A、B、C、D 的原子序数分别为 6、1、8、14。

（1）A 的电子排布式_____，位于周期表__周期，__族。

B 的电子排布式____，位于周期表__周期，____族。

C 的电子排布式_____，位于周期表__周期，__族。

D 的电子排布式_____，位于周期表__周期，__族。

（2）写出三种化合物的分子式

AC$_2$____、B$_2$C____、DC$_2$____

（3）指出三种化合物的化学键、分子类型、晶体类型。

AC$_2$ 化学键为_____，属于_____分子，晶体为_____。

B$_2$C 化学键为_____，属于____分子，晶体为_____。

DC$_2$ 化学键为_____，属于____分子，晶体为_____。

3. 在 NaCl、MgCl$_2$、AlCl$_3$、SiCl$_4$、PCl$_5$ 中，键的极性最大的是____，键的极性最小的是____，属于典型离子化合物的是____，属于典型共价化合物的是_____。

4. 在 KCl、Cl$_2$、金刚石、Na 四种物质中，熔点最高的是_____，熔点最低的是____，固态时形成原子晶体的物质是_____。

二、选择题（将正确答案的序号填在题后的括号内）

1. 下列说法错误的是（　　）。

（1）凡是含氢的化合物，其分子间都形成氢键

（2）氯化氢分子溶于水后，产生 H$^+$ 和 Cl$^-$，所以氯化氢分子是离子键构成的

（3）由一个原子单方面提供电子对，与另一个原子共用，这样形成的共价键叫做配位键

2. 下列说法正确的是（　　）。

（1）离子键的特点是没有饱和性和方向性

（2）在化学上把分子中所有原子间的结合力叫做化学键

（3）由于水分子间除有分子间力外，还存在有氢键，所以常温下它是液态，而同族的硫形成的 H$_2$S，分子间没有氢键，常温下为气态

3. 在下列分子中，由极性共价键组成，且具有对称结构，是非极性分子的有（　　）。

（1）CCl$_4$　　（2）NH$_3$　　（3）H$_2$O　　（4）CS$_2$

4. NH$_3$ 极易溶于水的原因在于（　　）。

（1）NH_3 是极性分子

（2）NH_3 和 H_2O 都是极性分子，相似相溶

（3）H_2O 是极性分子

（4）NH_3 和 H_2O 都是极性分子，都含有氢键，相似相溶

5．已知 A、B、C、D 和 E 的原子序数分别为 6、9、13、19 和 30，对下列各题选择正确答案，将其序号填在题后的括号内。

（1）A、B、C、D 和 E 分别为（　　　）。

① C、F、Al、K 和 Zn 元素

② B、O、Mg、K 和 Zn 元素

③ C、F、Mg、K 和 Cu 元素

（2）A 和 B 两元素组成的化合物其化学式可能为（　　　）。

① AB　　② AB_2　　③ A_2B　　④ AB_4

（3）B 与 C 两元素所组成的化合物，其化学式可能为（　　　）。

① CB_3　　② C_3B　　③ C_2B　　④ B_2C　　⑤ BC

（4）能形成双原子单质分子的是（　　　）。

① A　　② B　　③ C　　④ E

三、判断题（下列说法正确的，在题后的括号内画"√"，错误的画"×"）

1．在 NaCl 晶体中不存在 NaCl 分子。 ……………………………………（　　）

2．在水分子中，氢原子和氧原子以共价键结合，所以冰是原子晶体。 ………（　　）

3．凡是有极性共价键的分子，一定是极性分子。 ………………………（　　）

4．分子间作用力的大小，对分子晶体的熔点、沸点有影响，分子间作用力越大，晶体的熔、沸点越高。 …………………………………………………………（　　）

5．K_2SO_4 是离子型化合物，只含有离子键，不含共价键。 ……………（　　）

6．在 CsCl 晶体中，每个 Cs^+ 离子周围有 8 个 Cl^- 离子，每个 Cl^- 离子周围有 8 个 Cs^+ 离子。 …………………………………………………………………………（　　）

7．K^+、Na^+、Cl^-、Fe^{3+} 四种离子的最外层都是 8 个电子。 ………（　　）

8．非极性分子，一定含有非极性共价键。 ………………………………（　　）

第六章 化学反应速率和化学平衡

第一节 化学反应速率

一、填空题

1. 通常用单位时间内任一_____或_____表示化学反应速率。浓度单位用_____；时间单位可用_、_、_等。反应速率单位可用_____、_____、_____等表示。

2. 某反应物 A 的起始浓度为 $2mol \cdot L^{-1}$，两分钟后，测其浓度为 $1.2mol \cdot L^{-1}$，以 A 表示的平均反应速率是（包括算式）_____ $mol \cdot L^{-1} \cdot min^{-1}$。

3. 根据化学反应 $2A+B \longrightarrow A_2B$ 填充下表。

物　　质		A	B	A_2B
浓　度	起始	$2mol \cdot L^{-1}$	$2mol \cdot L^{-1}$	O
	2min 后	$0.8mol \cdot L^{-1}$		
反应速率①/$(mol \cdot L^{-1} \cdot min^{-1})$				

① 包括算式。

4. 影响化学反应速率的因素主要有___、___、___、___。

5. 温度每升高 $10℃$，反应速率约___到原来的___倍。

6. 升高温度，吸热反应的速率___的倍数___些，放热反应的速率___的倍数___些。

7. 反应速率常数 k，首先决定于_____，它随___、___改变，与___无关。

8. 凡能改变反应速率，它本身的___、___和___在反应前后保持___的物质，称为催化剂。能___反应速率的催化剂叫正催化剂；能___反应速率的催化剂叫负催化剂。

9. 固体与液体或气体之间的反应是在固体的____上进行的。搅拌能___它们之间的反应速率。原因是_____。

二、选择题（将正确答案的序号填在题后的括号内）

1. 在一定条件下，下列三个气态物质的反应（一步完成的简单反应）速率相同，压力增大一倍后，反应速率增长最小的是（　　）。列出各反应的质量作用定律表达式。

(1) $2A+B \longrightarrow A_2B$ _____

(2) $A+2B \longrightarrow AB_2$ _____

(3) $A+B \longrightarrow AB$ _____

2. 下列各组实验中，溶液首先出现浑浊的是（　　）。

试剂	$Na_2S_2O_3$/$(mol \cdot L^{-1})$		H_2SO_4/$(mol \cdot L^{-1})$		H_2O	温度/℃
实验编号	0.1	0.2	0.1	0.2		
(1)	5mL	—	5mL	—	5mL	10
(2)	5mL	—	5mL	—	10mL	10
(3)	5mL	—	5mL	—	10mL	30
(4)	—	5mL	—	5mL	10mL	30

三、计算题

1. 一定温度下，将反应 $2A(g)+B(g)\longrightarrow 2C(g)$（一步完成的简单反应）体系的总体积缩小到原体积的四分之一，或将压力增大到原来的 2 倍，试分别计算体积、压力改变后的反应速率是原反应速率的多少倍？**(64；8)**

2. 已知反应 $A+2B\longrightarrow C$ 一步完成，当 $[A]=0.5mol\cdot L^{-1}$，$[B]=0.6mol\cdot L^{-1}$ 时的反应速率为 $0.018mol\cdot L^{-1}\cdot min^{-1}$，计算该反应的速率常数 k。**($0.1L^2\cdot mol^{-2}\cdot min^{-1}$)**

第二节 化学平衡

一、填空题

1. 可逆反应是在＿＿条件下，能＿＿向＿＿＿＿＿进行的反应。通常把化学反应式中向右进行的反应叫＿反应；向＿进行的反应叫逆反应。

2. 化学平衡是在一定条件下，＿＿＿反应进行到＿＿＿＿＿＿＿的状态。

3. 化学平衡的特征是：

(1) ＿＿＿＿＿＿；

(2) ＿＿＿＿＿＿＿＿＿；

(3) ＿＿＿＿＿＿。

4. 下列可逆反应的平衡常数表达式为：

(1) $2SO_2+O_2\rightleftharpoons 2SO_3$ $K^{\ominus}=$ ＿＿＿

(2) $2NO_2\rightleftharpoons N_2O_4$ $K^{\ominus}=$ ＿＿＿

(3) $C(s)+CO_2\rightleftharpoons 2CO$ $K^{\ominus}=$ ＿＿＿

(4) $C(s)+H_2O(g)\rightleftharpoons CO+H_2$ $K^{\ominus}=$ ＿＿＿

二、选择题（将正确答案的序号填在题后的括号内）

1. 恒温下，某可逆反应在密闭容器中进行，先后四次测定某生成物浓度，反应已达平衡时是在（ ）。

(1) 第一次 $0.00023mol \cdot L^{-1}$ (2) 第二次 $0.0102mol \cdot L^{-1}$

(3) 第三次 $0.0168mol \cdot L^{-1}$ (4) 第四次 $0.0168mol \cdot L^{-1}$

2. 对于可逆反应 $CO + H_2O(g) \rightleftharpoons CO_2 + H_2$ 下列说法正确的是（ ）。

(1) 反应达到平衡时，各反应物和生成物浓度不再发生变化

(2) 反应达到平衡时，各反应物和生成物浓度相等

(3) 反应达到平衡时，$v_正 = v_逆 \neq 0$

三、判断题（下列说法正确的在题后括号内画"√"，不正确的画"×"）

1. $CaCO_3$ 分解反应 $CaCO_3(s) \rightleftharpoons CaO(s) + CO_2(g)$ 的平衡常数表达式 $K^\ominus = \dfrac{[CaO(s)][CO_2(g)]}{[CaCO_3(s)]}$。 ⋯⋯⋯⋯⋯⋯⋯⋯⋯⋯⋯（ ）

2. 可逆吸热反应的平衡常数随温度升高而增大，可逆放热反应的平衡常数随温度升高而减小。 ⋯⋯⋯⋯⋯⋯⋯⋯⋯⋯⋯⋯⋯⋯⋯⋯⋯⋯⋯⋯⋯⋯⋯⋯⋯⋯⋯⋯⋯⋯（ ）

3. 反应速率常数和化学平衡常数均随温度升高而增大。 ⋯⋯⋯⋯⋯⋯（ ）

4. 某反应物的平衡转化率 $= \dfrac{已转化的某反应物的浓度}{该反应物的起始浓度} \times 100\%$。 ⋯⋯⋯⋯⋯（ ）

四、计算题

1. 可逆反应 $I_2 + H_2 \rightleftharpoons 2HI$ 在 440℃时 $K^\ominus = 51$。如将上式改写为 $\frac{1}{2}I_2 + \frac{1}{2}H_2 \rightleftharpoons HI$ 或 $HI \rightleftharpoons \frac{1}{2}I_2 + \frac{1}{2}H_2$ 其 $K^\ominus$ 各为多少？ **(7.14；0.14)**

2. 已知可逆反应 $CO + H_2O(g) \rightleftharpoons CO_2 + H_2$ 在 800℃达到平衡时，$c_{CO} = 0.025mol \cdot L^{-1}$、$c_{H_2O(g)} = 0.225mol \cdot L^{-1}$、$c_{CO_2} = c_{H_2} = 0.075mol \cdot L^{-1}$，计算 (1) 平衡常数 $K^\ominus$；(2) 一氧化碳和水蒸气的起始浓度；(3) 一氧化碳的平衡转化率。 **[(1) 1；(2) c_{CO}: $0.1mol \cdot L^{-1}$；c_{H_2O}: $0.3mol \cdot L^{-1}$；(3) 75%]**

3. 可逆反应 $N_2 + O_2 \rightleftharpoons 2NO$ 在某温度下的标准平衡常数为0.0045。如将 $3mol \cdot L^{-1}$ 的氧和 $3mol \cdot L^{-1}$ 的氮各 1L，置于 15L 的容器中进行反应，问反应达到平衡时，有多少一氧化氮生成（按 $mol \cdot L^{-1}$ 计）。**($0.01298mol \cdot L^{-1}$)**

4. 可逆反应 $2SO_2 + O_2 \rightleftharpoons 2SO_3$，已知起始浓度 $c_{SO_2} = 0.4mol \cdot L^{-1}$，$c_{O_2} = 1mol \cdot L^{-1}$，某温度下反应达到平衡时，二氧化硫的转化率为 80%。计算平衡时各物质的浓度和反应的平衡常数 $K^\ominus$。**($K^\ominus = 19.05$；c_{SO_2}：$0.08mol \cdot L^{-1}$；c_{O_2}：$0.84mol \cdot L^{-1}$；c_{SO_3}：$0.32mol \cdot L^{-1}$)**

第三节　化学平衡的移动

一、填空题

1. 外界条件的改变，如能使处于平衡状态的可逆反应的正、逆反应____产生____，平衡就会被____。当正、逆反应速率____达到____时，反应在新条件下，又建立起____，新平衡状态下，体系中各_____已____于原平衡状态下的浓度。

2. 影响化学平衡的因素有____、____、____等。

3. 催化剂____改变可逆反应的____状态。因为催化剂能_____平衡的移动。

二、选择题（将正确答案的序号填在题后的括号内）

1. 对于可逆反应 $C(s)+H_2O(g) \rightleftharpoons H_2+CO-121.34kJ$，下列说法正确的是（　　　）。

(1) 由于反应前后分子数目相同，所以改变压力对平衡没有影响

(2) 加入催化剂可使平衡向右移动

(3) 该可逆反应的平衡常数 $K^\ominus = \dfrac{[H_2][CO]}{[C(s)][H_2O(g)]}$

(4) 升高温度平衡向正反应方向移动

2. 下列反应

$$CO_2+C(s) \rightleftharpoons 2CO-171.5kJ \qquad \qquad ①$$

$$2CO+O_2 \rightleftharpoons 2CO_2+569kJ \qquad \qquad ②$$

$$3CH_4+Fe_2O_3(s) \rightleftharpoons 2Fe(s)+3CO+6H_2-75.64kJ \qquad \qquad ③$$

$$2SO_2+O_2 \rightleftharpoons 2SO_3+195kJ \qquad \qquad ④$$

当升高温度时，平衡向右移动的有（　　　　），向左移动的有（　　　　）。当增大压力时，平衡向右移动的有（　　　　），向左移动的有（　　　　）。

三、判断题（下列说法正确的在题后括号内画"√"，不正确的画"×"）

1. 一定温度下，可逆反应是否使用催化剂，其平衡常数 $K^\ominus$ 都是一个定值。……（　　）

2. 只要温度不变，可逆反应反应物的平衡转化率也不变。………………………（　　）

3. 一定温度下，增大可逆反应 $CO+H_2O(g) \rightleftharpoons CO_2+H_2$ 的 $H_2O(g)/CO$ 物质的量的比值，可提高 CO 的转化率。………………………………………………（　　）

4. SO_2 氧化为 SO_3 的反应用 V_2O_5 做催化剂（$2SO_2+O_2 \overset{V_2O_5}{\rightleftharpoons} 2SO_3+Q$）。为了提高 SO_2 的转化率，反应温度愈低愈好。………………………………………………（　　）

四、计算题

1. 可逆反应 $CO+H_2O(g) \rightleftharpoons CO_2+H_2$ 在 800℃时 $K^\ominus=1.0$。若 CO 的起始浓度为 $0.2mol \cdot L^{-1}$，试计算 $H_2O(g)/CO$ 的物质的量的比分别为 2、3、4 时，CO 的平衡转化率。**（66.5%；75%；80%）**

2. 可逆反应 $N_2 + O_2 \rightleftharpoons 2NO - Q$ 在温度为 27℃ 和 2727℃ 时的平衡常数 $K^\ominus$ 分别为 3.8×10^{-31} 和 8.6×10^{-3}。如将 0.1mol 空气置于 1L 容器中，于上述两种温度下进行反应，达到平衡时各生成多少 NO？计算结果说明了什么？（2.51×10^{-17} mol·L^{-1}；3.547×10^{-3} mol·L^{-1}）

3. 可逆反应 $2SO_2 + O_2 \rightleftharpoons 2SO_3$，在某温度下达到平衡时，各物质的浓度为：$c_{SO_2} = 0.1$mol·$L^{-1}$，$c_{O_2} = 0.5$mol·$L^{-1}$，$c_{SO_3} = 0.9$mol·$L^{-1}$。如果体系温度不变，将体积减小到原来的一半，试通过计算说明平衡移动的方向。（$Q_c = 81$；$K^\ominus = 162$）

综 合 练 习

一、填空题

1. 往容积为 10L 的反应容器中通入 0.5mol 气体反应物，半小时后，该反应物尚余 0.2mol，以该气体反应物表示的反应速率是 _____ mol·L^{-1}·min^{-1}（算式：_____ _____）。

2. 在可逆反应 $mA(g) + nB(g) \rightleftharpoons pC(g) + qD(g)$ 达到平衡以后，升高温度、降低压力都会使 C 的生成量增加，那么

（1）正反应是＿热反应；

（2）反应物总分子数＿＿＿＿＿＿比生成物总分子数＿＿＿＿＿＿；

（3）为了提高 A 的利用率，可以采用提高＿浓度的方法。

3．煅烧石灰石生产生石灰的主要反应 $CaCO_3(s) \rightleftharpoons CaO(s) + CO_2 - Q$ 是可逆＿＿＿热反应。为使 $CaCO_3$ 更快更完全地分解为 CaO 和 CO_2，应采取＿＿＿＿＿＿和＿＿＿＿＿＿等措施。

4．下面两个可逆反应

$$N_2 + 3H_2 \rightleftharpoons 2NH_3 + Q \qquad (1)$$

$$2SO_2 + O_2 \rightleftharpoons 2SO_3 + Q \qquad (2)$$

400℃时的平衡常数 $K^\ominus$ 分别为 0.5［反应（1）］和 1.08×10^7［反应（2）］。这说明反应＿正向进行的趋势比反应＿正向进行的趋势小得多。为了提高反应物的转化率，反应＿更有必要采用加压操作。

二、选择题（将正确答案的序号填在题后的括号内）

1．填空题第 4 题中的（1）、（2）两反应均为使用催化剂的可逆放热反应，在生产中它们的反应温度（　　）。

（1）愈低愈好　　（2）愈高愈好　　（3）应在催化剂的活性温度范围内适当地低些

2．为了提高反应物的转化率，填空题第 4 题中的两个反应后期的温度应比初期的温度（　　）。

（1）低一些　　（2）高一些　　（3）基本相同

三、计算题

1．$0.05 g N_2O_4(g)$ 放入 200mL 密闭容器中，25℃下进行下列反应 $N_2O_4(g) \rightleftharpoons 2NO_2(g)$。该温度下反应的平衡常数 $K^\ominus = 0.00577$。计算（1）N_2O_4 在容器中的起始浓度；（2）平衡时各物质的浓度；（3）平衡时 N_2O_4 的分解率。**[(1) N_2O_4 起始浓度：$2.72 \times 10^{-3} mol \cdot L^{-1}$；(2) 平衡时 $c_{N_2O_4}$：$1.334 mol \cdot L^{-1}$、c_{NO_2}：$2.77 \times 10^{-3} mol \cdot L^{-1}$；(3) N_2O_4 的分解率：50.96%]**

2. 在 490℃时，$H_2 + I_2 \rightleftharpoons 2HI$ 反应的 $K^\ominus = 45.9$，若 H_2、I_2 (g)和 HI 按下表所列起始浓度混合，反应各向哪个方向进行？[Q_C: (1) 166.7; (2) 8.68; (3) 45.9]

序号 \ 物质的浓度	起始浓度/(mol·L^{-1})		
	c_{H_2}	$c_{I_2(g)}$	c_{HI}
(1)	0.060	0.400	2.000
(2)	0.096	0.300	0.500
(3)	0.0862	0.263	1.020

第七章 电解质溶液

第一节 电解质和非电解质

一、填空题

1. 碱类和盐类一般都是由_____组成的化合物。它们在水中受水分子的____和____，____、____离子之间的____力减弱，而分离为自由移动的____。如 $NaCl \longrightarrow$ _____。

2. 碱类和盐类受热时，离子吸收了足够的能量，克服了__、__离子间的____力，晶体被____，变为_____的离子。

3. 具有_____极性键的分子，在水中受水分子的____和____使极性键____，而分离为____、____离子。如_____。

4. 在水溶液中或熔化状态下，能够____的物质叫电解质；_____的物质叫非电解质。

5. 电解质在水溶液中或在____状态下，分离为____的过程叫电离。

6. 写出下列物质的电离方程式

HNO_3 _____

$BaCl_2$ _____

$NaClO$ _____

$Ba(OH)_2$ _____

Na_2S _____

Na_2CO_3 _____

$Al_2(SO_4)_3$ _____

KI _____

二、选择题 （将正确答案的序号写在题后的括号内）

1. 下列液体或溶液能够导电的有（　　）。

（1）无水硫酸　　（2）硫酸的水溶液　　（3）液态氯　　　　（4）液态氢氧化钠

（5）氯水　　　　（6）液态氨　　　　　（7）酒精的水溶液　　（8）氯化钾晶体

2. 下列物质在水溶液中电离时，能产生 Cl^- 的有（　　）。

（1）氯化钙　　（2）次氯酸钠　　（3）氯酸钾

（4）氯水　　　（5）氯化氢

三、判断题 （下列说法正确的在题后括号内画"√"，不正确的画"×"）

1. 电解质的电离过程是在水或热的作用下发生的。……………………………（　　）

2. 电解质在任何溶剂中都能发生电离。…………………………………………（　　）

3. 因为通电于电解质溶液，电解质才发生电离。………………………………（　　）

4. 非极性分子或极性很弱的分子，与水分子间的作用力较弱，在水中不能或极少发生电离。……………………………………………………………………………………（　　）

第二节 电 离 度

一、填空题

1. 在水溶液中或在熔化状态下，能＿＿＿＿的电解质称强电解质。

2. 在水溶液中仅能＿＿＿＿的电解质称弱电解质。

3. 在一定温度下，当电解质分子电离为＿＿的速率等于离子重新＿＿＿＿＿的速率时，未电离的＿＿和＿＿间就建立起＿＿平衡。这种平衡叫＿＿平衡。

4. 电离度 $(\alpha)=$ ＿＿＿＿＿＿＿＿＿＿＿＿＿＿。

5. 同一弱电解质溶液的浓度愈低，其电离度愈＿＿。

二、选择题（将正确答案的序号填在题后的括号内）

1. 下列物质属强电解质的有 （   ）。

(1) K_2CO_3　　　(2) HCl　　 (3) HF　　 (4) 氨水

(5) 醋酸水溶液　　　(6) NH_4Ac 水溶液

2. $0.2mol \cdot L^{-1}$ HCl 与 $0.2mol \cdot L^{-1}$ HAc 溶液中 H^+ 浓度 （   ）。

(1) $[H^+]_{HCl} > [H^+]_{HAc}$　　　(2) $[H^+]_{HCl} = [H^+]_{HAc}$　　　(3) $[H^+]_{HCl} < [H^+]_{HAc}$

3. $0.1mol \cdot L^{-1}$ $NH_3 \cdot H_2O$ 与 $0.1mol \cdot L^{-1}$ NH_4Ac 溶液中 NH_4^+ 浓度 （   ）。

(1) $[NH_4^+]_{NH_3 \cdot H_2O} > [NH_4^+]_{NH_4Ac}$

(2) $[NH_4]_{NH_3 \cdot H_2O} = [NH_4^+]_{NH_4Ac}$

(3) $[NH_4^+]_{NH_3 \cdot H_2O} < [NH_4^+]_{NH_4Ac}$

三、判断题（下列说法正确的，在题后的括号内画"√"，不正确的画"×"）

1. 电解质的电离度愈大，电解质愈强。……………………………………（   ）

2. 相同浓度下，弱电解质的电离度愈大，电解质愈强。……………………（   ）

3. 一定温度下，同一弱电解质溶液的浓度愈大，电离度愈小。……………（   ）

4. 一定温度下，同一弱电解质溶液的浓度愈小，电离度愈大，离子浓度也愈大。

………………………………………………………………………………（   ）

四、计算题

1. 计算 (1) $0.01mol \cdot L^{-1}$ H_2SO_4；(2) $0.05mol \cdot L^{-1}$ NaOH；(3) $0.2mol \cdot L^{-1}$ HCl；(4) $0.1mol \cdot L^{-1}$ $CaCl_2$ 溶液中各离子的浓度。[(1) **0.01mol·L^{-1}**；(2) **0.05mol·L^{-1}**；(3) **0.2mol·L^{-1}**；(4) $c_{Ca^{2+}}$: **0.1mol·L^{-1}**、c_{Cl^-}: **0.2mol·L^{-1}**]

2. 在 $1L2mol \cdot L^{-1}$ 电解质溶液里，有 0.15mol 溶质电离为离子。计算该电解质的电离度。**(7.5%)**

3. 按下表所列计算不同浓度醋酸溶液的氢离子浓度。

$c_{HAc}/(\text{mol} \cdot \text{L}^{-1})$	0.2	0.02	0.01	0.005
电离度/%	0.934	2.96	4.19	5.85
$c_{H^+}/(\text{mol} \cdot \text{L}^{-1})$				

结论：_____

_____。

第三节 弱电解质的电离平衡

一、填空题

1. 弱电解质的电离常数随____改变，与____无关。

2. 一定温度下，弱电解质的电离常数愈大，其电离能力愈_____。

3. 写出下列电解质的电离方程式。

$NH_3 \cdot H_2O$ _____

$KClO_3$ _____

Na_2SO_4 _____

HF _____

4. 写出下列弱电解质的电离常数表达式。

HAc _____

HCN _____

$NH_3 \cdot H_2O$ _____

HClO _____

5. 多元弱酸在水溶液中是____电离的。一般 $K_1^{\ominus} \gg K_2^{\ominus} \gg K_3^{\ominus}$，溶液中 H^+ 主要来自____电离。因此计算多元弱酸溶液中 $[H^+]$ 时，可以只考虑_____电离，按_____的电离平衡处理。当二元弱酸的 $K_1^{\ominus} \gg K_2^{\ominus}$ 时，其酸根离子的浓度近似等于__。

6. 下列物质的溶液中，都有哪些离子？

（1）HCN： 电离方程式_____

_____

离子_____

（2）H_2S： 电离方程式_____

　　　　　　　　离子 _____

（3）H_3PO_4： 电离方程式 _____

　　　　　　　　　　　　　 _____

　　　　　　　　离子 _____

（4）$NaHCO_3$： 电离方程式 _____

　　　　　　　　　　　　　 _____

　　　　　　　　离子 _____

（5）H_2CO_3： 电离方程式 _____

　　　　　　　　　　　　　 _____

　　　　　　　　离子 _____

二、选择题（将正确答案的序号写在题后的括号内）

1. 根据电离常数比较下列几种弱酸的相对强弱，最强的是（　　），最弱的是（　　）。

（1）$K_{HCN}^{\ominus} = 6.2 \times 10^{-10}$　　　（2）$K_{HAc}^{\ominus} = 1.8 \times 10^{-5}$

（3）$K_{HClO}^{\ominus} = 3.2 \times 10^{-8}$　　　（4）$K_{HF}^{\ominus} = 6.6 \times 10^{-4}$

2. 用同浓度的醋酸和盐酸分别与锌反应，反应较快的是（　　）。

（1）锌与醋酸的反应　　　（2）锌与盐酸的反应

3. 下列离子方程式中，能正确反映 $NH_3 \cdot H_2O$ 与盐酸反应的离子方程式是（　　）。

（1）$NH_3 \cdot H_2O + H^+ + Cl^- \longrightarrow NH_4Cl + H_2O$

（2）$NH_4^+ + OH^- + HCl \longrightarrow NH_4Cl + H_2O$

（3）$NH_3 \cdot H_2O + H^+ \longrightarrow NH_4^+ + H_2O$

4. 醋酸和氨水的导电能力都比较弱，但二者混合后，导电能力大为增强，原因是（　　）。

（1）醋酸和氨水混合后，相互稀释了，电离度增大，导电能力大为增强

（2）醋酸和氨水混合后，发生了中和反应，生成了强电解质 NH_4Ac，导电能力大为增强

5. 同浓度、同体积的氨水和氯化铵溶液里所含 NH_4^+ 的浓度（　　）。

（1）相同　　　（2）氨水中 $[NH_4^+]$ 较大　　　（3）NH_4Cl 溶液中 $[NH_4^+]$ 较大

三、判断题（下列说法正确的在题后括号内画"√"，不正确的画"×"）

1. 将 NaOH 溶液和氨水溶液各稀释一倍，两者的 OH^- 浓度均减小到原来的½。

　　　…………………………………………………………………………（　　）

2. 盐酸的浓度为醋酸的二倍，盐酸的 H^+ 浓度也是醋酸的二倍。…………（　　）

3. 不同浓度的醋酸溶液的电离度不同，但电离常数是相同的。…………（　　）

四、计算题

1. $0.2 \text{mol} \cdot L^{-1}$ HCOOH（甲酸）溶液的电离度为 3.2%，计算甲酸的电离常数和该溶液的 H^+ 浓度。（$K_{HCOOH}^{\ominus} = 2.1 \times 10^{-4}$；$c_{H^+} = 6.4 \times 10^{-3} \text{mol} \cdot L^{-1}$）

2. 根据弱电解质的电离常数，比较下列各种物质的水溶液在相同浓度下哪种溶液的 c_{H^+}

最大？并计算溶液浓度为 $0.1mol \cdot L^{-1}$ 时的电离度。(1) HAc　　(2) HCN　　(3) HCOOH
(4) H_2S [**电离度：(1) 1.34%；(2) 7.87×10⁻³%；(3) 4.2%；(4) 7.55×10⁻²%**]

3. 计算 $0.2mol \cdot L^{-1} H_3PO_4$ 溶液中 H^+ 浓度。(**0.03535mol·L⁻¹**)

第四节　水的电离和溶液的 pH

一、填空题

1. 水能进行微弱的电离，它是极__的电解质。其电离方程式为：_____。
2. 在一定温度下，纯水或任何物质的水溶液中 $[H^+][OH^-]$ 是一个_____，叫水的
_____，用__表示。
3. $K_W^\ominus$ 随温度升高而____。常温下，纯水中 c_{H^+}、c_{OH^-} 均为____ $mol \cdot L^{-1}$，所以 $K_W^\ominus=$
____。
4. 水溶液中 $[H^+]>[OH^-]$ 时，溶液呈__性；
　　　　　$[H^+]<[OH^-]$ 时，溶液呈__性；
　　　　　$[H^+]=[OH^-]$ 时，溶液呈__性。
5. 在纯水中加入少量强酸，其 pH 会____；加入少量强碱，其 pH 会____。

二、判断题（下列说法正确的在题后括号内画"√"，不正确的画"×"）

1. 酸性溶液中只有 H^+，没有 OH^-；碱性溶液中只有 OH^-，没有 H^+。……（　　）
2. $[H^+]=[OH^-]=10^{-7}$，只存在于纯水或中性溶液中。……………………（　　）
3. 常温下，在纯水或任何物质的水溶液中 $[H^+]$、$[OH^-]$ 的乘积总是等于 10^{-14}。
…………………………………………………………………………（　　）
4. 在纯水中如加入少量强酸，因 $[H^+]$ 增大，$K_W^\ominus$ 也增大；如加入少量强碱，

[OH⁻] 增大，$K_W^\ominus$ 也增大。 ……………………………………………………………… (　　)

5. pH+pOH=14 ……………………………………………………………… (　　)

三、计算题

1. 计算下列溶液的 pH

(1) 0.25mol·L⁻¹ NaOH　　　　　(2) 0.2mol·L⁻¹ HCl

(3) 0.05mol·L⁻¹ NH₃·H₂O　　　(4) 0.02mol·L⁻¹ HNO₃

(5) 0.5mol·L⁻¹ HCN

〔 (1) 13.4；(2) 0.7；(3) 10.98；(4) 2.53；(5) 4.75〕

2. 计算下列溶液的 pH

(1) 20mL 0.1mol·L⁻¹ HCl 与 20mL 0.1mol·L⁻¹ NaOH 的混合液。

(2) 20mL 0.1mol·L⁻¹ H₂SO₄ 与 20mL 0.1mol·L⁻¹ NaOH 的混合液。

(3) 20mL 0.1mol·L⁻¹ HNO₃ 与 30mL 0.1mol·L⁻¹ NaOH 的混合液。

〔 (1) 7；(2) 1.3；(3) 12.3〕

3. 把下列溶液的 pH 换算为 H^+ 浓度。

(1) pH=4.5 的啤酒 　(2) pH=8.30 的海水 　(3) pH=7.4 的血液

[(1) 3.16×10^{-5} mol·L^{-1}; (2) 5×10^{-9} mol·L^{-1}; (3) 3.9×10^{-8} mol·L^{-1}]

4. 计算 0.01mol·L^{-1} H_2SO_4、0.05mol·L^{-1} NaOH、0.2mol·L^{-1} $NH_3 \cdot H_2O$、0.1mol·L^{-1} HCl 的 pH，并将计算结果以及上述四种溶液遇表内所列指示剂时显示的颜色填入表内。(1.7; 12.7; 11.28; 1.0)

溶　　液	pH	甲基橙	酚酞	石　蕊
0.01mol·L^{-1} H_2SO_4				
0.05mol·L^{-1} NaOH				
0.2mol·L^{-1} $NH_3 \cdot H_2O$				
0.1mol·L^{-1} HCl				

5. 将 2mL14mol·L^{-1} HNO_3 稀释至 500mL，计算：(1) 稀释后溶液的 H^+ 浓度和 pH。(2) 欲将 100mL 稀释后的溶液中和至 pH=7，需加入几克固体 KOH？ [(1) c_{H^+}: 0.056mol·L^{-1}, pH: 1.25; (2) KOH: 0.314g]

第五节　同离子效应

一、填空题

1. 在弱电解质溶液中，加入与其具有相同离子的__电解质，可使弱电解质的电离平衡向_____方向移动，电离度____。

2. 往 HAc 溶液中加入少量 HCl，HAc 的电离平衡 $HAc \rightleftharpoons H^+ + Ac^-$ 向__移动，HAc 的电离度____，Ac^- 浓度____。如往 HAc 溶液中加入 NaAc，HAc 的电离平衡向__移动，HAc 的电离度____，H^+ 浓度____。

3. 往 H_2S 水溶液中加入少量 HCl，则 H_2S 的电离平衡 $H_2S \rightleftharpoons 2H^+ + S^{2-}$ 向__移动，__离子浓度减小。

4. 指出在氨水中加入下列物质时，$NH_3 \cdot H_2O$ 的电离平衡 $NH_3 \cdot H_2O \rightleftharpoons NH_4^+ + OH^-$ 的移动方向。

加入的物质	平衡移动方向	$c_{NH_3 \cdot H_2O}$ 的变化
NH_4Cl		
$NaOH$		
HCl		

二、选择题（将符合题意内容的题号填在题后的括号内）

下列过程中溶液 pH 升高的有（　　　），减小的有（　　　）。

1. 往 $NH_3 \cdot H_2O$ 中加入 NH_4NO_3

2. 往 HNO_3 中加入 $NaNO_3$

3. 往 HCN 中加入 NaCN

第六节　盐类的水解

一、填空题

1. $NaNO_3$ 溶液是__性的，其 c_{H^+} __c_{OH^-}。原因是 Na^+ 不与水电离出的__离子结合，NO_3^- 也不与水电离出的__离子结合。它们没有改变溶液中__离子与_____离子的_____。

2. NH_4Cl 溶液是__性的，其 c_{H^+} __c_{OH^-}。原因是____离子与水电离出的____离子结合为____，使 c_{H^+} ____，c_{OH^-} ____。

3. 强酸弱碱盐水解显__性，溶液 pH____，强碱弱酸盐水解显__性，溶液 pH____，弱酸弱碱盐水解，当 $K_a^\ominus = K_b^\ominus$ 时，显__性，$K_a^\ominus > K_b^\ominus$ 时，显__性，$K_a^\ominus < K_b^\ominus$ 时，显__性。

4. 填充下表：

(1)

物质名称	溶液的酸碱性	原因	物质名称	溶液的酸碱性	原因
KNO_3			$MgCl_2$		
K_2CO_3			$NaBr$		
$(NH_4)_2SO_4$			$HCOONH_4$		
$Al_2(SO_4)_3$			NH_4CN		

（2）

物质名称	水解的反应方程式和离子方程式
NH_4NO_3	
$Al_2(SO_4)_3$	
Na_2CO_3	
$NaHCO_3$	
NaF	

（3）

反应物(等物质的量)	反应方程式和水解的离子方程式	溶液的酸碱性
$NH_3 \cdot H_2O$ 和盐酸		
KOH 和 HAc 溶液		
$NH_3 \cdot H_2O$ 和 HAc 溶液		
$NH_3 \cdot H_2O$ 和 HCN 溶液		
KOH 和 $HClO_4$ 溶液		

二、选择题 （将正确答案的序号填在题后的括号内）

1. $Al_2(SO_4)_3$ 溶液与 Na_2CO_3 溶液混合生成（　　）。

(1) $Al_2(CO_3)_3$ 和 Na_2SO_4　　(2) $Al(OH)_3$ 和 Na_2SO_4

(3) $Al(OH)_3$ 和 Na_2SO_4 并放出 CO_2

2. 抑制 $FeCl_3$ 水解应（　　）。

(1) 升高温度　　(2) 加盐酸　　(3) 加水稀释

3. 促进 $FeCl_3$ 水解应（　　）。

(1) 升高温度　　(2) 降低温度　　(3) 适当提高溶液 pH

4. 在 Na_2S 溶液中，c_{Na^+} 与 $c_{S^{2-}}$ 的比例是（　　）。

(1) 1∶1　　(2) 2∶1　　(3) ＞2∶1　　(4) ＜2∶1

第八章 硼、铝和碳、硅、锡、铅

第一节 硼族元素简介

一、填空题

1. 硼族元素位于元素周期表____族，包括__、__、__、__、__五种元素。它们的价电子层构型为____。随着核电荷数增加，它们的非金属性____，金属性_____。

2. 硼的价电子层构型为_____，铝为_____，它们的主要化合价是____。

3. 硼和铝与电负性大的氧化合时，放出_____，形成的化学键很____，表现出亲氧的特性，所以称它们是____元素。

4. 硼单质的同素异形体有_____和_____。_____硼熔、沸点高，硬度大，属于_____晶体；_____硼较活泼，高温下能在空气中燃烧，生成_____。

二、选择题（将正确答案的序号填在题后的括号内）

1. 下列元素中金属性最强的是（　　）。

（1）Be 　　（2）B 　　（3）Al 　　（4）Si

2. 下列元素中电负性最大的是（　　）。

（1）B 　　（2）P 　　（3）Si 　　（4）Cl

3. 下列氢氧化物酸性最弱的是（　　）。

（1）H_3BO_3 　　（2）$HAlO_2$ 　　（3）H_2CO_3 　　（4）$HClO_3$

4. 下列氢氧化物碱性最强的是（　　）。

（1）$B(OH)_3$ 　　（2）$Al(OH)_3$ 　　（3）$Ga(OH)_3$ 　　（4）$Tl(OH)_3$

5. 下列微粒半径最小的是（　　）。

（1）Na^+ 　　（2）Mg^{2+} 　　（3）Al^{3+} 　　（4）Mg

第二节 硼的重要化合物

一、填空题

1. 三氧化二硼溶于水，生成____。硼酸为__色晶体，能溶于水。它在水中的电离方程式为_____，所以硼酸是__元弱酸。

2. 硼砂的化学式为_____，其水溶液因较强的水解作用而呈__性，水解方程式为：
_____

硼砂与硫酸共热，冷却后可制得硼酸，化学反应式为_____
_____。

* 3. 乙硼烷__稳定，在空气中易燃烧，生成____和____；水解时生成____和____。

二、判断题（下列说法正确的在题后括号内画"√"，不正确的画"×"）

1. 硼酐在高温下能被镁、铝等活泼金属还原为硼单质。……………………（　　）

2. 硼酐、硼砂和硼酸的水溶液均显酸性。 ••••••••••••••••••••••••••••••••••••• (　　)

3. 硼砂熔化时能溶解许多金属氧化物，所以金属焊接时可用作助熔剂。 •••••••••• (　　)

4. 硼酐和硼酸都能和金属氧化物作用，生成偏硼酸盐用于玻璃工业。 •••••••••• (　　)

第三节　铝及其重要化合物

一、填空题

1. 铝是银白色__金属，有良好的____性和_____性。常用作电线和电缆。铝是很活泼的金属，但常温下在空气或水中却_____。它显两性，不仅能和____反应，也能和____反应。

2. 按下列箭头所示的变化过程完成有关的化学方程式：

$$Al_2O_3 \underset{(2)}{\overset{(1)}{\rightleftharpoons}} Al \overset{(3)}{\longrightarrow} Al_2(SO_4)_3 \underset{(6)}{\overset{(4)}{\rightleftharpoons}} Al(OH)_3 \underset{(7)}{\overset{(5)}{\rightleftharpoons}} NaAlO_2$$

(1) _____

(2) _____

(3) _____

(4) _____

(5) _____

(6) _____

(7) _____

3. 在含有 K^+、Ca^{2+}、Ag^+、Al^{3+} 四种阳离子的溶液中，按照下列示意图做实验，填充下列空格，并按序号写出离子方程式。

(1) _____

(2) _____

(3) _____

二、判断题 （下列说法正确的在题后括号内画"√"，不正确的画"×"）

1. 铝的氧化物和氢氧化物都是两性化合物。 •••••••••••••••••••••••••••••••• (　　)

2. 铝和盐酸或氯气反应，都能制取无水三氯化铝。 •••••••••••••••••••••••••• (　　)

3. 铝热法既利用铝的强还原性，也利用铝氧化时放出大量的热，来冶炼高熔点金属。
•• (　　)

4. 通 H_2S 于可溶性铝盐的水溶液，可制得 Al_2S_3。 •••••••••••••••••••••••• (　　)

三、计算题

1. 将 13.35g $AlCl_3$ 加入 500mL 0.7mol·L^{-1} 的 NaOH 溶液中，试计算最多能得到氢

氧化铝多少克？ [**Al(OH)$_3$ 3.9g**]

* 2. 铝矾土矿石含 Al_2O_3 80％，试计算制备 100t 金属铝至少需消耗多少吨矿石（设：矿石总利用率为 90％）和多少立方米（标准状况下）的二氧化碳？同时副产纯度为 98％的 Na_2CO_3 多少吨？（**需铝矾土矿石 262.3t；消耗 CO_2 4.15×10^4 m^3；副产 Na_2CO_3 200.3t**）

第四节　碳族元素简介

一、填空题

1. 碳族元素位于元素周期表____族，包括__、__、__、__、__五种元素。它们的价电子层构型为____，主要化合价有__、__和__。

2. 碳族元素的氧化物及其水化物的酸碱性递变规律是随着原子序数的增加_____
_____。

3. 碳族元素的气态氢化物，随着原子序数的增加其稳定性_____，还原性_____。

二、选择题（将正确答案的序号填在题后的括号内）

1. 下列元素中金属性最强的是（　　）。

（1）碳　　（2）硅　　（3）铅　　（4）锗

2. 下列元素中非金属性最强的是（　　）。

(1) 碳　　(2) 硅　　(3) 硼　　(4) 碘

3. 下列含氧酸中酸性最强的是（　　）。

(1) HClO　　(2) H_2CO_3　　(3) H_3BO_3　　(4) H_2SiO_3

4. 下列氢化物中稳定性最差的是（　　）。

(1) CH_4　　(2) SiH_4　　(3) SnH_4　　(4) PbH_4

第五节　碳酸和碳酸盐

一、填空题

1. CO_2 溶于水生成____，碳酸是二元__酸，它可以形成____盐和_____盐，这两种盐在一定条件下可以_____。

2. 碳酸盐和酸式碳酸盐与酸反应，均能产生____，将它通入 $Ba(OH)_2$ 或石灰溶液中产生_____，这是检验碳酸盐常用的方法。

3. 工业上采用____法和_____法生产纯碱。

4. 碳酸盐的热稳定性比相应的酸式碳酸盐__。碱土金属碳酸盐随着原子序数增大，其分解温度____。

5. 由于盐的水解，Na_2CO_3、NaCN 溶液均显__性，$NaHCO_3$ 溶液因 HCO_3^- 的水解趋势强于它的电离趋势而显__性。当碳酸氢钠和硫酸铝两种溶液混合时，产生的沉淀是____，放出的气体是____，有关反应式_____

_____。

二、判断题 （下列说法正确的在题后括号内画"√"，不正确的画"×"）

1. 为了除去食盐水中的 Ca^{2+}、Mg^{2+}、SO_4^{2-}，向其中加入试剂的最佳顺序是：$BaCl_2 \rightarrow Na_2CO_3 \rightarrow HCl$。……………………………………………………（　　）

2. CO_2 中含有少量 HCl，除去它既可选用 $NaHCO_3$ 饱和溶液，也可用 Na_2CO_3 溶液。
……………………………………………………………………（　　）

3. 在含有 Al^{3+} 或 HCO_3^- 的溶液中，加入 NaOH 固体（溶液体积变化略去），都能引起该离子浓度减小。……………………………………………………（　　）

三、计算题

1. 将 0.53g Na_2CO_3 溶于 40mL 水中，与 20mL 盐酸溶液恰好完全反应。求该盐酸溶液的物质的量浓度。**(HCl 0.5mol·L^{-1})**

2. 把质量为 m 的碳酸氢钠固体加热后，得到剩余固体的质量为 n。试用数学式来回答下列问题：

（1）已分解的 $NaHCO_3$ 的质量为＿＿＿＿＿＿＿＿＿；

（2）生成 Na_2CO_3 的质量为＿＿＿＿＿＿＿＿＿；

（3）未分解的 $NaHCO_3$ 的质量为＿＿＿＿＿＿＿＿＿；

（4）当剩余固体的质量为＿＿＿＿＿＿＿＿时，可以断定 $NaHCO_3$ 已完全分解。

3. 有 Na_2CO_3 和 $NaHCO_3$ 的混合物 146g，在 500℃ 下加热至恒重时，剩余物的质量是 133.6g。计算混合物中纯碱的质量分数和反应（标准状况下）放出 CO_2 的体积（升）。**(含 Na_2CO_3 77%；放出 CO_2 4.48L)**

第六节　硅及其重要化合物

一、填空题

1. 硅的价电子层构型为＿＿＿＿＿＿。硅在地壳中的含量仅次于＿，居第二位。化合态的硅常以＿＿＿和＿＿＿形式存在于各种矿物和岩石中。

2. 二氧化硅又叫＿＿，有＿＿和＿＿＿两种形态，较纯净的二氧化硅晶体叫做＿＿，无色透明的纯石英叫做＿＿。硅藻土属于＿＿形硅石。

3. 硅酸凝胶经一系列处理慢慢脱水，可制得＿＿，它常用作＿＿剂、＿剂和＿＿＿。

4. 工业上用＿＿＿和＿＿共熔来制备硅酸钠，它的浓溶液俗称＿＿＿，又称＿＿＿，可用作＿＿剂和＿＿材料。

二、判断题（下列说法正确的在题后括号内画"√"，不正确的画"×"）

1. 由于硅酸盐结构复杂，通常用二氧化硅和金属氧化物的形式来表示它们的组成。……………………………………………………（　）

2. 氢氟酸可腐蚀硅石和各种硅酸盐制品，但它不能和晶体硅起反应。……（　）

3. SiO_2 和 CO_2 都是酸性氧化物，由于晶体结构不同，所以它们在物理和化学性质方面有很大的差别。………………………………………（　）

4. 利用硅石和天然硅酸盐为原料，来制造玻璃、水泥、陶瓷和耐火材料等产品的化学工业，叫作硅酸盐工业。………………………………（　）

三、选择题（将正确答案的序号填在题后的括号内）

1. 下列物质不属于晶体的是（　　　）。

(1) 食盐　　　(2) 水晶　　　(3) 石英玻璃　　　(4) 干冰

2. 下列物质中，属于原子晶体的化合物是（　　　）。

(1) 金刚石　　　(2) 水晶　　　(3) 金刚砂　　　(4) 硼砂

3. 下列各组物质中，属于同素异形体的是（　　　）。

(1) 金刚石和金刚砂　　　(2) 石英和硅藻土

(3) 石墨和金刚石　　　(4) 冰和干冰

4. 下列物质中属于硅酸盐的是（　　　）。

(1) 玻璃　　　(2) 硅胶　　　(3) 分子筛　　　(4) 陶瓷

第七节　锡、铅及其重要化合物

一、填空题

1. 锡的价电子层构型为_____，铅的价电子层构型为_____，它们的主要化合价有____、____。常见的铅盐显__价，而+4价铅的化合物有__性，是强___剂；四价锡的化合物很稳定，而二价锡的化合物有____性，常用作____剂。

2. 锡和铅的氧化物及氢氧化物均显__性，但价态相同时，锡的氢氧化物的酸性比铅__，而铅的氢氧化物__性比锡强。

3. $SnCl_2$ 具有____性和____性，所以配制该溶液时，需将溶质溶在适量的____中以抑制_____。保存该溶液时，应该_____以防止_____。$SnCl_2$ 溶液能使 $KMnO_4$ 溶液退色，离子方程式为_____。

4. PbO_2 是__溶于水的____色粉末，它有____性，和浓盐酸作用的反应方程式为_____，逸出的气体可使 KI 淀粉试纸变为__色。

5. 将 $0.1mol \cdot L^{-1}$ $HgCl_2$ 和 $0.2mol \cdot L^{-1}$ $SnCl_2$ 溶液各 1mL，充分混合，现象_____，有关反应方程式_____；取 $0.1mol \cdot L^{-1}$ $HgCl_2$ 和 $0.05mol \cdot L^{-1}$ $SnCl_2$ 溶液各 1mL，充分混合，现象_____，有关反应方程式_____。

二、选择题（将正确答案的序号填在题后的括号内）

1. 下列金属既可溶于强酸，又能溶于强碱的是（　　　）。

(1) Cu　　　(2) Al　　　(3) Ba　　　(4) Sn

2. 鉴定 Pb^{2+} 的常用试剂是（　　　）。

(1) KOH　　　(2) K_2CrO_4　　　(3) KCl　　　(4) $KClO_3$

3. $SnCl_2$ 和 $HgCl_2$ 的相互反应可用来（　　　）。

(1) 鉴定 Sn^{2+}　　　(2) 鉴定 Hg^{2+}　　　(3) 鉴定 Sn^{2+} 或 Hg^{2+}　　　(4) 确定 Sn^{2+} 的两性

4. 下列物质中可作氧化剂的是（　　　）。

(1) KCl　　　(2) PbO_2　　　(3) Na_2SiO_3　　　(4) $KClO_3$

三、判断题（下列说法正确的在题后括号内画"√"，不正确的画"×"）

1. 铅与稀硫酸反应表面生成难溶的 $PbSO_4$，阻碍反应继续进行。因此，铅可作铅蓄电

池的铅板和硫酸生产中的耐酸材料。……………………………………………（　　）

2. 锡和盐酸或氯气起化学反应，都能生成氯化亚锡。……………………………（　　）

3. 实验室中的氯化亚锡溶液久置后变质，是因为被空气氧化生成了锡盐。……（　　）

4. 一种铅盐溶液，加适量碱生成白色沉淀 A，继续加碱沉淀消失；若向铅盐溶液中加入 K_2CrO_4 则产生黄色沉淀 B。据此可认定，A 是 $Pb(OH)_2$，B 是 $PbCrO_4$。……（　　）

第九章 氧化还原反应和电化学基础

第一节 氧 化 值

一、填空题

1. 元素的氧化值是该元素一个原子的_____。这种荷电数是人为地将____电子指定给_____较大的原子求得的。

2. 在离子型化合物中,简单离子的氧化值等于_____。

3. 分子中各原子氧化值的代数和等于__,在单质分子中,元素的氧化值为__。

4. 在共价化合物中,O 的氧化值一般为__,H 的氧化值一般为____。

5. 写出下列分子中带"＊"号元素的氧化值:$K_2Cr_2^*O_7$____,$(NH_4)_2S_2^*O_8$____,$H_2O_2^*$____,CaH_2^*____,O^*F_2____,$H_2S^*O_4$____,$Mn^*O_4^-$____,Fe_3O_4____。

二、判断题(下列说法正确的,在题后的括号内画"√",不正确的画"×")。

1. 氧化值有正、负之分,也可以是分数,而化合价只能是整数值。 ……………( )

2. MnO_4^{2-} 中,Mn 和 O 的氧化值分别为+8、-2。 ……………( )

3. $S_2O_3^{2-}$ 与 $S_4O_6^{2-}$ 中,S 的氧化值相同。 ……………( )

4. H 在化合物中氧化值均为+1,而 H_2 中 H 的氧化值为 0。 ……………( )

5. 氧化值的正、负是由元素在化合物中,电负性的相对大小决定的。 ……………( )

6. CH_4、C_2H_2、CCl_4 等化合物中,C 的氧化值均为+4。 ……………( )

第二节 氧化还原反应方程式的配平

一、填空题

1. 用氧化值法配平方程式的依据是氧化剂_____的总数与还原剂_____的总数____。

2. 配平下列反应方程式。

(1) $SO_2 + H_2O + I_2 \longrightarrow HI + H_2SO_4$

(2) $NH_3 + O_2 \longrightarrow NO + H_2O$

(3) $KMnO_4 + H_2S + H_2SO_4 \longrightarrow K_2SO_4 + MnSO_4 + S\downarrow + H_2O$

(4) $Mg + HNO_3$(稀)$\longrightarrow Mg(NO_3)_2 + N_2O\uparrow + H_2O$

(5) $K_2Cr_2O_7 + HCl$(浓)$\longrightarrow Cl_2\uparrow + CrCl_3 + KCl + H_2O$

(6) $HNO_3 + P + H_2O \longrightarrow H_3PO_4 + NO\uparrow$

二、选择题（将正确答案的序号填在题后的括号内）

1. 氧化还原反应 $KMnO_4 + FeSO_4 + H_2SO_4 \longrightarrow K_2SO_4 + MnSO_4 + Fe_2(SO_4)_3 + H_2O$ 配平后，各物质的系数正确的是（　　）。

(1) 2、10、8、1、1、10、8　　　(2) 2、10、3、1、2、5、3

(3) 2、10、8、1、2、5、8　　　(4) 1、5、4、1、1、5、4

2. 当温度高于 300℃ 时，NH_4NO_3 按下式分解：$NH_4NO_3 \longrightarrow N_2\uparrow + O_2\uparrow + H_2O$ 该反应式配平后，作为氧化剂的 N 和作为还原剂的 N、O 的物质的量的比为（　　）。

(1) 2∶2∶2　　　(2) 2∶1∶2　　　(3) 2∶2∶1

三、判断题（在配平的反应式题后括号内画"√"，没配平的反应式题后括号内画"×"）

(1) $Zn + HCl \longrightarrow ZnCl_2 + H_2\uparrow$ ···（　　）

(2) $CH_4 + 3O_2 \xrightarrow{\text{点燃}} 2H_2O + CO_2\uparrow$ ·································（　　）

(3) $4FeS_2 + 11O_2 \xrightarrow{\triangle} 2Fe_2O_3 + 8SO_2\uparrow$ ·····················（　　）

(4) $3Cu + 2HNO_3(稀) \longrightarrow 3Cu(NO_3)_2 + 2NO\uparrow + 4H_2O$ ·········（　　）

(5) $3Cl_2 + 6OH^- \longrightarrow ClO_3^- + 5Cl^- + 3H_2O$ ·····················（　　）

第三节　电极电位

一、填空题

1. 原电池是把____能转化为__能的装置，负极发生_____反应；正极发生____反应，电子由__极流向__极。

2. 铜-锌原电池中，锌极是__极，电极反应为_____，铜极是__极，电极反应为_____，电池反应为_____，电池符号为_____。

3. 填充下表：

电池反应	$2FeCl_3 + Cu \longrightarrow 2FeCl_2 + CuCl_2$	$Mg + Pb(NO_3)_2 \longrightarrow Pb + Mg(NO_3)_2$
正极反应		
负极反应		
电子流向		
电池符号		

4. 用标准__电极与标准条件下的其他各种电极组成_____，测得原电池的_____，根据 $\varphi^\ominus =$ _____，就能求出各种电极的标准电极电位。

5. 已知下列电对的标准电极电位：$\varphi^\ominus_{MnO_4^-/Mn^{2+}} = 1.51V$，$\varphi^\ominus_{Cl_2/Cl^-} = 1.36V$，$\varphi^\ominus_{Sn^{4+}/Sn^{2+}} = 0.15V$，$\varphi^\ominus_{Fe^{3+}/Fe^{2+}} = 0.77V$。则上述各电对中，氧化态物质的氧化能力由强到弱的顺序为_____；还原态物质的还原能力由强到弱的顺序为_____。

6. 影响电极电位的主要因素有____、____、____及介质的____。对于电极反应 $Fe^{3+} +$

$e \Longleftrightarrow Fe^{2+}$，在其他条件不变的情况下，增加 Fe^{3+} 浓度，其电极电位____，增大 Fe^{2+} 的浓度，电极电位____。

7. 铁片和锌片可分别与稀硫酸反应产生氢气。如把它们同时放在一个盛有稀硫酸的容器中，并以导线相连，则形成_____，____做负极，其金属表面____氢气产生，而____做正极，其金属表面_____氢气产生。

二、选择题 （将正确答案的序号填在题后的括号内）

1. 分别降低①$Cu^{2+}+2e \Longleftrightarrow Cu$，②$I_2+2e \Longleftrightarrow 2I^-$ 电极反应中的离子浓度，它们的电极电位会（　　）。

(1) ①②均升高　　　(2) ①②均降低　　　(3) ①升高，②降低　　　(4) ①降低，②升高

2. 测得原电池：$(-)Pt|H_2(100kPa)|H^+(1mol \cdot L^{-1}) \| Fe^{3+}(1mol \cdot L^{-1})$，$Fe^{2+}(1mol \cdot L^{-1})|Pt(+)$ 的电动势为 0.77V，则 $\varphi^{\ominus}_{Fe^{3+}/Fe^{2+}}$ 值为（　　）。

(1) 0.77（V）　　　(2) -0.77（V）　　　(3) 1.54（V）　　　(4) -1.54（V）

三、判断题 （下列说法正确的，在题后的括号内画"√"，不正确的画"×"）

1. 将氧化还原反应 $Zn+2HCl \longrightarrow ZnCl_2+H_2\uparrow$ 设计成原电池，其电池符号为：$(-)Zn|ZnCl_2 \| HCl|H_2|Pt(+)$。……………………………………………（　　）

2. 若将电极反应①$Fe^{3+}+e \longrightarrow Fe^{2+}$ 写成②$2Fe^{3+}+2e \longrightarrow 2Fe^{2+}$，则相应的标准电极电位关系是 $\varphi^{\ominus}_{②}=2\varphi^{\ominus}_{①}$。…………………………………………………（　　）

3. 由于电极反应 $Zn^{2+}+2e \longrightarrow Zn$ 中没有 H^+ 或 OH^- 出现，查其标准电极电位时，查酸表、碱表均可。……………………………………………………………（　　）

4. 电极电位值的大小，可以反映出氧化态和还原态物质氧化还原能力的强弱。……（　　）

四、计算题

1. 由镍片与 $1mol \cdot L^{-1}$ 的 Ni^{2+} 溶液；锌片与 $1mol \cdot L^{-1}$ 的 Zn^{2+} 溶液构成原电池。写出电极反应、电池反应，并计算电池的标准电动势。**(0.506V)**

2. 计算标准状态下，由 Cl_2/Cl^- 和 Fe^{3+}/Fe^{2+}、Sn^{2+}/Sn 和 Sn^{4+}/Sn^{2+} 组成的原电池的标准电动势，写出电池反应。**(0.589V；0.29V)**

第四节　电极电位的应用

一、填空题

根据标准电极电位，判断下列反应自发进行的方向。

① 将反应方向填入反应式后面的括号内。

② 将反应的标准电动势填入反应式下面 $\varphi^{\ominus}$ 的算式中。

(1) $2FeSO_4 + Br_2 + H_2SO_4 \longrightarrow Fe_2(SO_4)_3 + 2HBr$ ·············· (　)

$\varphi^{\ominus} = \varphi^{\ominus}_{(+)} - \varphi^{\ominus}_{(-)} = $ _____

(2) $2FeSO_4 + I_2 + H_2SO_4 \longrightarrow Fe_2(SO_4)_3 + 2HI$ ·············· (　)

$\varphi^{\ominus} = \varphi^{\ominus}_{(+)} - \varphi^{\ominus}_{(-)} = $ _____

(3) $2FeCl_3 + Pb \longrightarrow 2FeCl_2 + PbCl_2$ ·················· (　)

$\varphi^{\ominus} = \varphi^{\ominus}_{(+)} - \varphi^{\ominus}_{(-)} = $ _____

(4) $2KI + SnCl_4 \longrightarrow SnCl_2 + 2KCl + I_2$ ················ (　)

$\varphi^{\ominus} = \varphi^{\ominus}_{(+)} - \varphi^{\ominus}_{(-)} = $ _____

二、选择题（将正确答案的序号填在题后的括号内）

1. 已知 $\varphi^{\ominus}_{Fe^{3+}/Fe^{2+}} = 0.77V$，$\varphi^{\ominus}_{Cu^{2+}/Cu} = 0.34V$，则反应 $2Fe^{2+} + Cu^{2+} \rightleftharpoons Cu + 2Fe^{3+}$ 在标准状态下自发进行的方向是（ 　 ）

(1) 正向　　(2) 逆向　　(3) 不反应　　(4) 条件不够不能判断

2. 已知 $\varphi^{\ominus}_{Fe^{2+}/Fe} = -0.44V$，$\varphi^{\ominus}_{Fe^{3+}/Fe^{2+}} = 0.77V$，$\varphi^{\ominus}_{Cl_2/Cl^-} = 1.36V$，$\varphi^{\ominus}_{S/H_2S} = 0.14V$，根据上述数据可知电对中氧化态物质的氧化能力由弱到强的顺序是（ 　 ）。

(1) Cl_2，Fe^{3+}，S，Fe^{2+}　　(2) Cl_2，Fe^{2+}，S，Fe^{3+}

(3) Fe^{2+}，S，Fe^{3+}，Cl_2　　(4) Cl^-，Fe^{2+}，S^{2-}，Fe

3. 实验室配制亚铁盐溶液时，常加入适量的铁钉，防止失效，其原因是（ 　 ）。

(1) 加铁钉后，氧气不氧化 Fe^{2+} 了　　　　(2) Fe^{3+} 与 Fe 可反歧化生成 Fe^{2+}

(3) 铁钉可与溶液中 H^+ 作用生成 Fe^{2+}　　(4) 铁钉在溶液中起导电作用，用作电极

4. 已知 $\varphi^{\ominus}_{Fe^{3+}/Fe^{2+}} = 0.77V$，$\varphi^{\ominus}_{Br_2/Br^-} = 1.06V$，$\varphi^{\ominus}_{I_2/I^-} = 0.54V$ 则标准状态下，下列说法正确的是（ 　 ）。

(1) I_2 能氧化 Fe^{2+}　　(2) Fe^{3+} 能氧化 Br^-

(3) I_2 能氧化 Br^-　　(4) Br_2 能氧化 Fe^{2+}

三、判断题（在正确的题后括号内画"√"，错误的题后括号内画"×"）

1. 一般地说，电极电位差值最大的两个电对之间，首先发生氧化还原反应。········· (　)

2. 由于 $\varphi^{\ominus}_{MnO_2/Mn^{2+}} < \varphi^{\ominus}_{Cl_2/Cl^-}$，所以不可能用 MnO_2 与 HCl 作用制得氯气。··· (　)

第五节　电化学基础

一、填空题

1. 化学电源是一种把____转化为____的装置，简称电池。写出三种常用电池：_____、

_____、_____。

2. 锌-锰干电池的正极反应_____，负极反应_____，电池反应为_____
_____。这种电池，其中的反应物放电完毕后，不能再重复使用，称之为_____电池。

3. 凡能用____的方法使反应物复原，重新放电，并能_____的电池称为蓄电池。请写出铅蓄电池放电时正极反应_____，负极反应_____，电池反应_____。充电时的正极反应_____，负极反应_____，电池反应_____。

4. 电解槽内与电源正极相连的电极叫____，发生____反应，与电源负极相连的电极叫____，发生____反应。

5. 当在镀件上镀镍时，____做阴极，电极反应是_____，____做阳极，电极反应是_____，电镀液中应含有____。

6. 电解盐类的水溶液时，各种阴离子在阳极放电的顺序是_____
_____

7. 金属的腐蚀可分为_____和_____两大类。钢铁（含有少量碳）在空气中，表面常附有一层水膜，如水膜近中性，则发生_____腐蚀，若水膜呈酸性，则发生_____腐蚀。

二、选择题（将正确答案的序号填在题后的括号内）

1. 下列说法正确的是（   ）。
(1) 电解槽的阴极失电子，发生氧化反应
(2) 电解槽的阴极得电子，发生还原反应
(3) 电解槽中，发生氧化反应的电极是阳极
(4) 电解槽中的电极一定是由两种不同的金属组成的

2. 下列说法正确的是（   ）。
(1) 提纯粗铜时用粗铜板做阳极，纯铜做阴极，用 $CuSO_4$ 溶液做电解液
(2) 电镀是利用原电池的原理，在金属表面镀上另外一种金属
(3) 电解 $NaCl$ 水溶液，可制得氯气和金属钠
(4) 电解是氧化还原反应自发进行的过程

3. 在电解质中，下列金属与铁板接触后，能使铁腐蚀加快的是（   ）。
(1) Zn   (2) Mg   (3) Sn   (4) Cu

4. 人们日常用的干电池的工作原理与下列哪种装置的工作原理一样（   ）。
(1) 电解   (2) 电镀   (3) 原电池   (4) 以上三种都不对

5. 金属防腐常用的方法是（   ）。
(1) 在金属表面涂上一层保护层
(2) 利用电化学的方法，在被保护的金属表面连接一些较其活泼的其他金属
(3) 制成耐腐蚀的合金   (4) 以上三种都是常用方法

三、判断题（在正确题后的括号内画"√"，在错误题后的括号内画"×"）

1. 电解活泼金属（电极电势低于 $\varphi^{\ominus}_{Al^{3+}/Al}$）的盐溶液时，阴极上一般总是析出氢气。
$\cdots\cdots\cdots\cdots\cdots\cdots\cdots\cdots\cdots\cdots\cdots\cdots\cdots\cdots\cdots\cdots\cdots\cdots\cdots\cdots$（   ）

2. 电解熔融食盐与食盐水溶液时，能得到完全相同的产物。$\cdots\cdots\cdots\cdots$（   ）

3. 在轮船壳体上加块锌板，对船体有保护作用，是原电池工作原理的具体应用。……（　　）

4. 用镀层金属做阳极进行电镀时，溶液中镀层金属离子不断在阴极表面析出，因此溶液中，镀层金属离子浓度越来越小。……………………………………………………（　　）

5. 含有杂质的金属更易被腐蚀，是因为金属和杂质形成了微型原电池，金属作负极。
………………………………………………………………………………………（　　）

综 合 练 习

一、填空题

1. 写出下列分子或离子中带 * 号元素的氧化值：HN^*O_2 _____，C^*H_4 _____，$Mn^*O_4^{2-}$ _____，$N_2^*H_4$ _____，$S_2O_3^{2-}$ ____。

2. 把铜棒和含有少量锌、铂杂质的银棒，插入硝酸银溶液中，并分别接在电源的正极和负极上。通电前，铜棒上发生的反应为 _____，银棒上发生的反应为 _____；通电后，铜棒上发生的反应为 _____，银棒上发生的反应为 _____。

3. 欲用铁将铜从 $CuSO_4$ 溶液中置换出来，又不把铁溶解在 $CuSO_4$ 溶液中，应设计一套 _____装置，该装置用符号表示为：_____，电极反应 _____、_____。

二、选择题（将正确答案的序号填在题后的括号内）

1. 为防止铁被腐蚀，经常在其表面镀一层锌或锡。当镀层破裂后，下列说法正确的是（　　）。

(1) 镀锌铁皮更易被腐蚀　　(2) 镀锡铁皮更易被腐蚀

(3) 两者都易被腐蚀　　(4) 两者都不易被腐蚀

2. 下列反应均能正向自发进行：$2A^- + B_2 \longrightarrow 2B^- + A_2$，$2B^- + C_2 \longrightarrow 2C^- + B_2$，$2C^- + D_2 \longrightarrow 2D^- + C_2$。则还原剂还原能力由强到弱的顺序是（　　）。

(1) $A^- > B^- > C^- > D^-$　　(2) $A_2 > B_2 > C_2 > D_2$

(3) $D^- > C^- > B^- > A^-$　　(4) $D_2 > C_2 > B_2 > A_2$

3. 已知 $\varphi^{\ominus}_{Fe^{3+}/Fe^{2+}} = 0.77V$，$\varphi^{\ominus}_{Cu^{2+}/Cu} = 0.34V$，$\varphi^{\ominus}_{Fe^{2+}/Fe} = -0.44V$。将铁片投入到 $CuSO_4$ 水溶液中时，反应产物是（　　）。

(1) Fe^{3+}，Cu^+　　(2) Fe^{2+}，Cu　　(3) Fe^{2+}，Cu^+　　(4) Fe^{3+}，Cu

4. 下列物质能够大量共存的一组是（　　）。

(1) MnO_4^-，H_2O_2　　(2) Cl_2，$NaOH$　　(3) $Cr_2O_7^{2-}$，Fe^{3+}　　(4) I^-，Fe^{2+}

5. 电解槽里盛有 $NaCl$、KI、KBr 的混合水溶液，插入铂电极，接通电源，两极上首先析出的物质是（　　）。

(1) Na，I_2　　(2) K，Br_2　　(3) Na，Cl_2　　(4) H_2，I_2

三、判断题（下列说法正确的，在题后的括号里画"√"，不正确的画"×"）

1. 配制 $SnCl_2$ 水溶液时，经常加适量锡粒，防止 Sn^{2+} 被氧化。……………（　　）

2. 铜制品上铝质铆钉易被潮湿空气腐蚀，是因为铝与铜形成了原电池，铜做负极。
………………………………………………………………………………………（　　）

3. $KMnO_4$ 的氧化能力，不仅与电对物质的浓度有关，还与溶液的酸度有关。……（　　）

4. 蓄电池的充、放电过程均是自发进行的氧化还原反应。……………………（　　）

5. 标准态下，氧化还原反应自发进行的条件是 $E^\ominus > 0$。……………………（　　）

6. 活泼金属不易发生电化学腐蚀。…………………………………………（　　）

四、计算题

1. 电解氯化铜水溶液时，在阴极上析出 15.9g 铜，试计算在阳极上产生多少升氯气（标准状况下）？**(5.6L)**

2. 通过计算说明 H_2O_2 在标准状态下能否将 Br^-，Cl^- 氧化成 Br_2，Cl_2？写出电极反应，电池反应。

第十章 氮族元素

第一节 氮族元素简介

一、填空题

1. 氮族元素位于元素周期表＿＿＿族，包括＿、＿、＿、＿、＿五种元素。它们的价电子层构型为＿＿＿，最高氧化物中的氧化值是＿＿。

2. 氮族元素随着核外电子层数的增加，获得电子的趋势逐渐＿＿＿，失去电子的趋势逐渐＿＿＿，所以它们的非金属性逐渐＿＿＿，金属性逐渐＿＿＿。

3. 氮族元素的非金属性，比同周期的碳族元素＿＿，而较卤素＿＿＿。

二、选择题（将正确答案的序号填在题后括号内）

1. 下列元素原子半径最小的是（　　　）。

(1) Si　　(2) N　　(3) P　　(4) As

2. 下列元素中电负性最大的是（　　　）。

(1) C　　(2) Pb　　(3) N　　(4) Sb

3. 下列化合物中氮族元素氧化值最高的是（　　　）。

(1) KNO_2　　(2) $NaBiO_3$　　(3) Na_3AsO_3　　(4) $K_4P_2O_7$

4. 下列气态氢化物最稳定的是（　　　）。

(1) PH_3　　(2) AsH_3　　(3) NH_3　　(4) SbH_3

第二节 氮 气

一、填空题

1. N_2 约占空气总体积的＿％。工业上，主要采用＿＿＿＿＿＿＿＿＿＿的方法来制备 N_2。

2. N_2 分子的两个原子间含＿＿＿＿＿键，它的结合力强，所以氮分子的结构很＿＿＿，但在高温、高压、放电或有催化剂存在下，能和一些物质起反应，如：

(1) N_2 在高温下与镁反应的化学方程式＿＿＿＿＿＿＿＿＿＿＿＿＿＿

(2) 氮化镁水解的反应方程式＿＿＿＿＿＿＿＿＿＿＿＿＿＿＿＿＿＿＿

(3) N_2 与 O_2 在电弧放电的强热下，能化合。反应方程式＿＿＿＿＿＿＿＿＿＿＿

＿＿＿＿＿＿＿＿＿＿＿＿＿＿＿

(4) N_2 在高温、高压和催化作用下，与 H_2 合成＿＿，反应方程式：＿＿＿＿＿＿＿

＿＿＿＿＿＿＿＿＿＿＿＿＿＿＿

3. 氮气可用于＿＿＿＿＿＿＿和＿＿＿＿＿＿＿。

二、判断题（下列说法正确的在题后括号内画"√"，不正确的画"×"）

1. 镁条在空气中燃烧的产物除氧化镁外，还有少量的氮化镁。……………………（　　　）

2. 由于氮的电负性不大，所以 N_2 不如 O_2、H_2 活泼。……………………………（　　）

3. 将空气中的氮气转变为氮的化合物的过程称为氮的固定。……………………（　　）

4. 空气液化后，利用 N_2 的沸点比 O_2 低，将它们分离。因此，氧和稀有气体是工业制氮气的副产品。……………………………………………………………………………（　　）

第三节　氨和铵盐

一、填空题

1. NH_3 是极性分子，分子间存在____键，它在水中的溶解度_____。氨易液化，常用作_____。

2. 氨溶于水时存在下列动态平衡：_____所以氨水是__碱。

3. 氨和酸起反应生成____，铵盐属于____晶体，__溶于水。

4. 氨有还原性。在纯氧中燃烧的反应方程式_____，在催化剂作用下可被空气氧化，反应方程式_____。

5. 铵盐和硫化钠溶液混合，离子反应式_____
_____。

6. 铵盐和碱作用产生____，利用这一性质可检验____离子的存在。

二、判断题（下列说法正确的，在题后的括号内画"√"，不正确的画"×"）

1. 加热试管中少量 NH_4Cl 晶体，可见该晶体从底部移至试管上部。这和碘的升华现象是相同的。……………………………………………………………………………（　　）

2. 氨水和浓盐酸靠近时能产生白烟，而氯化氢与氨混合时也是如此。…………（　　）

3. 氨水与液氨不同，氨水是弱碱，液氨则是单质。………………………………（　　）

4. 各种铵盐与消石灰混合均可放出氨，可用蓝色石蕊试纸来检验。……………（　　）

5. 氨比空气轻、又易溶于水，所以实验室制氨时用向下排空气法收集。………（　　）

三、计算题

1. 将 10.7g $Ca(OH)_2$ 和等质量的 NH_4Cl 混合，可制得 NH_3（标准状况下）多少升？将氨溶于水后，得到 500mL 氨水，计算其物质的量浓度。（**4.48L 氨；0.4mol·L^{-1}氨水**）

2. 在密闭容器中，放入（NH_4）$_2CO_3$ 和 NaOH 固体共 88g 加热至 200℃，经充分反应后，排除其中气体，冷却，称得剩余固体为 60g。求容器内原有（NH_4）$_2CO_3$ 和 NaOH 各多少克，并说明剩余固体的化学组成和质量。[原有固体中（NH_4）$_2CO_3$ **38.4g**，NaOH 为 **49.6g**；反应后剩余固体中 Na_2CO_3 **42.4g**，NaOH 为 **17.6g**]

第四节　氮的含氧化合物

一、填空题

1. 氮有多种氧化物，最重要的是____和_____。

2. NO 是__色__溶于水的气体，NO$_2$ 是____色、有_____臭味的气体。它__毒，腐蚀性____。NO 极易_____，转变为____。

3. 实验室制备 NO 的反应方程式：_____；制取 NO$_2$ 的反应方程式：_____；NO$_2$ 易溶于水，和水作用的反应方程式_____。

4. 硝酸是易挥发的强酸。商品硝酸约含 HNO$_3$_____%（质量分数）。硝酸的稳定性____，常温下，浓硝酸见光或受热时_____，化学方程式为_____。常将它贮于_____瓶中，低温暗处保存。

5. 硝酸有强氧化性，和还原剂作用时，浓硝酸常被还原为_____，较稀的硝酸则被还原为_____或其他较低氧化值的_____物质。常温下，Fe、Al、Cr 等金属在浓硝酸中表现_____，原因是_____。浓硝酸也不能溶解 Au、Pt，它们需用_____来溶解。

6. A、B、C、D、E、F 六种物质，在一定条件下可按图示的关系相互转化。若已知 A 为气体单质，试用化学式表示上述物质：A 为____，B 为____，C 为____，D 为____，E 为____，F 为____。有关反应方程式（注明反应条件）如下：

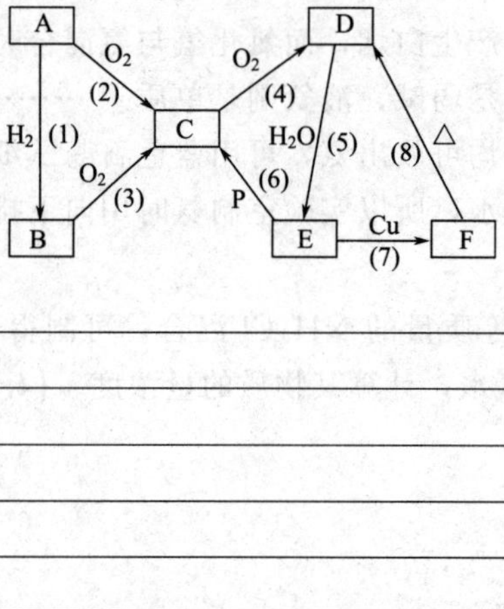

(1) _____；
(2) _____；
(3) _____；
(4) _____；
(5) _____；
(6) _____；
(7) _____；
(8) _____。

二、判断题（下列说法正确的在题后括号内画"√"；不正确的画"×"）

1. NO$_2$ 是强氧化剂，硫单质可在其中燃烧，生成 SO$_3$。……………………（　　）

2. SiO$_2$ 是硅酸酐，NO$_2$ 是亚硝酸酐。……………………………（　　）

3. 硝酸盐热稳定性虽不同，但高温时都能分解并放出氧气，所以它们是氧化剂。……（　　）

4. 硝酸生产中要用碱液吸收尾气中的 NO 和 NO$_2$ 以防止污染环境。………（　　）

5. 室温下，将 40mL NO 和 60mL NO$_2$ 的混合气体缓缓通入足量的 NaOH 溶液中，充分反应后产物中有 NaNO$_2$ 和 NaNO$_3$。………………………………（　　）

三、计算题

1. 用稀硝酸和铜屑作用来制取 NO。已知，反应中消耗 HNO₃1.6mol，计算（1）标准状况下能生成 NO 多少升？（2）参加反应的铜和被还原的硝酸的物质的量各是多少？**[（1）生成 NO 8.96L；（2）0.6mol Cu 参加反应，0.4mol HNO₃ 被还原]**

2. 将 NO 和 NO₂ 的混合气体 20mL，通入倒立在水槽的充满水的量筒中。片刻后，量筒里剩下的气体为原体积之半。试计算原混合气体中两种氮的氧化物的体积分数。**（NO 为 25％，NO₂ 为 75％）**

3. 氨氧化法制硝酸时，若氨生成一氧化氮的产率是 96％，一氧化氮制取硝酸的产率是 92％，试计算 2000t 氨能生产 65％（质量分数）HNO₃ 多少吨？**（10070.9t 65％ HNO₃）**

4. 某化肥厂用氨生产硝酸铵。已知：由 NH₃ 制取 NO 的产率是 96％，NO 制取 HNO₃ 的产率是 92％，HNO₃ 和 NH₃ 作用后制得 NH₄NO₃。计算该厂生产硝酸所用的氨占总耗氨量的质量分数（不考虑生产中的其他损失）。**（53.1％）**

第五节　磷及其重要化合物

一、填空题

1. 常见磷的同素异形体是 ___ 和 ___，其中 ___ 是剧毒的易燃品，可保存在 __ 里，它可溶于 ___ 中；而 ___ 是无毒而稳定的物质。

2. 磷单质充分燃烧时，生成 _____，该产物溶于热水生成 _____，若溶于冷水则生成 _____，其中有剧毒能使蛋白质凝固的是 _____。

3. 磷酸是三元中强酸，能形成 __ 种正盐和两种 ____ 盐。物质的量浓度相同的磷酸钠、磷酸氢二钠、磷酸二氢钠溶液，它们的酸碱性 __ 相同，溶液中［OH^-］由大到小的顺序是 _____，pH 由小到大的顺序是（以化学式表示）_____。

4. 磷酸的稳定性比硝酸 __，磷酸的挥发性比硝酸 __，硝酸的酸性比磷酸 ___。

5. 磷酸钠和硝酸银溶液反应后生成 __ 色沉淀，该沉淀可溶于 ___ 中。有关离子反应式为 _____；

_____。

二、选择题（将正确答案的序号填在题后的括号内）

1. 下列含氧酸酸性最弱的是（　　　）。

(1) $HClO_4$　　　(2) H_3BO_3　　　(3) HNO_3　　　(4) H_3PO_4

2. 下列物质和 $AgNO_3$ 溶液反应，产生黄色沉淀并溶于 HNO_3 的是（　　　）。

(1) Na_3PO_4　　　(2) NaI　　　(3) Na_2HPO_4　　　(4) NaBr

3. 和 $AgNO_3$ 溶液反应，产生黄色沉淀不溶于 HNO_3 的物质是（　　　）。

(1) $Ca(H_2PO_4)_2$　　　(2) KCl　　　(3) KI　　　(4) K_3PO_4

4. 下列磷酸盐溶液显酸性的是（　　　）。

(1) $NH_4H_2PO_4$　　　(2) K_3PO_4　　　(3) Na_2HPO_4　　　(4) KH_2PO_4

5. 下列物质能影响过磷酸钙肥效的是（　　　）。

(1) 硝酸铵　　　(2) 消石灰　　　(3) 尿素　　　(4) 草木灰

三、计算题

1. 生产 500t 85% H_3PO_4，需磷单质或含 65% $Ca_3(PO_4)_2$ 的磷灰石多少吨？（设：磷单质生产磷酸的产率是 98%；磷灰石生产磷酸的产率是 90%）**（需磷单质 137.2t，磷灰石 1149t）**

2. 硫酸铵 66g 和过量的烧碱共热后，放出的气体用 200mL 2.5mol·L^{-1} H_3PO_4 溶液

吸收，这时生成磷酸盐的组成是什么？[**生成 (NH₄)₂HPO₄ 0.5mol**]

3. 今有 500mL 2.4mol·L⁻¹ H₃PO₄ 溶液，需吸收多少克氨才能变成（1）磷酸二氢铵（2）磷酸氢铵（3）磷酸铵？[**吸收 NH₃ (1) 20.4g；(2) 40.8g；(3) 61.2g**]

第十一章　氧　和　硫

第一节　氧族元素简介

一、填空题

1. 氧族元素位于元素周期表_____族，包括：__、__、__、__、__五种元素，它们的价电子构型为_____。随着核电荷数的增加，原子半径逐渐___，电负性逐渐___，因此非金属性逐渐___，金属性逐渐___。氧族元素的非金属性比相应的氮族元素__，而比卤素__。

2. 氧族元素可形成氧化值为___的三氧化物（MO_3），也可形成氧化值为___的二氧化物。随着原子序数的增加，氧族元素最高氧化物对应的水化物的酸性逐渐___，同一元素，氧化值高的含氧酸比氧化值低的含氧酸的酸性__。

3. 氧族元素的气态氢化物随着原子序数增大，它们的热稳定性___，还原性___。

二、选择题（将正确答案的序号填入题后的括号内）

1. 下列元素电负性最大的是（　　）。

（1）硫　　（2）氧　　（3）磷　　（4）氯

2. 下列微粒中半径最大的是（　　）。

（1）Si　　（2）N　　（3）S^{2-}　　（4）S^{6+}

3. 对于氧族元素，下列叙述中不正确的是（　　）。

（1）最外层电子数相同　　（2）原子半径依次增大

（3）核电荷数增加，则核对最外层电子的引力也随之增大

（4）气态氢化物的还原性依次增强

4. 下列对于硒性质的描述正确的是（　　）。

（1）单质在常温常压下是固态　　（2）有－2、＋4、＋6等氧化值

（3）H_2Se 的稳定性比 H_2S 强，但还原性弱

（4）SeO_3 的水化物是一种酸

第二节　氧和臭氧、过氧化氢

一、填空题

1. 氧的同素异形体是_____和_____，其中_____比_____氧化能力更强，但热稳定性_____。

2. 今有一定体积的 O_2，通过放电，部分转化为 O_3，体积缩小了 600mL，则制得 O_3 ___mL，消耗了 O_2 ___mL。

3. H_2O_2 溶液俗称_____。它是一种__酸，_____可看作是它的盐。H_2O_2 的稳定性___，在强光照射或重金属离子存在时，分解速率___，分解反应式为：_____

_____。

4. H_2O_2 中氧的氧化值是____。它遇还原剂时显____性，被还原为____。例如，

$$H_2O_2+KI+H_2SO_4 \longrightarrow K_2SO_4+ \_\_\_ + \_\_\_ 。$$

它遇强氧化剂时显____性，____电子，转化为__，如，$KMnO_4+H_2O_2+H_2SO_4 \longrightarrow K_2SO_4+$ ___+___+___。

5. 检验臭氧的反应是 $2KI+O_3+H_2O \longrightarrow 2KOH+I_2+O_2$ 其中，氧化产物是__，还原产物是_____，生成 0.1mol I_2 时，电子转移数是_____。

二、选择题（将正确答案的序号填入题后的括号内）

1. 下列 O_3 与 O_2 性质比较的描述中，正确的是（   ）。

(1) O_3 比 O_2 熔、沸点高   (2) O_3 比 O_2 稳定性强

(3) O_2 比 O_3 在水中溶解度小   (4) O_3 比 O_2 氧化性强

2. 对于 H_2O_2 性质的描述不正确的是（   ）。

(1) 弱酸性   (2) 只有强氧化性

(3) 既有氧化性又有还原性

(4) 仅存在于水溶液中，没有纯的 H_2O_2

3. H_2O_2 与 $KMnO_4$ 酸性溶液作用，生成 Mn^{2+} 盐时相互反应的物质的量之比是（   ）。

(1) 3:2   (2) 1:2   (3) 5:2   (4) 难以确定

三、计算题

1. 过氧化氢溶液 20mL（设密度为 1g·cm^{-3}）和高锰酸钾酸性溶液作用，若消耗了 $KMnO_4$ 1g，试求过氧化氢的质量分数。**(2.7%)**

2. 标准状况下，有 O_2 和 O_3 混合气体 500mL，和足量 KI 溶液反应后析出 I_2 0.5g。试计算该混合气体中 O_3 的体积分数。**(8.8%)**

3. 标准状况下，有 750mL 含 O_3 的氧气，当其所含 O_3 完全分解后体积变为 780mL。若将此含 O_3 的氧气 1L 通入 KI 溶液中，能析出多少克碘单质？**(0.9g I_2)**

第三节　硫单质、硫化氢和氢硫酸盐

一、填空题

1. 硫单质为___色晶体。它__溶于水，易溶于_____中。

2. 硫和金属或氢反应时，硫单质是____剂，在硫化物中它的氧化值是____。

3. 硫在空气中燃烧时，产物是_____。硫和氟反应，生成_____，在反应中硫是____剂。

4. 硫能溶于热的烧碱溶液，$3S+6NaOH \xrightarrow{\triangle} 2Na_2S+Na_2SO_3+3H_2O$，该反应的氧化剂是_____，还原剂是____。氧化产物是_____，还原产物是_____。

5. 硫化氢是__色，有_____气味的气体，__毒，可溶于水，硫化氢的水溶液叫____酸，室温下饱和溶液的浓度约为__$mol \cdot L^{-1}$ H_2S。

6. H_2S中硫的氧化值为__，因此在氧化还原反应中作____剂。它的氧化产物一般是__，遇强氧化剂时，可氧化为_____甚至____。

7. 将H_2S通入Fe^{3+}盐溶液后，有混浊物产生，若将H_2S通入I_2水中也有类似现象。有关离子方程式为：_____。

8. 制取H_2S常用_____和FeS作用，而不能用____酸。H_2S通入Fe^{2+}盐溶液后__沉淀产生，若再滴入碱液，则有__色沉淀出现，该物质是____。实验室可用_____检验H_2S，有关化学反应式为：_____。

二、选择题（将正确答案的序号填入题后的括号内）

1. 下列物质久置空气中会变质的是（　　）。

（1）亚硝酸　　（2）烧碱　　（3）氢硫酸　　（4）硫单质

2. 下列离子还原性最强的是（　　）。

（1）Cl^-　　（2）NO_3^-　　（3）S^{2-}　　（4）HPO_4^{2-}

3. 下列物质间均能发生化学反应：(a) Cl_2+P；(b) $Fe+I_2$；(c) $Zn+HNO_3$；(d) H_2S+O_2；(e) NH_3+O_2；(f) $P_2O_5+H_2O$，在不同条件下能得到不同产物的是（　　）。

（1）除 (b)、(f) 外　　（2）除 (b) 外　　（3）除 (b)、(e) 外　　（4）全部均可

4. 下列物质中，硫元素既有氧化性又有还原性的是（　　）。

（1）Na_2S　　（2）SO_2　　（3）S　　（4）H_2SO_4

5. 硫和铝完全反应生成1mol Al_2S_3时，电子转移的物质的量是（　　）。

（1）3mol　　（2）6mol　　（3）2mol　　（4）不能确定

三、计算题

1. 将8g硫粉和16.8g铁粉充分混合后，加热。能生成多少克硫化亚铁（不考虑其他损失）？哪种物质有剩余？其物质的量是多少？（**生成 FeS 22g，Fe 剩余 0.05mol**）

2. 今有 $2mol \cdot L^{-1}$ HCl 溶液 100mL 与足量 FeS 反应后，在标准状况下能收集到 H_2S 多少升（设，H_2S 的收率为 90%）？ **(2L)**

第四节　硫的含氧化合物

一、填空题

1. SO_2 是__色，有_____气味的__毒气体。它溶于水，生成_____。SO_2 有还原性，在催化剂作用下，能被空气氧化为_____。SO_2 可使 $KMnO_4$ 溶液退色，有关化学方程式如下：

$$SO_2 + KMnO_4 + \underline{\quad} \longrightarrow K_2SO_4 + MnSO_4 + H_2SO_4$$

SO_2 遇强还原剂时，显____性，本身被还原为____。

2. H_2SO_3 仅存于水溶液中，它不稳定易分解为_____和_____；它比 SO_2 更易被氧化，在空气中逐渐被氧化为_____；H_2SO_3 遇强还原剂 H_2S 时，显_____性被还原为_____。

3. SO_2 通入烧碱溶液中，可得到_____和_____两种亚硫酸盐。亚硫酸盐遇空气或其他氧化剂时，可被氧化为_____，因此它常用作____剂。

4. 某酸 A 和正盐 B 作用，放出无色有刺激性气味的气体 C，C 可使品红溶液退色，也能使 $KMnO_4$ 溶液退色。当 C 与烧碱溶液作用后，又得到 B。C 氧化后产物为 D，D 被水吸收又得到 A。可以判断：A 是____，B 是____，C 是____，D 是____。有关化学方程式如下：

(1) _____
(2) _____
(3) _____
(4) _____
(5) _____

5. 配制硫酸溶液时，应该在搅拌下将____缓缓倒入____中，并且在敞口容器中进行。这是由于浓硫酸对水有_____作用，如果把水倒入浓硫酸中，产生的____会使硫酸溶液局部过热，导致浮在硫酸表面的水_____，产生的蒸气带着硫酸飞溅出来造成皮肤灼伤。

6. 浓硫酸有____性，可用来干燥 Cl_2、H_2、CO_2 等气体。蔗糖放入浓硫酸中，发生"炭化"现象，这是由于浓硫酸有____性。硫酸溶液常用来除去铁锈（$Fe_2O_3 \cdot xH_2O$）和铜锈 $[Cu(OH)_2 \cdot CuCO_3]$，这是由于硫酸有_____性。有关离子方程式为：_____

_____；_____

_____。

7. 浓硫酸能和萤石或食盐作用，制取氟化氢或氯化氢，这是由于浓硫酸是＿＿＿＿酸。浓硫酸在加热时能和碳或铜起反应，说明浓硫酸有＿＿＿＿性，这与稀硫酸和铁起反应的区别为浓 H_2SO_4 起氧化作用的是＿＿＿＿，本身被还原为＿＿＿＿。稀 H_2SO_4 起氧化作用的是＿＿＿＿，本身被还原为＿＿＿。有关反应方程式如下（标出电子转移的方向和 H_2SO_4 的还原产物）：

$$Cu + H_2SO_4(浓) \xrightarrow{\triangle}$$

$$Fe + H_2SO_4(稀) \longrightarrow$$

8. 无色气体 A，在氧气中燃烧得到水和气体 B，B 在一定条件下可进一步氧化成 C；A、B、C 三物质均溶于水，溶液显酸性、且酸性依次增强。则 A、B、C 三物质的化学式依次为＿＿＿、＿＿＿、＿＿＿。若 A、B、C 各 0.05mol，先后共溶于 1L 水中（设溶液体积仍为 1L），则在水溶液中的化学反应依次为＿＿＿＿＿＿＿＿、＿＿＿＿＿＿＿＿＿＿、＿＿＿＿＿＿＿＿＿＿；反应后溶液显＿＿＿＿性，有关物质的物质的量浓度是＿＿＿＿、＿＿＿＿；将上述溶液分为三份：一份滴入品红溶液，现象是＿＿＿＿＿＿＿＿＿，原因是＿＿＿＿＿＿＿＿＿＿；另一份加入氯化钡溶液，并加些 HNO_3 振荡，现象是＿＿＿＿＿＿＿＿＿＿，原因是＿＿＿＿＿＿＿＿＿；第三份加入碳酸钠溶液，现象是＿＿＿＿＿＿＿，原因是＿＿＿＿＿＿＿＿＿＿。

9. 海波又称＿＿＿＿，是＿色透明晶体，＿溶于水。它的化学式为＿＿＿＿＿＿＿。

10. 硫代硫酸钠的基本性质是（1）在＿＿＿性、＿＿＿性溶液中较稳定，在＿＿＿性溶液中易分解。反应方程式为＿＿＿＿＿＿＿＿＿＿＿＿＿。

（2）有还原性。常被氧化剂氧化为＿＿＿＿＿或＿＿＿盐，如：$Na_2S_2O_3 + Cl_2 + H_2O \longrightarrow$

$$Na_2S_2O_3 + I_2(溶液) \longrightarrow$$

（3）它能溶解＿＿＿＿＿盐类，生成配位化合物。

二、选择题（将正确答案的序号填入题后的括号内）

1. 下列实验能证明 SO_2 有漂白性的是（　　）。

（1）SO_2 使显红色的酚酞溶液颜色消失

（2）SO_2 通入溴水中，橙色消失

（3）SO_2 通入品红溶液中，红色消失

（4）SO_2 通入 $KMnO_4$ 酸性溶液后，紫色消失

2. 在盛有水的容器中，通入 SO_2 和 H_2S 共 1mol，充分反应后，所得氧化产物比还原产物多 8g。据此可知，通入 SO_2 与 H_2S 的物质的量之比可能是（　　）。

（1）1∶1　　（2）1∶2　　（3）2∶1　　（4）1∶3

3. 某气体通过实验得知：（a）无色、有刺激性气味；（b）在潮湿的空气中易形成雾状物；（c）可使潮湿的 pH 试纸变红；（d）该气体通入硝酸中产生红棕色气体。因此，估计该气体是（　　）。

（1）CO_2　　（2）NH_3　　（3）SO_2　　（4）NO

4. 对大气有污染的某气体，它的水溶液是无氧酸；它在空气中充分燃烧的产物是构成酸雨的主要成分，工业上可用碱液吸收法来治理。该气体是（　　）。

（1）NO_2　　（2）HCl　　（3）H_2S　　（4）SO_2

5. 下列各组气体中，能大量共存并能用浓硫酸干燥的是（　　）。

(1) N_2、CH_4、Cl_2 (2) SO_2、O_2、H_2S

(3) H_2、CO_2、HCl (4) H_2、HBr、HCl

6. 下列在溶液中可以共存、加入过量稀硫酸后有沉淀生成和气体出现的离子组是（   ）。

(1) K^+、Ba^{2+}、Cl^-、HCO_3^- (2) Ba^{2+}、Na^+、NO_3^-、Cl^-

(3) K^+、Ba^{2+}、S^{2-}、OH^- (4) Al^{3+}、Ca^{2+}、Cl^-、NO_3^-

7. $0.5mol \cdot L^{-1}$ $Na_2S_2O_3$ 溶液 250mL，在标准状况下能吸收氯气的最大量是（   ）。

(1) 5.6L   (2) 11.2L   (3) 2.8L   (4) 22.4L

三、计算题

1. 某工厂每天要烧掉含硫 1.6％的烟煤 10t。试计算一个月（按 30 天计）有多少吨 SO_2 扩散到大气层中？若将其中 90％回收，可制得 Na_2SO_3 多少吨？**（Na_2SO_3 17t；回收扩散到大气层中的 SO_2 9.6t）**

2. 今有 $NaHSO_3$、Na_2SO_3、Na_2SO_4 的混合物 7.66g，和硫酸充分反应后，在标准状况下放出 896mL 气体。相同质量的该混合物，能和 20mL 的 $0.5mol \cdot L^{-1}$ NaOH 溶液完全中和。试求混合物中三种盐的质量和物质的量之比。**（$n NaHSO_3 : n Na_2SO_3 : n Na_2SO_4 = 1 : 3 : 2$）**

3. 某厂用含 FeS_2 75％的硫铁矿 120t，生产了 200t 工业硫酸，其密度是 $1.84g \cdot cm^{-3}$。取成品酸 5mL 稀释后和 $BaCl_2$ 溶液充分反应，得到 $BaSO_4$ 21.0g。试计算（1）工业硫酸的质量分数；（2）生产过程中硫的利用率。**[（1）96％ H_2SO_4；（2）硫的利用率 98％]**

4. 某金属硫酸盐 6.0g，溶于水后和氯化钡溶液充分反应，得到不溶于稀盐酸的沉淀 10.5g，滤液中又得到该金属氯化物无水盐 0.03mol。试求某金属的相对原子质量、氧化值，写出其硫酸盐的化学式。(**M 约为 55.7；氧化值＋3**)

第十二章　配位化合物

第一节　配位化合物的基本概念

一、填空题

1. 中心离子是配合物的_____，它位于配离子（或配分子）的____，是配合物的_____。常见的形成体大都是____元素的离子，如__、__、__、__、__、__等。

2. 在配离子（或配分子）内与_____（或_____）结合的负离子或中性分子叫_____。原则上具有_____的极性分子或负离子都可以作_____。含有_____的物质叫配位剂。

3. 配位体中具有_____的、直接与_____结合的原子称为_____。如 NH_3 分子中的__原子是配位原子，H_2O 分子中的_____原子是配位原子。

4. 在配离子中与中心离子直接结合的_____的数目叫_____配位数。

5. 配分子（或配离子）是由配位原子上的_____进入中心离子（或原子）的__轨道，以____键结合形成的。它们在____中或____中都能稳定存在。

6. 填充下列各表：

(1)

配合物化学式	命　名	中心离子	配离子电荷	配位体	配位数
$[Ag(NH_3)_2]NO_3$					
$[Co(NH_3)_6]Cl_3$					
$[PtCl(NO_2)(NH_3)_2]$					
$K_4[Fe(CN)_6]$					
$K_3[Fe(CN)_6]$					
$[CoCl(NH_3)_5]Cl_2$					

(2)

配合物名称	化学式(注明配离子电荷)	中心离子	配位体	配位数
硫酸四氨合铜(Ⅱ)				
氯化二氯·三氨·一水合钴(Ⅲ)				
一氯·五水合铬(Ⅲ)离子				
四氯合汞(Ⅱ)酸钾				
二硫代硫酸根合银(Ⅰ)酸钠				
六氯合铂(Ⅳ)酸钾				

(3)

化合物化学式	配合物化学式	配离子	中心离子	配位体	配位数
$3KNO_2 \cdot Co(NO_2)_3$					
$2Ca(CN)_2 \cdot Fe(CN)_2$					
$2KCl \cdot PtCl_2$					
$KCl \cdot AuCl_3$					

二、选择题（将正确答案的序号填在题后的括号内）

1. 无水三氯化铬和氨化合时，能生成两种配合物[❶]，第一种的实验式为 $CrCl_3 \cdot 6NH_3$，第二种是 $CrCl_3 \cdot 5NH_3$。$AgNO_3$ 能把第一种配合物中的氯全部沉淀为 $AgCl$，而从第二种配合物只能沉淀出三分之二的氯。这两种配合物的化学式是（   ）。

(1) $\begin{cases} [Cr(NH_3)_6]Cl_3 \\ [Cr(NH_3)_5Cl]Cl_2 \end{cases}$ (2) $\begin{cases} [Cr(NH_3)_6Cl]Cl_2 \\ [Cr(NH_3)_5Cl_2]Cl \end{cases}$ (3) $\begin{cases} [Cr(NH_3)_6Cl_2]Cl \\ [Cr(NH_3)_5]Cl_3 \end{cases}$

2. 某配合物的实验式为 $PtCl_4 \cdot 2NH_3$，其水溶液不导电，加入 $AgNO_3$ 溶液也不产生沉淀，滴加强碱无 NH_3 放出，该配合物的化学式为（   ）。

(1) $[PtCl_4(NH_3)_2]$ (2) $[PtCl_2(NH_3)_2]Cl_2$

(3) $[Pt(NH_3)_2Cl_4]$ (4) $[Pt(NH_3)_2]Cl_4$

三、计算题

有一配合物，经分析其组成的元素含量为钴 21.4%、氢 5.4%、氮 25.4%、氧 23.2%、硫 11.6%、氯 13%。该配合物的水溶液中滴入 $AgNO_3$ 溶液无沉淀生成，但滴入 $BaCL_2$ 溶液，则有白色沉淀生成。它与稀碱溶液也无反应。若其摩尔质量为 275.5g，试推断该配合物的化学式。

第二节 配合物的稳定性

一、填空题

1. 配合物内、外界之间是以_____键结合的，在水溶液中全部电离为_____和_____。

2. 配离子（或配分子）是由中心离子和_____以____键结合起来的，在水溶液中一般

---

❶ Cr^{3+} 的配位数为6。

仅＿＿＿发生离解。配离子（或配分子）在水溶液中的＿＿＿＿＿＿＿，就是配合物在水溶液中的稳定性。

3. 在 $Cu(NH_3)_4^{2+}$ 的溶液中加入 Na_2S 时，即有＿色＿＿＿沉淀生成。这说明 $Cu(NH_3)_4^{2+}$ 在水溶液中＿＿＿出极少量的＿＿＿＿离子。$Cu(NH_3)_4^{2+}$ 配离子的离解方程式为＿＿＿＿＿＿＿＿＿＿＿＿＿＿＿＿＿，离解常数表达式为＿＿＿＿＿＿＿＿＿＿＿＿。

4. 具有相同配位体数目的配合物，其离解常数愈大，配离子的离解趋势＿＿＿＿，配合物就愈＿＿＿＿＿。故离解常数又称为＿＿＿＿＿＿常数，用＿＿＿表示。

5. 将向 $Cu(NH_3)_4^{2+}$ 溶液中加入下列物质（1）稀盐酸；（2）浓氨水；（3）Na_2S 溶液时，平衡 $Cu(NH_3)_4^{2+} \rightleftharpoons Cu^{2+} + 4NH_3$ 的移动方向、发生的现象和对应的离子方程式填入表内。

加入的物质	平衡移动方向	现　　象	反应的离子方程式
稀盐酸			
浓氨水			
Na_2S 溶液			

6. 在 $AgNO_3$ 溶液中加入 $NaCl$ 溶液（第一步），静置片刻，弃去上清液，在沉淀中加入过量氨水，沉淀溶解（第二步），再加入 HNO_3，又有白色沉淀生成。

第一步反应产物是＿＿＿＿＿＿＿＿，反应方程式＿＿＿＿＿＿＿＿＿＿＿＿＿＿＿＿＿＿。第二步反应产物是＿＿＿＿＿＿＿＿，反应方程式＿＿＿＿＿＿＿＿＿＿＿＿＿＿＿。第三步反应产物是＿＿＿＿＿＿＿＿，反应方程式＿＿＿＿＿＿＿＿＿＿。

7. 比较下列各组配离子的稳定性。

(1)　①$Ni(NH_3)_6^{2+}$　　$K_稳^{\ominus} = 1.02 \times 10^8$

　　　②$Cd(NH_3)_6^{2+}$　　$K_稳^{\ominus} = 1.38 \times 10^5$

　　　③$Co(NH_3)_6^{3+}$　　$K_稳^{\ominus} = 2.29 \times 10^{34}$

配离子的稳定性按＿＿→＿＿→＿＿顺序增强。

(2)　①$Ag(NH_3)_2^{+}$　　$K_稳^{\ominus} = 1.7 \times 10^7$

　　　②$Ag(CN)_2^{-}$　　$K_稳^{\ominus} = 6.31 \times 10^{21}$

　　　③$Ag(S_2O_3)_2^{3-}$　　$K_稳^{\ominus} = 2.88 \times 10^{13}$

配离子的稳定性按＿＿→＿＿→＿＿顺序增强。

8. 判断下列反应进行的方向。

(1)　$[HgCl_4]^{2-} + 4I^{-} \rightleftharpoons [HgI_4]^{2-} + 4Cl^{-}$

$K_稳^{\ominus} = $＿＿＿＿＿　　　$K_稳^{\ominus} = $＿＿＿＿＿　　　反应方向＿＿＿＿＿＿。

(2)　$[Cu(CN)_2]^{-} + 2NH_3 \rightleftharpoons [Cu(NH_3)_2]^{+} + 2CN^{-}$

$K_稳^{\ominus} = $＿＿＿＿＿　　　$K_稳^{\ominus} = $＿＿＿＿＿　　　反应方向＿＿＿＿＿＿。

(3)　$FeF_6^{3-} + 6SCN^{-} \rightleftharpoons Fe(SCN)_6^{3-} + 6F^{-}$

$K_稳^{\ominus} = $＿＿＿＿＿　　　$K_稳^{\ominus} = $＿＿＿＿＿　　　反应方向＿＿＿＿＿＿。

(4)　$Cu(NH_3)_4^{2+} + Zn^{2+} \rightleftharpoons Zn(NH_3)_4^{2+} + Cu^{2+}$

$K_稳^{\ominus} = $＿＿＿＿＿　　　$K_稳^{\ominus} = $＿＿＿＿＿

二、选择题（将正确答案的序号填在题后的括号内）

1. $Zn(OH)_2$ 溶于 $NH_3 \cdot H_2O$，$Mg(OH)_2$ 则不溶，其原因是（   ）。

(1) $Mg(OH)_2$ 是碱性氢氧化物，$Zn(OH)_2$ 是两性氢氧化物

(2) $Zn(OH)_2$ 与 NH_3 能形成 $[Zn(NH_3)_4](OH)_2$ 而溶解，$Mg(OH)_2$ 不能与 NH_3 形成配合物，故不溶于 $NH_3 \cdot H_2O$

(3) $Zn(OH)_2$ 在水中的溶解度比 $Mg(OH)_2$ 大

2. 已知原电池：$Zn | Zn^{2+}(1mol \cdot L^{-1}) \| Cu^{2+}(1mol \cdot L^{-1}) | Cu$，如向锌半电池中通入过量的 NH_3（忽略体积变化），使 Zn^{2+} 全部转化为 $[Zn(NH_3)_4]^{2+}$，该原电池的电动势将（   ）。

(1) 不变   (2) 增大   (3) 减小

3. 如向上题中的铜半电池内加入过量的 Na_2S（忽略体积变化），该原电池的电动势将（   ）。

(1) 不变   (2) 增大   (3) 减小

第十三章　过渡元素

第一节　过渡元素概述

一、填空题

1. 过渡元素的电子层结构特征为_____；在周期表中处于第___、___、___周期，从___族开始到___族为止共_个纵行30多种元素统称过渡元素。

2. 过渡元素具有（1）_____；（2）_____；（3）_____；（4）_____等特征。

3. 原子序数为24的元素电子排布式是_____，它位于周期表中第___周期，___族，元素符号为___。

4. Hg^{2+}离子的电子排布式为_____、它的外层 d 电子数是___，所以 Hg^{2+} 水溶液___色。

5. Cr^{3+} 的电子排布式为_____，它的外层 d 电子是___，所以 Cr^{3+} 水溶液呈现_色。

二、判断题（下列说法正确的，在题后的括号内画"√"，不正确的画"×"）

1. 过渡元素的最外层电子数均不超过两个，所以它们都是金属元素。…………（　　）

2. MnO_4^- 水溶液呈现紫色是玻璃容器反光的结果。……………………………（　　）

3. 过渡元素的电子层结构，具有接受配位体电子对的能力，因此，过渡元素有很强的形成配合物的倾向。……………………………………………………………（　　）

4. Cu^+、Zn^{2+} 离子水溶液为无色，而 Cu^{2+} 离子水溶液显蓝色，是由于前者 d 电子多，后者 d 电子少所致。………………………………………………………………（　　）

5. 过渡元素与主族元素电子层结构区别在于前者有 d 电子，后者没有 d 电子。…（　　）

第二节　铜族元素

一、铜及其重要化合物

（一）填空题

1. 铜族元素由__、__、__元素组成。价电子结构为_____。在周期表中分别属于__、__、__周期___族。

2. 写出下列各步反应方程式

$$CuCl_2 \xrightarrow{(1)} Cu \xrightarrow{(2)} CuO \xrightarrow{(3)} CuCl_2 \xrightarrow{(4)} [Cu(NH_3)_4]Cl_2$$

Cu $\xrightarrow{(5)}$ $CuSO_4$

CuO $\xrightarrow{(7)}$ $CuSO_4$

Cu $\xrightarrow{(6)}$ $Cu(NO_3)_2$ $\xrightarrow{(8)}$ CuO

(1) _____

(2) _____

(3) _____

(4) _____

(5) _____

(6) _____

(7) _____

(8) _____

3. 在 $CuSO_4$ 溶液中,加入氨水时出现__色的沉淀,继续加入过量氨水,沉淀溶解变成____色的_____配离子。当加入 Na_2S 溶液时,则又析出__色____沉淀。

4. 某化合物 A 是蓝色晶体,加热除去水分变为白色粉末 B,B 溶于水又得蓝色溶液。在该溶液中加入适量碱液,可得蓝色沉淀 C。将 C 加热可得黑色粉末 D,D 受强热可变为红色粉末 E,在 B 溶液中加入 $BaCl_2$ 得白色不溶于酸的沉淀 F。试判断 A、B、C、D、E、F 为何物?写出各步反应方程式。

A:_____ B:_____ C:_____ D:_____ E:_____ F:_____

(1) _____

(2) _____

(3) _____

(4) _____

(5) _____

(二) **选择题**(将正确答案的序号填在题后的括号内)

1. 除去 $Cu(NO_3)_2$ 溶液中少量的 $AgNO_3$ 杂质最简单的方法是( )。

(1) 加入 NaCl　　(2) 加入 NaBr　　(3) 放入铜棒

2. 铜器在潮湿空气中,慢慢生成一层铜绿,其成分是( )。

(1) $CuCO_3$　　(2) $Cu_2(OH)_2CO_3$　　(3) $Cu(OH)_2$

3. 作为农用杀虫剂的波尔多液是( )。

(1) 硫酸铜溶液　　(2) 石灰乳液　　(3) 硫酸铜与石灰乳混合液

4. $CuCl_2$ 浓溶液,加水逐渐稀释时,溶液颜色由黄色变为绿色再变为淡蓝色的原因是( )。

(1) $CuCl_2 + 4H_2O \rightleftharpoons Cu(H_2O)_4^{2+} + 2Cl^-$
　　黄色　————互补为绿色————　蓝色

(2) $CuCl_2 + 4H_2O \rightleftharpoons Cu(H_2O)_4^{2+} + 2Cl^-$ 水量大了,平衡向右移动,所以颜色变蓝
　　黄色　————互补为绿色————　蓝色

(三) **计算题**

配制 $0.5mol \cdot L^{-1}$ $CuSO_4$ 溶液 500mL,问需多少克胆矾?若需 100mL $0.1mol \cdot L^{-1}$ $CuSO_4$ 溶液,应取多少毫升上述溶液稀释?**(62.4g 胆矾;20mL)**

二、银及其重要化合物

(一) 填空题

1. 写出下列各步反应方程式。

$$Ag \xrightarrow{(1)} AgNO_3 \xrightarrow{(2)} AgCl \xrightarrow{(3)} [Ag(NH_3)_2]^+ \xrightarrow{(4)} AgBr \xrightarrow{(5)} [Ag(S_2O_3)_2]^{3-} \xrightarrow{(6)} AgI$$

(1) _____

(2) _____

(3) _____

(4) _____

(5) _____

(6) _____

2. 在 $AgNO_3$ 溶液中，加入 NaOH 溶液，产生____色沉淀，反应方程式为_____

_____。

3. 银的器具遇含 H_2S 的空气时，表面会变__，生成了____，使银失去金属光泽，反应方程式为_____。

4. AgCl 在含有少量 Cl^- 溶液中，溶解度____。有大量 Cl^- 存在的溶液，会使 AgCl 的溶解度____。前者是由于_____效应的结果，后者是由于 AgCl 生成了_____配离子。

5. 选用适当的配位剂，分别将下列各种物质溶解，并写出对应的反应方程式。

(1) $Cu(OH)_2$　　(2) AgCl　　(3) Ag_2O

(1) _____

(2) _____

(3) _____

(二) 选择题（将正确答案的序号填在题后的括号内）

1. 保存 $AgNO_3$ 的正确方法是（　　）。

(1) 避光　　(2) 避热　　(3) 用棕色瓶包装并放在阴凉处

2. 用海波溶液处理照相底片，是使没曝光的卤化银生成（　　）。

(1) $[Ag(S_2O_3)_2]^{3-}$　　(2) $Ag_2S_2O_3$　　(3) Ag 核

3. 卤化银的溶解度依 AgF、AgCl、AgBr、AgI 的顺序依次（　　）。

(1) 减小　　(2) 增大　　(3) 不变

4. 下列离子中，与 $NH_3 \cdot H_2O$ 作用能形成配合物的是（　　）。

(1) Na^+　　(2) Al^{3+}　　(3) Fe^{3+}　　(4) Ag^+　　(5) Cu^{2+}

5. 装 $AgNO_3$ 的滴定管，在空气中放置一定时间以后，管口及管尖常变黑，其原因是（　　）。

(1) $AgNO_3$ 遇到空气中的还原剂，析出单质银

(2) $AgNO_3$ 与空气中氧作用，析出单质银

三、计算题

从 1t 含 0.5％Ag_2S 的铅锌矿中提炼银，若回收率为 90％，问可得多少千克银？ **(3.92kg)**

第三节　锌族元素

一、锌及其重要化合物

（一）填空题

1. 完成下列各步反应方程式。

$$Zn \xrightarrow{(1)} Zn(NO_3)_2 \xrightarrow{(2)} Zn(OH)_2 \xrightarrow{(3)} [Zn(OH)_4]^{2-}$$
$$\xrightarrow{(4)}$$

(1) _____

(2) _____

(3) _____

(4) _____

2. 在潮湿空气中，锌与二氧化碳、水蒸气化合生成_____，反应方程式为_____
_____。

3. 锌与极稀的 HNO_3 反应，锌生成_____，HNO_3 中氮的氧化值由____变为__，生成
____，反应方程式为_____。

4. Zn^{2+}、Al^{3+} 混合溶液中，加入过量 $NH_3 \cdot H_2O$，Al^{3+} 生成了_____，Zn^{2+} 生成了
____，反应的离子方程式为_____
_____。

（二）选择题（将正确答案的序号填在题后的括号内）

1. 将 H_2S 通入 $ZnCl_2$ 溶液中，没有大量的 ZnS 沉淀析出，其原因是（　　）。

(1) ZnS 溶于强酸　　(2) Zn^{2+} 浓度不够　　(3) S^{2-} 浓度不够

2. 锌比较活泼，但在常温下不能置换水中的氢，原因在于（　　）。

(1) 锌表面生成了 $Zn(OH)_2$

(2) 锌表面生成了 $ZnCO_3 \cdot 3Zn(OH)_2$ 保护膜

(3) 锌表面生成了 ZnO

3. $ZnCl_2$ 溶液能用作焊接金属的除锈剂，是因为进行了下面哪几个反应（　　）。

(1) $ZnCl_2 + H_2O \longrightarrow H[ZnCl_2(OH)]$

(2) $FeO + 2H[ZnCl_2(OH)] \longrightarrow Fe[ZnCl_2(OH)]_2 + H_2O$

(3) $ZnCl_2 + 2H_2O \longrightarrow Zn(OH)_2 + 2HCl$

(4) $FeO + 2HCl \longrightarrow FeCl_2 + H_2O$

4. 下列说法错误的是（　　）。

（1）锌是两性元素

（2）纯锌比不纯锌更容易反应

（三）计算题

含杂质 10％的闪锌矿 500t，经过冶炼●能制得纯度 90％的锌多少吨？副产的 SO_2 可生产 98％稀硫酸多少吨？**（355.5t；461.23t）**

二、汞及其重要化合物

（一）填空题

1. 完成下列各步反应方程式。

$$Hg \xrightarrow{(1)} HgCl_2 \xrightarrow{(2)} Hg_2Cl_2 \xrightarrow{(3)} Hg \xrightarrow{(4)} Hg(NO_3)_2 \xrightarrow{(5)} HgO$$

（1）_____

（2）_____

（3）_____

（4）_____

（5）_____

2. 水银容易挥发、蒸气剧毒，保存时应_____。

3. 在 $HgCl_2$ 溶液中，加入适量 KI 溶液，生成__色的____沉淀，继续加入过量的 KI 溶液，沉淀又溶解，是因为生成了____。

（二）选择题（将正确答案的序号填在题后的括号内）

1. $HgCl_2$ 遇碱生成黄色沉淀，它是（　　）。

（1）$Hg(OH)_2$　　（2）HgO　　（3）HgS

2. $Hg_2(NO_3)_2$ 与碱反应生成黑褐色沉淀，它是（　　）。

（1）HgOH　　（2）HgO 和 Hg　　（3）$Hg(OH)_2$

3. 用水银制作温度计是由于它的（　　）。

（1）密度大　　（2）膨胀系数均匀、不湿润玻璃　　（3）银白色易观察

4. 用水银制作压力计是由于它的（　　）。

（1）密度大、蒸气压低　　（2）液体金属　　（3）银白色易观察

● 冶炼反应方程式见［阅读材料］过渡金属单质的炼制：（二）锌族元素的存在与冶炼。

5. 处理撒落在地上的水银的正确方法是 （   ）。

(1) 撒上硫黄粉   (2) 清扫干净   (3) 撒上石灰粉

6. 防止 $Hg_2(NO_3)_2$ 溶液被氧化需加入 （   ）。

(1) 水银   (2) 铁钉   (3) HgO

第四节 铬及其重要化合物

一、填空题

1. 铬的原子序数为＿，价电子层结构为＿＿＿，最高氧化值为＿＿＿。

2. 完成并配平下列各反应方程式。

(1) 重铬酸钾与氯化亚锡在强酸性溶液中反应：

_____

(2) 重铬酸钾与亚硫酸钠在稀硫酸溶液中的反应：

_____

(3) 重铬酸钾与过氧化氢在稀硫酸溶液中的反应：

_____

(4) 重铬酸钾与硫酸亚铁在稀硫酸溶液中的反应：

_____

3. 铬的某化合物 A 是溶于水的黄色固体。其溶液酸化后变为橘红色溶液 B，将 B 与浓盐酸微热，生成黄绿色刺激性气体 C 和暗绿色溶液 D。在 D 中加入 NaOH 溶液，先生成灰蓝色沉淀 E，继续加入过量 NaOH 溶液则沉淀消失，变为绿色溶液 F，在 F 溶液中加入 H_2O_2 微热又生成 A 的黄色溶液。

(1) 填写各物质的化学式。

A：_____   B：_____   C：_____   D：_____   E：_____   F：_____

(2) 写出各步的化学反应方程式。

① _____

② _____

③ _____

④ _____

⑤ _____

4. 写出下述各现象的离子反应方程式。

(1) I^- 与酸化的 $Cr_2O_7^{2-}$ 溶液反应析出碘。

_____

(2) 在 $Cr_2O_7^{2-}$ 溶液中，加入碱溶液，颜色变为黄色。

_____

(3) 在 Ba^{2+} 溶液中，滴入 CrO_4^{2-} 溶液，出现柠檬黄色沉淀。

_____

二、选择题 （将正确答案的序号填在题后的括号内）

1. 分离 Cr^{3+}、Zn^{2+} 混合溶液，使用的试剂是 （   ）。

(1) NaOH   (2) $NH_3 \cdot H_2O$ (3) Na_2S

2. 若使 Cr(Ⅲ) 转化为 Cr(Ⅵ)，需将溶液调至强碱性后再加入的试剂是（　　　）。

(1) H_2O_2　　　(2) O_2　　　(3) Fe^{3+}

3. 欲使 Cr(Ⅵ) 转化为 Cr(Ⅲ)，只要把溶液调成酸性，再加入（　　　）。

(1) 强氧化剂　　　(2) 还原剂

4. 把 H_2S 通入已经酸化的重铬酸钾溶液中，实验出现的现象是（　　　）。

(1) 溶液由橘红色变为绿色

(2) 溶液由橘红色变为绿色，同时出现乳白色沉淀

(3) 出现乳白色沉淀

第五节　锰及其重要化合物

一、填空题

1. 锰的原子序数为＿＿＿，电子排布式为＿＿＿＿＿＿＿，价电子层结构为＿＿＿＿＿。

2. 完成并配平下列反应方程式。

(1) $FeSO_4$ 溶液遇到已酸化的 $KMnO_4$ 时，溶液的紫色退去。

_____

(2) $KMnO_4$ 与浓盐酸反应，产生黄绿色气体。

_____

(3) $KMnO_4$ 的酸性溶液中，加入 H_2O_2 时紫色退去，并产生无色气体。

_____

(4) $KMnO_4$ 的强碱性溶液中，加入 Na_2SO_3 时，紫色溶液变为绿色。

_____

(5) 向酸化的 $KMnO_4$ 溶液中，滴入 $SnCl_2$ 溶液，紫色退去。

_____

3. 有一淡红色溶液 A，与 NaOH 反应，生成白色沉淀 B，在空气中慢慢变成棕色沉淀 C。C 不溶于碱，与浓盐酸反应生成绿色气体 D。D 能使碘化钾淀粉纸变蓝。将 C 与 $KClO_3$ 和 KOH 共熔，得到绿色化合物 E，将 E 氧化又得到紫红色物质 F，将 F 与 H_2O_2 溶液反应，又会放出氧气。

A：＿＿＿　B：＿＿＿　C：＿＿＿　D：＿＿＿　E：＿＿＿　F：＿＿＿

反应方程式为：

(1) _____

(2) _____

(3) _____

(4) _____

(5) _____

(6) _____

(7) _____

二、选择题（将正确答案的序号填在题后的括号内）

1. $KMnO_4$ 溶液应保存在（　　　）。

(1) 棕色玻璃瓶中　　　(2) 无色玻璃瓶中　　　(3) 白色塑料瓶中

2. $KMnO_4$ 在中性或弱酸性溶液中作氧化剂，其还原产物是（　　）。

(1) Mn^{2+}　　　(2) MnO_4^{2-}　　　(3) MnO_2

3. MnO_2 和浓盐酸作用，产物为（　　）。

(1) Mn^{2+}　　　(2) MnO_4^{2-}　　　(3) $Mn^{2+}+Cl_2$

4. $KMnO_4$ 在强碱性溶液中，作氧化剂时，其还原产物是（　　）。

(1) Mn^{2+}　　　(2) MnO_4^{2-}　　　(3) MnO_2

5. $KMnO_4$ 溶液放置时间长了会出现（　　）。

(1) 紫色消失　　　(2) 褐色沉淀　　　(3) 颜色加深　　　(4) 颜色变浅，有褐色沉淀

三、计算题

计算酸性介质中氧化 11.4g $FeSO_4$ 需 $KMnO_4$ 多少克？若用 $0.5mol \cdot L^{-1}$ $KMnO_4$ 溶液滴定，需多少毫升？ **(2.37g；29.99mL)**

第六节　铁及其重要化合物

一、填空题

1. 在常温下，可用铁制容器贮运浓__酸，这是因为铁被_____氧化，表面形成一层_____，铁呈__态。

2. 配制 $FeSO_4$ 溶液时，需加入__酸，搅拌溶解后，加水稀释，然后还应加入几颗___，目的是为了防止___和___。

3. 在放有铁粉的烧杯中，加入 $FeCl_3$ 和 $CuCl_2$ 混合溶液，如果铁粉没有剩余，那么烧杯中混合物里一定含有_____，反应方程式为：_____

_____，_____。

二、选择题（将正确答案的序号填在题后的括号内）

1. 在 $Fe(CNS)_3$ 的血红色溶液中，加入 NaF，血红色退去，其原因是由于生成了（　　）。

(1) $[FeF_6]^{3-}$　　　(2) FeF_3　　　(3) Fe^{3+}

2. 欲将 Fe^{3+} 转化为 Fe^{2+}，应加入（　　）。

(1) 氧化剂　　　(2) 还原剂

3. 欲将 Fe^{2+} 转化为 Fe^{3+}，应加入（　　）。

(1) 氧化剂　　　(2) 还原剂

4. 分离 Fe^{3+}、Al^{3+} 混合溶液时，最好的方法是（　　）。

(1) 加 $NH_3 \cdot H_2O$　　　(2) 加过量 NaOH，过滤，酸溶

三、计算题

某高炉日产含铁 90％的生铁 70t，计算每天用含 20％杂质的赤铁矿石多少吨？**（112.6t）**

综 合 练 习

一、填空题

1. 锌白铁发生电化腐蚀时，表面形成很多_____，由于锌比铁_____，所以锌作为_____极，电极反应为_____，说明锌遭到腐蚀而_得到保护。马口铁在发生电化腐蚀时，由于铁比锡____，所以铁为____极遭到腐蚀。

2. 把铁片分别插入稀硫酸、$CuSO_4$ 溶液中，质量减轻的是_____溶液；质量增加的是___溶液。

3. 将少量铁粉放到下列溶液中：

(1) $FeCl_3$　(2) $FeCl_2$　(3) $ZnSO_4$　(4) 稀 HNO_3，发生反应的是___、___。

离子反应方程式：

(1) _____。

(2) _____。

不反应的是___、___。

4. 现有一含结晶水的绿色晶体，配成溶液，取其一部分加入$BaCl_2$，产生不溶于酸的白色沉淀；再将剩余溶液用稀酸酸化，滴入$KMnO_4$ 溶液，紫色退去，再滴入 $KCNS$ 时显红色。

(1) 此绿色晶体是_____。

(2) 各步反应的离子方程式为：

_____

_____

_____

5. 化合物 A 为不溶于水的白色固体，加入盐酸生成 B 溶液和具有臭鸡蛋气味的气体 C，C 能使 I_2 液退色，而且本身变为淡黄色沉淀 D。在 B 溶液中逐滴加入氨水，有白色胶状沉淀 E 生成，继续加入氨水则沉淀溶解，变为透明的溶液 F。

(1) 填写各物质的化学式。

A：_____　　B：_____　　C：_____　　D：_____　　E：_____

F：_____

（2）写出各步反应方程式。

① _____

② _____

③ _____

④ _____

6. 某棕色粉末，加热情况下和浓硫酸作用会放出助燃气体，所得溶液与 PbO_2 作用（微热）时，会出现紫红色，若再加入 H_2O_2 时，颜色退去，并放出氧气。

此棕色粉末为：_____。

反应方程式为：

（1）_____

（2）_____

（3）_____

7. 向一含有三种阴离子的混合溶液中，滴加 $AgNO_3$ 溶液至不再有沉淀生成为止，过滤、洗涤，得砖红色和白色的混合沉淀，滤液为紫红色。

（1）滤液酸化后加入 Na_2SO_3，紫红色退去。

（2）砖红色和白色的混合沉淀用稀 HNO_3 处理后，砖红色沉淀溶解，并剩有白色沉淀不溶解，溶液显橘红色。

该原溶液中含有三种阴离子是____、____和____。

反应中的离子反应方程式为：

（1）_____

（2）_____

（3）_____

二、选择题

1. 能使 $Cr(OH)_4^-$ 的碱性溶液氧化成 CrO_4^{2-} 的氧化剂是（　　）。

(1) I_2 水　　(2) H_2O_2　　(3) O_2

2. 使 AgI 溶解形成配位化合物的配位剂是（　　）。

(1) $NH_3 \cdot H_2O$　　(2) $Na_2S_2O_3$　　(3) KCN

3. 无水 $CuSO_4$ 和 ZnO 二种白色物质，最简单的鉴别试剂是（　　）。

(1) 水　　(2) 固体 NaCl　　(3) $K_3[Fe(CN)_6]$

4. 下列各对离子中，可以同时并存的是（　　）。

(1) Sn^{2+} 和 Fe^{3+}　　(2) $Cr_2O_7^{2-}$ 和 CrO_4^{2-}　　(3) Fe^{3+} 和 I^-　　(4) Fe^{3+} 和 CO_3^{2-}

5. $Cr_2O_7^{2-}$ 的酸性溶液中，加入下列各试剂溶液，能发生反应的是（　　）。

(1) NO_2^-　　(2) SO_4^{2-}　　(3) H_2O_2　　(4) SO_3^{2-}

6. 某同学在四支试管中做了如下实验：

(1) $Ag^+ + CrO_4^{2-}$　　(2) $Ag^+ + Cl^-$　　(3) $Cu^{2+} + S^{2-}$　　(4) $Ag^+ + OH^-$

请依据观察到的实验现象，在括号内填写试管的序号：

a. 先有白色沉淀，很快转变为棕色沉淀的试管是（　　）。

b. 有黑色沉淀生成的试管是（　　）。

c. 有砖红色沉淀生成的试管是（　　）。

d. 有白色沉淀生成，该沉淀在稀硝酸中不溶解，此试管是（　　）。

三、计算题

1. 将 1g 铜银合金，用浓硝酸溶解后加入盐酸，得到氯化银沉淀 0.35g，求该合金中银和铜的质量分数。（**银 26.35%；铜 73.65%**）

2. 向溶解 10g 硫酸铜的溶液中，加入 2.8g 铁屑，问反应停止后，溶液中生成了多少克硫酸亚铁？（**7.6g**）